# 气候变化监测与检测技术原理

主　编：任国玉
副主编：王国复　李庆祥

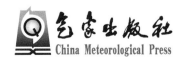

气象出版社
China Meteorological Press

## 内容简介

　　本书是关于不同空间尺度气候变化监测与检测技术、方法原理的专著。主要内容包括:气候变化常见科学、技术术语释义,气候变化监测业务与检测研究基本流程,全球和国家基准气候观测站网及其最优布设原则,气候观测资料数据质量控制与均一化方法,地面气候观测资料系统偏差评价与订正方法,气候变化监测与检测的分区方法、指标体系,单站与区域平均气候序列构建及其误差评价,气候时间序列中的趋势、周期和跃变分析方法,全球和区域尺度气候变化归因分析方法,气候变化监测业务系统建设构想与实践等。本书可供从事气候变化监测服务和检测、归因、影响研究的科技工作者、大学教师和研究生参考。

## 图书在版编目（ＣＩＰ）数据

　　气候变化监测与检测技术原理 / 任国玉主编. -- 北京 : 气象出版社, 2023.9
　　ISBN 978-7-5029-8061-0

　　Ⅰ. ①气… Ⅱ. ①任… Ⅲ. ①气候变化－监测②气候变化－检测 Ⅳ. ①P467

　　中国国家版本馆CIP数据核字(2023)第191314号

**气候变化监测与检测技术原理**

Qihou Bianhua Jiance yu Jiance Jishu Yuanli

| | | | |
|---|---|---|---|
| 出版发行：气象出版社 | | | |
| 地　　址：北京市海淀区中关村南大街 46 号 | | 邮政编码：100081 | |
| 电　　话：010-68407112(总编室)　010-68408042(发行部) | | | |
| 网　　址：http://www.qxcbs.com | | **E-mail**：qxcbs@cma.gov.cn | |
| 责任编辑：张　媛 | | 终　审：张　斌 | |
| 责任校对：张硕杰 | | 责任技编：赵相宁 | |
| 封面设计：艺点设计 | | | |
| 印　　刷：北京建宏印刷有限公司 | | | |
| 开　　本：787 mm×1092 mm　1/16 | | 印　张：21.25 | |
| 字　　数：544 千字 | | | |
| 版　　次：2023 年 9 月第 1 版 | | 印　次：2023 年 9 月第 1 次印刷 | |
| 定　　价：180.00 元 | | | |

# 《气候变化监测与检测技术原理》
# 编委会

**主　编：** 任国玉

**副主编：** 王国复　李庆祥

**编　委**（以姓氏拼音为序）：

崔　妍　龚志强　郭　军　金　巍　李　娇　李明财

农丽娟　刘学锋　刘玉莲　任　雨　任玉玉　孙　冷

孙秀宝　王　冀　王　颖　王朋岭　徐文慧　徐　影

许　艳　游庆龙　于宏敏　张爱英　张颖娴　赵春雨

周晓宇　周雅清　朱玉祥

# 前　言

全球和区域气候变化监测服务和检测研究是气候变化科学的基础性工作。开展气候变化监测和检测工作,要求开发、掌握和运用标准的方法和技术。

长期以来,在开展区域和全球气候变化检测、归因和预估研究过程中,笔者深感国内缺乏一本书,能够使读者系统了解气候变化监测、检测和归因的方法和技术。随着时间推移,这种感觉愈发强烈,决定合作编写这样一本书,供气候变化领域同行和学生参考使用。

2012 年,国家公益性行业(气象)重点科研专项"近百年全球陆地气候变化监测技术与应用"(GYHY201206012)立项。该项目的主要任务是建立我国自己的全球陆地与亚洲地区气温、降水高质量数据集,建立和分析全球陆地与亚洲地区气温和降水变化时间序列,制定全球和区域气候变化监测技术规范,为进一步开展气候变化监测服务和检测研究奠定基础。同此前承担的相似工作比较,这个项目侧重于对观测资料数据集和相关技术、方法的研究。

经过近 5 年的努力,课题组在国内首次建立了全球陆地地表历史气温和降水资料数据集,开发研制了针对单站地面气温观测资料序列的城市化偏差评估和订正方法,并对不同空间尺度气候变化监测、检测方法和技术进行了多重对比试验,包括对不同站点密度、格点尺寸、格点化方法、内插方法、资料缺测、资料空间覆盖度、均一化处理、城市化偏差订正等对区域以上尺度气温、降水变化监测结果和精度的影响试验研究,获得了系列成果和有价值的科学认识。这些工作,加上 2018 年启动的国家重点研发计划项目(2018YFA0605603)的初步成果,结合国内外已有的研究,为编写本书提供了素材。

全书共 9 章。第 1 章,绪论(任国玉);第 2 章,气候观测系统及站网最优布设(王国复、王冀);第 3 章,气候观测资料质量控制与均一化(李庆祥、刘学锋、徐文慧、许艳);第 4 章,气候资料系统偏差评估与订正(任国玉、于宏敏、张爱英、周雅清、李娇、孙秀宝、刘玉莲、刘学锋);第 5 章,区域划分与监测指标体系(游庆龙、任玉玉、王朋岭);第 6 章,单站与区域平均气候序列构建及其误差评估(郭军、李庆祥、李明财、任雨);第7章,气候序列时间变化规律分析(赵春雨、龚志强、金巍、王颖、周晓宇、崔妍、刘玉莲、周雅清);第8章,气候变化检测与归因(徐影、朱玉祥);第9章,大数据在气候变化监测与检测中的应用(王国复、孙冷、任玉玉、张颖娴)。本书由任国玉、王国复、李庆祥统稿。

笔者希望,本书的出版对从事气候变化监测服务和检测、归因研究的同行和研究生提供一定的技术指导和帮助,促进我国的气候观测系统建设、气候变化监测业务与服务以及气候变化检测和归因研究。

感谢科学技术部和中国气象局有关部门、国家气候中心主管领导和中国地质大学(武汉)环境学院的大力支持;感谢"近百年全球陆地气候变化监测技术与应用"项目咨询专家的指导和帮助;几年来,项目组全体同事付出了辛勤劳动,在此表示感谢;感谢气象出版社责任编辑张媛女士认真、细致的编辑加工。

本书内容和表述不可避免地存在错误和瑕疵,敬请读者不吝指正。

任国玉
2022 年 10 月

# 目　录

# 第1章 绪 论

本章介绍与气候变化监测和检测相关的基本科学、技术概念,阐述气候变化监测工作和检测研究的目的、地位、内容和工作步骤,并简要介绍本书的框架结构和主要内容。

## 1.1 基本概念和原理

### 1.1.1 目的和意义

气候变化监测和检测建立在气候系统观测的基础上,其本身又构成气候变化科学体系的基石;气候变化监测、检测技术则是确保气候变化监测业务运行和检测研究开展的原理方法和工具以及工作流程的总称。

因此,研制、发展气候变化监测和检测技术,其直接目的就是为开展气候变化监测业务和气候变化检测研究服务,保证业务产品和研究结果具有足够高的科学性和可信性,并进而为气候变化归因、模拟、预估和影响研究以及应对工作提供可靠科学信息。

以全球和区域地表气温变化监测和检测为例,为了客观、准确估计任何一段时期内的趋势及其显著性,必须保证所采用的观测资料、基本假设和分析方法都是高度可信的,或者是经得起科学检验的。观测资料的空间分布均质性和密度、时间上的连续性和均一性、局地环境影响造成的系统偏差、数据处理和转换方法、区域平均方法和时间序列分析方法等,都可能对结果产生显著影响,需要在开展大量对比性试验、理论分析和数据订正与处理的基础上,获得无偏差或在最大可能程度上消除了系统偏差的数据资料,优选针对不同空间尺度监测和研究需求的计算分析方法与工作方案。

例如,气候学界当前给出的全球陆地表面气温资料一般始于 1850 年前后。但是,在 19 世纪后半叶和 20 世纪初期,只有欧洲、东亚沿海、北美、澳大利亚东部沿海等地区具有观测记录,如果按照 5°×5° 经纬度网格计算,全球陆地 80% 以上网格内没有数据。在观测数据分布非常不均一、大部分地区没有采样情况下,计算获得的早期几十年全球陆地表面平均气温序列及其趋势变化,是否准确或有代表性?其误差究竟有多大?这些问题就迫切需要回答,并给出标准的技术解决方案。再如,在构建和分析一个较大区域平均气温时间序列时,是否必须采用经纬度网格化方法?网格尺寸应该选取多大才合适?在网格化过程中,是采用原始气温观测值或统计值,还是将其转换为标准化值或其他替代性指标(例如,距平值或距平百分率值)后再求算网格平均值?怎样获得各个网格的平均值或代表性观测值?在多大的空间范围内进行区域平均计算可以不采用面积加权方法?不同的方法和技术路径选取,对于分析结果都会产生一定的影响,一些影响将会很明显,需要给予高度的重视,制定科学的、规范性的解决方案。

原始地面观测资料可能存在着缺测记录和错误值,需要进行排查和纠正。这个过程称作资料质量控制。质量控制不是专门为气候变化监测和研究服务的,其他的气候学研究和业务也需要高质量的历史气候资料。但是,经过质量控制的历史资料序列,仍然可能存在着由于站址迁移、仪器更换、观测规范改变等各种原因引起的资料非均一性,造成资料序列中的人为断点或不连续性,在单站记录或少数站点记录情况下明显影响气候变化监测和分析结果。在欧美和澳大利亚等西方国家,多数气象站在 20 世纪 50—60 年代由城市内或附近迁往郊外的机场,往往造成记录的地面气温下降,使资料序列中产生不连续性。20 世纪 80 年代以来,由于快速的经济发展和城市化,中国大陆地区的气象站经历了频繁的由城市内或边缘向郊区迁移的过程,一些站点数次迁址,在观测序列特别是地面气温观测序列中产生了一系列人为不连续点。为了保证历史资料的均一性和连续性,一般需要对这些人为原因引起的断点进行检测和处理,提高对过去气候跃变和长期变化趋势估计的准确性和可信度(宋超辉 等,1995;Yan et al.,2001;Li et al.,2004a,2004b)。

仅有质量控制和均一化处理,还不能解决历史地面观测资料中的所有问题。研究发现,至少在区域尺度上,气象台站附近的城市化影响导致地面气温观测记录出现显著的系统性偏高误差。例如,在中国大陆地区,国家基准气候站和基本气象站记录的过去 50 余年全国年平均地面气温变化趋势中,城市化影响的贡献至少达到 27%,在一些地区和台站甚至可以达到 50% 以上,对最低气温和气温日较差的影响尤其显著(任国玉 等,2005b,2005c;张爱英 等,2010;Ren et al.,2008,2014)。这种影响在过去长期没有得到应有的重视,致使在全球陆地和区域性地面气温分析结果中,还不同程度上保留着局地人为活动引起的平均气温和最低气温序列趋势正偏差。观测环境改变和城市化对近地面风速记录的影响也非常明显。城市化造成的观测偏差,不仅存在于原始资料和经过质量控制的资料中,也存在于经过均一化订正的资料中,在多数情况下均一化订正还恢复了城市化对地面气温等要素变化趋势的影响。因此,在资料均一化处理或订正的基础上,进一步评估和订正站点资料序列中的城市化偏差,是需要高度重视的一个关键科学和技术问题。

气候变化监测和检测还面临许多其他重要的技术和方法问题。只有在借鉴前人研究成果基础上,对不同时空尺度分析所面临的关键技术和方法开展系统研究,获取高质量的数据资料,优选"最佳"方法和方案,计算和分析结果才具有较高的可信度,气候变化科学大厦的根基才能够牢固,气候变化监测和研究结论对于决策者才真正具有参考价值。

## 1.1.2  基本概念

本书使用若干相关的术语。对于这些术语,在理解和使用上还存在一定差异。这里对有关术语做简要阐释。

**气候变化**:指由于气候系统外驱动因子改变即辐射强迫引起的多年代时间尺度以上的气候要素渐进演化过程。

气候通常指较长时期内的平均天气状态;气候系统则指由大气圈、水圈、冰冻圈、生物圈和岩石圈等地球表面的各大圈层构成的地球表层综合体(秦大河 等,2005;王绍武 等,2005)。气候系统外驱动因子主要包括太阳辐射、火山活动和人类活动。大气圈(或对流层)顶部接收的太阳辐射受太阳自身输出辐射变化的影响,也受到地球轨道参数、地球磁场和宇宙射线,以及星际空间宇宙尘埃变化的影响,其中地球轨道参数变化仅引起全球各纬度带不同季节入射太阳辐射量的再分配,并不改变地球作为一个整体的全年入射太阳辐射量(Bradley,1985;张

兰生 等,2000);火山活动是指爆发型火山喷发将硫化物等气溶胶带至平流层,悬浮达 1 年以上时间,影响对流层和地面接收的太阳辐射;人类活动主要包括化石燃料使用和土地利用等引起的大气中二氧化碳($CO_2$)、甲烷($CH_4$)、氧化亚氮($N_2O$)和水汽等温室气体浓度增加,硫化物、硝化物和黑碳等气溶胶排放,以及土地利用变化引起的陆地表面特性改变等(Pielke,2002;石广玉 等,2002;丁一汇 等,2008)。

在某一特定时期,上述气候系统外部驱动因子的强弱会产生变化,进而导致大气顶辐射净收支的变化,一般将其称为辐射强迫(IPCC,2007,2013)。在各种辐射强迫耦合作用下产生的全球和区域气候的长期演化,称作气候变化。因此,引起气候变化的辐射强迫,既包含自然外强迫,也包含人为外强迫。

多年代一般指 30 年以上时期。世界气象组织(WMO)规定用以描述平均气候状态的参考期或基准期是 3 个完整年代内的 30 年,2011 年以来采用 1981—2010 年。因此,两个基准气候期之间的差异才可以更好地反映气候平均状态的时间变化,这可以利用基于各种方法估计的研究时期内的线性趋势来表征。由于观测资料序列长度不足,过去也有采用 30 年左右观测资料分析气候要素趋势变化的,但利用不足 30 年连续观测资料开展趋势分析,一般认为意义不大。

**气候变异**:也称气候变率或气候可变性,是指由于气候系统内部分量或自然外驱动因子改变引起的月、季节、年际和年代时间尺度上气候要素的自然波动性,或者仅仅由于气候系统内部分量改变引起的多年代及更长时间尺度上气候要素的长期演化过程。

与气候变化不同,气候变异主要取决于气候系统固有的自身波动,或者仅涉及气候系统自然外部驱动因子相对高频波动的影响,与各种人为因素影响完全无关。政府间气候变化专门委员会(IPCC)把自然的多年代以上尺度气候变异也归入气候变化,没有区分气候变化概念中的自然外部驱动因子和自然内部过程影响。

地球大气圈、水圈、冰冻圈、生物圈和岩石圈每个圈层都有各自的时间演化过程,各个圈层之间还存在着复杂的相互作用,影响气候系统和地球表面的气候状态。由这些气候系统内部分量及其相互作用引起的气候状态自然波动即为气候变异。各个圈层的演进具有不同的特征时间尺度,其中大气圈的特征时间尺度最短,主要集中在月、季节到年际长度上,而岩石圈的特征时间尺度最长,板块运动和大陆漂移可以发生在数千万年到上亿年时期内。海洋、陆地植被和冰冻圈演进的气候学特征时间尺度一般为季节到千年,成为当前气候变化科学最为关注的影响气候系统和地球表面气候变异的主要分量。

在不同的时间尺度上,各个圈层作用对气候系统演化的影响程度存在差异。在月、季、年尺度上,大气圈和水圈与气候系统的交集或者相互作用较大,而岩石圈与气候系统几乎没有交集;在多年代时间尺度上,水圈中的海洋与气候系统存在较大的交集或者相互作用,而大气圈和岩石圈与气候系统的交集很小;在千年以上时间尺度上,岩石圈和冰冻圈在气候变异中的作用很大,大气圈和水圈则处于从属地位,作为响应圈层发挥“中间”作用。就每个圈层的作用强度随时间变化来看,大气圈在 $10^0 \sim 10^2$ 年尺度上迅速降低;水圈(主要是海洋)在 $10^1 \sim 10^2$ 年尺度上具有最强的影响,但在 $10^2 \sim 10^3$ 年尺度上迅速降低;岩石圈的影响一般发生在大于 $10^3$ 年的尺度上,在 $10^5$ 年以上尺度上逐渐成为影响地球气候变异的控制因素。

当前,对于各种时间尺度,特别是年代以上时间尺度上不同圈层的影响过程和机理了解很少。但是,与海洋有关的几个低频气候振动模态,如太平洋年代际振荡(PDO),以及北大西洋涛动(NAO)或大西洋多年代际振荡(AMO),很可能对区域甚至全球年代到多年代尺度气候变异具有重要影响(Li et al.,2000;周连童 等,2003);北半球高纬度地带和青藏高原的海冰、积雪范围也存在年代以上尺度的自然振动,可以对欧亚大陆和北美大陆气温、降水变异性产生一定影响。

对于观测的气候要素改变,常常不清楚是由何种原因、机理引起的。在这种情况下,为严谨起见,应将其称为气候变化和变异(National Assessment Synthesis Team,2000;Maccracken,2002)。但是,多数情况下人们仍用"气候变化"代表"气候变化和变异",可以理解为广义的"气候变化"。本书也采用这一广义"气候变化"的用法。

此外,气候变化学界还有其他几个常见相关术语,包括全球气候变化、气候转型、气候跃变和气候突变等。

**全球气候变化**:是指可能由于人类活动影响导致的全球变暖及与其相关的其他气候要素或气候系统分量的变化。气候变化均涵盖了全球气候变化,而后者又是前者的核心属性。全球气候变化也涵盖了全球变暖。在气候变化研究中,全球变暖、全球气候变化或人为气候变化及其影响、应对都是最重要的内容。全球气候变化这个术语的内涵最接近联合国气候变化框架公约(UNFCCC)和绝大多数学术界以外利益相关方对"气候变化"的理解。

**气候转型**:一般指气候要素或大气、海洋环流场从一种稳定状态快速转变到另一种稳定状态的自然过程。而**气候跃变**和**气候突变**则指气候变量历史时间序列中的快速涨落现象,前者用以描述近代、现代器测时期自然或人类活动影响下气候变量均值或极值的快速升降现象,后者一般指古气候时期自然外强迫或气候系统内部分量作用下气候变量的快速升降现象。典型的气候突变包括发生在末次冰期和冰退期北大西洋及其周边区域的平均气温快速大幅升降现象,区域性年或夏季平均气温在几年到几十年时间内上升或下降幅度可以达到5.0~10.0 ℃。发生在12.9~11.5 Ka BP的新仙女木事件,是近2万年来最典型的一次大尺度气候突变。作为对比,器测时期中纬度地区发生的气候跃变区域性年平均气温变化一般不会超过1.0 ℃。

以上是和气候变化有关的学术性术语。下面介绍几个同气候变化监测和检测有关的技术性术语。

**气候观测**:是指通过设立气象站或气象站网,开展定常、连续、规范的气候变量测量,获取能够描述气候状态及其随时间变化记录的过程。气候观测要遵守共同的规则,所获取的观测记录即气候数据资料也需要统一管理。因此,气候观测可以归为气象业务范畴。

1992年由世界气象组织(WMO)、联合国教科文组织(UNESCO)、联合国环境规划署(UNEP)和国际科学理事会(ICSU)共同发起了全球气候观测系统(GCOS),以满足对气候及与气候有关数据和信息的需求。GCOS计划取得了一定的成绩,为国际和国家气候变化研究、评估活动提供了基础数据支撑。中国也制定并发布了中国气候观测系统(CCOS)计划及其实施方案,必将完善中国地面和高空气候观测网络布局,推动气候观测业务建设,为气候和气候变化研究、业务和服务提供高质量数据资料。

无论GCOS还是CCOS,都是为满足日益高涨的气候变化监测服务和气候变化检测研究需要而发展起来的。气候变化的监测和检测对观测资料数量和质量的要求是相当严格的,二者均要求具有长期、连续或均一、能够反映不同空间尺度因子影响的高质量气候观测数据(丁一汇 等,2008)。为此,GCOS设计发展了全球气候观测系统地面网(GSN)和全球气候观测系统高空网(GUAN);美国建设了一个美国国家气候基准观测网(USCRN);中国开始设计、建设新的中国气候基准站网(CCRN)。但是,这些针对基本气候变量的高标准基准气候观测网,仍然存在各种不足。

**气候监测**:是指利用历史和实时观测资料,对气候系统关键变量短历时(月、季、年)异常状态及其原因的动态监视和分析。这个定义涵盖了原来的气候诊断内容。气候监测也属于气象业务范畴,并直接服务于短期气候预测工作。

**气候变化监测**:是指利用历史和实时观测资料,对气候系统关键变量长期(趋势性或转折性)变化的动态监视和分析。气候变化监测也应该归属到气象业务范畴。

气候变化监测与气候监测的区别不仅体现在时间尺度上,前者强调较长时间尺度上的趋势性或转折性变化,而且也体现在监测的内容和目的上。从内容上看,气候变化监测注重基本气候变量如气温、降水、太阳辐射、风速和潜在蒸发等平均态的走势,以及极端气候事件频率和强度的趋势,同时也十分重视气候影响因子如太阳活动、火山活动、温室气体、气溶胶、土地利用/土地覆盖,以及气候响应变量如植被指数、冰雪面积、湖泊水位、海平面、能源消耗、作物产量、河流流量等的长期演化情况;气候变化监测的空间范围包括从单站到全球等不同的水平空间尺度;此外,在垂直范围上,地面气候变化监测具有很好的基础,将来高空气候变化监测应进一步重视。从监测目的看,气候变化监测不是为短期气候异常诊断和预测服务,而是直接为气候变化检测、归因、预估以及影响评估等基础性研究服务。

气候变化监测业务首先要求具备一个完善的气候观测网络,积累了至少几十年的历史观测资料,并与实时观测资料结合,通过质量控制、均一化处理甚至城市化影响偏差订正,获得免除各种随时间变化断点和系统偏差的高质量资料数据集;然后要求发展和采用能够反映气候平均状态和极端性的指标体系,以及使用适于不同空间尺度的时间序列构建和分析方法;最后需要建立一个基于计算机自动处理程序的气候变化监测业务系统(图 1.1)。

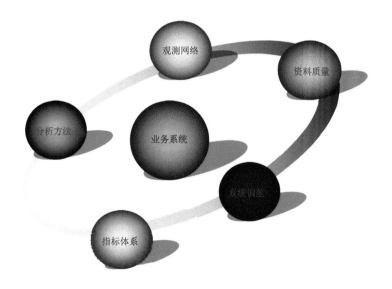

图 1.1 气候变化监测业务系统的技术需求

与气候监测比较,气候变化监测对历史观测资料序列长度和质量有更高的要求。一般情况下,历史观测记录时间长度不应少于 30 年,最好跨越两个不重叠的 30 年基准气候期。观测资料序列要具有良好的时间连续性和均一性,特别要求没有或者消除了由于更换仪器、站址迁移、观测规范变换等各种人为影响造成的序列断点或非均一性。在区域、大陆和全球尺度上，气候变化监测还要求资料序列免除局地人为和自然因子影响造成的系统性偏差，如地面气温、风速和相对湿度等气候要素序列中的城市化影响偏差和植被生长、湿地变化等引起的偏差（任国玉 等，2014）。

**气候变化检测**：是指证实所关注时段内观测到的气候系统关键变量长期（趋势性或转折性）变化在统计意义上是显著的且无法用相应时期内气候系统内部自然变异性来解释的一个分析过程。气候变化检测隶属研究范畴。

和气候变化监测一样，气候变化检测研究对观测资料序列的均一性以及各种人为和自然因子影响造成的系统性偏差，具有很严格的要求。不同于气候变化监测，气候变化检测不要求实时性和滚动开展，可以利用非实时或未更新的观测资料对过去某一特定时段进行分析研究，但要求对探测到的长期变化的统计显著性做出判别，并对气候系统内部自然变异影响的可能性进行排除。显然，最后一个任务实际上已经部分涉及气候变化归因研究内容了，仅仅依据目前的仪器观测资料和统计方法，是十分困难的一项工作。仪器观测资料一般仅有 100 多年，许多地区观测记录长度更短，无法捕捉多年代到世纪时间尺度上的自然气候变异，即使检测到某一特定时段内某一气候变量的趋势变化在统计上是高度显著的，也不能确认这种显著的趋势变化不是气候系统内部低频变异性作用的结果。因此，在很多情况下，气候变化检测需要借助代用资料和古气候分析。

**气候变化归因**：检测到显著的长期变化不一定意味着其原因已经认清了，把这种变化同各种人为或自然强迫因子的影响关联起来的过程就是气候变化归因。气候变化归因首先要求证明观测的显著变化不能由气候系统内部自然变异来解释；然后还要证实各种已知的外强迫包括自然强迫和人为强迫对特定时段气候变量长期变化的分别贡献是多少（Barnett et al.，1999；Barnett，2005）。因此，气候变化归因是建立因果关系的一个过程，包括检验各种假设条件。

气候变化归因是一项极为困难的工作，也是气候变化基础科学领域最具争议性的研究。争议的主要原因在于人们对地球气候系统对主要外部影响因子的敏感性认识不足，对气候系统内部低频变异规律了解不充分，对用于归因分析的气候系统模式再现多年代尺度自然变异的能力缺乏足够信心。

气候变化检测与归因具有密切联系，二者经常同时使用，把检测作为归因分析的前提，而把归因作为检测研究的自然延伸。在一些使用中，甚至就用检测表示二者的全部含义。

上述术语之间既存在一定联系，也具有重要区别。表 1.1 列出了各个术语的基本含义及其主要区别。

总体来看，气候监测涉及的时间尺度比较短，而气候变化相关的术语涉及至少 30 年以上的时间长度，气候观测跨越最完整的时间谱，从分钟到数世纪；气候变化归因涉及区域以上空间尺度，因为当前对于局地或流域尺度的归因还受到很低的信噪比以及模式模拟能力制约，其他术语均涉及局地到全球尺度；从所采用的技术手段和方法来看，气候观测主要采用各类气象仪器、卫星遥感和雷达、通信设备等，需要高标准的硬件建设，气候监测、气候变化监测和检测主要使用历史和实时观测资料和统计技术，气候监测还重视使用再分析资料，气候变化归因除了利用各类观测资料外，还利用气候模式技术；产品或分析结果可靠性最高的是气候观测和气候监测，较高到中等的有气候变化监测和气候变化检测，中等到较低的是气候变化归因；按属性划分,气候观测、气候监测和气候变化监测都属于气象系统的基本业务范畴,而气候变化检测和气候变化归因则为科学研究范畴。

表 1.1 气候变化监测、检测相关术语基本含义比较

| 序号 | 中文名 | 时间尺度 | 空间尺度 | 技术方法、资料 | 可靠性(准确性) | 属性分类 |
|---|---|---|---|---|---|---|
| 1 | 气候观测 | 分钟到数百年 | 局地至全球 | 仪器、卫星遥感、通信设备 | 高 | 业务 |
| 2 | 气候监测 | 月、季、年、年代 | 局地至全球 | 观测和再分析资料、统计技术 | 高 | 业务 |
| 3 | 气候变化监测 | 多年代到世纪 | 局地至全球 | 观测资料、统计技术 | 较高 | 业务 |
| 4 | 气候变化检测 | 多年代到世纪 | 局地至全球 | 观测资料、统计技术 | 较高、中 | 研究 |
| 5 | 气候变化归因 | 多年代到世纪 | 区域至全球 | 观测资料、统计技术、模式 | 中、较低 | 研究 |

注:可靠性或准确性根据专家判断确定,分五级:高、较高、中、较低、低。

### 1.1.3 地位和作用

气候变化监测和检测在气候变化科学体系中占据举足轻重的地位,是整个气候变化科学大厦的基石。

气候变化监测依赖于气候系统观测为其提供高质量的历史资料和实时资料数据,同时又与古气候重建一起,为气候变化检测研究奠定基础;气候变化检测是气候变化归因的基础工作,常常也是后者密不可分的组成部分;气候变化监测、检测,以及建立在它们基础上的气候变化归因研究,均为气候系统模式发展和气候变化预估的先决条件。因此,气候变化监测、检测是气候变化科学研究的重要基础性工作,而气候变化科学研究将为气候变化科学评估活动提供基本素材(图 1.2)。

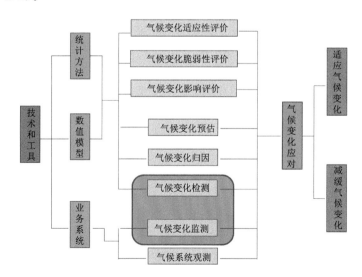

图 1.2 气候变化监测、检测在气候变化科学中的地位

以温度变化监测和检测为例,其中一项重要工作内容就是分析全球平均表面温度序列,准确估计全球平均变暖幅度和速率,理解各种人为干预造成的趋势估计的不确定性,确定近期或现代气候变暖的显著性水平,以及这种变暖在历史上的地位;然后,要在现代和历史全球或区

域地表温度和辐射强迫长期变化分析的基础上,估算地球气候系统对外强迫因子特别是大气中温室气体浓度变化的敏感性;最后,需要利用气候系统模式和统计技术,采用不同方法识别过去几十到上百年全球或区域气候变暖的原因,给出不同强迫因子对变暖的分别贡献程度。因此,作为气候变化业务基本组成部分的气候变化监测,以及作为气候变化科学研究重要内容的气候变化检测,是整个气候变化基础科学研究和科学评估工作的基础(图 1.3)。

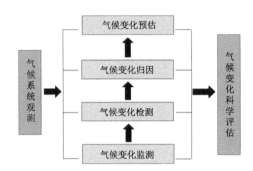

图 1.3　气候变化监测与气候系统观测和气候变化科学评估的关系

在这个过程中,研究者能够回答气候变化科学界和决策者最为关心的几个科学问题:全球和区域气候是否已经变暖? 如果变暖了,变暖的程度和速率是多少? 是否已经超出了人们经历的现代自然气候变异区间? 从更长时间尺度上看,现代气候变暖是否已超出了人们没有经历过的自然气候变异范围? 地球气候系统对各种外强迫,特别是对温室气体浓度增加的敏感性究竟有多大? 观测到的气候变暖到底是什么原因引起的? 各个已知气候外强迫因子对变暖趋势的贡献都是多少?

回答了这些科学问题,才能够进一步发展和完善气候系统模式,开展气候变化预估研究,为未来气候变化影响和脆弱性评价提供可靠的未来气候情景,也为更好的归因研究提供工具;回答这些问题也为过去气候变化影响的检测、评价提供基础信息和科学认识。

对于其他气候变量和极端气候事件,以及气候系统其他圈层和外部气候强迫因子长期变化的监测和检测,能够更加系统地了解全球和区域气候长期演化的关键特征及其机理和原因,促进气候变化科学不断进步。

## 1.2　技术内容、方法和步骤

### 1.2.1　监测、检测对象

气候变化监测、检测的对象是全球、大陆、区域和局地气候多年代以上尺度气候变化和变异规律。全球包括全球陆地和海洋,大陆如亚洲或欧亚大陆、非洲大陆、北美大陆等,区域包括次大陆尺度、国家和地区以及较大的流域,局地包括单站、几十到几百平方千米范围和较小的流域等。一般情况下,气候变化监测和检测更关注区域以上尺度的关键气候要素(如地面气温)长期变化。在局地尺度上,由于观测资料序列中的短时间尺度自然气候变异性影响更加明显,信噪比较低,开展气候变化监测和检测工作对于影响评价和适应是很重要的,也是易于做到的,但还难于开展气候变化归因研究。

气候变化监测和检测的内容十分广泛（表1.2）。大气圈最重要的监测内容是地面气温和海表温度,简称地表温度;其次是大气降水,主要包括降雨和降雪。与气温和降水有关的极端气候事件,以及与天气系统相联系的极端天气现象如热带气旋(台风)、沙尘暴、龙卷、雷暴等,也是气候变化监测、检测的重要内容。此外,对高空气温、大气相对湿度和绝对湿度、蒸发量、云量、风速和风向、太阳辐射、日照时间等要素变化的监测、检测越来越重视。对温度的极端重视主要和人们特别关注全球和区域气候变暖现象及其可能的人类活动影响有关,也和温度更敏感地反映了大尺度气候系统的变化以及观测资料更易于获得等因素有关。从这个视角看,其他气候要素以及极端气候事件变化常常被看作对全球气候变暖或全球气候变化的响应方式。

表 1.2　气候变化监测和检测的内容

| | | 内容 |
|---|---|---|
| 气候变化监测 | 气候要素均值 | 温度、降水量、水面蒸发量、风速、日照时间、大气水汽等 |
| | 极端气候事件 | 高温、低温、强降水、干旱、热带气旋、沙尘暴、强风、雷暴、龙卷等 |
| | 气候驱动因子 | 太阳活动、地面太阳辐射、火山喷发、温室气体浓度、气溶胶含量、土地利用等 |
| 气候变化检测 | 气候要素均值 | 温度、降水量等 |
| | 极端气候事件 | 极端高温、极端降水、干旱、热带气旋等 |

大气圈以外的其他圈层,海洋的主要监测和检测内容除了海表温度,还包括次表层和深层水温、海平面、海水酸度、表层风、波浪高度等;冰冻圈主要包括陆地积雪、冰川、冻土、海冰面积、河湖结冰等;陆面特征可以监测分析地温、植被覆盖、湖泊水位或面积、河流径流量、地下水位等。

除了作为气候要素的上述变量,还需要对作为气候变化和变异影响因子的若干重要驱动变量进行监测和检测。这些包括大气中温室气体浓度、气溶胶浓度、臭氧总量、太阳活动和太阳辐射、地表太阳辐射、火山活动等。其中,温室气体、气溶胶、太阳辐射和火山活动变化的监测得到高度重视。

同气候变化监测、检测比较,气候变化归因和预估研究内容相对比较单纯,目标变量多限于地表温度、降水量和与温度相关的极端高温事件等,而温室气体、气溶胶、太阳输出辐射和火山活动等则作为驱动变量或强迫因子对待。这主要是因为归因和预估研究还存在着较大的不确定性,很难对温度以外的其他气候要素和所有极端气候事件变化进行可靠的原因分析和趋势模拟。

对不同要素变量的监测,从气候变化角度看主要是揭示多年代以上尺度的趋势性变动或低频波动,而从气候变异角度看也关注短时间尺度的异常状态,包括年际到年代尺度的波动。以地面气温变化监测为例,气候变化研究和应对最为关注的是全球或一个较大地区最近几十年以至更长时期内的气温上升趋势或多年代尺度振动。对于区域以上尺度,由于温度变化趋势对于某一年气候异常不很敏感,每年更新监测内容在多数情况下显得不是很必要,5年左右时间更新一次比较合适;但在局地或小流域尺度上,某一年的降水异常可能会明显改变对长期变化趋势的估计,每年更新监测内容也就具有足够理由。在任何情况下,如果关注短期气候变异性及其影响,都需要对每年的关键气候变量异常状态进行实时监测。这种短时间尺度实时监测与现有的气候或气候异常监测是相同的。

除了趋势变化和年际异常，气候变化监测也要对气候跃变或转折现象进行实时监视和分析。同样，这种跃变或转折的信号常常也需要在若干年内才能显现出来，但逐年开展连续的监测对于排除当前发生跃变或转折的可能性仍然有帮助。

## 1.2.2　观测资料

如前所述，高质量的长序列观测资料对于气候变化监测和检测工作至关重要。但是，在各种空间尺度上，已有的历史观测数据都存在很多不足或问题。造成这种状况的主要原因是，过去的地面、高空观测系统大部分不是为气候变化监测和研究设计和运行的，而是为天气预报或者传统的气候学研究服务的。自 20 世纪 80 年代以来，人们对观测资料的诸多问题有了深入认识，但由于观测资料积累需要漫长的过程，对于当前的监测和研究来说，不得不采用存在各种瑕疵的历史观测数据。

在这种情况下，就需要对各种历史气候观测数据进行严格的质量检验和处理，也需要对早期采样不足等原因造成的分析误差做出科学评估。另一方面，从未来气候变化监测和研究工作的需求来看，还非常有必要改进现有全球和国家级气候观测系统，或者发展新的气候观测系统。

假设现有的全球和区域气候观测系统具有完善的功能，能够满足气候变化监测和检测工作需要，或者由于没有其他可替代的观测系统，只能利用现有的观测网络，首先需要考虑的一个问题就是已有观测站网的遴选和优化布局。在这个过程中，长期以来不同研究组采用了不同的策略和方案，但基本原则是相近的，就是尽可能利用几乎所有长序列历史观测站点资料。例如，英国东英吉利大学气候研究中心（CRU）、美国国家海洋大气管理局（NOAA）的美国国家气候数据中心（NCDC）和美国国家航空航天管理局（NASA）的美国戈达德空间研究所（GISS）都建立了全球陆地地面气温站点数据集。CRU 选用了全球 4891 站的月气温数据，空间分布做到尽可能相对均匀；NCDC 的数据集拥有 7280 站月平均气温数据和近 5000 站的月平均最高（最低）气温数据；GISS 月气温数据集与 NCDC 数据相似，但在南极大陆增加了少量来自南极研究科学委员会（SCAR）公布的观测资料，全部站点数约 6300 个。

由于各个数据集在不同时间所包含的站点数量、疏密程度及其覆盖范围不同，所有数据集则存在着早期站点空间分布的严重非均质性，可能会造成对全球陆地或区域平均气温序列趋势估计值的差别，以及距离真实变化趋势值的偏离。评估、了解这些差别和偏差可以为改进观测站网布局和数据集质量提供帮助，也可以为所建立的区域和全球平均气温序列误差估计提供科学依据。

WMO 气候学委员会曾对 GCOS 的现状和问题进行过评估，并在此基础上设计一套基于现有观测站网的全球气候观测系统地面网（GSN）和全球气候观测系统高空网（GUAN）。GSN 大致有 1000 个站（2012 年 1 月为 1023 个），大体均匀分布于全球各个大陆和海岛，基本上是按照若干原则和标准从现有的 NCDC 等全球数据集中遴选出来的。这些标准是比较宽松的，例如，没有对具有 100 年以上气候记录的台站附近观测环境及其城市化影响程度等做出严格规定，致使许多城市站仍保留在 GSN 中。

NOAA 在 21 世纪初建立了美国国家气候基准观测网（USCRN）。USCRN 的目的是为美国提供一个全新的基准气候观测平台，最大限度降低由于各种人为因素造成的长序列地面气温和降水资料中的偏差。首批 USCRN 站点在美国本土超过 100 个，后来增加的区域基准气候站网也超过 150 个站。这些站几乎完全设置在远离任何形式居民区的国家自然保护区、国家公园和科学试验基地,站址将保证在未来 50～100 年内不迁移,不改换仪器类型,因此未来的基本观测资料不需要进行任何非均匀性检验与订正,也几乎完全脱离了城市化的影响。除地面气温与降水外,USCRN 观测还包括风速、太阳辐射和地表温度等关键气候变量。USCRN 已经运行了十几年,是当前世界上唯一符合长期气候变化监测和检测工作需要的地面气候观测网络。

中国气候观测系统正在建设中,已经制定了初步的建设方案。中国气候观测系统建设的目的是为全国和区域气候变化监测、检测、预估和影响评价以及适应气候变化工作服务。就气候变化监测业务和检测研究的需求来看,在中国气候观测系统中,国家地面基准气候站网的建设十分重要,它应该能够提供全球最高质量的地面气候关键变量观测数据。国家地面基准气候站网的优化布设应该结合中国的实际情况,参考 USCRN 建设标准,在现有国家地面基准气候站网的基础上,大大提高建设标准,解决青藏高原等区域观测空白和观测环境代表性、稳定性差等一系列问题。

当前开展的气候观测系统建设主要是为未来的监测和研究服务。对于监测和研究工作,不得不继续应用已有的观测资料,即不同来源的历史气候观测资料。

对于现有的历史气候观测资料,主要的工作是如何改善资料的覆盖面以及完整性、连续性和代表性,获得具有较高质量且尽可能反映实际变化的长时间资料序列。为此,有 3 个方面的工作需要加强:

(1)进一步发掘和数字化早期仪器记录,特别是在资料稀缺地区,如非洲、南美洲和亚洲。国际地球大气环流重建计划(ACRE)的一个主要任务就是协调开展这项工作。

(2)历史气候资料质量控制、插补和均一化。这项工作要对过去观测记录中出现的错误值、缺测现象以及由于人为原因导致的非均一性或序列断点等进行检验、评估和订正,获得具有基本质量保证和均一化的数据产品。

(3)历史气候资料的系统偏差评估和订正。对于地面气温资料,主要偏差来自城市化影响,特别是城市热岛效应随时间不断增强造成的局地增温偏差;而对于降水观测资料,主要偏差来自各种原因引起的近地面风速减缓产生的影响,又称空气动力学偏差。这种近地面风速减缓作用致使气象站雨量计雨雪捕获率上升,产生虚假的趋势性变化。

ACRE 的目标是协调全球范围早期仪器观测资料的发掘、归档、数字化、质量控制和应用研究,特别要为世纪时间长度气候资料再分析和气候变化研究提供基础观测数据。ACRE 的早期资料拯救工作已在欧洲、南美洲、非洲、东南亚和东亚等多个地区开展。ACRE CHINA 是 ACRE 的一个子计划,主要目的是协调中国地区早期资料的发掘、归档、数字化、质量控制和气候变化研究,特别注重通过 ACRE 的国际合作,拯救国内外历史档案记录中有关中国的地面气温、降水和气压等观测资料,汇集和分析根据清代《雨雪分寸》等历史档案记录重建的300 余年降水资料。

历史气候资料的质量控制、插补和均一化工作,已经在世界主要气候资料分析和气候变化研究机构开展起来。NOAA 下属的 NCDC、加拿大环境部下属的气象服务中心、英国气象局哈得来中心和澳大利亚气象局等西方国家科研业务机构,在资料均一化技术研究方面具有领先优势。中国气象局国家气象信息中心结合国家“十五”科技攻关项目研究需求,自 21 世纪初开始开展全国地面气温资料均一化研究,已经发布了多套中国大陆地面月和日气温观测资料均一化数据集,在气候变化检测研究中得到广泛应用(Li et al.,2004a,2004b,2009)。中国科学院大气物理研究所也较早开展了单点地面气温观测资料的均一化研究(Yan et al.,2001)。

气候变化监测和检测常常是大尺度气候变化分析工作的组成部分。在区域、大陆和全球尺度上,人为因素造成的局地观测环境演化会对某些敏感气候要素(如地面气温和风速等)观测记录产生随时间变化的影响。由于这种影响具有强烈的局地性,在台站之间广大区域内不具有普遍性,一般将其作为观测资料序列的系统偏差看待,需要进行客观评估和合理订正。

历史气候资料的系统偏差评估和订正研究始于美国。NCDC 评估了美国历史气候资料数据集中的地面气温资料序列的城市化影响,并根据台站附近居民点人口资料对城市化偏差进行了订正(Karl et al.,1988);此后,NASA 的 GISS 根据卫星夜间灯光等资料也对美国和全球陆地历史地面气温资料序列中的城市化偏差进行了订正,但对全球的订正不很理想(Hansen et al.,1999)。中国气象局国家气候中心等单位自 21 世纪初开始,系统地开展了不同空间尺度上地面气温资料序列中城市化影响评估研究,取得一系列成果和新的认识(任国玉 等,2005b,2005c;Ren et al.,2008,2014)。亚洲大陆和中国区域地面气温资料城市化偏差订正工作也正在开展,并取得初步成果。出于气候变化监测和检测工作需要开展的针对风速、日照或太阳辐射、降水和水面蒸发等要素的系统偏差评估研究极为罕见,订正工作更未见报道。

对于气候变化监测工作,仅有高质量的站点历史气候观测资料序列还不够,需要具备同历史观测资料站点基本对应的实时观测资料。WMO 全球通信系统(GTS)交换的地面和高空资料,中国气象局参与的其他多边和双边定时交换地面资料,以及位于 NCDC 的 GSN 气候资料管理中心分发的月气候资料等,可以作为实时资料源。实时资料和历史资料的对接技术,需要在对比研究的基础上予以开发。此外,各种时间尺度气候变化监测所需实时资料,仍然需要进行质量控制和系统偏差订正。

## 1.2.3 技术方法和步骤

在具备了高质量的历史和实时观测资料的基础上,开展气候变化监测服务,或者气候变化检测研究,还需要设计工作方案和流程,发展一系列相关技术和方法。

(1)首先需要明确监测和研究的空间尺度或范围。一般情况下可以划分为局地、区域和全球等不同的范围,大致分别对应 $\leqslant 10^2$ km$^2$、$10^3 \sim 10^7$ km$^2$ 和 $10^8$ km$^2$ 的空间尺度。在区域尺度上,按照自然水文、地貌特征差异,还可以划分出流域盆地、次大陆、大陆和大洋等不同的空间范围,如长江流域、南亚次大陆、欧亚大陆和北太平洋等;按行政区域界线可以划分出大洲、国家和省(区、市)等,如亚洲、中国、新疆等;根据自然气候区或气候变化或变异性差异可以进一步划分子区域,例如东亚季风区、温带大陆性气候区、华北气候干燥化区等。

子区域的划分主要取决于气候变化监测服务和检测研究的目的,常常也取决于观测资料的可获得性。全球气候变化或全球变化监测和研究,更加关注全球尺度的地表温度(包括陆表气温和海表水温)和高空气温长期变化;气候变化影响和适应性评估,对区域(常常是完整的行政单元)甚至局地尺度的地面气温、降水及其极端气候事件变化更为关注;水资源规划和管理工作,需要了解具体流域或子流域范围的降水、蒸发等陆地水循环要素演化规律。观测资料的可获得性一般和资料的时间分辨率有关。时间分辨率越高,资料越难以获取,或者资料的完整性和连续性越差。考虑到这些条件,一般将监测和研究范围限定在具有长时间、高质量观测资料序列的区域内。

监测、研究区域或子区域界线的确定,可以依据现成的行政界线、地貌界线、气候区域界线和流域边界等。根据气候变化或变异性差异划分子区域,还需要采用定性和定量相结合的方法对区域内所关注的气候要素长期变化趋势性或变异性进行客观分类,确定子区域边界。在一些情况下,为了计算和分析方便,还简单地选取特定经纬线组成的方框内范围作为检测和归因研究区域,或者作为区域内的子区域界线。

(2)明确了区域范围和子区域界线,接下来需要确定监测和研究的气候要素指标和指数形式及其计算方法。对于均值和累计量,计算方法常常比较简单、直接。例如,对于地面气温变化的监测和研究,单站情况下可以直接使用月和年平均气温资料,或者采用月气温距平值计算年平均气温距平序列;局地多站或区域多站情况下,由于地形和站点分布不均衡等因素影响需要考虑,一般需要转换为月和年平均气温距平值,再计算、建立区域或多站平均气温距平序列;对于降水量变化的监测和研究,由于其时空分布的高度变异性,一般选用降水量距平百分率或者标准化距平,但单站情况下也可以直接使用月或年累计降水量指标。

极端天气气候事件变化的监测和检测,对于指标、指数的定义和计算比气候要素均值和累计量指标要复杂一些。极端天气气候事件指数可以划分为两大类:一类是同地面日(小时)气温、降水有关的派生指数,如高温和强降水日数等;另一类是与不同尺度强烈天气系统有关的天气气候现象,如台风、沙尘暴、雷暴和龙卷等。

就与气温、降水有关的极端气候事件指标来看,又可分为 3 个亚类:①极值指标,例如日最高和最低气温,月、季、年极端最高和最低气温,年内连续 3 d 最大降水量,月、季、年 24 h 最大降水量等;②绝对阈值指标,根据固定的气温和降水界限值定义,如根据日最高气温 35 ℃阈值定义的高温事件,根据日最低气温 0 ℃定义的霜冻事件,以及根据 24 h 降水量 50 mm 定义的暴雨事件等;③相对阈值指标,又叫漂移阈值指标,一般采用百分位值加以界定,例如可以将参考气候期或整个时期日最低气温值高于第 95 个分位值的日子称作暖夜,低于第 5 个分位值的日子称为冷夜,把日降水量高于第 95 个分位值的雨日称作强降水等。利用绝对阈值和相对阈值定义的部分极端气候事件,还可以根据需要进一步划分为频率(日数)、累计量(均值)和强度,例如高温事件可以分别统计分析高温日数、高温均值和高温强度,暴雨事件也可以分别统计分析暴雨日数、暴雨累计量和暴雨强度等。

强烈天气系统指标可以采用不同时期内发生的个数或频数来表征,如每年生成和登陆的热带气旋个数,每年发生的雷暴次数等;也可以根据天气系统的持续时间、强度和影响等定义极端强烈事件的频次和强度,例如,根据中心气压和最大风速把强热带气旋定义为台风,根据能见度和最大风速将沙尘暴分类为弱、中和强沙尘暴事件等。

除了单独极端气候事件指标,还可以定义综合性极端气候指标,对于极端气候变化监测,以及从整体上认识区域极端气候变化趋势、原因和影响,具有实际意义。Karl 等(1996)针对美国本土地区定义了一个极端气候指数(CEI),并对该指数的时间变化进行了分析;Baettig 等(2007)也提出一个极端气候变化指数,考虑了诸如最热年份数、最干和最湿年份数、异常暖的夏季和冬季年份数等。CEI 是由月平均最高气温、月平均最低气温、极端日降水量、降水日数和无雨日数,以及帕默尔干旱指数(PDSI)等单项指标组成,在年和季节平均基础上计算。世界各地极端气候事件的种类和影响各不相同,综合极端气候指数需要考虑气候和极端气候影响的区域差异。

任国玉等(2010)发展了一个针对中国大陆地区的综合极端气候指数。该方法主要根据中国常年极端气候特点和不同种类极端气候事件的经济社会影响,选取全国平均高温日数、低温日数、强降水日数、沙尘天气日数、大风日数、干旱面积百分率和登陆热带气旋频数7种极端气候指标,分别进行标准化处理,再依据各种极端气候事件引发的灾害严重程度及其社会影响大小,确定其对应指标的相对重要性和权重系数,最后累加合成一个综合极端气候指数。

(3)单站、区域和全球平均气候序列构建及其误差评估。单站气候要素均值、累计值和极端气候指数序列的建立,主要依赖逐年观测资料和指标计算方法,获得逐年指数值。值得注意的是,单站气候变化监测和分析结果对资料连续性和均一性的依赖性更高,需要对资料的质量问题给予足够的重视;如果属于城市站,城市化影响将对敏感气候要素序列变化趋势产生一定贡献,既可以作为驱动因子对待,也可以当作观测资料序列系统偏差处理。

区域和全球平均气候序列的建立,需要考虑站点数量和分布的充分性、代表性,资料空间内插和网格化方法,以及区域平均方法等几个问题。就站点数量和分布的充分性和代表性来说,如果拟采用的资料是标准的基准气候站网观测数据,由于在站网布局和建设过程中已经对此进行了严密的科学论证,一般不需要对站点做增减;如果站点密度略高于基准气候站网的观测覆盖面,站点分布又相对均匀,也不需要做较大调整,对于降水变化,更高密度站点常常是有必要的;但如果站点数量和密度比基准气候站网稀少,或者空间分布不够均匀,就需要通过对比试验证实其可行性,或者评估其对监测和分析结果造成的误差。

对于一个很小的区域,或者站点非常少,计算区域平均值可以采用简单算术平均的方法。多数情况下,区域内分布着足够数量和密度的站点,区域平均的计算就需要使用更为成熟的方法。在全球和大区域的情况下,通常是先划分一定尺寸的经纬度网格,或者子区域面积不大情况下利用子区域范围,然后采用资料空间内插方法或简单算术平均方法获取每个网格或子区域的平均值,再根据网格和子区域面积做加权平均,获得整个区域逐年平均值,形成区域平均气候指数序列。网格尺寸或子区域面积,以及网格化或子区域平均计算方法,对监测和分析结果有一定影响,但这种影响一般都很小。

不论单站、区域还是全球平均气候序列,都存在由于各种原因造成的误差或不确定性,需要进行评估。单站气候序列的误差主要包括采样误差、偏差误差和随机误差。区域和全球平均气候序列的误差一般包括台站误差、采样误差、偏差误差和随机误差(Brohan et al.,2006;Jones et al.,2012)。台站误差是指单个站点观测值或距平值的不确定性,其中又包括测量误差、订正误差、计算误差、漏记误差和基准气候值误差等;在区域和全球平均序列中,采样误差主要是由于在网格化或子区域平均值估计中站点数据不充分所引起的误差,在资料稀缺地区(如南半球的南极和非洲等地区)和任何区域的早期阶段(19世纪后期和20世纪初期)比较大;偏差误差又称系统误差,是指由于观测方法或观测环境系统性改变造成的不确定性,其中最明显的是台站周围观测环境和城市化产生的随时间变化的影响;随机误差是指各种人为原因引起的观测资料序列中随机的或没有固定倾向的误差,台站误差和采样误差中的一些不确定性具有随机误差性质。

可见,在区域和全球平均气候序列中,对于长期趋势估计影响最大的主要是采样误差和系统误差;其他各类误差的影响都比较小,在样本量足够大的情况下,误差具有明显的随机性质。随着研究的深入,将来如果能够对台站观测环境和城市化因素造成的地面气温序列中的系统误差予以订正,则会在很大程度上减少趋势估计值的不确定性,但是早期资料空间分布不均匀造成的分析结果误差仍难以消除。

(4)气候变化与变异时空规律分析。单站或区域、全球气候时间序列,都存在着多种尺度的时间或空间特征规律,需要结合统计方法进行分析。就气候变化监测和研究来说,一个最值得关注的特征就是长期变化趋势。之所以关注长期趋势,主要是因为现有可靠观测资料序列长度一般仅有100多年,常常只有几十年,基本上处于人们怀疑具有强烈人类活动影响特别是人为大气温室气体浓度持续增加的时期内,便于在归因分析中将其与人为外强迫作用联系起来。以地面气温变化为例,一般最关注的问题包括:一个较大区域地面气温及其相关的极端气温指数序列是否存在长期增加或减少的趋势? 如果存在趋势变化,是否通过了统计显著性检验? 在区域和全球范围总体上升或下降的条件下,各子区或地区的变化存在什么空间差异? 这些问题就要通过低通滤波(滑动平均)、趋势拟合、累积距平、$t$ 检验(或 M-K 检验)和空间内插等统计方法,计算获得新的序列或数据,编制相应的图表,予以分析解决。

在气候变化检测分析中,人们也关注气候序列的其他时间特征,包括跃变和准周期性特征。现代气候系统中不存在百年到万年尺度上(例如末次盛冰期和冰消期)的突变现象,但长序列观测资料中可能存在统计意义上的跃变点,也可能存在年代到多年代尺度的准周期性规律。这种跃变和低频准周期特征同气候趋势性变化之间具有相互影响,特别是可能改变某一时期的趋势变化速率,因此对于气候变化监测和检测具有重要意义。此外,检测气候序列中的跃变和准周期性,实际上已经属于气候变异研究范畴,对于认识年际以上尺度自然因子驱动作用下的气候变异机理和中长期气候可预测性具有实际价值。

可用于分析跃变和周期的统计方法有很多种。常用的气候跃变分析技术包括 M-K 检验方法、滑动 $t$ 检验方法和 Yamamoto 检验方法等,一般认为 M-K 检验方法和 Yamamoto 检验方法都具有较强的优势;用于准周期性分析的技术主要包括功率谱分析、小波分析、最大熵谱分析和谐波分析等方法,其中小波分析方法由于能够揭示时间序列的细致时频特征而受到一致青睐,在实际工作中得到广泛使用。单站气候要素序列的跃变分析结果,对于人为因素造成的不连续性十分敏感,必须使用高质量的均一化资料。

(5)气候变化归因分析。归因分析有多种方法,但所有方法都离不开检测分析。气候变化检测研究中对于现代器测气候要素趋势变化的分析、古代各种代用气候资料不同时间尺度气温和降水变化规律的分析、过去不同时间尺度上外强迫因子长期变化规律的分析等,都是气候变化归因研究的基础。此外,归因研究还强烈依赖人们对于各种时空尺度气候变化和变异原因、机理的认识程度,以及全球和区域气候模式的模拟能力。

最优指印方法在归因研究中得到较多应用。这个方法实质上就是比较不同的模式试验结果与实际观测趋势估计值之间的相关性。模式试验方案包括具有已知主要外驱动因子(温室气温、太阳辐射和火山活动)影响的强迫试验,以及没有外强迫影响的控制试验。通过曲线图或回归方法(尺度转换因子),将每一个或所有具有外强迫的试验结果与观测趋势进行比较,可以定性或定量确定气候对于各自以及全体强迫因子响应的性质和强度。

在运用最优指印方法进行归因分析时,有几个假设条件,其中包括:人们对于气候系统外驱动因子影响的认识是完整的、正确的;气候模式对外强迫的敏感性是合理的,对气候系统内部多年代尺度自然变异性有模拟能力;历史气候观测资料数据不存在明显的系统性偏差。随着研究的深入,人们对这些假设可能会有新的认识。因此,对于定量的归因分析,当前的认知条件或许仍不成熟,应该以定性归因分析为主。

　　气候变化监测要实现业务化,气候变化检测研究结果要做到具有可重复性,都必须遵循一定的规范步骤或工作流程。这里以气候变化检测研究为例,说明其主要技术内容及其工作流程(图 1.4)。

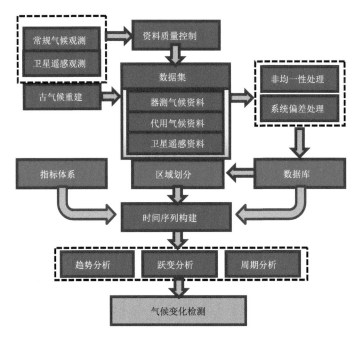

图 1.4　气候变化检测技术内容和工作流程

　　气候变化检测研究首先需要一套历史气候观测资料。最常用的资料是常规地面气候观测资料、卫星遥感资料和古气候代用资料。其中,常规地面气候观测资料和卫星遥感资料可能存在由于各种因素造成的质量问题,需要进行质量控制;而古气候代用资料质量问题在重建过程中已得到检验和纠正,可直接进入初始数据集。再分析资料可否用于气候变化检测,还存在争议,但一般认为至少当前阶段还不适宜应用。

　　所有种类历史资料都可能存在由于各种人为因素造成的序列非均一性,以及由于局地人为环境渐变产生的系统偏差,其中气温、风速和风向、相对湿度、太阳辐射等对人为干扰敏感的要素观测记录尤其明显,必须进行非均一性检验和订正,以及城市化影响偏差的评估和订正。城市化偏差的订正还没有得到应有的关注,但对于气候变化检测来说,正是这种偏差才是导致分析和研究结果严重偏离真实趋向的原因。在全球和区域平均气温序列分析中,通常是把城市化偏差作为误差分析的一个分量处理,给出所有原因产生的随时间变化的误差范围,但这是不够的,将来必须在科学评估的基础上进行客观订正。经过均一化和城市化偏差订正处理的资料,将作为气候变化检测研究的基础数据集。

　　有了上述基础资料数据集,就可以规定研究区域范围和时间范围,发展和确定研究中需要使用的指标或指数,然后采用规范或标准的方法、步骤建立相应的单站或区域平均指数时间序列,例如全球陆地年平均地面气温距平序列,或亚洲地区夏季降水量距平百分率序列,并对所构建的时间序列误差进行评估,给出误差分布的定量估计值。

　　接下来就是根据所构建的气候指数时间序列,以及前述气候变化时空规律分析方法,开展所关注要素的长期趋势、周期性和阶段性规律分析。需要再次强调的是,在气候变化研究中,最为关注的特征是仪器观测时期某一固定时间段某一气候要素的长期趋势性变化,这主要和人们对全球气候变暖速率、原因及其未来趋势等科学问题的密切关注有关。短程周期性和阶段性分析主要用于检测和认识气候系统内部变异规律,对于不同时间尺度气候预测有帮助,但在气候变化监测和研究中一般很少采用。

在历史观测资料基础数据集的基础上,增加实时观测资料,合理结合历史和实时资料,并在气候变化规律分析部分去除周期性和跃变分析,定时更新单站和区域平均气候要素时间序列,给出关键变化特征分析结论,就是气候变化监测工作的主要技术内容和步骤。

但是,在气候变化监测业务工作中,由于任务的持续性和人员组成的复杂性,常常要求在相关研究工作成果的基础上,建立相对稳定和更为规范的工作流程和技术方案。这就需要:①在气候变化基础数据库研制、更新方面,应对基础观测数据集包含的地面站点数据进行筛选,对历史资料和实时资料数据进行合理对接,以便保证业务运行过程中单站资料序列的连续性和可持续性;②在观测数据处理方面,应在相关技术和方法研究的基础上,开发出可用于业务系统自动、稳定运行的计算机软件包;③在气候变化监测产品生成及分析方面,应开发出各类图形、表格和文字自动制作及显示的计算机软件包;④最后,在监测产品发布、传输和存储方面,应开发建设一个基于气候信息处理与分析系统(CIPAS)和互联网的气候变化监测信息系统。

## 1.3　研究历史、现状和展望

对气候变化观测事实及其原因的研究,最初起源于对大气中 $CO_2$ 浓度增加和全球温度之间关系的关注。最近几十年,气候变化监测、检测和归因研究随之兴起,成为气候学和地球科学领域热门课题之一。这里主要以地面气温为例,简要介绍国内外气候变化监测、检测和归因研究的总体脉络(Weart,2003;任国玉,2008)。

19 世纪中后期,Tyndall 认识到大气中的水汽和 $CO_2$ 等气体具有所谓的"温室效应",并可影响地球的温度(Weart,2003)。19 世纪末,瑞典科学家 Arrhenius 和 Högbom 分析了大气中 $CO_2$ 浓度变化对欧洲地面气温的可能影响,指出人类活动引起的温室气体浓度增加,可能造成地球表面气温上升(Weart,2003)。在 1957—1958 年的国际地球物理年期间,建立了大气 $CO_2$ 浓度监测站。到 20 世纪 60 年代初,Keeling(1960)检测到大气中 $CO_2$ 浓度上升趋势。后来的长期研究表明,大气中 $CO_2$ 浓度的上升趋势非常稳定。20 世纪 80 年代中后期,南极冰芯资料表明,当前的大气中 $CO_2$ 浓度是史无前例的,同时在过去的几十万年内和地面气温同步波动,说明人类活动是工业革命以来大气中 $CO_2$ 浓度持续上升的主要原因,大气中 $CO_2$ 浓度变化可能是引起气候变暖的原因之一。

在 20 世纪 20 年代,人们通过分析当时的观测资料发现,欧洲和北美地区的气温自 19 世纪晚期以来表现出上升趋势。到 20 世纪 30 年代中后期,美国科学家利用美国东部和世界其他地区的资料,获得了全球平均气温变化序列,发现自 1865 年以来全球陆地平均气温已明显上升。1938 年,Callendar 发现,从 1890 年到 1935 年全球陆地平均气温上升了 0.5 ℃左右,并认为这可能是人类排放的 $CO_2$ 及其温室效应造成的(Weart,2003)。但其他科学家认为观测到的变暖可能是自然变化的一部分,变暖不会一直持续下去。

　　Ahlmann 也注意到北欧的增暖现象,但他在 1952 年发现,北方的温度实际上自 20 世纪 40 年代初以来就开始降下来了(Weart,2003)。温度的下降无疑也给温室效应引起增暖学说泼了冷水,有关气候变化原因的争论曾一度停息下来。1961 年,Mitchell 发现全球陆地平均气温自 20 世纪 40 年代初以来开始下降(Weart,2003)。他认为,原来的增暖可能和大气中 $CO_2$ 浓度增加有关,而气温逆转可能和火山喷发或太阳活动等影响有关。20 世纪 60 年代到 70 年代初,全球平均气温一直比较低,欧亚大陆尤其明显。Landsberg 认为,气候可能正在发生间歇性的波动,而不是持续地变暖(Weart,2003)。在全球尺度上,自然因子的作用还是主要的。

　　即使在气候偏冷时期,仍然有学者坚持人为排放的温室气体可能导致未来全球气候增暖的看法。这些学者认为当时的变冷可能是暂时的,温室效应引起的全球变暖在未来几十年将最终显露出来。Budyko(1972)和 Manabe 等(1975)采用气候模式对未来可能由大气中 $CO_2$ 浓度增加引起的气候变化趋势进行了模拟。到 20 世纪 70 年代末,全球陆地平均气温停止下降,转而上升,关于未来温室效应将增强的观点逐渐占了上风。

　　与此同时,古气候研究证实了地球轨道参数的周期变化与北半球冰期和间冰期交互转换步调一致,而且过去的地球系统存在着若干突然的状态变化。简单气候模式模拟和北极地区雪盖面积的剧烈年际变化等观测事实表明,气候系统对外强迫的响应可能是更敏感、更迅速的。这些都进一步唤起科学界对气候变化问题的关注。

　　到了 20 世纪 80 年代初,美国、英国和其他国家的科学家分别对全球地面气温资料进行了系统的整理和分析,获得了更可靠的全球陆地平均气温序列。Hansen 等(1999)证实,全球平均气温在经历了 20 多年的变冷之后,20 世纪 70 年代中后期开始又转暖了。Jones 等(1982)和其他的气候学者获得了同样的结论。此后,不断更新的观测资料序列表明了持续性的全球气候变暖(Jones et al.,1986;Wigley et al.,1986;Hansen et al.,1999;Folland et al.,2001)。另一方面,大气中温室气体浓度的观测已经积累了足够长的序列,冰芯氧同位素和气泡内气体记录显示出过去温室气体浓度与大气温度之间的密切联系,以及当前温室气体浓度已经明显超出自然波动范围。这些发现一般支持人类活动可能将大规模影响地球气候的推断。

　　20 世纪 80 年代末,联合国环境规划署和世界气象组织共同成立了政府间气候变化专门委员会(IPCC),负责对全球气候变化研究进展进行定期评估,其中关于气候变化观测事实和可能原因的研究都是第一工作组评估的重点内容。与此同时,一系列国际合作研究计划也在 20 世纪 80 年代初以后陆续启动,包括国际地圈-生物圈计划(IGBP)、世界气候研究计划(WCRP)和全球变化的人文因素计划(IHDP)等,着重探讨由于人类活动引起的全球变暖现象、机理及其影响(Ye et al.,1987;叶笃正 等,2003)。

　　20 世纪 90 年代以来,除了继续对全球和区域地面气温序列进行及时更新和分析外,人们对极端气候事件频率和强度的长期变化及其与全球气候变化的可能联系开始给予更多的关注。在近半个世纪,全球陆地和不同地区与气温相关的极端气候事件频率和强度出现比较一致的趋势变化,但与降水相关的极端气候事件频率变化具有区域差异性(Easterling et al.,1997;IPCC,2007;丁一汇 等,2008;Alexander et al.,2009a,2009b;气候变化国家评估报告编委会,2010;任国玉 等,2010)。全球范围内极端气温事件和北半球中高纬地区强降水事件的变化,一般被归因于人为排放温室气体导致的全球气候变暖(IPCC,2007;Zhang et al.,2007)。

　　长期以来,开展全球陆地近地面气温变化监测和分析的国际研究机构主要有:CRU、NO-AA 的 NCDC 和 NASA 的 GISS(Brohan et al.,2006;Smith et al.,2005;Hansen et al.,2001,2006;IPCC,2007)。利用这 3 个机构的数据集开展全球陆地地面气温变化监测和分析的结果,是 IPCC 历次评估报告的关键科学凭据(IPCC,2007,2013),也为全球和区域尺度气候变化检测和归因研究提供了基本观测数据。

　　但是,气候变化监测和检测研究结果还存在着明显的不确定性(任国玉 等,2005b,2005c)。这些不确定性主要来源于长序列观测资料和代用资料的偏差(Ren et al.,2008,2014;任玉玉 等,2010;张爱英 等,2010)。

　　就仪器观测资料而言,20 世纪中期以前的高质量器测资料还比较缺乏;气候资料序列的非均一性问题难以得到满意解决,不同研究人员采用不同的非均一性检验、订正方法,而气温变化趋势计算结果对订正方法和订正资料序列又十分敏感;城市化对地面气温记录的影响难以完全分离,现有的全球和区域陆面气温序列中还不同程度地保留着城市热岛效应增强因素的影响,在中国等城市发展迅速、城乡悬殊的国家和地区,这个问题尤为突出;高空温度变化分析还存在很多问题,探空温度资料序列和卫星遥感资料序列的可靠性仍需不断提高;区域土地利用变化对地面气温变化的确切影响还不是很了解,这个影响在大多数用于检测和归因分析的气候模式里也没有包含;一些重要的外强迫因子,如太阳输出辐射、火山活动和气溶胶浓度等,其全球和区域性真实历史变化规律还不清楚。

　　从气候变化检测和归因的角度看,主要问题在于人们对气候系统运行机理的认识还处于开始阶段。气候系统包含了大气、水、冰雪、生态、固体地壳以及人类社会等多个圈层,不同圈层之间存在非常复杂的相互作用,特别是具有复杂的物理、化学与生物反馈作用。气候系统中任一圈层的变化,都会通过这些相互作用影响地球表层的气候。气候系统内部重要的反馈过程包括水汽反馈、云层反馈、冰冻圈反馈、海洋反馈、陆地生态系统反馈等,对这些反馈过程的认识还处于初始阶段,对于水汽和云层的反馈作用尤其缺乏了解。此外,气候模式也不是很完善,尤其是由于对气候系统若干关键反馈机理认识的局限性,模式对温室气体等外强迫因子的敏感性问题仍没有得到很好地解决,对于年代到多年代尺度自然变异的模拟能力尤其偏弱,给检测和归因研究带来了巨大的困难。

　　除了仪器观测资料,气候变化检测研究还需要反映过去不同时间尺度各类气候变量的代用气候资料。以温度为例,要了解气候变化的历史背景和原因,需要有覆盖全球的足够长(至少 1000 年)的代用气温资料序列。常用的温度代用资料包括树轮宽度和密度、历史文献记录、冰芯氧同位素、珊瑚和石笋化学成分等。利用代用气候资料,已经对过去 1000 多年全球陆地(Jones et al.,1998)、北半球陆地(Mann et al.,1999;Esper et al.,2002)以及中国 (王绍武等,2000;葛全胜 等,2002)区域平均的地面气温序列进行了重建。但是,由于代用资料点分布比较稀疏,一些种类资料时间分辨率较粗,部分代用资料对气温变化的反应不够敏感,单个地点气温重建过程采用的方法有差异等原因,针对各个区域或北半球陆地重建的长时间气温序列,还存在着非常大的不确定性。

　　展望未来,全球和区域气候变化监测、检测和归因研究任重道远。今后亟须开展以下方面工作:设计发展面向未来的全球和区域基准气候观测系统;改进和完善现有的观测资料数据集,特别是通过国际合作(例如,ACRE 及其区域子计划(ACRE CHINA))补充增加早期观测资料的时空覆盖程度;检验和订正长序列观测资料中的不连续性,获得时间上均一的高质量数据集;分析、评估城镇观测站地面气候序列中的城市化影响性质和程度,合理订正城市化影响偏差,建立消除城市化偏差的全球陆地长序列地面气候资料数据集;集成和发展古气候代用资料数据集,开展过去不同时间尺度古气候重建研究;发展主要气候影响因子(太阳辐射、火山活动、温室气体和土地利用等)历史和现代高质量数据集;发展针对不同空间尺度的气候变化监测技术和检测分析方法。通过上述工作,能够保证更加精准地监测和分析全球地表气候的长期趋势变化规律,迎接摆在气候变化或全球变化科学工作者面前的一项极富挑战性的任务。

## 1.4　本书结构、内容

本书内容侧重在区域和全球气候变化监测、检测和归因的技术方法上,并对与其密切相关的地面气候观测网络系统进行简要介绍。全书共分9章。

第1章概述气候变化监测与检测的基本概念和术语、主要方法和技术、当前研究现状和未来发展趋势等;第2章介绍全球和中国气候观测系统,站点空间最优密度评估方法和基本结论,站点空间非均质性分布的影响及其处理方法等;第3章阐述地面气候观测资料质量控制与均一化技术和方法,包括观测记录缺失影响评估及其处理方法、资料质量控制方法、资料非均一性检验与订正方法等;第4章主要描述气候资料系统偏差评估与订正方法,其中包括地面气温资料中的城市化影响偏差评估方法、地面气温资料中的城市化偏差订正方法、降水资料偏差评估与订正方法、近地面风速资料城市化偏差评估方法等;第5章主要介绍气候变化监测和检测的分区方法,以及气候变化监测中主要的指数或指标;第6章内容主要包括单站与区域平均气候序列构建方法,重点是资料内插技术和网格化方法,以及气候时间序列的误差评估方法;第7章介绍地面气候序列时间、空间变化规律分析方法,其中包括气候序列基本统计特征分析、气候时间序列趋势分析和检验方法、气候序列跃变和周期分析方法等;第8章侧重在全球和区域气候变化检测、归因研究方法上,内容包括气候变量时间序列信号提取方法、气候模式和最优指纹方法、单步和多步归因方法等;第9章重点介绍大数据应用及区域气候变化监测业务系统建设相关内容。

各章内容前后呼应,相互联系紧密,但每一章又具有较高程度的独立性,基本自成一体。对于关注气候变化监测业务技术的读者,建议可略过第8章;而对于关注气候变化检测和归因研究的读者,则可以略过第9章。缩略词表给出了各章涉及的缩略词的英文全称和中文翻译,希望方便读者查询。

# 第 2 章　气候观测系统及站网最优布设

气候变化监测相关研究工作的基础是对气候系统的观测数据以及利用各种处理技术形成的数据产品。观测站网的布局以及数据的质量和相关处理方法直接影响着气候变化监测结果。本章将简要介绍气候观测系统及观测站网布局对监测结果的影响。

## 2.1　气候观测系统

### 2.1.1　气象观测概况

气象观测是指对地球大气及与大气发生相互作用的相关系统的状态及其变化过程进行系统的、连续的观察和测量,并对获得的记录进行整理的过程。气象观测的对象涉及地球大气和与之密切相关的水圈、冰雪圈、岩石圈及生物圈等的物理、化学、生物特征及其变化过程。气象观测具有准确性、代表性与可比较性 3 个特点。气象观测的创新往往成为气象学发展的重要标志。

气象观测的目的是获取各种气象要素的观测资料,为天气气候业务和科研提供高质量、可靠的观测数据。气象要素是反映天气和气候特征的物理量,如空气温度、气压等,不仅要在一个地方测量,还要在广大区域,以至全球的各个地方进行测量,不仅要测量近地面的气象要素,还要测量高空的气象要素,以了解三维空间大气中气象要素的分布和随时间的变化。

气象观测的范围包括从全球尺度、区域尺度到中小尺度和微尺度的多种不同尺度的大气运动。气象观测的方式包括直接观测、遥测和遥感探测,需要依据数理科学理论基础,结合大气运动的客观规律,采用不同的技术,实现对气象要素的准确测量。随着天气气候等学科的发展,所需要的观测资料内容愈加广泛,不仅描述大气状态的气象要素需要观测,反映海洋、陆地、生态系统的要素也需要观测。气象观测是随着大气科学的发展而不断地发展的过程。

### 2.1.2　气象观测的发展历程

气象观测历史悠久,它的发展历程不仅是一门学科和业务的发展历程,也是人类认识大气的发展史。

**创始启蒙阶段**　从远古到 16 世纪前,该阶段的特点是以目力及定性观察为主。在三四千年前的中国,甲骨文中就有关于天气的记载,在《诗经》《黄帝内经》等古籍中都有天象物候的描述,提出了早期的气象概念。在古希腊也有很多天气现象的记载和研究,希波克拉底(Hippocrates,公元前 460 年—公元前 375 年)在《论风、水和地点》中介绍了气象与医学的关系,亚里士多德(Aristoteles,公元前 384 年—公元前 322 年)写出首部气象学专著《气象汇论》,成为早期气象学发展的标志。最早的测风仪器叫"倪",出现在殷商时期。随后汉代出现了测风旗、候风羽和铜凤凰及东汉张衡的相风铜乌,唐代出现了叫"葆"的测风器。雨量测量最早可追溯至秦九韶(1247 年)记载的天池盆测雨器,到宋代,各省、都会及城市均有测雨器的设置。明清时期,中央统一颁发铜制雨量器,实现了全国统一的降水测量,并实行了各州县报雨泽制度。最早湿度测量是西汉的悬土炭法,原理是采用木炭吸湿后的质量变化进行湿度的测量,随后又出现了利用琴瑟弦索感知大气湿度的方法,与今天的毛发湿度表的原理颇为相似。随着气象观测的发展,出现了相应的专门机构。明朝时期在中央设立了掌管天文、气象的钦天监组织机构,并在各州县设相应编制,而当时的南京国家观象台(钦天山观象台)是世界上设备最先进的气象台。清代将观测工作分为不定时观测和定时观测两种,并规定相应业务,是现代气象台业务的雏形。

**地面观测阶段**　从 17 世纪中叶至 20 世纪初,大多数气象要素实现了仪器测量,并逐步建立了地面气象观测网。1597 年伽利略(G. Galilei)发明了空气温度表,1643 年托里拆利(E. Torricelli)发明了水银气压表,标志着正式进入地面观测阶段,由于其测量精度高,在很长时间里都是业务观测的主要仪器。1714 年华伦海特(G. Fahrenheit)发明了水银温度表。1783 年索修尔(H. Saussure)发明了毛发湿度表,实现了湿度的定量化观测,并一直作为低温条件下湿度的业务观测仪器。明朝末期,卡士戴里(B. Castelli)首创雨量计,实现了降水的定量化测量。1802 年拉马契克(C. de Larmarck)和荷华德(L. Howard)提出了较系统的云状分类法,并逐步发展起了云和天气现象的主要观测内容。1820 年我国科学家黄履庄也曾独立设计寒暑表与湿度计,为气象观测仪器的发展做出重要贡献。电报的发明使气象观测信息可以快速传递,20 世纪初在欧洲建立起了第一个气象台站观测网,标志着气象要素不同地域同步连续测量的开始,这为近代天气分析及天气预报等研究提供了重要依据。在该阶段虽然大量观测仪器出现,但以机械式为主,自动化程度低。

**高空探测阶段**　无线电技术的运用实现了对高空大气要素垂直分布的测量,从此气象观测范围从二维地面观测发展到三维空间的大气探测。18 世纪中叶人们已经利用风筝、热气球等对高空大气进行探测,1896 年欧洲组织国际间的探空气球探测实验,是高空气象观测站网的雏形。随着气象气球与光学经纬仪的发展,开创了气球测风的方法,20 世纪 20—30 年代,无线电探空仪投入业务应用成为高空探测阶段开始的标志。高空气象要素分布资料的获取极大地推动了天气学理论的发展,为现代气象预报业务的形成提供了科学基础。早期探空仪的传感器与编码器均是机械式的,1956 年,我国 P3-049 型探空仪在上海无线电 23 厂投产,结束了长期依靠进口的局面,20 世纪 60 年代,我国自主研制的 59-701 高空探测系统成为获取高空气象资料的主要手段。随着计算机技术与传感器技术的发展,电子式探空仪出现,并逐渐取代了机械式探空仪。20 世纪 90 年代,全球定位系统(GPS)探空仪能同时接收全球卫星导航定位信号获取自身坐标,从而得到大气温、压、湿、风随高度的变化,自动化程度大大提高。随着探空载体的改变,原有的探测方式也发生了变化,火箭探空、下投式探空、无人机探空等方式出现在高空气象探测中。其中,火箭探空技术将探测高度从 30 km 提高到了 100 km,下投式探空使得特定目标区和无人区的高空气象探测成为可能。

**大气遥感阶段**　大气遥感阶段的突出代表是气象卫星和雷达的运用。1942 年研制成功的气象雷达和 1960 年美国发射世界上第一颗气象卫星泰罗斯 1 号(TIROS-1),标志着气象观测正式踏入遥感阶段,气象观测实现了全球范围(空间)和全天候(时间)的连续观测。

从 1960 年以来,气象卫星经过试验阶段发展到成熟应用阶段。我国 1988 年成功发射"风云一号"极轨气象卫星,1997 年成功发射"风云二号"静止气象卫星,成为世界上少数几个拥有两个系列气象卫星的国家之一。气象卫星遥感技术发展非常迅速,搭载的遥感仪器涉及可见光、红外、紫外、微波等多个波段,实现了高空间分辨率、高光谱分辨率、高辐射测量精度的全天候探测,主动式遥感与被动式遥感相配合,不仅在全球范围内进行大气探测,而且具有对海洋、陆地、冰雪和生态系统的探测能力,已经成为全球天气和气候监测中最重要的资料来源。

遥感技术的飞速发展使气象观测业务中应用的地基遥感设备种类越来越多,包括天气雷达、风廓线雷达、激光雷达、毫米波雷达、声雷达、闪电探测系统、导航卫星水汽遥感探测系统及微波辐射计等,技术水平越来越高,探测能力日益增强。天气雷达是雷达技术在气象观测领域的应用,在突发性、灾害性天气监测、预报和警报中具有极为重要的作用。1969 年我国设计定型了 711 型测雨雷达,这是第一部国产的专用天气雷达;1997 年在引进先进雷达技术的基础上,研制、生产、布设新一代多普勒天气雷达,逐步形成了遍布全国的新一代天气雷达监测网。

**综合观测阶段**　气候研究结果表明,地球大气圈并不是孤立的,而是与水圈、岩石圈、冰雪圈和生物圈等的整个地球系统紧密耦合,另一方面,随着气象观测内容、技术与方式的丰富,观测系统的发展更加注重发挥综合效益,因此综合气象观测成为重要发展趋势。综合观测的内涵主要表现为:地基、空基、天基观测等多种技术和观测方式的综合;从初始观测、数据采集、信息产品加工到观测资料应用整体流程的综合;物理过程、化学过程、生态过程等多种过程的综合观测;不同平台的综合利用与探测技术的优势互补。20 世纪末期,气象观测进入信息化发展的新阶段,大量现代测量技术、电子技术、计算机技术和通信技术被采用,气象观测理论和技术得到了迅速和全面的发展,气象观测已经成为建立在数理科学和现代技术基础上的应用性学科,气象观测系统成为大量采用高新技术、对地球大气和气候系统进行综合观测的宏大系统。全球综合气象观测系统正在推进与建设之中,中国气象局也正在大力加强综合气象观测系统的建设和发展。

## 2.1.3　中国观测系统现状

经过多年的现代化建设,中国已初步形成天基、空基和地基相结合,门类比较齐全,布局基本合理的综合气象观测系统(表 2.1)。在我国的地面气象观测站网中,国家级地面气象观测站 2419 个,图 2.1 为国家级地面气象观测站分布图。已基本实现了主要气象要素的自动观测,并开始了新型自动气象站的更新换代工作。各省(区、市)还建成了 3 万余个区域自动气象(雨量)站。为适应环境气象、生态气象、气候变化等业务服务的需要,气象台站观测项目也大大拓展,观测频次增加,并实现了资料的实时上传。观测密度和数据应用时效提高,明显提升了对中小尺度天气和气象灾害的监测能力。

气象部门现有常规高空观测站 120 个(图 2.2),并全部使用 L 波段雷达-电子探空仪探空系统,代替了原有的 59-701 系统,高空观测的准确度和自动化程度明显提高。国产的 GPS 探空系统已开始投入业务应用。同时,全国 75% 的探空站安装了电解水制氢设备,既减轻了污染,提高了安全性,同时也提高了自动化水平,减轻了观测员制氢体力劳动。

截至 2014 年,中国气象局建设了 172 部新一代天气雷达,形成了基本覆盖全国重点地区的天气雷达观测网(图 2.3)。新一代天气雷达网实现 6 min 一次的数据实时传输和联网拼图,在定量估测降水、临近预报、灾害性天气监测和预警等方面发挥着重要作用。

表 2.1　全国气象观测站点统计(2014 年)

| 站点/设施 | | 数量(个) | 站点/设施 | 数量(个) | 站点/设施 | | 数量(个) |
|---|---|---|---|---|---|---|---|
| 国家级地面气象观测站 | 国家基准气候站 | 143 | 农业气象观测站 | 653 | | GPS/MET 观测站 | 476 |
| | 国家基本气象站 | 684 | 自动土壤水分观测站 | 1400 | | 空间天气观测站 | 10 |
| | 国家一般气象站 | 1592 | 雷电观测站 | 425 | 卫星资料接收站 | 静止气象卫星中规模利用站 | 342 |
| | 小计 | 2419 | 风能观测(塔)站 | 400 | | EOS/MODIS 接收站 | 20 |
| 国家级无人自动气象站 | 陆地 | 344 | 太阳辐射观测站 | 100 | | 小计 | 362 |
| | 海洋(海岛、船舶、石油平台) | 110 | 强风观测站 | 122 | 移动观测设施 | L 波段探空 | 2 |
| | 浮标站 | 18 | 青藏铁路沿线冻土带地温观测站 | 16 | | X 波段天气雷达 | 23 |
| | 小计 | 472 | 酸雨观测站 | 342 | | 风廓线雷达 | 15 |
| 区域自动气象站 | | 31536 | 大气成分观测站 | 28 | | 移动气象站 | 156 |
| L 波段高空气象观测站 | | 120 | 大气本底观测站 | 7 | | 便携式自动土壤水分观测仪 | 431 |
| 新一代天气雷达 | | 172 | 沙尘暴观测站 | 29 | | 小计 | 627 |
| 常规天气雷达 | | 52 | 风廓线雷达 | 43 | | | |

注:截至 2014 年,国家级地面气象观测站已全部建成自动气象站,共建成各类自动气象站 34427 个。

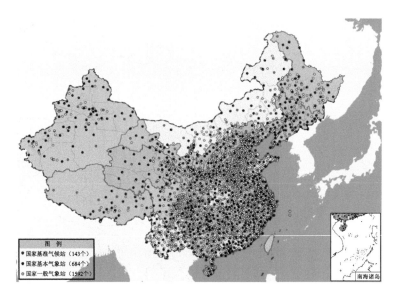

图 2.1　国家级地面气象观测站分布图

气象卫星探测进入世界先进行列。我国风云气象卫星系列已成功发射了 6 颗极轨气象卫星和 6 颗静止气象卫星,风云气象卫星系列成功投入业务运行,已被世界气象组织列入全球对地综合观测卫星业务序列,使我国成为世界上少数几个同时具有研制、发射、管理极轨和静止两个系列气象卫星的国家之一。静止气象卫星形成了"双星业务运行、一颗在轨备份"的业务布局,实现了非汛期每半小时获取一次云图,汛期每 15 min 获取一次云图,大大提高了我国静止气象卫星的观测能力。极轨气象卫星实现了"上午星"和"下午星"的姊妹星组网运行,并且

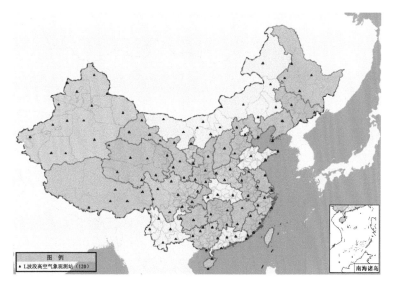

图 2.2　全国高空气象观测站分布图

图 2.3　全国新一代天气雷达观测站分布图

建成了由 1 个国家级的气象卫星运行、数据处理和监测服务的业务中心和 5 个(北京、广州、乌鲁木齐、佳木斯和近北极的瑞典吉律纳)卫星地面接收站组成的地面应用系统。除运行、接收处理和应用我国风云系列卫星外,还兼容接收利用美国极轨卫星(NOAA 的 EOS 系列)和日本、欧洲静止卫星数据。气象卫星观测和产品的生成实现了业务化,为气象业务科研提供了大量数据和产品。

我国积极参与了世界气象组织全球大气监测系统(WMO-GAW)的建设,分别于 1981 年、1983 年、1991 年在北京上甸子、浙江临安和黑龙江龙凤山,建成了 3 个大气区域本底站。1994 年 9 月正式建成了青海瓦里关全球大气基准本底观象台,该台是全球唯一一个位于欧亚大陆腹地的内陆大气基准本底观象台,开展了温室气体、反应性气体和气溶胶观测,瓦里关基准本底观象台已经成为全球本底观测网络的重要组成部分。随后,在云南香格里拉、新疆阿克达拉和湖北金沙再建 3 个区域大气本底站。形成了由 7 个大气本底观测站和 28 个大气成分观测站组成的全国大气成分观测网,开展了气溶胶、黑碳、降水化学等项目的观测。此外,还建立了由 29 个站组成的沙尘暴观测网、由 342 个站组成的酸雨观测网。

地基遥感探测系统发展迅速。国产对流层和边界层风廓线雷达已定型生产,已建成了由 45 部固定式风廓线雷达组成的局部业务试验网,开展高空风全天候、连续观测。全国气象部门和其他部门合作建立的导航卫星气象遥感探测站已达 508 个,改变了长期以来我国高空探测手段单一的局面,增加了水汽探测的时空密度。2007 年中国气象局建立了国家雷电观测数据处理中心,初步构建了雷电监测网。截至 2012 年,全国气象部门建成由 319 个雷电监测站组成的国家级雷电监测网,覆盖了我国大部分领土范围,基本实现了联网定位和数据共享。

为适应业务和科研需要,中国气象局不断升级改造现有观测系统。2008 年开始,中国气象局着手对现行农业气象观测站网进行调整,调整后农业气象观测站保持为 653 个(图 2.4)。与此同时,加快了农业气象仪器的研发和更新,已在全国的农业气象观测站、粮食主产区和重点区形成了由 1669 个站构成的土壤水分自动观测网。为了开展交通气象监测和预警服务,在高速公路和铁路沿线建立交通气象观测站的总数已达 900 多个,包括青藏铁路沿线无人自动站和冻土监测站,长江沿线内河水上交通气象监测网,沪宁高速公路气象监测系统等。为开展全国风能资源详查和风电气象服务,建立了 400 个风能观测(塔)站。同时,建立了 100 个太阳辐射观测站,为太阳能资源开发利用提供观测服务。海洋气象观测正在扎实推进。在沿海和海岛气象观测站总数已经达到 190 多个,海洋气象浮标站总数达到 18 个。

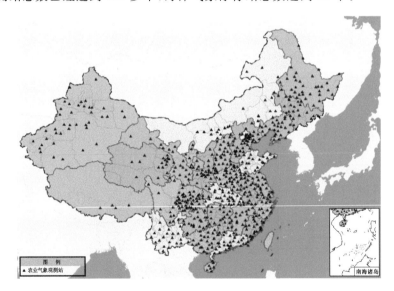

图 2.4　全国农业气象观测站分布图

除气象部门外,其他相关部门也开展一些与气象相关的观测业务。据不完全统计,全国水利部门统一规划设站的中国水文观测网,包括 3130 个水文站、1073 个水位站、14454 个雨量站、565 个蒸发站、11620 个地下水观测井、3228 个水质站和 74 个实验站。环保部门共建成环境监测站 2223 个,已有 248 个城市建设了空气自动监测系统 631 套,环境质量监测有二氧化硫、氮氧化物、总悬浮颗粒物、降尘、硫酸盐化速率以及酸雨监测等 12 个常规项目和城市气象观测;海洋部门已初步建成了由海洋观测站、志愿观测船、浮标观测站、海洋调查船、全国海洋验潮网、岸基测冰雷达、"中国海监"飞机等组成的海洋监测系统,海洋环境观测站 73 个,志愿观测船 200 多艘,我国的国际海洋观测计划(ARGO)浮标站 17 个。中国科学院建成了 36 个生态站、15 个森林生态系统监测站,并在贡嘎山、天山和青藏高原建立了冰川和冻土观测站。我国还在极地建立了(南极)长城站、中山站、昆仑站和(北极)黄河站。

气象观测是全球性协调一致的业务,在世界气象组织的基本系统中,气象观测系统和气象信息系统是基础性业务系统,包括全球观测系统(GOS)、全球气候观测系统(GCOS)等,以及正在发展中的全球综合观测系统(WIGOS)。中国气象观测系统是全球观测系统的组成部分,有举足轻重的地位和作用,并做出了重要贡献。

## 2.1.4  全球气候观测系统

全球气候观测系统是全球观测系统的一个重要部分,由各个国家气象水文部门、国家或国际卫星机构,以及几个组织和集团运行,分别处理特定的观测系统或面向不同的地理区域。

气候系统是由相互联系的多个子系统组成的,各个子系统之间相互影响,互为因果,必须将地球作为一个综合系统来理解和认识。因此,必须大力发展综合的观测系统。建立功能强大的、标准化的全球观测网,推进开放的数据政策及强大的实时数据交换业务能力,大力促进全球、区域和国家级气象业务的发展,以满足不断增长和日趋复杂的社会需求。

在 20 世纪 60 年代中期,全球有约 8000 个地面气候观测站和约 4000 只船舶观测,其中有大约 1/10 的地面气候观测站和极少数的船舶开展高空探测,卫星探测还刚刚处在发展初期。经过近半个世纪的发展,全球观测系统规模庞大,数据量急剧增加。世界气象组织成功地将世界天气监视网(WWW)建立的全球观测系统(GOS)和全球通信系统(GTS)作为国际合作平台,卓有成效地开展了全球观测和数据交换的协调合作。

参加世界气象组织全球数据交换的具有代表性的全球观测系统主要分为:

(1)约 11000 个地面观测站。其中绝大部分台站至少每 3 h 开展一次观测。其中,约 4000 个站构成了区域基本天气观测网络(RBSNs),3000 多个站组成了区域基本气候网络(RBCNs)。观测要素主要包括温度、风、露点温度、气压、高山站的标准气压层、a3 所指层次的位势、变压、变温、降水、能见度、天气现象、云量、最低云底高度、云状、地面状态、积雪深度(厘米)、蒸发量、净长波辐射、总日照、云属、特殊天气现象等 65 个项目。

(2)1300 个高空大气探测站。观测要素主要包括日期时间和风组指示码、区站号、标准等压面数据/等压面的气压、等压面的位势高度、温度、湿度与露点差、风向/风速、对流层数据、最大风层数据,垂直风切变数据等。

(3)4000 艘自愿和商业船舶观测。船舶(浮标)站观测报的要素包括浮标站/观测平台标识符、浮标站类型、时间、经纬度、平台发报机 ID 号、海浪周期、海浪高度、浮标深度、气压、海平面气压、时间意义。

(4)约 1200 个漂流浮标和 200 个系留浮标,以及 3000 个剖面观测浮标。观测要素包括浮标站标识符、浮标站类型、时间、时间意义、经纬度、平台发报机 ID 号、海浪周期、海浪高度、浮标深度、气压、订正到海平面气压。

(5)3000 架商用飞机气象数据采集系统(AMDAR)并发送实时数据;观测要素包括:日期时间、飞机标志、飞行状态标志、纬度、经度、飞行高度、温度、风向/风速、湍流、气压高度、最大等价垂直阵风速等。

(6)6 颗近极地轨道业务气象卫星、9 个地球静止轨道业务气象卫星和一系列研发卫星组成了强大的卫星观测网络。

上述站点或观测仪器分属于 GSN、全球气候观测系统高空网(GUAN)、区域基本气候观测网、全球大气监测系统(GAW)、海洋观测系统和基于卫星的全球定位系统(GPS)。其中,需要特别注意的是 GCOS。

为对长期的气候变化研究提供数据基础,GCOS 根据台站记录的长度、台站迁移情况、数据更新情况、台站所在地的人口等情况对全球气象台站逐一评分,标准如下:

①数据:100 年的数据量可以得 20 分。例如,有 50 年数据量的站点可以得到 10 分,100 年的可以得到 20 分。但是不考虑 1886 年以前的数据,因此 150 年连续观测也只能得到 20 分。对一般站点,要求 1961—1990 年没有缺测。有很长序列的基准气候站,要求保持稳定观测,有 95% 的数据量。

②均一的数据:如果有 50 年的均一数据,可以得到 20 分。

③基准气候站:10 分平均赋值给 50 年基准气候站。

④更新:1990 年以后仍有数据更新的可以得到 10 分;如果在 1995 年为天气或者气候报告站,20 分;如果是基准气候站,15 分。

⑤人口:乡村最高 20 分,小城镇 15 分,人口未知 10 分,城市 0 分。

⑥其他网络:如果站点属于 RBSN,加 2 分;全球大气观测站,加 1 分;加 1 分;WMO 普通站,在 1961—1990 年计入数据,加 4 分;农业气象站,加 2 分。

在具体选择站点时,按照得分高低,保证每 5°×5° 的格点中有一个测站,并尽量在每个有较大高程标准差格点的不同海拔高度上选择一些辅助站。最终,综合评价空间覆盖、可用性、资料的均一性和质量等,从全球 10000 个左右台站中选出大约 1000 个 GCOS 站。

此外,美国在 2001 年开始布设、完善针对气候变化监测的台站网络 USCRN。USCRN 站网大多布点在预期相对稳定,即随时间推移受人为侵占或者由于土地或其他因素影响较小,且邻近一个现存或者曾经有相对较长时间(20 年)的每日最高、最低观测记录的测站附近几十千米范围内的区域。同时保证,站点所在地对长期气候变化和趋势敏感,以确保区域气候变化的所有主要节点被捕获,同时考虑规模较大的区域地形因素。此外,布点应较少发生极端或者超过平均频率的龙卷事件、地形风等高危事件等。

随着世界气象组织(WMO)的世界天气监视网(WWW)、全球气候观测系统(GCOS)、全球海洋观测系统(GOOS)、全球大气监测系统(GAW)、全球陆地观测系统(GTOS)等全球综合观测系统(WIGOS)的建立与不断完善,大量与气候系统相关的观测资料在气候业务和气候变化研究中得以应用,使得人们进一步认识了气候系统演变规律,从而有力地推动了气候与气候变化业务和研究的发展。

在气候变化及其造成的极端天气气候事件导致社会脆弱性增加、经济社会迅速发展对气候服务需求日益增加的全球大背景下,2009 年 8 月,第三次世界气候大会决定建立全球气候服务框架体系(GFCS),以加强气候预测产品和信息在世界范围内的服务。

气候研究和发展的经验使得我们深刻认识到:必须将地球作为一个综合系统来理解和认识;必须大力发展新的观测系统,以便填补观测空白,极大地提升对地球进行系统的综合观测的能力;必须提升观测系统标准化程度,以便增强现有观测系统之间以及新老观测系统之间的集成综合;必须大力提升对所有观测数据的获取能力,以便实现对气候系统的全面观测。因此,全球气候服务框架体系(GFCS)推动发展了 WMO 全球综合观测系统(WIGOS)和 WMO 信息系统(WIS)。

WIGOS 是一个综合、协调一致和可持续的观测系统,它建立在所有 WMO 计划的观测需求基础上,确保通过 WMO 系统获取有用的资料和信息。为了进一步整合全球气候观测系统,WIGOS 将从观测仪器和方法标准、信息基础设施、终端产品质量保证 3 个方面进行整合。观测系统的整合要提高不同系统的可相互操作性,从综合整体系统的角度着手解决大气、海洋、水文、平流层和陆地领域的需求问题。

WIGOS 主要以现有的世界气象组织的观测系统,即全球观测系统(GOS)、全球大气监测系统(GAW)和世界水文循环观测系统(WHYCOS)为基础组建,充分利用现有的和未来的高新技术,实现系统间的集成综合与交互操作。WIGOS 强调发展新的观测能力,补充关键的观测空白;强调着重解决将不同观测域(大气、海洋和陆地)作为一个整体系统的综合观测,增强对气候的系统观测能力;发展卫星和地基的长系列、稳定一致的气候数据集产品,全力支撑 GFCS 业务发展和运行;使用标准化的观测仪器、观测方法、科学算法、数据处理流程和交换格式等,以增强世界各国和不同观测系统运行机构生产的观测数据与产品的一致性和可比较性。以 WMO 信息系统(WIS)发展与实施为契机,提升世界气象组织观测系统生产的数据与产品的获取能力。同时,通过与伙伴组织加强协调,改进发掘、检索和获取世界气象组织与其他国际组织共同支持的观测系统,诸如全球气候观测系统(GCOS)、全球海洋观测系统(GOOS)和全球陆地观测系统(GTOS)生产的数据与产品的能力。特别强调由卫星、雷达、风廓线仪、飞机系统、ARGO 以及其他新技术系统所产生的数据产品的可获得性。

作为全球综合观测系统的一个重要组成部分,我国地面气候观测系统由国家级地面气象观测站 2419 个组成,其中包括了 143 个国家基准气候站(reference station)、684 个国家基本气象站(basic station)和 1592 个国家一般气象站(general station)。参与 WMO 全球气候观测数据交换的全球气候观测系统(GCOS)站共有 33 个。国家基准气候站是根据国家气候区划以及全球气候观测系统的要求,为获取具有充分代表性的长期、连续资料而设置的气候观测站,是国家气候站网的骨干。进行每日 24 次定时观测(人工和自动),每小时上传一次地面气象观测资料。国家基本气象站是根据全国气候分析和天气预报的需要所设置的地面气象观测站,大多担负区域或国家气象信息交换任务,是国家天气气候站网的主体。每日定时进行 8 次人工观测,每小时上传一次自动站观测资料。国家一般气象站主要是按省行政区划设置的地面气象观测站,获取的观测资料主要用于本省和当地的气象服务,也是国家天气气候站网的补充。每日定时进行 3 次人工观测,每小时上传一次自动站观测资料。另外,我国还建设了若干国家气候观象台,开展长期、连续、基准的综合观测,并承担综合观测试验和科学研究任务。其建设以具有较好区域气候观测代表性、准确性,观测环境得到长期保护的国家级气候观测站为目标。

在我国气候变化研究中使用最多的主要是地面气候观测系统。特别是其中的国家基准气候站、国家基本气象站、国家一般气象站。国家基准气候站大多参加国际交换,所以国际上的几个主要气候数据集和大部分研究多使用这一站网的资料。国家基本气象站的资料对国内各科研、业务单位公开,国内的研究和气象行业外的相关业务单位多使用基准基本气象站的观测资料。国家一般气象站或者说国家站的资料已经应用于绝大多数的气候业务中。这 3 个地面监测站网的布局有所差异,特别是在东部地区,对气候及气候变化的监测结果也有部分差异。因此,需要对比不同站网的监测结果,同时还需要确定最优的站网布局。

## 2.2　气象资料及其应用

气象观测的直接目标是获取观测信息,而最终目标是实现气象观测资料在业务和科研中的有效应用。在气象资料的应用中,需要进行科学和恰当的处理,使之成为可用的观测资料,例如要进行严格的质量控制、定标和真实性检验等。资料的加工处理过程也是提升观测资料的有效性、准确性的过程。

### 2.2.1　气象资料种类

气象资料指通过一切可能的观测、探测、遥测手段收集到的或加工处理得到的,来自地球大气圈及其他相邻圈层的,描述与大气及其变化有关的物理和化学状态的信息元素或数值分析结果。气象资料具有代表性、准确性和可比较性特征。代表性指气象资料不仅要反映所表述的四维空间上某一点的状况,而且要反映该点周围一定范围内的平均状况。因此,观测地点的选取必须注意周围的环境。大型障碍物、特殊的地面覆盖、水体、谷地、山崖都有可能造成局地小气候。如非特殊的观测目的,观测点离它们太近会使资料失去代表性。例如,把测风仪器安装在高大建筑群中,其测得的风速、风向是不具有广泛代表性的。准确性指气象资料要真实地反映实际状况。气象资料的准确性主要依赖于采集资料所用仪器的测量准确度,即测量值与真实值(真值)接近的程度。仪器误差分为偶然性误差和系统性误差两大类。偶然性误差主要表现为随机形式,可能是由读数估计的偏差、操作上的细微差别、机械摩擦的变化以及仪器噪声等因素引起。系统性误差是仪器某些特殊性能在测量时所引起的反应,例如一些电学测温元件,由于流经元件的电流使其加热导致温度偏高。系统性误差具有一定的规律性,可以予以适当地订正。两种不同性能的仪器测量同一要素时,或在同一气象台站更换新型仪器时都必须进行两种或几种仪器的平行对比,以确定两者之间的系统性误差。可比较性指气象资料在不同空间点、同一时间点的值,或同一空间点、不同时间点的值能进行比较,从而能分别表示出气象要素的地区分布特征和随时间变化的特点。为使气象资料具有可比较性,就必须要求气象资料在采集时间、仪器、采集方法和数据处理等方面保持高度统一。例如,为了准确分析北京地区和上海地区 30 年来的年平均地面气温变化,并比较这两个地区的地面气温变化差异,必须要求这两个地区的气象台站每日在同一时间点采用同一型号的测温仪器进行气温测量,同时采用《地面气象观测规范》(中国气象局,2003)规定的统计方法计算年平均值,得出来的结果才具有可比较性。此外,长时间的气象资料受到观测仪器改变、观测方式\时次\时制改变、台站迁移等非气候因素的影响,造成时间序列上的非均一性,为此,需要结合台站历史沿革信息,采用主客观的方法对非均一的序列进行校正。

通常意义上,气象资料依据内容属性、来源属性等共分为 14 个大类,即地面气象资料、高空气象资料、海洋气象资料、气象辐射资料、农业气象和生态气象资料、数值预报产品、大气成分资料、历史气候代用资料、气象灾害资料、雷达气象资料、卫星气象资料、科学试验和考察资料、气象服务产品及其他资料。

地面气象资料包含了对近地面大气层和土壤的物理现象及其变化过程进行系统、连续观测得到的原始观测记录,是地球表面一定范围内的气象状况及其变化过程的记载。按内容属性,地面气象资料可分为地面天气资料、地面气候资料以及通过近地面边界层气象观测塔获得的近地面边界层气温、湿度、风等廓线资料等。按照国务院气象主管机构规定的方法和要求开展的地面观测项目包括云、能见度、天气现象、气压、空气的温度和湿度、风向和风速、降水、日照、蒸发、雪深、雪压、地面温度(含草温)、0～40 cm 浅层和 80～320 cm 深层地温、冻土、电线积冰、辐射和地面状态等。它是认识和预测天气变化、探索气候演变规律、提供气象服务的基础,是观测系统收集的最重要的资料之一。

高空气象观测资料指采用气球、飞机等携带探空仪,以自由升空或下投等方式获得的对流层和平流层大气物理状态(风向、风速、气压、温度、湿度、位势高度)及其变化的资料。主要分为两类:飞机观测资料和探空气球观测资料,其中探空气球观测资料主要包括标准等压面、特性层、零度层、对流层顶、规定高度层风、量得风层、最大风层以及高空风特性层等多要素观测资料等,探测范围一般为地面至 30 km 的高空。高空气象观测资料对揭示大气结构、建立大气科学理论和提高天气预报的准确率起到了重要作用。

海洋气象资料指表征海洋区域(包括海洋、海岛、海岸)大气环境状况及其运动变化的资料,涵盖了所有海面以上大气、海-气界面及海面以下的各种环境要素,包括气压、气温、湿度、风、云、能见度等表征海面上空大气状况的要素,以及水温、盐度、海流、海浪、海冰等表征海洋水文状况的要素。海洋气象资料最重要的数据来源是 1998 年由美国、法国等国家推出的国际海洋观测计划(ARGO)所获取的资料,在全球大洋中每隔 300 km 布放一个由卫星跟踪的自沉浮式海洋剖面观测漂流浮标,以获取海洋剖面信息。在海洋上正常工作的 ARGO 浮标有3000 多个。海洋气象资料可用于研究海洋区域的各种大气现象、海洋现象及其相互间的关系。随着对气候系统的认识越来越深入,海洋气象资料在气候变化及气候监测预测业务和研究中的作用会越来越大。

地面气象辐射数据指描述到达地球表面及地球表面发射出的各种辐射通量及其统计量,是对太阳、大气和地面辐射及其变化过程连续观测得到的原始观测记录和基于原始观测记录的统计加工产品。地面气象辐射数据按内容属性分为太阳短波辐射资料、地球长波辐射资料和辐射平衡资料。太阳短波辐射资料包括太阳直接辐射、散射辐射、总辐射和反射资料。地球长波辐射资料包括地面长波和大气长波辐射资料。辐射平衡资料是表征太阳与大气向下发射的全辐射和地面向上发射的全辐射差值(净全辐射)的资料。太阳辐射是地球上最基本的能源,它在地表分配的变化会根本改变温度、湿度、降水和大气环流特征,是描述整个地球和地球表面任何一个地方或大气中能量收支的最重要数据。

农业气象和生态气象资料指表征农作物生长环境中物理要素和生态气象要素的资料,其中,物理要素包括气象要素和有关的土壤要素;生态气象资料主要包括农田、森林、草地、湖泊、荒漠、湿地等生态系统中水、土壤、大气、生物等要素的观测资料。农业气象和生态气象资料是我国气象部门独具特色的一种数据资源,为相关业务和科研起到了非常重要的支撑作用。

大气成分资料指观测到的组成大气的各种气体和微粒资料,包括温室气体资料、气溶胶资料、反应性气体资料、大气臭氧资料、大气辐射资料、干湿沉降资料、稳定和放射性同位素资料、挥发性有机物资料、持久性有机污染物资料等。针对全球变化问题,WMO 于 1989 年建设的全球大气监测系统(GAW)是全球最大、功能最全的国际性大气成分监测网络,也是目前最具影响力的大气成分资料来源。

历史气候代用资料指人类文明出现以来尚无仪器观测的数千年历史时期的气候资料,它主要根据历史文献、考古资料以及树木年轮、冰芯和海洋湖泊沉积物等储存了历史气候信息的自然证据推断和获取,记载和描述的气候信息主要为气温、降水和大气成分等。代用资料按获取的途径分为历史文献和自然证据气候代用资料。其中,自然证据气候代用资料包括树木年轮、孢粉、冰芯、石笋、湖泊沉积物等。历史气候代用资料在过去数千年的气候变化研究中发挥着重要作用,对深入认识年代至百年尺度的气候变化及其与人类活动的相互作用规律、辨识现代及未来气候变化的自然背景、预估未来气候变化具有重要科学价值。

气象灾害资料指记录各种天气、气候灾害实况及其影响的资料和围绕灾害主题(如暴雨、沙尘暴、大雾)进行的观测或加工集成的各种资料,主要包括灾害发生期间的专题气象资料和描述灾害及其影响和造成损失的评估资料。中国气象局通过灾情上报系统,联合各省(区、市)气象局已建立的气象灾害资料数据库,包括历史气象灾害个例、干旱普查灾情、高温普查灾情、暴雨洪涝风险普查灾情、城市内涝风险普查灾情、公路交通风险普查灾情等资料。气象灾害资料是研究气象灾害时空分布、动态变化及其对社会经济影响必需的数据资源支撑。

利用卫星上的遥感设备对云雨、水汽、气溶胶等物体电磁波辐射、反射特性的探测技术,获取的其本身性质、特征和状态等的信息统称为卫星气象资料。卫星气象资料按照级别划分为:0级产品、1级产品、2级产品、3级产品、4级产品;按照算法稳定性划分可分为业务产品和试验产品;按时效和覆盖区域划分为实时产品和延时产品。卫星气象资料能够获取全球资料,弥补了高山、荒漠、海洋常规观测资料的不足,为研究全球变化包括气候变化规律、气候预测提供各种气象及地球物理参数,在中长期天气预报、气候和气候变化等研究中起到重要作用。随着我国资料同化技术的不断发展,卫星气象资料必将在未来的数值预报模式的发展中占有重要的位置。

### 2.2.2 国内外气象资料应用现状

从观测系统获取的气象资料往往不能直接应用于包括气候变化等在内的科学研究和业务运行中,需要通过一定的处理和加工分析形成可提供用户直接使用的气象数据产品(即气象资料数据集)。从观测资料到形成数据产品存在许多分析处理技术,包括质量控制、质量评估、均一性检验和订正、格点化、序列插补、序列延长订正、统计整编、多源数据融合、资料同化和再分析等。经过不同的分析处理形成应用于不同目的的各类产品,如气候统计量、气候资料整编产品、标准气候值、均一性气候序列数据产品、网格化数据产品、多源气象资料融合产品、数值预报产品和大气再分析产品等。

国际上在气象资料应用、数据加工处理和产品研发领域取得了长足进展,有效促进了包括气候变化领域在内的科学研究的发展。与发达国家相比,我国大部分气象数据产品研制还停留在基础数据产品和组合分析产品层次,大量气象资料无法得到深入应用,离气象现代化和科学研究的需求差距较大。气象资料应用工作任重道远。以下重点分析国内外气象资料应用现状及未来发展的方向。

(1)国内气象资料应用现状

经过我国气象信息部门基础资料方面的建设和天气气候等业务科研部门的发展,气象资料在气象业务和服务中得到广泛应用,并且根据各自的业务特点建立了相应的气象资料应用方式。

**基础数据集产品的研制有效促进了气象资料应用**　"十五"至"十二五"期间,国家气象信息中心在科技部相关项目的支持下,根据业务科研对基础气象资料的需求,通过历史资料数字化、初步质量控制、数据格点化等技术,研发了一大批急需的基础数据产品,例如,我国 2400 余个国家级地面气象观测站基本气象要素日值和月值数据集、地面气温和降水日值 $0.5° \times 0.5°$ 格点数据集、中国高空规定等压面定时值数据集等。这些数据产品的研制对于基础气象资料在业务科研中的应用起到了很好的作用。与此同时,随着应用的深入,基础数据产品的质量问题、缺测问题、序列非均一性问题等逐渐显现。

**常规资料分析处理技术的发展基本满足业务对质量等的要求**　资料分析处理技术研究已经取得较大的发展。例如,研制了覆盖气候界限值检查、台站极值检查、数据时空定位检查、内部一致性检查、时间一致性检查、空间一致性检查、交叉检验等的气象资料质量控制方法;开发了"中国逐日格点降水量实时业务系统"。再如,基于我国自主的均一化检验与订正方法研制了"国家级地面气象站均一化气温日值数据集"。科技攻关和技术研发有效促进了气象资料质量的大幅度提高,为气象资料的广泛应用奠定了可靠的基础。但是,我国整体的气象资料处理技术和质量问题仍较突出,制约着气象资料在数值模式发展、气候监测、气象服务中发挥更大的作用。

**在基础信息系统基础上建立了各自的资料应用模式**　通过重大工程项目,中国气象局陆续建立了"国家级气象资料存储检索系统(MDSS)""气象科学数据共享服务网(CDC)""全国综合气象信息共享平台(CIMISS)"等业务系统,有效地支持了气象资料的应用。根据这些系统覆盖的资料种类,提供的调用方式、更新时效等,各个业务系统建立了适应业务发展的资料应用模式。但这些业务系统往往都开发了自己的当地数据存储及加工处理系统,造成数据应用效率较低、数据和算法不统一等问题,影响到资料的应用。

**卫星资料处理与应用技术有了长足的发展**　在轨的静止气象卫星 FY-2 系列卫星的图像定位达到了国际先进水平,但在姿态轨道控制后和星蚀等特殊时期,受到卫星设计和仪器观测条件的局限性限制,图像定位性能有所下降。到 2020 年,风云二号的广角极光成像仪、风云四号的干涉式大气垂直探测仪均已处于国际领先水平。使用风云卫星数据的国家已经超过 100个,观测产品在国际气象防灾减灾中提供实时精确的服务。

卫星资料反演技术和产品科学算法是发挥气象卫星定量应用能力的关键。针对风云系列卫星有效载荷,国家卫星气象中心先后开发了数十种卫星资料反演技术和产品科学算法,算法种类和先进性与国外先进水平基本相当。其差距主要体现在以下几方面:一是算法的精细化程度与国外相比存在较大差距。风云卫星算法虽然在原理上与国外同类卫星基本一致,但算法的精细化程度差别较大,部分算法缺乏针对特定区域、特定季节、特定下垫面类型的算法优化和调整,导致在全球尺度同样算法生产出的产品精度不如国外同类产品。二是算法研发支撑能力不足。特别是在支撑自主算法研发所需的基础数据库建设、研发平台建设、快速辐射传输模式和精细化辐射传输模式构建等方面与国外差距较大。风云卫星产品算法研发所使用的基础数据库、辐射传输模式等主要来自国外。除少部分风云卫星算法为自主开发外,大部分算法是在国际先进算法的基础上,针对国产卫星有效载荷特点进行优化和适应性改造。

(2)国外气象资料应用现状

基于观测资料本身,在对历史资料进行系统的质量控制、均一性订正后研发用户可直接使用的基础资料数据集产品,是资料应用的前提。以美英为首的发达国家在建立较为完善的多级气象资料质量控制业务体系上,逐步形成了质量控制算法的评估策略及基础数据产品生产与更新机制,通过评估实现对质量控制算法及业务参数的优化和升级。针对极端天气气候分析的需要,这些国家的气候资料均一化已从最初基于对年值(或月值)序列的检验,发展为基于逐日观测分布的订正,以及基于不同尺度天气气候波动分解的时频域检测等,并在此基础上产出了一系列气候基本变量的长序列、高精度、均一性的气候数据产品,其中多次被 IPCC 报告引用的气温产品:CRU 的 CRUTEM、NCDC 的全球历史气候网(GHCN)、NASA 的 GIS-TEMP 等。在分析观测误差基础上,国际知名的数值预报中心面向同化应用已形成了比较成熟的数据黑名单判别技术和更新机制,经过偏差订正的全球探空温度和表面气压定时值已应用在大气再分析中,成为卫星遥感数据同化分析的订正标尺。随着遥感探测技术的不断发展,发达国家的遥感数据质量保障与产品加工处理业务也取得了长足的进步,并在天气预报、数值模拟乃至气候和气候变化等领域发挥了重要作用。为满足卫星定量遥感产品应用的日益迫切需求,国际卫星组织利用星上太阳漫射器、太阳漫射稳定度监视仪、光谱定标装置、红外定标黑体装置等发展了较为成熟的辐射定标技术:可见近红外通道绝对定标精度在 3% 以内,红外和微波通道在 0.5 K 以内;在高精度定标卫星数据基础上,产出了数十种卫星定量数据产品,广泛应用到气象、环境、海洋等多个领域;WMO 提出了全球天基交叉定标系统(GSICS)的概念,这种不同卫星观测的相互可比性给资料同化和卫星气候数据集研发等提供了更准确的观测值。此外,针对天气雷达基数据,欧美国家开展了长期、系统的研发工作,使得非气象回波在应用环节基本得到有效控制;在数据质量控制的基础上,基本反射率等组网产品已比较成熟并投入业务应用,同时实现了历史雷达资料的整编。

　　基于观测资料,通过各种数据分析处理技术以及多源数据融合技术研发用户更方便直接使用的资料分析产品是国际上气象资料应用发展的趋势。英国东英吉利大学气候研究中心的全球格点数据产品被广泛应用于全球气候变化研究,是 IPCC 历次评估报告引用的主要数据源。全球降水气候中心(GPCC)根据全球观测的降水数据,通过质量控制和网格化技术研发的全球降水分析产品也获得了广泛的使用。在网格化分析基础上,融合常规观测、卫星遥感、雷达遥测、数值模拟等多源观测或分析数据,研发高质量、高时空分辨率,同时兼顾高时效和长序列的多源观测数据融合产品,是国际上气象资料处理业务的发展趋势之一。许多研究机构和气象资料业务部门产出了一系列实时的多源融合数据产品,为精细化气象预报、专业气象服务等领域提供了集常规观测、遥感遥测各自之所长的数据产品,如全球降水气候计划(GPCP)充分利用各种数据优点研制了长序列的美国气候预测中心降水融合分析产品(CMAP)(1979年起);美国强风暴实验室(NSSL)研制了高分辨率(1 km)的降水产品。欧洲通过天气雷达的联网,结合地面观测资料,获得了欧洲降水定量估计与降水定量预报产品。世界气候研究计划(WCRP)的国际卫星云项目(ISCCP)融合了多颗极轨卫星和静止卫星的观测资料,研发了覆盖全球的 3 h 分辨率的云量、云顶气压、云顶气温、云厚、云水路径等三维的云水信息。NOAA的 OISST,美国国家环境预报中心(NCEP)的全球实时高分辨率(RTG-HR)等产品,有效实现了卫星多传感器(红外或微波)反演海温与船舶、浮标实测海温数据的融合。陆面数据同化系统是多源、多维度的陆面资料融合技术的综合集成,不少国家都研发了各自的陆面数据同化系统来获取陆面融合数据产品,例如美国的全球陆面数据同化系统(GLDAS)和北美陆面数据同化系统(NLDAS),以及欧洲中期天气预报中心(ECMWF)陆面数据同化系统(LDAS),这些系统均是利用尽可能多的观测资料获得时空连续的、质量可靠的陆面数据,改善数值预报模式,最终获得高质量的土壤温度、土壤湿度、积雪等关键陆面变量融合产品。这些气象资料的分析产品取得的应用效益已经远远超过观测资料本身。

在观测资料基础上,利用数值模式进行资料的再分析,以获得质量可靠、空间覆盖完整、分辨率高的气象资料再分析产品,是各国气象界的普遍做法。20 世纪 80 年代后期以来,发达国家提出了利用数值天气预报(NWP)中的资料同化技术来恢复长期历史气候记录,即"大气资料再分析"。大气资料再分析是一种利用最完善的数据同化系统把各种类型与来源的观测资料与短期数值天气预报产品进行重新融合和最优集成的过程。从 20 世纪 90 年代中期开始,美国、欧洲和日本等先后组织和实施了一系列全球大气资料再分析计划。已经完成的全球大气资料再分析可划分为三代,相关的技术水平和业务产品质量也得到了长足的提高。第三代全球大气再分析代表性产品包括:ECMWF 的 ERA-Interim、NCEP 的 CFSR、NASA 的 MERRA,以及日本气象厅(JMA)的 JRA-55。此外,近年来一些有别于传统大气资料再分析的产品(如 20CR、MERRA-AERO 等)也相继问世。最近,美国和 ECMWF 也在酝酿和发展第四代再分析,引入集合信息来表征"流依赖"的背景误差协方差矩阵,并且计划生成多个版本的再分析数据集来满足不同的气象业务应用需求。国际上再分析的发展趋势日益明显:时间上向后追溯到更早期如 19 世纪;再分析数据集的空间分辨率逐渐提高;再分析同化的观测资料(尤其是卫星资料)越来越多,同化方法越来越先进(OI→3DVAR→4DVAR→混合变分与集合同化方法);再分析完成后,系统通常会业务化成为"气候资料同化系统";耦合大气与其他过程(如陆面、海洋、气溶胶等)的再分析。此外,发展高分辨率的区域再分析资料也是各国气象再分析业务的重要发展方向之一。如北美区域再分析资料(NARR)是 NCEP 全球再分析资料的延伸。许多国家还针对某些特定区域开展了大气再分析的研究工作,如美国牵头研制的 57 年的加利福尼亚区域再分析、10 年的阿拉斯加区域再分析以及北极系统再分析(ASR)等,德国气象局(DWD)的区域再分析,以及印度和 NOAA 正在合作发展的南美和南亚区域高分辨率再分析等。

建立专业化、集约化的资料分析应用平台是做好气象资料应用、发挥资料效益的根本保证。以美国为例,美国国家气象局(NWS)主要的业务系统是高级天气交互处理系统(AWIPS),它将各类综合观测系统、数值预报、集合预报系统及地理环境信息资料整合到一个统一处理与可视的环境中,并融合了先进的天气预报分析方法,形成了集数据应用处理、数据显示、预报预警产品制作及远程数据交换共享等一体化的现代天气预报业务系统。该系统具有功能强、效率高、预报支撑能力强的特点,预报员操作快捷便利,满足业务应用和业务发展需要,可实现格点化预报制作和国家级、地方气象台二级预报产品实时共享与同步。该系统的最大特点是实现了基础数据平台系统与专业应用系统紧密结合,预报员使用流畅和便捷。NCEP 形成了较完整的产品生成管理、产品同步共享应用的体系。建立了由实时观测资料、数值预报产品、集合预报产品、高分辨率的卫星与雷达资料等观测和预报产品组成的 NDFD 系统,实现了在同一系统框架下数据格式交换、信息共享、业务协同等实时管理,实现全国实时业务的数据和产品同步共享。

## 2.2.3　气象资料应用存在的主要问题

(1)基础观测资料与统计产品应用的不足

我国气象观测的现代化水平逐步提高,初步建立了地基、空基和天基相结合,门类比较齐全,布局基本合理的综合气象观测系统。但是,与观测系统的高速发展形成对比的是,我国基础观测资料的应用水平并没有随着观测系统的发展而得到快速提高。一方面是观测资料本身的质量并不能满足应用的需求,另一方面缺乏基于观测资料的各类用户可直接使用的初加工产品。例如,我国的气候与气候变化监测业务几乎都依赖于从外国网站上下载的资料(表2.2)。同时,我国对国外公开的气象观测数据也仅占我国全部观测数据的很少部分,因此,现有的被各国广泛使用的全球气候数据产品仅使用了我国现有观测资料中的一小部分,其中部分产品质量不高,不能很好描述我国区域的天气气候观测事实,无论从数据质量上还是在时效上很难完全满足我国气象业务、研究和服务工作的需求,影响了我国对这些产品的应用水平。这些问题同样严重制约着我国气象业务和科研的发展水平,阻碍了气象资料应用效益的充分发挥,与我国气象大国地位的发展目标不相称。因此,需要从基础观测资料入手,解决数据质量等问题,研发基础统计产品,首先从最基础的层面上提高我国综合气象观测系统的应用效益,促进气象及其相关行业业务和科研水平的提高。

**表 2.2　用于气候监测的资料种类、内容及来源**

| 资料种类 | 资料内容 | 资料来源 |
|---|---|---|
| 基本台站要素资料 | 全球地面逐月平均气温、降水量资料 | 国家气象信息中心、美国国家气候数据中心(NCDC) |
| | 中国地面逐月气温、降水量资料 | 国家气象信息中心 |
| | 中国极端事件指标监测使用的逐日资料 | 国家气象信息中心 |
| 大气环流资料 | 大气环流实时资料 | 国家气象中心 |
| | 大气环流历史资料 | 美国国家环境预报中心(NCEP) |
| 海洋资料 | 海表温度实时和历史资料 | 美国国家海洋大气管理局(NOAA) |
| | 次表层海温实时和历史资料 | 美国国家环境预报中心(NCEP) |
| | 温盐资料 | 日本海洋地球科学技术厅 |
| 海冰资料 | 南、北极海冰密集度资料 | 美国国家海洋大气管理局(NOAA) |
| 积雪资料 | 北半球积雪资料 | 美国国家海洋大气管理局(NOAA) |
| 土壤温湿度资料 | 中国月平均土壤温度和湿度资料 | 国家气象信息中心 |
| 植被资料 | 中国植被覆盖资料 | 美国国家海洋大气管理局(NOAA) |
| 诊断业务系统资料 | 气候异常诊断系统所需的实时大气环流、季风等资料 | 美国国家环境预报中心(NCEP)、国家气象中心 |

(2)分析/再分析和融合产品的缺乏

由于观测资料本身受到时空代表性有限、分辨率不足、时空覆盖范围有限以及不同观测资料之间的系统偏差等问题的限制,仍然不能完全满足我国现代天气气候业务和科研工作的需求。因此,在观测资料基础上进行资料的分析,以及利用数值模式进行资料的再分析,以获得质量可靠、空间覆盖完整、分辨率高的气象数据产品,是迫切需要解决的资料应用问题。

每种气象观测设备的探测性能和功能有一定的局限性,需对多种观测资料进行综合分析和判定,才能对天气过程的发展变化有更清楚和全面的认识。但大多数的观测资料的应用还是只能以单种形式得到应用,急需对多源观测资料进行融合处理形成综合产品,以适应数值预报模式发展、天气预报、气候预测等业务的需要。

(3)卫星定量应用能力亟待加强

我国气象卫星资料定量应用起步较晚,但发展较快。特别是风云三号卫星发射后,卫星资料定量应用能力显著增强,风云卫星资料已经在常规遥感监测服务中发挥了重要作用。但在资料同化和资料再分析等方面的定量应用能力与国际先进水平的差距还比较大。在资料同化方面,国外气象卫星资料已成为业务数值预报模式不可或缺的数据源,在日常天气预报中发挥着重要作用。以 NCEP 为例,可用于业务数值预报的卫星资料种类,总计有 20 大类之多,卫星资料占同化资料总量的 90% 左右。我国卫星资料在数值预报模式中的同化率仅 30% 左右,而且以国外卫星资料为主。国产气象卫星资料虽已具备进入业务数值预报模式的能力,但尚处于业务试验阶段,在日常数值预报业务中仅作为国外资料的有效补充发挥作用。在再分析资料应用方面的差距更大。我国气象卫星发展较晚,资料时间序列不长,资料质量与同期国际先进气象卫星相比有一定差距,再加上对历史资料的处理能力不足、缺少再分析手段等原因,我国气象卫星资料迄今尚未在资料再分析中真正发挥作用。

(4)直接支撑气象业务的集约化数据应用环境尚未建立

根据中国气象局的总体要求,气象资料的调取将逐步向 CIMISS 靠拢,但主要业务系统(包括气象信息综合分析处理系统(MICAPS)、灾害性天气短时临近预报业务系统(SWAN)、CIPAS、决策气象服务信息系统(MESIS)、SWAN 水文模型(SWAT)、农业气象业务系统、交通气象业务系统)都自成体系,都包含自己的数据存储系统、数据加工处理系统、数据接口系统、分发系统等,既不集约,也严重影响了数据产品的广泛应用和价值的提升。

## 2.2.4　气象资料应用的发展特点

(1)气象资料应用种类越来越多

随着气象观测探测系统的发展,现代气象业务不断提升,气象服务向纵深拓展,气象科技创新日新月异,各方面所需的气象数据不仅在数量上越来越多,在种类上也越来越宽。从以前单一的常规地面、高空观测探测资料发展到一体化的地基、空基和天基一体化系统资料,再进一步发展到涉及地学相关领域、社会经济学领域等多个领域的综合数据类型。另外,与资料本身相关的各种元数据信息应是向业务及科研提供的气象资料的不可缺少的一个部分。

(2)对数据的质量要求越来越高

气象业务、服务和科研工作要求有充分的资料,而且要确保资料的高质量。例如,模式的精细化也要求所输入的观测探测资料具有很高的准确性,即资料能够真实反映大气运动的三维状态。这要求观测探测资料的质量控制工作需要进行重大改进和提高,以确保提供到用户手中的资料都是质量可靠且可用的资料。

(3)需要高分辨率、长序列、广覆盖的气候数据

2020 年,我国中期预报模式的水平分辨率达到 30 km,中尺度降水数值预报模式的水平分辨率达到 10 km。因此,观测探测资料的时间分辨率和空间覆盖率需要大幅度地增加。气候系统是大气、海洋、冰雪、陆地和生物五大圈层互相影响、互相作用形成的系统。气候业务不仅需要五大圈层实时观测资料,更重要的是需要大量的、长期积累的高质量的气候资料序列,但气象台站变迁、仪器更换等容易造成资料序列的不连续,掩盖气候变化的真实规律,因此需要对气象资料的标准化处理和资料序列的均一性检查,尤其需要加强资料在时间上的均一性和在空间上的可比较性以及需要长时间序列的且空间覆盖度足以反映全球气候状态的气象资料序列。区域天气、气候往往和大尺度变化密切相关。因此,在空间范围上也需要不断扩大,很多预报预测业务和科研工作往往已经不能仅仅依赖区域尺度的资料,对全球尺度,特别是东

亚区域的数据要求也越来越多。

（4）资料的综合处理技术要求越来越高

现代天气气候业务已不再是简单的大气科学研究，而是面向气候系统，需要包括大气、海洋、冰雪、陆地和生物五大圈层的观探测资料支持。因此，开展多圈层资料融合技术的研究，建立高规格、权威的综合多种观测探测信息的数据集，是气象科学研究领域的迫切需要。特别是要求进行质量控制与验证、均一化处理、对多平台多遥感仪器的卫星数据融合处理等技术的发展。

（5）资料应用模式需要创新发展

用户如何高效地获取资料，如何便捷地快速理解、消化所获取的资料，是气象资料应用的另一个重点需求。主要表现在：①获取数据的时效要求快；②能够获取不同的数据种类、范围和表现形式；③提供多种、灵活、方便的资料获取方式；④统一、标准的服务接口；⑤资料的多种综合应用方式。

中国气象局正在全面推进气象信息化，气象资料应用模式更需要借助"大数据""云计算""移动互联"等全面提升资料应用技术，充分挖掘气象资料的价值，以适应气象现代化的发展要求。

## 2.2.5　气象资料应用的发展重点

针对我国生产的大量气象资料在业务科研中的应用不足，借鉴国外成熟的经验，加强气象资料应用关键技术研究，提高各种气象资料，特别是新型探测资料在天气、气候和公共气象服务业务中的应用水平。

提高自主资料应用产品研发能力。加强全球地面、高空、海洋、海冰、积雪等观测资料的收集整理，研发适合我国气候与气候变化监测业务需求的高时效、高质量、高分辨率、有较好完整性的数据集产品，大力提高气候监测业务的自主性。

提高风云卫星、雷达、区域自动站、风廓线雷达、全球气象定位系统（GPS/MET）、闪电定位仪等观测资料的质量和应用水平。加强上述资料的质量控制技术研究，从总体上提高资料质量和可用性；完善相关标准规范，提高数据的稳定性；加强和推动应用研究，扩大与深化上述观测资料及产品在现代气象业务和服务中的应用。

加强多源资料融合分析应用技术研究。基于气象卫星、天气雷达、高空和地基遥感及常规地面等多种观测数据的特点，开展气象卫星、北斗掩星、探空、机载观测与多普勒天气雷达、风廓线雷达、激光雷达与 GPS/MET 水汽观测及地基微波辐射等多种观测数据的时空匹配、集成融合、质量互控技术研究，研究各种气象要素的物理变化和相互影响的关系，建立气压、气温、水汽、风、云、降水等多要素集成的三维立体结构的实时观测气象要素场，结合数值预报模式输出产品等资料，研制多源融合综合数据产品，提高资料的综合应用和定量应用水平。

加快专业化、集约化资料分析应用平台建设。通过整合集成，建立集观测资料、统计产品、模式产品、基础地理信息、国民经济统计信息、灾害资料等为一体的数据应用环境；建立数据应用环境与专业应用平台（如 MICAPS、CIPAS 等）的同步系统，实现在同一系统框架下数据格式转换、产品共享、数据一致、业务协同等，全面提高气象数据应用的自动化水平。

加强资料同化分析。建立和完善全国遥感资料与产品应用业务体系，卫星资料应用实现从定性应用向定量应用的转变，促进卫星观测资料在自主数值预报模式资料同化中占有的比例进一步提升。

逐步建立资料应用效益评估体系。针对不同资料类型和不同业务种类，分别建立资料应用效益评估系统，促进自主型气象资料应用水平。

## 2.2.6 站网最优布设

气候变暖导致的气候带移动，将对自然生态系统以及建立在此基础上的社会经济系统造成严重的影响。因此，对气候变化以及对其未来变化趋势的了解不仅是科学界普遍关注的前沿科学问题，也是公众普遍关注和各国政府高度重视的重大问题。然而缺少令人信服的、准确的、连续一致的全球气候系统观测及其长期观测资料是认识气候变化的一个最大障碍。准确、连续的气候观测信息将有益于监测和检测气候系统及其变化，记录自然气候变异和极端气候事件，模拟和预报气候变异和气候变化，评价气候变化对生态系统及社会经济的潜在影响，支持了解、模拟和预测气候系统所需的业务和研究。同时也有助于根据气候以及气候变化趋势确定经济发展规划、调整生产布局、防灾减灾、合理利用气候资源、开展生态环境建设和保护等。同时需要注意的是，气候变化研究不仅需要从时间域上检查气候观测记录的均一性、代表性和比较性即资料的质量，以便做必要的序列订正。还必须从空间域上检查一个地区乃至大范围地理区域中气候观测站网的布局是否合理，如过于稠密的站网则对人力、财力、物力造成浪费，过于稀疏的站网则常常漏测大量气象信息，以致不能真实反映大气活动状况，使预报失真或使气候分析成果缺乏代表性。气象现象的观测不但具有时间上的连续性，而且具有空间上的关联性。在时空域上观测记录气象信息，必然有一个气象站网设计问题。

## 2.2.7 国内外研究进展

自 1946 年苏联首先引用结构函数法开展气象站网的合理分布研究（Drozdov et al.，1946）以来，很多学者相继在天气、气候、高空、蒸发和雨量等站网的设计上做了大量的工作，形成多种气象站网布局与优化方法，如线性内插法、区域内插法（正三角形内插法、正方形内插法）、最优内插法、信息论方法、特征矢量内插法、气象观测代表性评定法、因子分析法和经验模式法等。针对气象站网设计，Drozdov 把结构函数作为站网设计的一种依据，用所计算的气象要素场的结构函数来建立内插标准误差与站点间距的关系，再根据这种关系来决定站网的密度。1970 年，Gandin 在给世界气象组织提交的技术报告中探讨了苏联所进行的有关气象站网设计方面的工作。Gandin 认为在全球中纬度平原地区雨量站网的平均合理间距为 25～30 km，同时介绍并讨论了线性内插法、区域内插法和最优内插法 3 种方法进行气象站网布局优化的优缺点，上述方法已成为全世界已有的站网布局规划的科学依据之一。Mooley 等（1982）曾将雨量场的结构函数应用于热带站网的设计。Schneebeli 等（2004）利用概率统计和模糊数学，在不同的下雪量阈值情况下，计算区域概率关系，从而确定下雪量观测站的布局。Vose 等（2004）利用"消耗－获益"模型确定气候观测网络的台站密度。Hubbard（1994）研究发现，在地势相对平缓、下垫面性质单一的地区，每 60 km 一个台站即可代表 90% 日气温的空间变化情况，而 Degaetano（2001）对美国历史气候资料集 814 个站点季降水观测记录的分析发现，最少 322 个站点的资料就可以描述整个美国季降水量空间分布特点。Janis 等（2002）在设计最新的美国气候基准站网（CRN）时，发现设置 250 个站点即可满足气候变化监测需要，相当于每隔 180 km 需要设置 1 个站，相比之下，182 个测站的观测网络有一个统一的站点间距即约 239 km,1221 个站的观测网络站点间距为 92 km。Janis 等(2004)利用 Monte Carl 反复样本方法来评估美国的气候站网络,发现这个气候站网络的观测资料可以反映美国气候的变化。

我国从 20 世纪 80 年代开始气象站网布局优化的研究。廖洞贤(1985)考虑观测误差、截断误差和数值天气预报的需要,给出了最优相邻测站间距离、最优垂直网格和最优观测时间间隔的公式。杨贤为等(1990)采用结构函数法、相关函数法和最优内插法分别对我国江淮平原、河北平原、四川盆地等地区的气象站网合理布局进行了研究,同时还探讨了以平面内插取代线性内插的可能性。王庆安等(1988)、傅抱璞(1988)等利用我国江汉平原地面站网资料和华东地区高空站网资料,探讨了线性内插法和最优内插法的可行性,重点对山地站网的设计提出了初步看法。在大城市站网分布的研究方面,卢文芳等(1989)利用上海地区 12 个台站的逐日平均气温、逐日平均相对湿度及月降水量资料,分别计算了相应要素场的结构函数,从而确定各种插值方法,例如:线性内插、正三角形内插、正方形内插的内插标准误差,最终提出上海地区二类站的最佳距离约为 50 km,三类站的最佳距离约为 30 km。赵瑞霞等(2007)利用结构函数分析了北京气象要素平面内插精度和台站间距的对应关系,对北京东南低地形区的合理布站方案及间距进行了估算。

## 2.3　站点密度优选方法

### 2.3.1　基于结构函数的站网优化方法

描述场统计结构的一个重要指标就是场的结构函数。结构函数的概念通常多用于一类特殊的随机场即"均匀各向同性"场。为此,首先有必要阐明什么是均匀场和各向同性场。

一个随机场,若其所有 $n$ 维分布律,在向量 $\boldsymbol{\rho}_1,\boldsymbol{\rho}_2,\cdots,\boldsymbol{\rho}_n$ 平移同一向量 $\boldsymbol{\rho}_0$ 时,保持不变(类似于平稳过程的严格平稳性),则称此随机场为均匀的。若仅仅其数学期望为常数而相关因数依赖于一个自变向量 $\boldsymbol{\rho}_0=\boldsymbol{\rho}_2-\boldsymbol{\rho}_1$ 的场,就称为广义均匀场。

当向量系 $\boldsymbol{\rho}'_1=\boldsymbol{\rho}_1+\boldsymbol{\rho}_0,\boldsymbol{\rho}'_2=\boldsymbol{\rho}_2+\boldsymbol{\rho}_0,\cdots,\boldsymbol{\rho}'_n=\boldsymbol{\rho}_n+\boldsymbol{\rho}_0$ 作任意刚性转动(点系的相对位置不变)以及对通过坐标原点的任一平面作镜反射时,所有 $n$ 维分布律均保持不变。这样的随机均匀场称为各向同性均匀场或均匀各向同性场。换言之,均匀各向同性场的相关函数是一个自变标量 $\boldsymbol{\rho}_0=|\boldsymbol{\rho}_2-\boldsymbol{\rho}_1|$ 的函数,它只依赖场内两点间的距离而不依赖连结两点的直线在场内的方位。

为表示均匀各向同性场的统计特征,定义场的结构函数。设 $f(x,y)$ 是站点 $(x,y)$ 处的气象要素值,$f'(x,y)$ 代表气象要素的距平,那么气象要素的结构函数:

$$b_f(x_1,y_1;x_2,y_2)=\overline{[f'(x_1,y_1)-f'(x_2,y_2)]^2} \tag{2.1}$$

站点 $(x_1,y_1)$、$(x_2,y_2)$ 之间气象要素的协方差函数:

$$m_f(x_1,y_1;x_2,y_2)=\overline{[f'(x_1,y_1)\times f'(x_2,y_2)]^2} \tag{2.2}$$

假设在所讨论的地区,结构函数满足均匀和各向同性的条件,即它只是站点距离 $l$ 的函数:

$$b_f(x_1,y_1;x_2,y_2)=b_f(l) \tag{2.3}$$

气象要素的观测误差包括系统误差和随机误差,使用偏差来计算各特征函数,可以消除系统误差。再假定 $\delta_f^2$ 呈均匀分布,在 $b'f(l)$-$l$ 图上,外推到 $l=0$ 处,得到:

$$b'_f(0) = 2\delta_f^2 \tag{2.4}$$

这是实际观测值含有随机观测误差造成的结果。根据气象要素的点值内插的标准误差数值不超过观测标准误差的数值,计算最大容许误差和最大容许距离。根据不同站网密度(间距)来推算内插的误差,也可以根据不同的内插精度要求来计算新站网的密度。

### 2.3.1.1　线性内插法

线性内插法是建立在结构函数基础上,计算两站线性内插误差,以确定站间最大允许距离的统计学方法。把沿连接两相邻站的线取作 $x$ 轴,两站间的距离为 $l$,所以这两个站的横坐标分别为 $\xi$ 和 $\xi+l$。因此,线段上任意一点 $\xi+x$ 的线性内插有下列公式,表示为

$$f'(\xi+x) = \left(1-\frac{x}{l}\right)f'(\xi) + \frac{x}{l}f'(\xi+l) \tag{2.5}$$

根据协方差函数的定义和随机误差的性质,可以计算出这个内插点相对于真值的内插方差。然而,大多数气象要素的结构函数有下列特点:在线段中点上 $E$ 最大。线段中点的内插方差 $E$ 可以表示为

$$E = b_f\left(\frac{l}{2}\right) - \frac{1}{4}b_f(l) + \frac{1}{2}\delta_f^2 \tag{2.6}$$

这样用含有随机误差的观测资料,算出结构函数,从而可以计算出内插方差 $E(l)$,画出 $E(l)$-$l$ 关系图。当给出最大容许内插标准误差 $\sqrt{E}$ 的判据条件,就可以从 $E(l)$ 图上定出两站间最大容许距离,即最佳站距。一般采用右边前两项不超过观测标准误差来确定,即 $E \leqslant \frac{3}{2}\delta_f^2$ 作为判据。

### 2.3.1.2　区域内插法

对于边长 $l$ 的等边三角形的中心,进行线性内插的标准误差表达式为

$$E = b_f\left(\frac{l}{\sqrt{3}}\right) - \frac{1}{3}b_f(l) + \frac{1}{3}\delta_f^2 \tag{2.7}$$

对于边长 $l$ 的正方形的中心,进行线性内插的标准误差表达式为

$$E = b_f\left(\frac{l}{\sqrt{2}}\right) - \frac{1}{4}b_f(l) - \frac{1}{4}b_f(l\sqrt{2}) + \frac{1}{4}\delta_f^2 \tag{2.8}$$

计算所得的单一气象要素的 $E_{\max}$ 通常作为此气象要素的最大容许误差的指标,与之对应的 $l_{\max}$ 作为确定单一气象要素站网最优间距的依据。

### 2.3.1.3　最优内插法

令 $f'_i = f'_i(x_i, y_i)$ 为气象要素的距平,那么内插点 $(x_0, y_0)$ 的偏差为

$$f'_0 = \sum_{i=1}^{n} p_i f'_i \tag{2.9}$$

式中,$p_i$ 代表各已知点尚未确定的内插权重。由已知点的协方差函数和观测标准误差来确定 $n$ 个权重 $p_i$ 还可以进一步得到一个简单的 $E$ 的表达式

$$E_{\mathrm{opt}} = m_{00} - \sum_{i=1}^{n} p_i m_{i0} \tag{2.10}$$

式中,$m_{00}$ 为内插点方差,$m_{i0}$ 为内插点与已知点的协方差函数。

因此,应在 $\sqrt{E_{\mathrm{opt}}}$ 过大的地方增加站点或在 $\sqrt{E_{\mathrm{opt}}}$ 过小的地方减少站点。

对某一地区使用线性内插法进行气象站网的布局优化,该地区必须已有相当一批站点进行了多年观测,取得一批具有时空代表性的资料。线性内插所提供的只是整个研究区域线性内插标准误差与站间距离关系的综合、平均结果,虽然人们可据此根据所需的内插精度对研究区的现有站网确定增减数目,却不能据此确定增加或撤销台站的具体位置。而最优内插法可根据所需的内插精度,确定增加或者撤销台站的具体位置,但它并不能提供研究区内所需台站的具体数目。

### 2.3.1.4 案例分析

杨贤为等(1991)利用四川盆地 54 个站 20 年的日平均气温资料,从统计各月气温场的相关函数着手,推算出相对内插标准误差与相关函数的统计关系,并根据内插标准误差应不大于观测随机误差的原则,估算出该地区气温场的最大容许测站间距。按照式(2.1)和式(2.2)计算出区内所有站点在 1,4,7,10 各月的方差,并绘制了各月的方差分布图。总的来说,这 4 个月的方差场都存在着一定的地理差异,其分布趋势也都比较相似(表 2.3)。7 月的气温方差呈现出自西向东逐步递增的趋势,其余月份的气温方差场也是这样。四川盆地气温方差场的不均匀性应该与该区地势的起伏度有关。

表 2.3 四川盆地气温相对内插标准误差($\varepsilon_T$)与距离($d$)的关系

| 月份 | 20 km | 40 km | 60 km | 80 km | 100 km | 120 km | 140 km | 160 km | 180 km | 200 km |
|---|---|---|---|---|---|---|---|---|---|---|
| 1 | 0.015 | 0.020 | 0.026 | 0.031 | 0.037 | 0.042 | 0.048 | 0.054 | 0.059 | 0.065 |
| 4 | 0.0015 | 0.0020 | 0.0035 | 0.0040 | 0.0060 | 0.0065 | 0.0085 | 0.014 | 0.017 | 0.023 |
| 7 | 0.017 | 0.018 | 0.025 | 0.033 | 0.042 | 0.053 | 0.065 | 0.078 | 0.092 | 0.105 |
| 10 | 0.011 | 0.013 | 0.013 | 0.019 | 0.025 | 0.032 | 0.037 | 0.045 | 0.053 | 0.069 |

通过分析四川盆地气温相对内插标准误差与距离的关系(表 2.3)。可以看出,该区气温相关函数随距离的变化具有明显的季节差异,4 月相关最好,7 月最差,1 月、10 月居中。

按照式(2.3)~式(2.6)计算各站之间的结构函数。又由结构函数随站距的变化规律,根据式(2.6)计算出不同距离上的内插标准误差(表 2.3)。

由于气温在不同季节的相对误差存在明显的差别,为此需解决如何确定适用于不同季节的最大容许误差,并据此推算各季通用的最大容许间距。根据最大容许误差及其对应的距离(表 2.4)。从各月的最大容许间距来看,4 月最长,7 月最短。只要选择最大容许间距的最小值(62 km),便可以保证各月由"内插"造成的误差均不超过由"观测"造成的误差。若以 62 km 做合理间距,该区测站应该有 34 个。

表 2.4 四川盆地气温场的最大容许误差及其对应的距离

| 月份 | 1 | 4 | 7 | 10 |
|---|---|---|---|---|
| 最大容许误差 | 0.031 | 0.0045 | 0.026 | 0.020 |
| 最大容许距离(km) | 80 | 95 | 62 | 80 |

## 2.3.2 Monte Carlo 反复样本法

### 2.3.2.1 Monte Carlo 反复样本法介绍

在某一地区,对比使用不同数量的台站所得的区域平均气候序列与该标准站网序列之间的关系,可以得到该地区台站数量对站网监测气候变化信号能力的影响,进而得到在保证某一监测能力前提下所需的最少台站数量,并可进而获得该地区的最优站网密度。考虑到气候变化研究既关心气候要素的趋势变化,又注重其年际和年代际波动,因此,使用两序列的相关系数表征气候变化信号的监测能力。保证站网对信号的监测能力主要是指最优站网所得网格区域气候要素序列与标准站网所得对应要素序列的相关系数高于某个数值(例如,两个序列相关系数高于 0.99)。Monte Carlo 反复样本法步骤如下:

(1)计算标准站网每个网格单元的气象要素的区域平均。

(2)在每个网格单元内随机采样得到一个包含 $N_s$ 个站点的子集站网($1 \leqslant N_s \leqslant N-1$,其中,$N$ 是在网格单元内的站点总数)。

(3)考虑到格点跨度较小,这里使用算术平均计算 $N_s$ 站网的区域平均温度距平和降水距平百分率序列。例如,在某格点采样得到一个包含 20 站的子集站网,其在第 $i$ 年的格点平均值为:

$$\hat{T}_i = \frac{1}{20} \sum_{j=1}^{20} T_{ij} \tag{2.11}$$

式中,$\hat{T}_i$ 为由 $N_s$(这里 $N_s = 20$,$1 \leqslant N_s \leqslant N-1$)个随机选出的站点组成的子集站网在第 $i$ 年的区域平均值,$T_{ij}$ 为第 $j$ 个站点的要素值;计算该 $N_s$ 子集站网序列(温度距平和降水距平)与标准序列的相关系数。

(4)不改变 $N_s$ 的取值,重新进行随机采样,得到由不同站点组成的相同密度的站网,重复第 3 步,计算 $N_s$ 站网序列与标准站网序列的平均相关系数。以 100 次为例,用以下公式计算任一 $N_s$ 站网(气象要素)序列与标准序列的平均相关系数(Mcor):

$$\text{Mcor} = \frac{1}{100} \sum_{k=1}^{100} \text{cor}_k \tag{2.12}$$

式中,100 是蒙特卡罗(Monte Carlo)$N_s$ 个站点重采样的次数,$\text{cor}_k$ 为第 $k$ 次采样序列与标准序列的相关系数。

(5)对所有可能的子集站点个数($N_s$ 为 $1,2,\cdots,N-1$)重复第 3 步到第 4 步,得到各个网格点台站数量与对应的 Mcor。

(6)分析 Mcor 与 $N_s$ 的相互关系,寻找最适合的回归方程。

计算选样站点数($N_s$)的 Mcor 多项回归式:

$$\ln N_s = a_0 + a_1 \text{Mcor}_1 + \cdots + a_3 \text{Mcor}_3 \tag{2.13}$$

将 Mcor 代入式(2.13),即可得到对应的网格内所需站点数量。

### 2.3.2.2　案例分析

前文已经介绍了 Monte Carl 反复样本法,对于我国这种方法如何应用呢? 整理全国 1951—2011 年逐月平均气温数据(756 个基本气象站)和东部(100°E 以东)2266 个气象站 1951—2012 年气温和降水日值资料。网格划分:1°×1°、2°×2° 和 2.5°×2.5° 共 3 种经纬网。网格化方法:采用 Jones 等的气候距平法。网格内站点选择则是 Monte Carl 反复样本法。

图 2.5 为 3 种气候基准期建立的区域平均气温距平序列。

为评估资料可用性对区域平均序列不确定性的影响,按照 1/10,1/6,1/3,1/2 和 2/3 的比例抽取站点,抽样进行 1000 次,按气候距平法进行网格化(基于 3 种网格大小分别进行),建立区域平均距平序列。对于年平均序列,每年都有 1000 个计算结果,计算这 1000 个数值的第 5% 和 95%,即得到该年值的 90% 可能范围,这一范围越大说明资料可用性影响越大、结果不

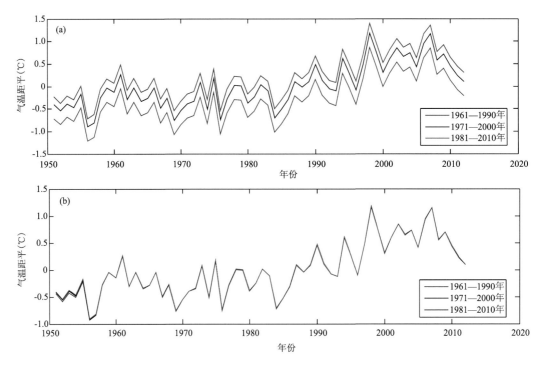

图 2.5　中国东部平均气温距平序列(a)(1°×1°网格,3 个基准期)及各自去均值序列(b)

确定性越大,范围越小说明资料可用性影响越小、结果不确定性越小。从结果来看(图 2.6),20 世纪 50 年代初由于资料可用性差(资料少),导致区域平均序列在相应时段的不确定性较大;基于不同大小网格构建的区域平均序列,序列不确定性的总体程度不同,网格越大不确定性越大。

不管是气候距平法网格化,还是不同空间插值网格化,3 种网格大小方案对中国陆地区域平均序列影响很小,气候距平法和空间插值网格化方案,所得中国陆地区域平均序列的差别很小。因此,756 个基本站对于构建中国陆地区域平均气温距平序列而言,其分布密度已经足够。

对台站数量要求较高的区域多位于地势起伏剧烈或山地向平原、高原过渡地带。对台站密度要求较高的地区主要集中在四川盆地周边山区、武夷山、黄土高原、秦岭、东南丘陵、东北东部山地等地区。这些地区地势复杂,区域相关性低,要求站点密度高,实际上是气候变率、变化空间异质性或空间差异性大的反映。

前文分析了利用 Monte Carle 反复样本法优选站点对于中国气温和降水要素分析所产生的影响。该方法在极端气候事件分析中的影响,需要进一步分析。

利用中国 100°E 以东 2249 个气象站点(限于资料年限及数据缺测情况,从中选取了 1674 个站点)的逐日气温、降水数据,并利用计算机软件计算了 1961—2012 年 1674 个站点的极端气候指数。选用冷夜最低气温小于 10%阈值的天数(TN10p)指数、暖日最高气温超过 90%阈值的天数(TX90p)指数、大于 10 mm 降水日数(R10),并计算了 3 个极端气候指数的区域指数。

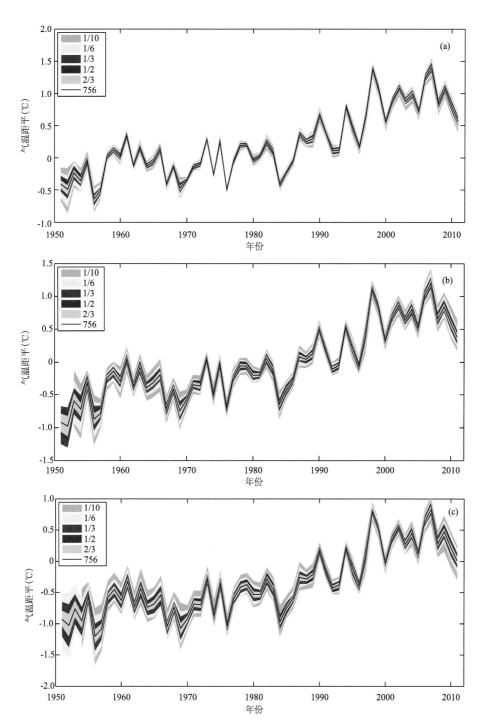

图 2.6　中国区域年平均气温距平序列 1951—2011 年

（站点数分别为总数 756 的 1/10,1/6,1/3,1/2 和 2/3,抽样次数 1000 次）

（a.气候基准期 1961—1990 年,网格 1°×1°;b.气候基准期 1971—2000 年,

网格 2°×2°;c.气候基准期 1981—2010 年,网格 2.5°×2.5°）

表 2.5　研究区域划分

| | 经度 | 纬度 |
|---|---|---|
| 东北区 | 120°～135°E | 38°～55°N |
| | 110°～120°E | 45°～55°N |
| 华北区 | 110°～120°E | 35°～45°N |
| | 120°～125°E | 35°～38°N |
| 华东区 | 110°～123°E | 27°～35°N |
| 华南区 | 110°～123°E | 16°～27°N |
| 西北区 | 100°～110°E | 35°～45°N |
| 西南区 | 100°～110°E | 16°～35°N |

　　抽样及区域极端气候指数计算方法。为了研究不同密度站点对区域极端气候指数的影响,对研究区域的总站点数(1674 站)采用随机抽样的方法,抽样情况见表 2.6,取 1000 次抽样数据计算 6 个分区的区域极端气候指数,这样,每次抽样都可以产生 1000 个各分区的区域指数。

　　不同密度站点对区域极端气候指数均值的影响。对 10 种不同抽样的数据,分别计算 6 个区域的极端气候指数,每个区域可以得到 1000 个极端气候指数的序列,对其进行算术平均。结果发现对每个区域而言,10 种不同抽样 1000 个极端气候指数的算术平均几乎是一致的(图略)。因而规定由抽样10(1255 站)计算得到的区域极端气候指数为该区域的标准极端气候指数。

表 2.6　抽样情况

| | 抽样比例 | 抽样比例系数 | 抽样站数(站) |
|---|---|---|---|
| 抽样 1 | 1/20 | 0.0500 | 83 |
| 抽样 2 | 1/15 | 0.0667 | 111 |
| 抽样 3 | 1/10 | 0.1000 | 167 |
| 抽样 4 | 1/6 | 0.1667 | 279 |
| 抽样 5 | 1/5 | 0.2000 | 334 |
| 抽样 6 | 1/4 | 0.2500 | 418 |
| 抽样 7 | 1/3 | 0.3333 | 558 |
| 抽样 8 | 1/2 | 0.5000 | 837 |
| 抽样 9 | 2/3 | 0.6667 | 1116 |
| 抽样 10 | 3/4 | 0.7500 | 1255 |

　　尽管 10 种不同抽样 1000 个极端气候指数的算术平均具有一致性,但就各个抽样随机抽取的 1000 个样本来说,其变化却不尽相同。由此可以研究不同密度站点对区域极端气候指数均值的影响。

　　图 2.7 为 6 个分区、2 种不同抽样(83 站、1255 站)的暖日指数的变化曲线。粉色的区域代表 1000 个指数序列中逐年的极差(该年区域指数的最大值减去最小值),黑色的细线为 1000 个序列的算术平均。从图中可以看出相对应的两张图中黑色的细线是完全一致的,它就

是该区域的标准极端气候指数。

抽样 1(图 2.7a、c、e、g、i、k)中的极差远远大于抽样 10(图 2.7b、d、f、h、j、l)的极差,说明随机选取的站点比较少的时候,由其计算得到的区域暖日指数与标准暖日指数的差异可能非常大。图 2.7g、i 分别为华南区域、西北区域 83 站的暖日指数,它们的极差明显大于其他区域,这表明,在研究这两个区域的暖日变化时要尽可能选取更多的站点。

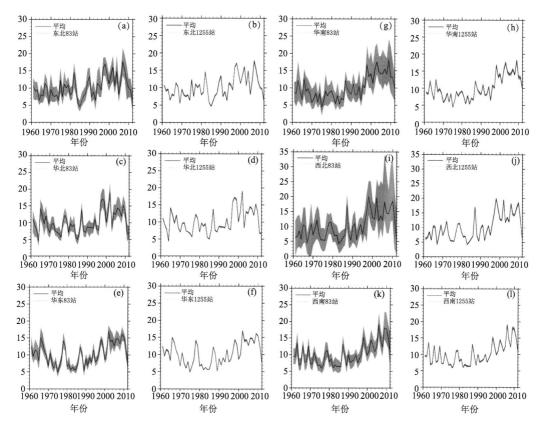

图 2.7　抽样 1(83 站)东北(a)、华北(c)、华东(e)、华南(g)、西北(i)、西南(k)区域暖日指数和
抽样 10(1255 站)东北(b)、华北(d)、华东(f)、华南(h)、西北(j)、西南(l)区域暖日指数

为了更进一步分析不同密度站点对区域暖日指数的影响,计算了各区域 10 种不同抽样 1000 个暖日指数序列的极差与该区域标准暖日指数(1255 站均值)的比值(表 2.7)。由表中可以看出,抽样 10(1255 站)的随机 1000 个序列的极差与标准指数的比值在 10% 之内,而抽样 1(83 站)的随机 1000 个序列的极差与标准指数的比值均大于 30%,最大的比值达到 107.4%,出现在西北区域。

如果在对暖日指数的研究中,以 10% 为可接受的极差比(表 2.7 中的黄色区域),那么,中国 100°E 以东选取 837 站及其以上时,东北、华北、华东区域的暖日指数可以满足这一要求,选取 1116 站及其以上时,除西北区域以外的其他 5 个区域的暖日指数均可以满足这一要求;选取 1255 站及其以上时,6 个区域的暖日指数都可以满足这一要求。如果以 20% 为可接受的极差比(表 2.7 中的浅蓝色、黄色区域),选取 279 站及其以上时,华北、华东区域可以满足,西北区域只有选取 837 站及其以上时才能满足。

表 2.7　不同密度站点各区域暖日指数极差与该区域 1255 站均值的比值　　　　单位:%

| | 83 站 | 111 站 | 167 站 | 279 站 | 334 站 | 418 站 | 558 站 | 837 站 | 1116 站 | 1255 站 |
|---|---|---|---|---|---|---|---|---|---|---|
| 东北区域 | 52.5 | 39.9 | 31.0 | 22.6 | 19.8 | 17.4 | 13.9 | 9.9 | 6.9 | 5.7 |
| 华北区域 | 42.4 | 36.5 | 27.5 | 19.8 | 17.4 | 15.2 | 12.1 | 8.7 | 6.1 | 5.0 |
| 华东区域 | 34.2 | 28.7 | 22.2 | 16.5 | 14.5 | 12.6 | 10.7 | 7.4 | 5.1 | 4.2 |
| 华南区域 | 69.2 | 53.6 | 44.6 | 30.0 | 27.2 | 23.4 | 18.7 | 13.1 | 9.2 | 7.7 |
| 西北区域 | 107.4 | 81.1 | 48.5 | 33.8 | 29.6 | 24.4 | 20.2 | 14.3 | 10.1 | 7.9 |
| 西南区域 | 46.9 | 42.2 | 31.9 | 23.4 | 21.1 | 18.4 | 14.5 | 10.3 | 7.3 | 6.0 |

　　图 2.8 为 6 个分区、2 种不同抽样(83 站、1255 站)的冷夜指数的变化曲线。抽样 1(图 2.8a、c、e、g、i、k)中的极差远远大于抽样 10(图 2.8b、d、f、h、j、l)的极差,说明随机选取的站点比较少的时候,由其计算得到的区域冷夜指数与标准冷夜指数的差异可能非常大。图 2.8i 为西北区域 83 站的冷夜指数,其极差最大,其次为东北、华北区域。这表明,在研究冷夜指数时需要选取更多的站点。

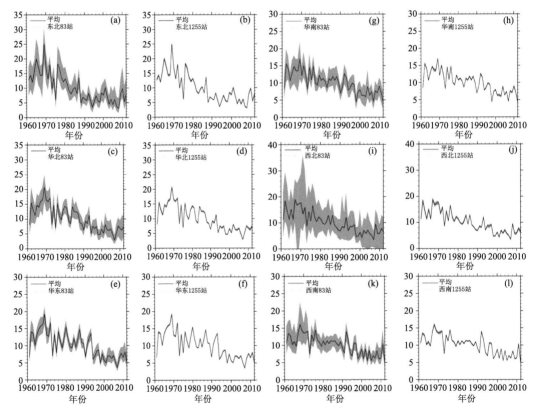

图 2.8　抽样 1(83 站)东北(a)、华北(c)、华东(e)、华南(g)、西北(i)、西南(k)区域冷夜指数和
抽样 10(1255 站)东北(b)、华北(d)、华东(f)、华南(h)、西北(j)、西南(l)区域冷夜指数

　　表 2.8 为各区域 10 种不同抽样 1000 个冷夜指数序列的极差与该区域标准冷夜指数(1255 站均值)的比值。由表中可以看出,抽样 10(1255 站)的随机 1000 个序列的极差与标准

指数的比值在 10% 之内,而抽样 1(83 站)的随机 1000 个序列的极差与标准指数的比值均大于 37%,最大的比值达到 130.8%,出现在西北区域。

如果在对冷夜指数的研究中,以 10% 为可接受的极差比(表 2.8 中的黄色区域),那么,中国 100°E 以东选取 837 站及其以上时,只有华东区域的冷夜指数可以满足这一要求;选取 1116 站及其以上时,除西北区域以外的其他 5 个区域的冷夜指数均可以满足这一要求;选取 1255 站及春以上时,6 个区域的冷夜指数都可以满足这一要求。如果以 20% 为可接受的极差比(表 2.8 中的浅蓝色、黄色区域),选取 279 站及其以上时,只有华东区域可以满足,西北区域只有选取 1255 站及其以上时才能满足。华北、东北区域均需要更多的站点才能满足要求。

表 2.8　不同密度站点各区域冷夜指数极差与该区域 1255 站均值的比值　　　　单位:%

| | 83 站 | 111 站 | 167 站 | 279 站 | 334 站 | 418 站 | 558 站 | 837 站 | 1116 站 | 1255 站 |
|---|---|---|---|---|---|---|---|---|---|---|
| 东北区域 | 71.6 | 51.6 | 43.1 | 29.6 | 26.2 | 23.0 | 18.6 | 13.0 | 9.2 | 7.5 |
| 华北区域 | 58.6 | 48.6 | 39.4 | 28.0 | 24.6 | 21.7 | 17.3 | 12.1 | 8.7 | 7.2 |
| 华东区域 | 37.3 | 31.3 | 23.9 | 17.7 | 15.8 | 13.6 | 11.2 | 8.1 | 5.5 | 4.5 |
| 华南区域 | 56.8 | 46.0 | 36.6 | 26.4 | 23.1 | 20.2 | 16.0 | 11.1 | 7.8 | 7.8 |
| 西北区域 | 130.8 | 102.6 | 68.3 | 47.3 | 39.5 | 33.5 | 27.2 | 19.5 | 13.3 | 7.9 |
| 西南区域 | 49.9 | 41.3 | 31.7 | 22.3 | 20.2 | 18.0 | 14.3 | 10.1 | 7.1 | 6.0 |

不同密度站点对区域极端气候指数线性趋势的影响。为了考查不同密度站点对区域极端气候指数序列线性趋势的影响,计算了各区域 10 种抽样得到的 1000 个序列的线性趋势。

对区域极端温度指数序列线性趋势的影响。从表 2.9 可以看出,不同密度站点华东区域暖日指数的趋势系数均为正值,在抽样 1(83 站)的 1000 个序列中,有 945 个序列的线性趋势在 0.0~0.1,有 55 个序列在 0.1~0.2。在中国 100°E 以东选取 334 站及其以上时,华东区域的暖日指数的线性趋势均在 0.0~0.1。

表 2.9　不同密度站点华东区域暖日指数的线性趋势分布

| 抽样站数(站) | [−0.1,0.0) | [0.0,0.1) | [0.1,0.2) | ≥0.2 |
|---|---|---|---|---|
| 83 | 0 | 945 | 55 | 0 |
| 111 | 0 | 963 | 37 | 0 |
| 167 | 0 | 987 | 13 | 0 |
| 279 | 0 | 997 | 3 | 0 |
| 334 | 0 | 1000 | 0 | 0 |
| 418 | 0 | 1000 | 0 | 0 |
| 558 | 0 | 1000 | 0 | 0 |
| 837 | 0 | 1000 | 0 | 0 |
| 1116 | 0 | 1000 | 0 | 0 |
| 1255 | 0 | 1000 | 0 | 0 |

从表 2.10 可以看出,不同密度站点华北区域冷夜指数的线性趋势均为负值,在抽样 1(83 站)的 1000 个序列中,有 629 个序列的线性趋势在 −0.3~−0.2,有 369 个序列在 −0.2~−0.1。在中国 100°E 以东随着选取站点的增多,华北区域冷夜指数的线性趋势趋于 −0.3~

—0.2。

从其他区域的暖日、冷夜指数中也可以看出,不同密度站点得到的区域极端温度指数的线性趋势均为一致的正值或负值,仅有数值的差异。

**表 2.10　不同密度站点华北区域冷夜指数的线性趋势分布**

| | $[-0.4,-0.3)$ | $[-0.3,-0.2)$ | $[-0.2,-0.1)$ | $[-0.1,0)$ | $\geqslant 0$ |
|---|---|---|---|---|---|
| 83 站 | 1 | 629 | 369 | 1 | 0 |
| 111 站 | 1 | 646 | 353 | 0 | 0 |
| 167 站 | 0 | 713 | 287 | 0 | 0 |
| 279 站 | 0 | 766 | 234 | 0 | 0 |
| 334 站 | 0 | 756 | 244 | 0 | 0 |
| 418 站 | 0 | 814 | 186 | 0 | 0 |
| 558 站 | 0 | 856 | 144 | 0 | 0 |
| 837 站 | 0 | 940 | 60 | 0 | 0 |
| 1116 站 | 0 | 984 | 16 | 0 | 0 |
| 1255 站 | 0 | 997 | 3 | 0 | 0 |

根据 10 种不同密度站点的 1000 次抽样计算的 6 个区域极端气候指数,其均值的年变化曲线基本一致重合,因而可以视为区域极端指数的标准化序列。不同密度站点对区域极端气候指数的建立有很大的影响。不同密度站点对区域极端气候指数的线性趋势也有很大的影响。如果以不同密度站点极端气候指数的极差与 1255 站标准序列之比不大于 10% 为界限,建立 6 个区域的极端气温指数至少需要 1116 站;如果以其比不大于 20% 为界限,建立 6 个区域的极端气温指数至少需要 558 站。西北区域由于气象站点较少,其极端气温指数不易满足界定的条件。

### 2.3.3　站网布局优化的其他方法

除了上述介绍的方法之外,一些新的方法开始应用于气象台站网设计,如信息论方法、因子分析法、经验模式法、特征矢量内插法和气象观测代表性评定法等,下面重点介绍前 3 种方法。

#### 2.3.3.1　信息论方法

气象台站网的规划是一项涉及时空范围内多变量现象的研究课题。为了提高现有气象台站网的效益,研究现有台站所有可能的多变量组合是十分必要的。在一个拥有大量台站的研究区域内,考虑多变量所有可能的组合在计算上是不可能的。为了解决这种复杂问题,可以应用信息理论。该理论使某一子区域内的一组台站所传送的有关另一子区域的信息减至最少,将某一测点的总信息量分解为该点所在子区域共有的内部信息和其他台站提供的该测点的信息。为了更好理解分区结果的意义,提高这一方法的空间分辨率,下面着重介绍 3 站为一组的分类法。

先考虑平均信息量与信息的关系。在某气象站实际气象输入量"$Z$"具有可能的离散值 $z_i, i=1,2,\cdots,N$。分别用 $P(z_i)$ 和 $P(x_j)$ 表示事件 $z_i$ 和 $x_j$ 的概率分布,它们的联合概率分布

用 $P(z_i, x_j)$ 表示，$P(z_i, x_j)$ 是条件概率，表示在满足 $x_j$ 条件下发生 $z_i$ 的概率。用 $I(z_i, x_j)$ 表示 $x_j$ 所传达的有关 $z_i$ 的信息，它与 $P(z_i)$ 和 $P(x_j)$ 有关：

$$I(z_i, x_j) = \log_2 P(z_i / x_j) - \log_2 P(z_i) \tag{2.14}$$

全部输入/输出事件的组合所传送的平均信息是每对可能的输入/输出事件所传送的信息乘以它们出现的概率之和，由此可得

$$I(Z, X) = H(X) + H(Z) + H(X, Z) \tag{2.15}$$

根据平均信息量的定义，有

$$H(X) = - \sum_i P(x_j) \times \log P(x_j) \tag{2.16}$$

$$H(Z) = - \sum_i P(z_i) \times \log P(z_i) \tag{2.17}$$

$$H(Z, X) = - \sum_i \sum_i P(z_i, x_j) \times \log P(z_i, x_j) \tag{2.18}$$

可以将整个区域分成若干个子区域，然后计算这些子区域中各种可能组合的交互信息量，以便评估每个子区域内的台站网密度，但要计算所有这些组合是不可能的。因此，有必要探索简化的、3 站为一组的分区方法。3 站为一组的分区方法很简单，对于地区性气象研究来说在计算上是可行的。假设 3 个站的待测变量为 $X_1, X_2, X_3$。经过推导，组间的信息可以简化为

$$I(X_1, X_2, X_3) = H(X_1) + H(X_2) + H(X_3) - H(X_1, X_2, X_3) \tag{2.19}$$

但是，由 $X_3$ 传输的 $X_2$ 信息为

$$I(X_2, X_3) = H(X_2) + H(X_3) - H(X_2, X_3) \tag{2.20}$$

因此，内部信息的增加仍是 $X_1$ 与 $X_2$ 和 $X_3$ 联合的结果，即

$$\Delta I_{\text{int}}(X_1) = I(X_1, X_2, X_3) \tag{2.21}$$

由于 $X_1$ 与 $(X_2, X_3)$ 联合而增加的净信息量用 $\Delta I_{\text{net}}(X_1)$ 表示，即

$$\Delta I_{\text{net}}(X_1) = H(X_1, X_2, X_3) - H(X_2, X_3) \tag{2.22}$$

进一步推导可得

$$H(X_1) = \Delta I_{\text{int}}(X_1) + \Delta I_{\text{net}}(X_1) \tag{2.23}$$

这里 $H(X_1)$ 是 $X_1$ 的总信息量；$\Delta I_{\text{int}}(X_1)$ 是由 $X_1, X_2$ 和 $X_3$ 构成的三角区中 $X_1$ 的内部信息。式(2.23)表明一个站提供的总信息量等于它的资料平均信息量。这一总信息量包括两部分：

①本小组内部信息量 $\Delta I_{\text{int}}(X_1)$；

②由于联合而增加的净信息量 $\Delta I_{\text{net}}(X_1)$。

在一个具有一定密度及空间分布的站网里，可以预料所有站都会对其邻近小组提供 $\Delta I_{\text{net}}$ $(X_1)$ 的相似数值，这并不意味着所形成的各三角单元应该具有规则的形状或相等的面积，这些三角单元形状与面积的差异应该反映出被监视的气象场的空间不均匀性。将整个研究区域分为若干个可能的三角区图，利用一致的观测资料和内部信息量 $\Delta I_{\text{int}}$ 公式、净信息量 $\Delta I_{\text{net}}$ 公式计算出每个站的平均信息量，3 站一组形成的子区的平均信息量，以及每 3 站为一组的 $\Delta I_{\text{net}}$ 和 $\Delta I_{\text{int}}$。$\Delta I_{\text{net}}$ 的大小与该台站与该区域其他台站之间的交互作用成反比，即如果净信息量高，说明该台站与该区域其他台站之间的交互作用差，那么就要在该地区增加台站，反之，撤销台站。$\Delta I_{\text{int}}$ 的大小代表该区域的台站输出信息量的大小，如果内部信息量大，说明该区域的台站输出信息量大，进一步说明该区域的台站设置过密，反之说明该区域的台站设置稀少。采用信息论方法进行台站网设计，适合观测资料比较多的地区和单一气象要素的站网设计。

### 2.3.3.2　因子分析法

此法将对试图确定气候均匀区的可能性进行探讨,并提出一种方法,据此可确定某区域在气候上复杂与否,进而对台站的最佳数量做出估计。气候区域的划分基本有 3 种方法:①根据人为的主观方法,它假定区域上气候均匀;②根据农田的利用来划定农业气候区;③根据基本的地形特点来划分区域,例如,在地图上沿海平原、内陆山区、内陆凹地、沼泽地、高原以及大城市的周围画上线条。

为站网设计需要而划分气候区的上述 3 种方法,其可行性也许相同,也许不同,但它们都留下一个难以解决的问题,即如何在更复杂的地区决定台站的数量。下面介绍确定气候均匀区的因子分析法。有学者已描述过因子分析法在区域质量控制上的应用。区域质量控制过程的基础是表示某天($i$)某站($j$)的气候要素:

$$X_{ij} = a_{i1}f_{1j} + a_{i2}f_{2j} + \cdots + a_{in}f_{nj} + \gamma_{ij} \tag{2.24}$$

式中,$f_{1j}, f_{2j}, \cdots, f_{nj}$ 为 $j$ 站的因子;$a_{i1}, a_{i2}, \cdots, a_{in}$ 为 $i$ 日的因子权重;$\gamma_{ij}$ 为 $i$ 日 $j$ 站的误差或者残差。已经发现,总方差的 85% 可用前 15 个因子($f_{1j}, f_{2j}, \cdots, f_{15j}$)及其相应的权重($a_{i1}, a_{i2}, \cdots, a_{i15}$)来描述。这些因子由各站的物理特征或物理特征的组合所决定,而因子权重则取决于天气形势。因此,在西风带形势下,考虑气温时,纬度因子显得很重要,其相应的权重也很高;反之在反气旋形势下,当考虑最低气温时,代表夜间辐射因子的权重将很高。那些在相似天气形势下受到相似影响的台站将具有相似的因子。因此,通过选择具有相似因子值的台站归组的方法来确定气候均匀区的努力似乎是合乎逻辑的。这种选择或分组可用很多方法来实现,这里选择了"聚类法"。聚类过程是通过确定 15 维因子空间的台站间距来进行的,即

$$d_{ij}^2 = \sum_{k=1}^{15}(f_{ik} - f_{jk})^2 \tag{2.25}$$

式中,$d_{ij}$ 为台站 $i$ 和 $j$ 之间的距离;$f_{ik}$ 和 $f_{jk}$ 为这两个站上的第 $k$ 维因子。这种聚类法先产生一定数量的组数,同组内台站之间在因子空间上比其他组的台站更为接近,然后,用主观或者客观方法可将归为一组的台站用线条围起来。根据站网设计要求在各个区域内增加或者撤销台站。对于某些特定的要素而言,这样的地点可能在气候上很相似,尽管彼此相距甚远并分属不同的气候区。对不同要素进行分析的复杂程度是不同的,这一方面取决于具有本研究所需资料台站的数量,另一方面取决于地形对所考虑要素的影响。虽然有若干相当大的区域对于一两个要素来说是气候均匀的,但是毕竟还存在着其他结构复杂的地区,在这些地区,地形起着很重要的作用。研究结果还显示出对于一个要素来说是结构简单的地区,对另一个要素就可能显得结构复杂了。因此,对于一个要素来说气候均匀的地区,但对另一个要素就不一定是气候均匀区。所以,试图应用因子分析法来划定气候均匀区是行不通的,主要是因为这种方法不可能对全部要素确定唯一的一组区域。根据单一要素来确定站网要求的分析仅适用于拥有足够数量的台站来进行聚类分组的地区。

### 2.3.3.3　经验模式法

雨量站网的规划密度是各界关心的问题。气候观测网中最复杂的问题就是如何确定雨量站网的密度。由于降水不仅有量的差异,而且降水形式也有很大的差异,因而,必须考虑如何减少因降水形式不同而引起的误差。以站网推求暴雨面积雨量尚有误差,涉及点降水的站网密度更难以考虑。在同一精度要求下,测站控制面积愈大,所得的标准误差愈大,如要求推估的降水精度更高,则必须设置较密的站网。此外,雨量站的设置,应参考雨量的分布情形(尤其是暴雨中

心),故山区雨量站的密度应较平地为密。从水文预报角度看,面积雨量比点雨量重要,因此,某地区雨量站网的数目要能精确求得区域降水分布。虽然确定站网密度必须考虑的因素颇多,诸如气候、地形、区域发展情况、用途、预算以及观测人员等,但是真正能符合此要求者不多。

## 2.4　不同站网监测结果对比分析

为了监测、预测和分析气候变化,我国设置了国家基本气象站(简称"基本站")、国家基准气候站(简称"基准站")和国家一般气象站(简称"一般站")不同等级不同密度的地面监测站网。根据 GCOS 的要求,我国还有 GCOS 站 33 个。同时,已经展开的站网监测气候变化差异的研究发现,虽然各级站网均能监测出大尺度的时空变化特征,但对较高分辨率的时空变化特征的监测有一定的差异,并且不同要素的气候变化对站网密度的需求不一样。

Ren 等(2014)采用 1961—2009 年近 50 年的月降水资料,发现不同站网对变化速率的监测有一定的差异,某些站网的相对差异甚至超过 20%。陈长胜等发现高、低密度的站点分布对华南区域候、日平均的降水量两者差别较大,低密度站网不能很好地代表降水特征。Janis 等(2004)在设计最新的美国气候基准站网(CRN)时发现,一般情况下,站网密度越大,得到的气温和降水的变化趋势会越接近全部站网,并且气温和降水的情况有所不同,在误差限制下,要符合气候变化监测的需要,站网密度不需要很大,设置 250 个站点即可满足,相当于每隔 180 km 需要设置 1 个站。Vose 等(2004)研究表明,要得到气温和降水的年际变化至少需要 25 个分布均匀的台站,而若考虑趋势监测,则需要更高密度的站网。Hubbard(1994)发现相对简单的地形站网密度越大,越接近标准站网得到的日气温的变化,每隔 60 km 一个台站就足够获得 90% 日气温的变化,而对于日降水的变化台站间隔则需要扩大 5 km。Degaetano (2001)基于美国 1145 站历史气候站网,发现 287 站就足够获得 80% 季节性温度的空间变化;基于 814 个有效台站,发现 322 站可以代表美国地区季节性降水的空间变化。

### 2.4.1　资料与方法

我国气象站分布不均匀,其中新疆、甘肃西部、青海中西部、西藏、四川西部、内蒙古、黑龙江北部台站分布较稀疏,密度较低;华中、华东、中南地区台站分布较密集,密度较高。为便于比较,将全国划分为 $5°×5°$ 的经纬度网格,全部国家级台站、一般站和基本站在华中地区站点分布最密集,每个网格中的台站数都在 20 站以上,基准站除了长江中下游偏南区域每个格点的站点数在 6~20 站外,其他地区的都在 5 站以下,而 GCOS 站每个格点的站点数都在 5 站以下。在这种情况下,各个站网对气候变化的监测结果必然有所差异。理论上,站网密度越高,其监测结果越能真实地反映出中国气候时空变化的趋势特征。因此,以密度最高的国家站网(全部站)作为标准站网,用以对比分析与 GCOS 站网、基准站网、基本站网和基本基准站网(基本站网与基准站网之和)监测结果的差异。

常规观测中,与人们日常生活联系最紧密的为气温、降水和风速。此外,极端降水事件对社会经济和人民生命财产的危害严重,因此,这里还选取了 4 种极端降水指数,对比不同站网对极端降水事件变化的监测结果差异。4 种指数分别为:

a. 中雨日数:日降水量在 10~25 mm 的日数,代码:R10。b. 大雨日数:日降水量大于 25 mm 的日数,代码:R25。c. 强降水量:湿日(日降水量≥1.0 mm)降水量>95 百分位的总降水量,代码:R95p;选择 1971—2000 年降水量 95 百分位值作为极强降水事件的阈值,计算 1961—2011 年各年超过阈值的降水总量。d. 极强降水量:湿日(日降水量≥1.0 mm)降水量 >99 百分位的总降水量,代码:R99p;选择 1971—2000 年降水量 99 百分位值作为极强降水事件的阈值,计算 1961—2011 年各年超过阈值的降水总量。

为减少站点分布不均的影响,在建立全国平均序列时,采用 Jones 区域平均方法。国际上计算区域平均常用 5°×5° 的经纬度网格作为基本格点单位,而且 GCOS 站数量较少,选用更小尺度的经纬度会有大批格点没有资料覆盖。因此,本书选择 5°×5° 的经纬度网格作为分析单位。把中国区域按经纬度划分网格,对每个网格里的站点数据做算术平均,得到各网格的平均值。对所有网格面积加权计算平均值,得到区域平均的时间序列。本书季节划分冬季为 12 月、1 月和 2 月。

### 2.4.2　对气温时空分布的影响

为了对比 5 种站网对全国气温 50 年平均气候态监测结果的差异,首先对各站网监测得到的全国年平均气温和各月平均气温的 50 年均值进行比较。图 2.9 给出了 4 种站网监测得到 1961—2010 年平均各月和平均气温与标准站网(全部站)的绝对差异(最高、最低气温图略)。

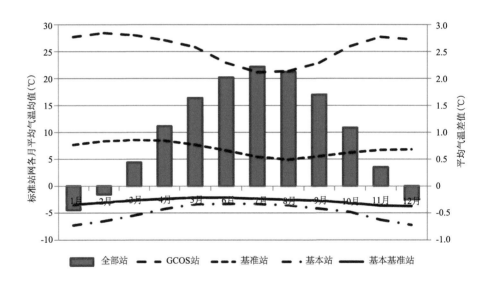

图 2.9　1961—2010 年标准站网各月平均气温平均值以及不同站网监测下
1961—2010 年各月平均气温平均值与标准站网差值

分析发现,与标准站网结果相比,GCOS 监测得出的各月和年平均气温均明显偏高,差异范围在 2.1~2.8 ℃,其中,2 月和 12 月相对差异在 100% 以上。基准站网略偏高,基本站网略偏低,但两者相对差异值相近。基本基准站网得到的各月平均气温分布最接近标准站网结果,两者全年绝对差异小于 0.5 ℃。同样,基本基准站网监测所得最高气温和最低气温多年平均结果最接近标准站网值。观察各站网各月的多年平均气温和各站网与标准站网气温差值发现,两者存在很好的反相关对应关系,平均气温越高,各站网监测结果误差越小。初步分析原因可能为中国南北纬度跨度大,气温存在南北梯度。冬季气温的空间分布较夏季梯度大,并且分布模态较夏季更为复杂,对观测密度要求较高。因此,在同一观测密度下,冬季误差比夏季高,即气温与误差反相关。

为了分析 4 种站网相对于标准站网所得气温序列的偏差情况,用各站网观测数据构建的年平均气温序列减去根据标准站网观测值计算得到的年平均气温序列值求得差值序列,计算差值序列的标准差(表 2.11)。总体来说,各站网对平均气温和最低气温的监测效果相近,均优于最高气温;随站网观测密度的增加,差值序列的标准差逐渐减小。基本基准站网与标准站网的差值序列标准差最小,说明基本基准站网观测数据计算得到的年平均气温序列最接近由标准站网计算所得的标准序列。

表 2.11　各站网差值序列标准差

|  | GCOS 站 | 基准站 | 基本站 | 基本基准站 | 差值最小 |
|---|---|---|---|---|---|
| 平均气温 | 0.605 | 0.293 | 0.242 | 0.107 | 基本基准站 |
| 最高气温 | 0.710 | 0.371 | 0.220 | 0.159 | 基本基准站 |
| 最低气温 | 1.008 | 0.410 | 0.318 | 0.113 | 基本基准站 |

从我国不同站网观测到的 1961—2010 年平均气候态平均气温、最高气温和最低气温的空间分布(图略)可知,各站网监测到的气温空间分布非常一致,均能反映出我国气温自北向南逐渐升高的特征,但是具体的数值存在差异。由于我国站网分布不均且地形复杂,所以不同区域的站网对气温监测结果也不同。不同站网对我国 50 年气温平均气候态空间分布监测最明显的差异在于:

①不同站网对新疆东北部、东北中西部等地区平均气温监测值存在差别,绝对差异达 1 ℃以上。②GCOS 站网和基准站网监测结果显示,江淮地区年平均最高气温在 20 ℃以上。但随着站网密度增加,江淮地区的年平均最高气温降到 10~20 ℃。

各站网在高原地区都有个别格点无气温值,都存在高原地区资料空白的状况。下面通过各站网与标准站网的相对差异来分析不同站网对气温空间分布的相对影响,可知,各站网对温度空间分布的监测相对差异由大到小依次为最低气温、平均气温和最高气温。

GCOS 站网大部分网格点监测到的平均气温偏高,相对差异大值区主要分布在西北、东北和西南地区。基本站网和基准站网整体相对差异较小,基本基准站网监测结果精确度最高,但对东北地区的观测相对差异依然达到 20%。

GCOS 站网监测到的最高气温略微偏高,仅有 10% 的网格相对差异在 10% 以上。基本站网和基准站网整体相对差异较小,存在个别网格点由于站点数量与标准站网相差较大导致的气温相对差异较大。

GCOS 站网对最低气温监测的相对差异空间分布存在由西北内陆向东南沿海逐渐减小的趋势,主要分布在甘肃、青海、西藏、内蒙古和吉林等省(区)。除新疆东部和北部以及内蒙古北部以外,基本站网相对差异值均比 GCOS 站网小。基准站网相对差异的大小及空间分布与GCOS 站网相似。

参考台站所在地 2005 年常住人口统计数据,发现 GCOS 站网中 66% 的台站为城市站,基本站网、基准站网和基本基准站网中城市站比例分别为 25%,29% 和 27%,标准站网中城市站仅占 19%。城市化对 GCOS 站网监测结果的影响大于其余站网。城市化使平均气温、最高气温和最低气温升高,又以最低气温升高最为明显。因此,GCOS 站网观测到的气温平均气候态的空间分布大部分偏高,并且差异最大。

　　与标准站网监测所得平均气温、最高气温和最低气温相对差异最小的站网均为基本基准站网,随着台站密度的增加,个别网格点存在相对差异较大的现象随之消失。各站网对江南和华北地区的观测精度最高,相对差异基本在10%以内,对东北地区和内蒙古地区监测效果较差。在我国西部地区,部分格点内观测台站类别单一且数量极少,因此虽然全国基本基准站网许多格点相对差异为0,但并不能表明该站网较好地反映了当地气温状况。

　　为对不同站网监测得到的气温变化趋势进行对比分析,计算各站网监测到的年、季、月平均最低气温、最高气温和平均气温增暖速率,并与标准站网监测得出的速率的相对差异分布(图2.10)。各站网对最低气温增速监测的相对差异最小,平均气温其次,差异最大的是最高气温。最低气温在全国范围内升高迅速,升高速率空间一致性强,对监测密度的敏感性低。而最高气温变化趋势空间差异较大,对监测密度要求较高。

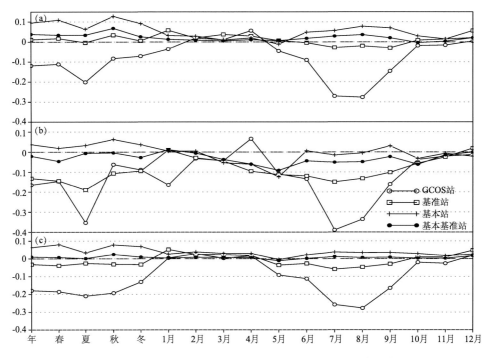

图2.10　各站网监测下平均气温(a)、最高气温(b)和最低气温(c)升高速率相对差异分布

　　时间上,各站网监测得到的气温变化趋势与标准站网的相对差异与对气温气候态的监测结果相反,其逐月变化与图2.19中温度的逐月变化呈正相关。已有相关研究表明,气温的增温速率在冬季最快,夏季最慢,标准站网的气温趋势系数在冬季最大,夏季最小。因此会出现夏季气温变化趋势相对误差大于冬季的现象。各站网对年平均、冬季平均和10月至次年4月的月平均气温升速监测相对差异最小。这是因为夏季和秋季气温变率小,冬季和春季气温变率大。

　　相对于标准站网的平均气温的升温速率,GCOS站网监测结果明显偏低。任国玉等(2005c)曾指出,中国气温变化趋势在东北、华北、华东、华南、西北和新疆区是持续上升,西南区呈下降型,华中区和西藏区趋势不明显。而GCOS站参与全国气温序列计算的格点中,西南、华中和西藏等趋势不明显的区域占总格点面积的比例较其余站网大,所以,GCOS 站网监测的气温变化趋势明显小于标准站网。基本站网、基准站网和基本基准站网对平均气温增速监测偏高,其中基准站网和基本基准站网相对差异均小于 10%。

各站网对最高气温的升温速率监测结果以偏低为主,初步推断部分原因是城市化的影响。周雅清等(2005)研究指出,城市化对最高气温上升趋势贡献最小,个别台站在城市化的影响下甚至出现最高气温下降的趋势。城市站所占比例越大,最高气温上升的趋势越小,相对误差越大。

给出我国不同站网观测的 1961—2010 年气温变化趋势的空间分布(图略)。各站网的监测结果均能反映出全国范围内的升温趋势,且都能表现出最低气温升温快,最高气温升速慢,升温速率由西北内陆向东南沿海地区逐渐减小的特点。但不同区域气温增速的差异有所不同。

为分析观测密度差异对平均气温变化趋势的影响,计算了各站网相对于标准站网的相对差异(图略)。从空间分布上看,GCOS 站网和基准站网观测得到的相对差异最大,基本在 10% 以上,只有在华北和东北部分地区相对差异低于 10%;其次是基本站网,有 50% 的格点相对差异在 10% 以下,主要分布在华北、东北、西南和长江中游地区;相对差异最小的是基本基准站网,大部分格点相对差异在 10% 以下,但在华北东部、江淮东部、西南地区北部和南部、西北地区中部以及北疆西部和南疆西部地区仍有个别格点相对差异在 10%~50%。

主要原因是单一格点内台站数量较少,且不唯一。GCOS 站网气温变化趋势相对差异空间分布较为杂乱。单个格点内 GCOS 站点数量只有 1 个或 2 个,该站点对网格内区域气温变化的代表性不同,造成相对差异变化幅度较大。基准站网与标准站网相对差异较大的部分原因是格点内台站分布不均。以经纬度范围在 25°~30°N,112°~117°E 的格点为例,格点内基准站全部位于 27.5°N 以南,而基本站在格点内均匀分布,因此会存在基准站网监测的升温速率低于标准站网值。

从以上结论可以看出,站网密度过低时(仅 GCOS 站或仅基准站),同高密度站网的气温监测存在一定的区域性差异。高密度站网同基本基准站网在我国气温变化序列的监测上没有太大的差异,尤其在华北和江南地区,因此在基本基准站基础上再增加站网密度并不会造成监测结果的巨大不同。但值得注意的是,我国西北地区,各类站网的台站密度都很小,虽然许多格点各站网监测结果的相对差异为 0,但气温变化监测的不确定性仍很大。

## 2.4.3　不同站网密度下极端降水事件变化监测差异

表 2.12 和表 2.13 分别给出了各站网监测得到的极端降水指数多年平均值和趋势系数与标准站网结果的绝对差异和相对差异。结果发现,基本站网和基本基准站网监测记录计算得到的 4 种极端降水指数多年平均值小于标准站网。其中,基本基准站网与标准站网的各种极端降水监测结果的差异均为最小,最能反映出极端降水的多年平均状况。除 GCOS 站网外,其余 3 种站网监测记录计算得到的各极端降水指数的多年平均值相对差异小于 10%,监测情况较好,可以满足极端降水多年平均方面的研究需要。

观察 4 种站网监测所得的各极端降水指数多年平均值与标准站网结果的相对差异发现,随台站密度增加,相对差异逐渐减小。由于降水的局地性较强,因此数据的空间分布均匀与否会对全国平均结果造成较大的影响。随着观测密度的增加,观测到的极值样本数量越大,缺省格点逐渐减少,在构建全国平均变化序列时由于极端降水空间分布不均造成的误差逐渐减小。

表 2.12　4 种站网监测下的各极端降水指数与标准站网结果的绝对差异(1961—2011 年)

| 极端降水 指数 | 多年平均值 | | | | 趋势系数 | | | |
|---|---|---|---|---|---|---|---|---|
| | GCOS 站 | 基准站 | 基本站 | 基本基准站 | GCOS 站 | 基准站 | 基本站 | 基本基准站 |
| R10(d) | 2.2543 | 1.0029 | −0.3765 | −0.1494 | 0.0114 | −0.0036 | −0.0019 | −0.0018 |
| R25(d) | 1.0869 | 0.2533 | −0.1212 | −0.0724 | 0.0074 | 0.0002 | −0.0006 | −0.0002 |
| R95p(mm) | 16.8641 | 10.3543 | −5.8482 | −1.2818 | 0.1463 | −0.0441 | −0.0284 | −0.0472 |
| R99p(mm) | 4.0653 | 3.1847 | −2.8759 | −0.2733 | 0.2779 | 0.0455 | 0.0493 | −0.0094 |

表 2.13　4 种站网监测下的各极端降水指数与标准站网结果的相对差异(1961—2011 年)

| 极端降水 指数 | 多年平均值 | | | | 趋势系数 | | | |
|---|---|---|---|---|---|---|---|---|
| | GCOS 站 | 基准站 | 基本站 | 基本基准站 | GCOS 站 | 基准站 | 基本站 | 基本基准站 |
| R10(d) | 11.79% | 5.24% | −1.97% | −0.78% | 2552.64% | −797.36% | −422.76% | −403.46% |
| R25(d) | 17.30% | 4.03% | −1.93% | −1.15% | 130.85% | 3.99% | −11.08% | −3.27% |
| R95p(mm) | 10.14% | 6.23% | −3.52% | −0.77% | 52.29% | −15.74% | −10.15% | −16.87% |
| R99p(mm) | 7.28% | 5.70% | −5.15% | −0.49% | 229.25% | 37.56% | 40.65% | −7.76% |

标准站网监测得到的全国中雨日数、大雨日数、强降水量和极强降水量变化趋势系数依次为:0.0004,0.0056,0.2799 和 0.1212。其中全国平均中雨日数和大雨日数在 1961—2011 年无明显变化趋势。分析 4 种指数多年的变化趋势与标准站网的相对差异可以发现,各站网对降水极端事件变化趋势的监测的一致性明显低于对多年平均值监测的一致性。各站网对极端降水指数多年平均值的监测相对差异大多不超过 10%,最大不超过 20%,但对变化趋势的监测的相对差异大多超过 10%,部分甚至超过 100%。GCOS 站网相对误差的增加尤为明显,除R95p 变化趋势系数与标准站网相对差异为 52.29%外,其余 3 种极端降水指数变化趋势与标准站网的相对误差均大于 100%。

与标准站网观测记录的中雨日数变化趋势差异最小的为基准基本站,仅为−5.68%,其次是基本站网,再次是基准站网,GCOS 站网所得序列变化趋势与标准站网结果差异最大。对于大雨日数序列的趋势系数,各种站网都表现出极端强降水频数的上升趋势,但上升速度有一定的差异。监测差异最小的为基准站,相对差异为−18.55%。对于强降水量变化趋势系数,使用标准站网观测记录计算所得序列变化趋势为 0.3512 d/a,监测差异最小的为基本站。对于极强降水量变化趋势系数,使用标准站网观测记录计算所得序列变化趋势为 0.1846 d/a,监测差异最小的为基本站,相对差异仍达 21.34%。综上所述,基本基准站网对各极端降水指数变化趋势的监测与标准站网最为接近,其次是基本站网。GCOS 站网监测结果无法反映出近 50年中国极端降水变化趋势。

另外,对比各站网对 4 种极端降水指数监测的相对差异发现,各站网对极端降水日数的监测效果优于极端降水量,对中雨日数和强降水量的监测效果均优于大雨日数和极强降水量。即极端降水指数所代表的极端降水事件越严重,各站网对其监测效果越差。因此在进行强极端降水事件研究时,尽量选用观测密度较高的数据。

图 2.11 给出了 5 种站网监测得到的全国中雨日数、大雨日数、强降水量和极强降水量的序列。可以发现,不同站网监测下,各极端降水指数的值及趋势都存在不同程度的差异。

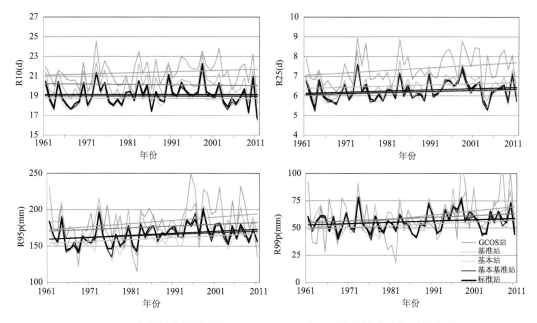

图 2.11　各站网监测得到的 1961—2011 年全国平均极端降水年平均序列

（1）中雨日数（R10）

分析中雨日数的时间变化序列,使用 4 种站网观测记录计算得到的中雨日数基本上都小于标准站网,因此各级站网得到的多年平均值都小于标准站网。使用基本基准站网、基本站网观测记录计算得到的中雨日数在各个年代段中都与标准站网较为接近,因而计算得到的多年平均值与标准站网相近,其次是基准站网,GCOS 站网序列差异最大。另外,基本基准站网、基本站网和基准站网观测记录计算得到的时间序列与标准站网的序列相关性都超过 0.95,GCOS 站网与标准站网的相关系数为 0.78,均通过了 $\alpha=0.001$ 的信度检验。

（2）大雨日数（R25）

相较于大雨日数的全国平均序列,各站网监测得到的大雨日数的时间变化序列振荡与标准站网的一致性比中雨日数差。监测到的大雨日数峰值出现次数少于标准站网监测结果。4种站网观测记录计算得到的大雨日数依然均小于标准站网,这说明,在不同站网监测下,大雨日数的稳定性比中雨日数差,受站网密度的影响相对较大。各站网监测下的大雨日数序列与标准站网序列的相关系数均大于 0.95,GCOS 站网除外,并且均通过了 $\alpha=0.001$ 的信度检验。

（3）强降水量（R95p）

各站网对强降水量的监测效果较中雨日数和大雨日数略差,但基本基准站网和基本站网监测所得全国平均强降水量序列与标准站网序列的相关系数分别为 0.98 和 0.97。基准站网和 GCOS 站网监测所得强降水量序列与标准站网序列的相关性均比中雨日数和大雨日数差。GCOS 站网与标准站网相关系数仅为 0.65。

（4）极强降水量（R99p）

观察发现,4 种极端降水指数中,极强降水量的监测受站网密度的影响最大。同一站网监测下,极强降水量的全国平均序列与标准站网监测得到的序列相关系数最小。但基本基准站网和基本站网观测记录计算得到的序列与标准站的序列相关性分别为 0.97 和 0.96,一致性较高,基准站网、GCOS 站网与标准站网相关系数分别为 0.79 和 0.58,均通过了 $\alpha=0.001$ 的信度检验。

综上分析,各站网对于中雨日数、大雨日数和强降水量变化趋势的监测效果相近,基本基准站网和基本站网监测情况较好,可以满足全国平均序列变化趋势方面的研究需要,而基准站网和 GCOS 站网监测结果与标准站网差异较大。而对于极强降水量的监测,基本基准站网、基本站网和基准站网监测情况相近,均优于 GCOS 站网。

为了研究我国各降水极端事件的空间分布,给出中雨日数、大雨日数、强降水量、极强降水量 4 种降水指数变化趋势系数的空间分布图。由各站网监测下 1961—2011 年中雨日数和大雨日数变化趋势系数空间分布(图略),可知,5 种站网均能反映出我国中部地区中雨日数明显减少。在 GCOS 站网和基准站网监测下,中雨日数呈东部沿海和西部明显增多,中部大幅减少的模态。而基本站网、基本基准站网和标准站网对中雨日数的监测结果均呈东南明显减少,西北明显增多的空间分布型。各站网监测结果的主要差异在于东北地区和西北地区。标准站网监测下,东北地区中雨日数只在沿海地区有明显减少趋势,基本站网和基本基准站网的监测结果与其一致,但与 GCOS 站网和基准站网监测得到的变化趋势相反。针对西北地区,各站网对中雨日数变化趋势监测结果一致,差异主要体现在中雨日数的增加速率大小不同。与标准站网相比,其余 4 种站网观测数据计算得到的中雨日数增速较小,其中基本基准站网和基本站网的结果最接近标准站网。

标准站网监测下,全国绝大部分地区大雨日数变化趋势在 $-0.2\sim0.2$ d/a。此外,在长江下游以南地区存在明显增加趋势,西南地区东部存在明显减少的趋势。基本站网和基本基准站网监测结果与标准站网一致,GCOS 站网与基准站网监测结果与标准站网相差较大。GCOS 站网监测得到的大雨日数变化幅度较标准站网明显,与标准站网结果相差最大,可信度较低。

由各站网监测下 1961—2011 年强降水量和极强降水量变化趋势系数的空间分布(图略),可知,各站网监测结果均能反映出我国黄淮以南地区强降水量大幅升高,华北地区强降水量大幅减少,尤其是基本基准站网和标准站网监测下尤为突出。与标准站网相比,其余 4 种站网中,基本站网和基本基准站网的强降水量变化空间分布与标准站网相近,GCOS 站网和基准站网与标准站网相差较大。各站网对强降水量差异最大的区域在西南地区和东北地区。GCOS 站网和基准站网监测下,西南地区强降水量大幅增加,且增加速率分别为 2.7 mm/a 和 2.0 mm/a。但基本站网、基本基准站网和标准站网监测得到的西南地区强降水量增加速率均小于 1.0 mm/a。GCOS 站网和基准站网与标准站网结果的相对误差达 100% 以上,其数据不适用于降水量变化空间分布的研究。

进一步分析站网密度对极强降水量变化趋势空间分布的影响。由图 2.24 可知,标准站网监测得到的极强降水量变化呈东南沿海地区大幅增加的趋势,华北地区明显减小,全国其他地区极强降水量变化不明显,均在 $-0.5\sim0.5$ mm/a。基本站网与基本基准站网监测结果与标准站网最为相近,相对误差控制在 10% 以内,只在华北地区和辽宁省出现变化趋势与标准站网相反的情况。GCOS 站网也能反映出我国南部极强降水量大幅增加,但在长江中游北部流域和西南地区的极强降水量变化速率与标准站网相比较偏大,相对误差达 200% 以上。因此

GCOS 站网的降水观测数据不适用于极强降水量的空间分布研究。

对强降水量和极强降水量的空间分布的监测,基本站网和基本基准站网的监测结果与标准站网结果在变化方向与趋势系数大小两方面均高度接近,监测结果可信度较高。但 GCOS 站网和基准站网结果与标准站网相差较大,可信度有待进一步分析。

观测资料造成极端降水研究结果的不确定性主要有 3 个方面的原因:一是极端降水是小概率事件,空间尺度小,观测到的极值样本十分有限,不同密度站网观测到的极值样本数量会有较大差异,进而对全国极端降水变化造成差异;二是各站网观测台站的空间分布不均匀,由于降水量尤其是极端降水事件呈现显著的区域差异特征,各级站网对同一区域的监测精度不同,也会导致极端降水研究结果的差异;三是观测资料的城市化影响偏差,各站网中城市化站点所占比例不同,城市化对于极端降水事件频率、强度趋势变化研究造成的影响程度不同,但城市化对于极端降水事件的影响需要进一步客观评估。

观测精度对站点密度非常敏感,站点密度高相应的观测精度就高,但是站点密度越高,资料的可获得性就越差,资料的质量也相对难以得到保证,因此,可以在一些地区使用等级较高、站点密度较低,但可获得性较好的站网资料。例如,基准站网就可以满足对全国平均极端降水变化进行分析的要求,但如进行极端降水空间分布的研究时,最低数据密度为基本站网观测数据。

一般认为全部站点能够精确地观测降水变化的情况,将其作为标准站网,但各个地区地形地貌复杂多样,全部站点是否是最精确的站网,还需进一步的研究。

## 2.4.4　不同站网密度下风速气候变化监测差异

Jiang 等(2010)采用 1956—2004 年 535 个气象监测站逐月风速监测资料研究发现近 50 年平均风速的变化趋势为 $-0.124$ m/(s·a)。Xu 等(2006)采用 1969—2000 年 305 站逐日风速监测资料研究发现风速变化趋势为 $-0.216$ m/(s·a)。任国玉等(2005a)采用 593 站逐月平均风速资料得到 1969—2002 年平均风速变化趋势为 $-0.2$ m/(s·a)。综上发现,同样是研究整个中国区域的平均风速的变化,不同研究者得到的结果有一定的差异,这可能是因为采用了不同的站网资料所造成的。

对比不同站网的观测记录计算所得 1971—2010 年中国平均风速序列和气候平均值,结果发现,不同站网监测所得的年平均风速值有一定的差异(图 2.12)。使用基准站观测记录计算的风速最大,其次为基本基准站,再次为基本站、全部站和 GCOS 站。计算 1971—2010 年多年平均值发现,使用全部站观测记录计算的多年平均风速为 2.44 m/s,使用基本站观测记录计算的多年平均风速值与全部站的绝对差异最小,为 0.05 m/s;其次为基本基准站网,为 0.08 m/s,基准站网为 0.10 m/s;GCOS 站网最大,为 $-0.18$ m/s。另外,不同站网在不同的年代段中表现不同。20 世纪 90 年代之前,基本站最接近标准站网,其次是基准站,再次是基本基准站,差值都不到 0.1 m/s,GCOS 站与全部站网监测差异最大,差值约为 0.2 m/s。20 世纪 90 年代之后,基本站网依然是最接近标准站网的,但是其差值要大于 20 世纪 90 年代之前,其次是基本基准站,再次是基准站和 GCOS 站,差值都在 0.2 m/s 左右。

分析不同站网在各月各季节的相对差异(图 2.13)发现,各站网与标准站网的相对差异在 $-10\%\sim10\%$,绝对差异在 $-0.25\sim0.2$ m/s,基本基准站和基本站的气候平均值都较接近全部台站得到的风速值,大部分相对差异在 5% 以下,绝对差异小于 0.1 m/s。其中,基本站监测差异最小,尤其在 2,3 月监测效果最好,差异接近 0;基准站除了冬季月份的监测差异较大外,其余月份监测效果较好,相对差异均在 5% 以下,绝对差异小于 0.1 m/s;而 GCOS 站差异相对较大,相对差异在 8% 左右,绝对差异在 $-0.25 \sim -0.15$ m/s。

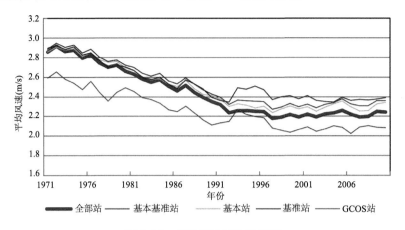

图 2.12　年平均风速时间序列

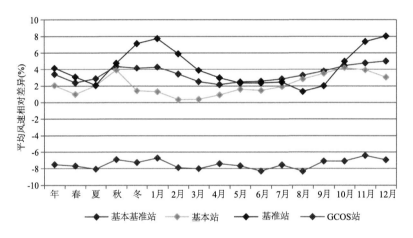

图 2.13　不同站网与全部站中国各月、季及年平均风速的相对差异

　　分析中国 1971—2010 年年平均风速空间格点分布(图略)发现,各站网都能较好地描述出平均风速的大致分布,即中国东北地区、东部沿海、内蒙古、新疆东部和西藏地区的年平均风速大,华中地区和长江中下游地区平均风速小,但是具体的格点数值有一定的差异,比如在山东东部地区,使用全部站网观测记录计算得到的格点值在 $3 \sim 4$ m/s,但是其他站网的都在 $4 \sim 5$ m/s。为分析站网监测差异对平均风速监测的相对影响,计算各站网在不同格点的绝对差异和相对差异。

　　分析不同站网平均风速绝对差异(图 2.28)发现,基本基准站在东北地区中部、西藏、黄河中游和长江中下游等地区监测所得的平均风速与全部站网的差异较小,绝对差异在 $-0.1 \sim$ 0.1 m/s,而在东北东部、山东半岛和云南西南区域监测差异较大,绝对差异大于 0.5 m/s 或小于 $-0.5$ m/s,基本站在辽宁、长江中游地区的监测较好,而在内蒙古中部、新疆西北部、山东半岛和云南部分区域监测差异较大;基准站在西藏中部、长江三角洲、黑龙江地区监测较好,而在南部沿海、新疆北部、西藏南部和内蒙古东部的监测不理想,绝对差异最大达 2.4 m/s;GCOS

站在新疆西部、黑龙江西部、华北平原监测差异较小,而在山东半岛、新疆北部、西南地区监测差异较大。通过分析各站网年平均风速相对差异(图 2.29)发现,基本基准站和基本站网监测相对较好,具体来说,基本基准站网在华中地区、东南地区、东北地区和西部地区监测的平均风速较好,相对差异在−10%~10%,而在山东半岛、东南沿海的监测差异相对较大;基本站网除了在东北地区监测比标准站网的监测结果要小外,其他地区以偏大为主,东部地区监测较好,西部地区和山东半岛地区监测差异较大;而基准站网除西藏和新疆东部以偏小为主外,其余区域都以偏大为主,且监测差异较大;GCOS 站网是以偏小为主,监测差异较大。

分析平均风速距平值的时间序列,发现不同站网的序列都表现出了下降的趋势,各个序列之间的相关性都超过 0.95,均可通过 0.001 的信度检验,但下降速度有所不同。全部站所得序列下降趋势为 0.195 m/(s·10 a),而其他站网的下降速度都小于全部站网,基本基准站和基本站网下降趋势均为 0.175 m/(s·10 a),与全部站网下降趋势的差值为 0.020 m/(s·10 a),相对差异略大于 10%;其次是 GCOS 站,每 10 年下降 0.147 m/s;基准站差异最大,每 10 年下降 0.144 m/s,相对差异达到 26%,这可能是已有研究所得风速变化趋势不一致的主要原因。

计算 1971—2010 年各月、季及年平均风速距平变化趋势(表 2.15),发现不同站网各月各季节的平均风速都为下降趋势,各个站网均是春季月份下降趋势最为明显,但不同站网的下降速度又有所不同,各个月份各个季节不同站网监测记录计算得到的下降速度都小于全部站网。为进一步对比分析不同站网变化趋势,计算了各站网的相对差异(图 2.14)。

**表 2.15　不同站网各月、季及年平均风速距平变化趋势**　　　　　单位:m/(s·10 a)

| | 全部站 | 基本基准站 | 基本站 | 基准站 | GCOS 站 |
|---|---|---|---|---|---|
| 年 | −0.195 | −0.175 | −0.175 | −0.144 | −0.147 |
| 春 | −0.235 | −0.213 | −0.213 | −0.185 | −0.194 |
| 夏 | −0.183 | −0.164 | −0.168 | −0.123 | −0.136 |
| 秋 | −0.175 | −0.157 | −0.160 | −0.124 | −0.117 |
| 冬 | −0.193 | −0.170 | −0.165 | −0.150 | −0.146 |
| 1 月 | −0.178 | −0.155 | −0.155 | −0.136 | −0.137 |
| 2 月 | −0.222 | −0.199 | −0.190 | −0.177 | −0.178 |
| 3 月 | −0.217 | −0.193 | −0.187 | −0.166 | −0.179 |
| 4 月 | −0.247 | −0.224 | −0.226 | −0.196 | −0.206 |
| 5 月 | −0.243 | −0.224 | −0.228 | −0.192 | −0.196 |
| 6 月 | −0.197 | −0.178 | −0.184 | −0.138 | −0.167 |
| 7 月 | −0.179 | −0.160 | −0.164 | −0.120 | −0.138 |
| 8 月 | −0.171 | −0.154 | −0.157 | −0.111 | −0.103 |
| 9 月 | −0.153 | −0.133 | −0.138 | −0.088 | −0.091 |
| 10 月 | −0.196 | −0.178 | −0.183 | −0.143 | −0.129 |
| 11 月 | −0.177 | −0.160 | −0.160 | −0.140 | −0.131 |
| 12 月 | −0.160 | −0.138 | −0.135 | −0.121 | −0.112 |

分析 1971—2010 年不同站网各月、季平均风速变化趋势相对差异发现,基本基准站和基本站监测情况相对较好,相对差异在−10%左右,绝对差异在 0.02 m/(s·10 a)左右,其中最

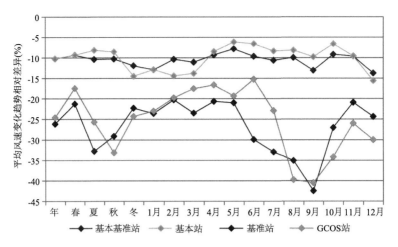

图 2.14　不同站网与全部站中国各月、季及年平均风速变化趋势相对差异

小为基本站的 10 月，相对差异为 6.6％，绝对差异为 0.013 m/(s·10 a)，基本站和基本基准站最大相对差异都出现在 12 月，差异分别为 13.8％和 15.6％，最大绝对差异分别出现在 1 月和 2 月，为 0.032 m/(s·10 a)和 0.024 m/(s·10 a)。而基准站和 GCOS 站在不同月份不同季节差异变化幅度较大，其数值也较大，相对差异在−45％～−15％，绝对差异在 0.03～0.07 m/(s·10 a)。另外，从图 2.13 还可以发现 2 月、3 月和 12 月基本基准站的相对差异最小，冬季和年序列的变化趋势中也是基本基准站相对差异最小，其他月份和季节都是基本站的相对差异最小，而秋季、冬季、8 月、10 月、11 月、12 月 GCOS 站的相对差异最大，其他月份和季节都是基准站的相对差异最大。

　　分析我国不同站网监测到的 1971—2010 年年平均风速变化趋势的空间分布（图略），发现各级站网都能描述出中国风速下降的大趋势，并且都能大致描述中国东北、华东和西部地区下降幅度偏大的特点，但是具体的变化速度有较大的差异，比如，使用全部站网的观测记录计算的格点的相对趋势在黑龙江东北部地区风速下降趋势均在 0.3～0.6 m/(s·10 a)，而基本基准站网和基本站网监测其部分区域下降趋势在 0.2～0.3 m/(s·10 a)，基准站网监测的同样区域的下降趋势在 0～0.1 m/(s·10 a)。为深入分析各站网对风速变化监测的相对影响，计算了各站网平均风速变化的绝对差异和相对差异。

　　分析不同站网对风速变化的影响，发现各站网监测到的风速变化速度在大部分区域中比标准站网的变化速度要慢，这与前面所述的各站网平均风速变化小于全部站网相一致，尤其是基本基准站和基准站，变化小于标准站的格点数占 70％以上。从监测差异上来看，基本基准站与全部站网监测结果差异最小，其次是基本站，再次是基准站，GCOS 站最大。基本基准站有 80％的格点绝对差异在−0.05～0.05 m/(s·10 a)，在东北地区东部监测的绝对差异较大，大于 0.15 m/(s·10 a)；对于相对差异，有一半以上的格点相对差异在−10％～10％，主要分布在中国西部地区，而中国西南沿海地区监测差异相对较大。基本站有超过 70％的格点绝对差异在−0.05～0.05 m/(s·10 a)，而在内蒙古中部、新疆南部和东部和西南边界区域监测差异较大；对于相对差异，在中国西部、东北地区监测到的风速减小的速度大多偏大，相对差异在 10％以上，在华中、华南地区监测的速度以偏低为主，相对差异在 10％以上，尤其在中国西南地区、内蒙古中部和东北中东部地区的监测差异相对较大。基准站在西藏中部、长江中游、黄河下游、内蒙古东部和辽宁等地绝对差异较小,而在新疆北部、山东半岛、四川盆地和东北地区东部的监测不理想,绝对差异最大达到 0.4 m/(s·10 a);对于相对差异,四川盆地和南部沿海等区域监测的风速变化与标准站网的相对差异的绝对值大于 100%,其中变化速度小于标准站网的占较大比例。GCOS 站网在江南中部、华南中东部、西南地区北部和内蒙古东部地区的监测绝对差异较小,而在新疆中部、东北西部和西南地区南部等地的监测差异较大;对于相对差异,在华中、华东和西南边境区域监测的风速变化小于(大于)标准站网的 1 倍以上。

经过初步分析,基本基准站网和基本站网不论是在平均风速还是变化趋势上都较接近标准站网,监测差异相对较小,但两种站网在不同的情况下表现不一样,所以并不能明确指出哪种气象监测站网最好。

风速监测对站点密度非常敏感,站点密度高相应的监测差异小,但是站点密度越高,资料的可获得性就越差,资料的质量也相对难以得到保证。因此,可以在一些地区使用等级较高、站点密度较低,但可获得性较好的站网资料。例如,在西部、长江中游偏北的一些地区,基准站网就可以满足对年平均风速变化进行分析的要求。

## 2.5　本章小结

(1)各级气象监测站网对全国气温 50 年平均气候态的反映效果各有不同,各站网监测得到的全国平均气温时间序列最贴近标准序列的是基本基准站网;空间上,监测较好的是基本基准站网,但不同区域相对差异存在差别,江南和华北大部分区域差异都控制在 10% 以内。各级站网均能监测出中国平均气温上升及最低气温上升最快、最高气温上升最慢的变化特征,仅在气温变化速率及变化趋势的空间分布上存在差异。对气温变化趋势的监测,高密度站网同各级站网相比,差异由小到大依次为:国家基本基准站网、国家基本站网、国家基准站网和GCOS 站网。各站网对全国气温上升速率的监测相对差异大部分在 10% 以内,高密度站网同全国基本基准站网监测结果的相对差异均在 10% 以下。

(2)各站网对极端降水指数多年平均值的监测效果存在一定差异。同一站网对不同降水指数监测效果不同,对中雨日数和大雨日数监测效果优于强降水量和极强降水量;并且降水极端程度越高,对站点密度越敏感,表现为各站网对中雨日数和强降水量的监测效果优于大雨日数和极强降水量。但对同一指数,各站网监测结果与标准站网相近程度由高到低依次为:基本基准站网、基本站网、基准站网、GCOS 站网。其中,基本基准站网与基本站网监测精度高,监测结果与标准站网相关系数高,均在 0.96 以上;基准站网和 GCOS 站网监测精度偏低,监测结果与标准站网相关系数为 0.7 左右。不同气象监测台站网络对全国平均极端降水事件变化趋势及变化速率存在一定差异。相对来说与标准站网监测结果一致性最高的是基准基本站网的监测结果,基本站网对极端降水变化趋势的监测效果与之相近,GCOS 站网最差,与标准站网的相对差异可达 200% 以上。对各降水指数的空间分布基本基准站网和基本站网与标准站网非常一致,但 GCOS 站网和基准站网与标准站网相差较大。观测精度差异主要集中在西南地区、东北地区和西北地区。总的来说,基本站网和基本基准站网观测精度相对较好,但在西南地区北部、东北中东部地区、长江中游北侧局部地区的观测精度仍然不理想。GCOS 站网和基准站网对极端降水事件的监测能力不理想。

(3)各级站网监测记录计算所得的我国年平均风速较为一致,各站网的相对差异都在

$-10\%\sim10\%$,基本站网监测差异最小,GCOS 站监测差异最大。各站网监测的平均风速的空间分布,都能较好地描述出中国东北地区、东部沿海、内蒙古、新疆西部和西藏地区的年平均风速普遍要大的特征,但在西北地区和华东中部地区的监测差异较大,相对差异大于 $10\%$,在东北地区和西藏西部的监测较好,相对差异基本在 $-10\%\sim10\%$。各监测站网均能监测出平均风速的下降趋势,但是标准站网监测所得风速下降速度快于其他站网,而且不同站网下降幅度也有一定的差异。相对来说监测差异最小的是基本站和基本基准站,但差异仍大于 $10\%$,其次是 GCOS 站,基准站监测差异最大。各站网都能描述出 1971—2010 年风速在中国大部分区域的下降趋势,但是具体的变化速度有较大的差异。总的来说,基本基准站的监测差异最小,大部分地区监测得到的风速变化趋势与全部站网的相对差异在 $-10\%\sim10\%$,但在中国南部沿海区域和西南边境的监测与全部站网差异最大。基本站在中国西南地区、内蒙古中部和东部中东部地区的监测差异相对较大。GCOS 站网和基准站网对风速变化的监测结果与全部站网有较大差异。

# 第 3 章　气候观测资料质量控制与均一化

最初气象观测网络建设的目的是为天气分析服务,只有观测资料积累到一定时期,才能提供气候服务,成为通常所说的气候资料。在这种意义上讲,气候资料是一种"二手资料",从天气应用到气候应用,并不仅仅是简单地将天气资料进行叠加,而是要进行一系列的处理、分析,最后得到气候数据集。对数据的质量控制是数据集研制过程中的核心部分,这里将该数据集的质量控制分为两个层次:第一层次为对原始文件和数据集进行逻辑、界值、一致性和空间检查;第二层次为均一性检验和订正调整。本章将系统地介绍气候资料从质量控制到均一性检查的有关技术方法,以及气候资料均一性研究的基本思路和原则。

## 3.1　观测记录缺失及其处理

### 3.1.1　气候资料缺失及其检查

(1)气候资料缺失

气象资料是气象工作的基础。气象资料为天气预报、气象信息、气候分析和变化、气象科学研究和气象服务提供重要的依据。气象资料可分为天气资料和气候资料,天气资料是气候资料的基础。

在气象资料观测工作中,值班员连续监视天气演变状况,按规定巡视检查仪器设备,及时发现故障,因此一般情况下观测记录缺失现象是可以避免的。但由于某些客观和主观因素,观测记录缺失(或有疑误)的情况仍可能发生。例如,当出现沙尘暴时,会造成云量云状缺测;由于暴雨的影响,蒸发量观测会发生疑误;自动观测仪器失灵或计算机故障及人为操作失误也会造成记录缺测。因此,当观测记录缺测发生时,如为人工观测,则应尽量利用实测记录,弥补缺测造成的损失;如为自动观测,除 4 次基本定时观测和发报观测外一般不进行观测,但应采取合理的处理方法,以保证资料的完整和统计结果符合实际。

当气象观测记录数据出现缺测后,应根据《地面气象观测规范》及其补充规定的有关方法进行替补,对缺测数据进行正确技术处理,从而减少部分气象数据缺测,降低气象资料缺测率;如何进行气象资料统计以便更好地反映当地的天气和气候状况,在《地面气象观测规范》中对日、候、旬、月、年平均值和总量值项目缺测记录和不完整记录的统计有严格而详细的规定(中国气象局,2003)。

气候资料是长时间内气象要素和天气现象的平均或统计状态,气候资料的积累需要漫长的过程,在各种空间尺度上,已有的历史气候观测数据都存在很多不足或问题。其主要原因:一是过去的地面、高空观测系统大部分不是为气候变化监测和研究设计和运行的,而是为天气预报或者传统的气候学研究服务的;二是观测台站建站时间早晚不同以及早期采样不足或者资料序列中个别缺、错的记录等原因造成统计误差;三是相对于地面观测台站,由于台站迁移、城市化、观测局地环境变化等因素,造成气候资料序列的非均一性,使资料序列产生系统性偏差。因此,在统计各种气候变化指标,进行监测和检测分析之前,对气候资料的质量应该进行审查,对资料序列中个别缺、错的记录要用适当的方法进行查补和订正;为了在时空上进行相互比较,也要对气候变化指标进行适当的订正以消除测站位置迁移和观测时期不同的影响,因此,气候资料序列的审查和订正是气候变化监测和检测工作不可缺少的前提和基础性工作。

(2)气候资料误差种类及原因

气候资料审查方法的理论依据是气候学原理,而灵活地运用各种统计分析方法,则能使我们最大限度地改善资料质量。一个气候和气候变化指标能否很好地反映一地的气候和气候变化特征,主要取决于两个因素,即观测值对真值的误差(观测误差)和数字特征样本值对总体值的抽样误差。

气候资料误差主要分为 3 类:系统误差、过失误差、随机误差。

①系统误差

在气象观测中由于气象观测仪器不良、观测方法不完善、观测环境变化等因素造成的误差称为系统误差。这种误差在各次观测中大小和符号基本保持不变,通过校正仪器、改善观测方法和进行系统误差订正等措施基本可以消除。

②过失误差

过失误差则是指由于责任心不强、操作不慎等原因造成的与实际情况明显不符的错误观测值对真值的误差,如读错刻度、记错读数、计算错误等情况,一般通过对资料的审核、校对,过失误差能被发现改正。

③随机误差

随机误差是指上述两种误差之外的多种随机因素作用下观测值对真值的误差。例如,由于仪器的限制而不能精确读数;计算气象要素的平均值时,根据四舍五入的原则对小数尾数的取舍等。这种在多种因素共同作用下,观测值对真值的随机误差可以认为是独立的。不论单站、区域还是全球平均气候序列,都存在由于各种原因造成的误差或不确定性,需要进行审查和评估。

通常情况下,单一站点气候资料序列中的观测误差分为随机误差、过失误差及系统误差。随机误差在气候和气候变化研究中可以忽略;过失误差通常由操作失误引起,鉴别相对容易,应用质量控制法可剔除,方法也较为成熟;系统误差可导致长期序列的间断点,其中最明显的是台站周围观测环境和城市化产生的随时间变化的影响,其鉴别和订正(即均一化)方法随着近年来各国温度数据集的建立而发展,且差异较大(郭艳君 等,2009)。

区域和全球平均气候序列的误差一般包括台站误差、采样误差、系统误差和随机误差(Brohan et al.,2006)。台站误差是指单个站点观测值或距平值的不确定性,其中又包括测量误差、订正误差、计算误差、漏记误差和基准气候值误差等;在区域和全球平均气候序列中,采样误差主要是由于在网格化或子区域平均值估计中站点数据不充分所引起的误差,在资料稀缺地区(如南半球的南极和非洲等地区)任何区域的早期阶段(19 世纪后期和 20 世纪初期)比较大;近年来国内外气候学家对系统误差给予很高的关注,并做了大量工作;台站误差和过失误差中的一些不确定性具有随机误差性质。

（3）气象资料审查目的和要求

气候资料统计分析的目的是揭示气候变化规律。为使统计结果能正确反映各区域的气候变化特征,必须对气候资料的质量进行分析,以确定其使用价值,这就是气候资料审查的目的。在资料审查时,其质量要注意以下 4 个方面的基本要求。

①精确性和准确性

准确性的审查主要是检查资料序列中有无明显的过失误差。如果发现这种误差,应将其改正或订正。对无法改正或订正的明显错误记录,则应考虑是否不参加统计分析。精确性的审查主要是检查记录是否达到了规定的精度,精度不够会影响分析的结果,对随机误差较大的观测项目,过高的记录精度没有实际意义,且会徒然增加资料处理的麻烦。

②均一性

如果一个测站得到的单位气象记录序列仅仅是气候实际变化的反映,那么这样的资料就是均一的。测站位置的迁移、周围环境的改变、观测仪器和安装的更新、观测时制的改变等,都可能使观测序列发生改变,这些改变都不是气候变化的反映,因而破坏了气候资料的均一性。

③代表性

气候资料的代表性指它能否反映研究地区范围内气候变化状况。一般来说,由于地理环境的差异各个测站所能代表的范围是很不一样的,因此,在不同目的、不同尺度的气候分析中,同一测站代表性结论也可以是不同的。通常来说,只要观测场地设置符合相应规范要求,气象站的资料都能代表类似地理环境下相当大范围内的气候和气候变化状况。

④比较性

在气候变化分析中,为了研究时空变化规律,必须了解各地区或各时期气候的差异和联系。这就要比较各时期的气候变化特征。在做空间比较时,要求各测站的资料都是在相同观测时期取得的,这是因为气候变化既有明显的年际变化,还存在着不同时间尺度周期振动和长期趋势。若比较的时期不同,不同测站资料反映了周期振动和长期趋势的不同阶段,从而会使比较失去意义。在做时间比较时,由于类似的原因,通常也要求所比较的资料有相同的长度。对于观测时期(或长度)不同的资料进行时间(或空间)比较时,原则上都先用适当的方法加以订正。

（4）气候资料审查方法

气候资料审查方法可以分为技术性检查和合理性检查两类。

技术性检查主要从以下几个方面进行:

①查阅测站的台站历史沿革记载和资料说明等,分析是否存在测站迁移、仪器和观测方法更新、观测时制改革等引起的资料不均一性。

②根据观测规范、统计规定检查观测记录和统计结果是否符合规定,核对统计计算是否正确。

③检查同一要素各个统计项目之间是否协调。

合理性检查主要是以气象学、天气学、气候学知识为依据,从要素的时空变化规律和各要素间相互联系规律出发,分析气候资料是否合理。合理性检查的主要基本方法列举如下。

①本站前后期资料比审法。气候变化是缓慢的、连续的,虽然逐年观测值并不一样,但它们应在一个大致的水平上随机波动。如果通过前后期资料的对比,发现资料序列中存在明显的不连续变化,则可能存在非均一性,应该结合测站历史沿革情况做进一步的分析判断。

②区域资料比审法。相邻测站由于受同一天气系统的影响,常常有相当好的一致性和相关性,相邻测站气象要素之间的相互联系规律,常常成为我们发现和订正记录的重要依据。

③气象要素相关法。各种不同气象要素从不同侧面描写了一地的天气气候特征,它们之间存在着各种不同程度的相关,在实际工作中,常常用同一测站或者若干个地理环境相似测站的相关密切的两个要素做成相关图进行审查,当资料符合要求时,所有点儿应密集落在一根曲线或直线附近,若个别点儿明显偏离相关线,则这个点儿的观测值有明显的误差。

随着观测自动化技术的发展,产生了大量的自动观测资料,其产生的更多的资料量,具有高时间分辨率。自动化资料与传统资料的审查方法也有所差异,传统资料的审查主要面向人工观测的数据,数据的时间跨度大,方法侧重于对单个数据的检查。电子传感器及自动传输的资料更多的误差是连续性的漂移,而不是孤立的误差。因此,对资料的连续性检查比单个数据的检查更重要。

相对于自动观测资料,除了采取传统的气象资料审查方法之外,根据自动站资料的特点,还采取以下几种方法进行审查和质量控制。一是采取将自动控制与人机交互技术相结合。主要是指以自动控制为主,结合数据库和人机交互技术形成方便调用的数据及良好用户界面,辅以人工判别。二是气候背景资料和统计检验相结合。主要是使用大量的气候背景资料,用统计检验的方法,判别资料的奇异点和仪器漂移。三是适当应用空间检验方法。但由于资料计算量大,不同时间尺度的气候变量空间变化特征不同,使用该方法难度较大,只在月、日资料的检验中使用,而对小时资料,还没有加以应用。

## 3.1.2 气候资料订正方法

由于气候状况的长期变化和逐年振动,在进行气候状况的空间分析时,要求各站气候变化指标都是根据同一时期(基准期)的记录求得,有些台站并非在整个基本时期内都有观测记录,对这些台站有一个求出基本时期内气候指标订正值的问题。根据短序列求出较长时期内气候指标订正值,称作气候资料序列延长。在统计各种气候指标,进行气候变化分析之前,对资料序列中个别缺、错和不均一记录应进行订正,这一工作称作气候资料序列的插补。在气候变化分析和研究实际工作中经常遇到的就是平均值的延长和插补问题,在后面的讨论中,凡是资料序列延长和插补都是指平均值的序列延长和插补,并且将资料序列延长和插补统称为资料序列订正。

(1)资料序列的订正方法

一地某一段时期内的平均气温、降水量等气象要素值的年际变化,主要是由于大范围的环流状况的年际变化造成的,相距不远的测站处于大致相同的大型环流背景下,它们的平均气温、降水量等气象要素的年际变化,受到共同环流背景的制约。因此,一般来说,相邻测站的同一要素之间总存在着一定程度的统计相关。在资料序列订正工作中,把需要进行序列订正的测站叫订正站;把在基本时期内有完整记录、均一记录的相邻测站叫参考站。

参考站的选取遵循一定的原则,除了要求在基本时期内资料序列完整、资料质量较好外,同时需满足:一是处在同一气候分区内;二是从空间距离上尽可能近;三是海拔高度相差不多;四是地形地势相似。选取周围的参考站可以是一个或多个周围测站的平均。

①回归订正法

可以根据订正站和参考站的平行观测资料建立一元回归方程,对于订正站个别缺测年份

（或错测、不均一年份），它的气象要素值可根据同年参考站该要素的观测值由回归方程做出估计。

$$y_i = a x_i + d \tag{3.1}$$

式中，$y_i$ 为订正站第 $i$ 年订正值，$x_i$ 为参考站第 $i$ 年观测值，$a$ 为回归系数，$d$ 为常数项。

　　一个测站的某一个气象要素与相邻几个参考站的要素值都是相关的。因此我们也可以建立多元回归订正公式。但是，由于相邻参考站同一要素相关程度较高，这样的多元回归订正公式的效果通常不会有明显提高。在计算条件许可时，可用逐步回归的方法对参考站进行筛选。有选择地建立多元回归订正公式，以期达到较好的效果。

$$y_i = a x_{i1} + b x_{i2} + \cdots + z x_{in} + d \tag{3.2}$$

式中，$y_i$ 为待插站第 $i$ 年待插值；$x_{i1}, x_{i2}, \cdots, x_{in}$ 为参考站第 $i$ 年气温年值；$n$ 为参考站个数；$a, b, \cdots, z$ 为回归系数；$d$ 为常数项。

　　②标准序列法

　　在选取好参考站的情况下，也可以应用标准序列法进行订正，方法具体如下：

$$\begin{cases} z_j = \dfrac{x_j - \overline{x_j}}{s_j} \\ z_{avg} = \dfrac{1}{n} \sum_{j=1}^{n} z_j \\ x_i = z_{avg} \times s_i + \overline{x_i} \end{cases} \tag{3.3}$$

式中，$z_j$ 为第 $j$ 个参考站的标准化距平序列，$x_j$ 为第 $j$ 个参考站的年平均气温，$\overline{x_j}$ 和 $s_j$ 分别为第 $j$ 个参考站的年平均气温多年平均值和标准差，$n$ 为参考站个数，$z_{avg}$ 为平均标准化序列，$x_i$ 为订正站第 $i$ 年需要插补订正值，$\overline{x}$ 和 $s$ 分别为订正站年平均气温多年平均值和标准差。

　　③差值订正法

　　观测资料表明，相邻测站气象要素的差值的年际变化较之其本身的年际变化要小得多，这就是差值的稳定性。为了使订正的平均误差尽可能地小，差值 $d$ 实际上并不采用某一年两站气象要素之差，而是采用全部平行观测资料计算。即

$$\begin{cases} d = \overline{y_n} - \overline{x_n} \\ y_i = x_i + d \end{cases} \tag{3.4}$$

　　差值订正公式是回归订正公式的简化和近似。差值订正公式较回归订正公式计算简单，使用方便，在参考站和订正站相距不远时，与回归订正效果差不多。当平行观测年代很短时，回归系数的抽样误差相当大，回归订正的平均误差甚至可能超过差值订正的误差。在这种情况下，以使用差值订正方法为宜。

　　④比值订正法

　　观测资料表明，像降水总量这一类气象要素，相邻测站观测值之比值往往比其差值更稳定。

$$k = \frac{\overline{y_n}}{\overline{x_n}}$$
$$y_i = k x_i \tag{3.5}$$

式中，$\overline{y_n}$ 为订正站 $n$ 年平均观测值，$\overline{x_n}$ 为参考站 $n$ 年平均观测值。$x_i$ 为参考站第 $i$ 年观测值，$y_i$ 为订正站第 $i$ 年观测值。

　　比值订正公式也是回归订正公式的近似，它适用于订正站和参考站相距不远，同一气象要

素相关密切,并且又是离散程度随平均值增大而增大的气候资料的序列订正。在实际工作中,各种降水总量序列的延长和插补都用比值订正方法。

(2)资料序列订正的适当性

对于任何一种序列订正方法,均需考虑其在一定条件下的适当性,即通过订正,我们能否对一地的气候状况有更准确的认识。例如,对资料缺测的年份来说,如果不用任何方法进行插补,也可以用订正站有记录时期的累年平均值作为基本时期累年平均值的估计。所谓订正适当,就是指订正值能较上述近似估计的数据更好地反映实际情况。如果订正值与实际情况的差异平均较前述近似估计值与实际情况的差异还要大,那么订正就是劳而无功,就是不当了。

屠其璞在《气象应用概率统计学》中讨论了资料序列订正适当性问题,包括讨论了差值订正法、比值订正法和回归订正法在资料序列延长和插补的订正适当性问题。

屠其璞在公式推导中,以 $\eta$ 为订正站某一需订正的气象要素,$\xi$ 为参考站同一气象要素值,$\rho_{\xi\eta}$ 为两者平行观测期间相关系数。通过对差值订正法、比值订正法和回归订正法 3 种方法延长公式推导化简得出以下标准。

对于差值订正法订正的适当性标准为:

$$\rho_{\xi\eta} > \frac{1}{2}\frac{\sigma_\xi}{\sigma_\eta} \tag{3.6}$$

像平均气温这样一些要素,它们的离散程度随空间不是很剧烈,相邻测站的 $\sigma_\xi$、$\sigma_\eta$(分别为参考、订正序列均方差)常常很接近,因此,只要 $\rho_{\xi\eta} > \frac{1}{2}$(相关系数)订正就是适当了。

对于比值订正法订正的适当性标准为:

$$\rho_{\xi\eta} > \frac{1}{2}\frac{\overline{\eta}_n}{\overline{\xi}_n}\frac{\sigma_\xi}{\sigma_\eta} \tag{3.7}$$

像降水总量这一类气象要素,虽然它们的集中位置和离散程度都可能随空间改变而明显变化,但在一定范围内,离散程度一般随平均值增大而呈增大的趋势。因此,如果订正站与基本站相距不远,常常式(3.8)近似地成立,即

$$\frac{\overline{\eta}_n\sigma_\xi}{\overline{\xi}_n\sigma_\eta} \approx 1 \tag{3.8}$$

所以,只要有 $\rho_{\xi\eta} > \frac{1}{2}$,比值法就适当了。

对于回归延长法通过推导化简订正的适当性标准为:

$$\rho_{\xi\eta} > \frac{1}{2}\rho_{\xi\eta} \tag{3.9}$$

显然,只要 $\rho_{\xi\eta} > 0$,在平行观测时期较长时,则上述不等式恒成立,则订正总是适当的。

同样,通过对差值订正法、比值订正法和回归订正法 3 种方法延长公式推导化简可以得出如下结果。

差值法插补适当性标准经推导化简后为:

$$\rho_{\xi\eta} > \frac{1}{2}\frac{\sigma_\xi}{\sigma_\eta} \tag{3.10}$$

从式(3.10)可以看出,插补的适当性标准和延长的适当性标准是完全一致的。

比值法插补适当性标准经化简即为:

$$\rho_{\xi\eta} > \frac{1}{2} - \frac{1}{2n} \tag{3.11}$$

当插补站和参考站平行观测时期比较长时,比值插补的适当性标准与比值延长的适当性标准就十分接近了。

对于回归插补法,根据回归理论,可以推导化简求得:

$$\rho_{\xi\eta}^2 > \frac{(\xi - \bar{\xi})^2}{(n+1)s_{\xi\eta}^2 + (\xi - \bar{\xi})^2} \tag{3.12}$$

对大多数年份来说,由于不等式右侧分母通常都是大大超过分子,所以回归插补适当的范围一般要比差值法和比值法广泛得多。

一般来说,在参考站要素值出现明显异常的年份,插补适当性对相关系数的要求相对要高一些;反之,在参考站要素值接近累年平均值的年份,当参考站与订正站之间要素的相关系数不是很大时就能满足插补适当性的要求。

为了进一步探讨订正适当性标准,研究各种情况下最佳订正方法,利用上述标准,分别选取了全国范围内 15 个气象台站,分别应用差值订正法、比值订正法对 15 个台站进行了气温、降水的插补订正(表 3.1、表 3.2)。

**表 3.1　温度差值订正适当性检验表**

| 区域 | 订正站 | 参考站 | 1981—2010 年 | | | 1961—2010 年 | | |
|------|--------|--------|--------------|---|--------|--------------|---|--------|
| | | | 相关系数 | $\frac{1}{2}\frac{\sigma_\xi}{\sigma_\eta}$ | 订正适当性 | 相关系数 | $\frac{1}{2}\frac{\sigma_\xi}{\sigma_\eta}$ | 订正适当性 |
| 华北 | 北京 | 延庆 | 0.91 | 0.39 | 适当 | 0.85 | 0.64 | 适当 |
| | 石家庄 | 蔚县 | 0.92 | 0.34 | 适当 | 0.92 | 0.37 | 适当 |
| 东北 | 沈阳 | 建平镇 | 0.72 | 0.53 | 适当 | 0.78 | 0.53 | 适当 |
| | 长春 | 蛟河 | 0.93 | 0.64 | 适当 | 0.95 | 0.65 | 适当 |
| 华南 | 广州 | 连州 | 0.87 | 0.52 | 适当 | 0.87 | 0.59 | 适当 |
| | 南宁 | 忻城 | 0.62 | 0.53 | 适当 | 0.72 | 0.50 | 适当 |
| 华东 | 南京 | 兴化 | 0.98 | 0.57 | 适当 | 0.97 | 0.57 | 适当 |
| | 宝山 | 金山 | 0.99 | 0.58 | 适当 | 0.98 | 0.62 | 适当 |
| 华中 | 武汉 | 阳新 | 0.96 | 0.66 | 适当 | 0.96 | 0.65 | 适当 |
| | 郑州 | 信阳 | 0.89 | 0.65 | 适当 | 0.91 | 0.63 | 适当 |
| 西南 | 沙坪坝 | 秀山 | 0.86 | 0.52 | 适当 | 0.86 | 0.51 | 适当 |
| | 昆明 | 宣威 | 0.78 | 0.72 | 适当 | 0.78 | 0.77 | 适当 |
| 西北 | 兰州 | 民勤 | 0.95 | 0.57 | 适当 | 0.95 | 0.58 | 适当 |
| | 西安 | 凤翔 | 0.95 | 0.81 | 适当 | 0.91 | 0.82 | 适当 |
| 新疆 | 乌鲁木齐 | 吉木萨尔 | 0.96 | 0.54 | 适当 | 0.82 | 0.45 | 适当 |

由表 3.1 可以看出,气温资料序列中,无论资料序列长度长短,各站均符合订正适当性标准。研究表明,在平原地区,气温订正适当性根据经验就可知道,不必根据上述标准去检验。一般情况,只在地形复杂地区或沿海地带才考虑气温订正的适当性问题。

表 3.2　降水比值订正适当性检验表

| 区域 | 订正站 | 参考站 | 1981—2010 年 | | | | 1961—2010 年 | | | |
|------|--------|--------|------|------|------|--------|------|------|------|--------|
| | | | 相关系数 | $\frac{y_n}{x_n}$ | $\frac{1}{2}\frac{y_n}{x_n}\frac{\sigma_\xi}{\sigma_\eta}$ | 订正适当性 | 相关系数 | $\frac{y_n}{x_n}$ | $\frac{1}{2}\frac{y_n}{x_n}\frac{\sigma_\xi}{\sigma_\eta}$ | 订正适当性 |
| 华北 | 北京 | 延庆 | 0.52 | 0.82 | 0.68 | 不适当 | 0.68 | 0.83 | 0.63 | 适当 |
| | 石家庄 | 蔚县 | 0.26 | 0.78 | 0.80 | 不适当 | 0.33 | 0.76 | 0.76 | 不适当 |
| 东北 | 沈阳 | 建平镇 | 0.47 | 0.62 | 0.42 | 适当 | 0.34 | 0.64 | 0.39 | 不适当 |
| | 长春 | 蛟河 | 0.58 | 1.20 | 0.55 | 适当 | 0.46 | 1.19 | 0.52 | 不适当 |
| 华南 | 广州 | 连州 | 0.74 | 0.90 | 0.50 | 适当 | 0.65 | 0.92 | 0.48 | 适当 |
| | 南宁 | 忻城 | 0.53 | 1.09 | 0.57 | 不适当 | 0.50 | 1.09 | 0.56 | 不适当 |
| 华东 | 南京 | 兴化 | 0.76 | 0.97 | 0.47 | 适当 | 0.78 | 0.97 | 0.44 | 适当 |
| | 宝山 | 金山 | 0.75 | 1.01 | 0.46 | 适当 | 0.78 | 1.03 | 0.56 | 适当 |
| 华中 | 武汉 | 阳新 | 0.55 | 1.10 | 0.49 | 适当 | 0.61 | 1.14 | 0.56 | 适当 |
| | 郑州 | 信阳 | 0.30 | 1.73 | 0.54 | 不适当 | 0.35 | 1.73 | 0.51 | 不适当 |
| 西南 | 沙坪坝 | 秀山 | 0.52 | 1.20 | 0.46 | 适当 | 0.43 | 1.23 | 0.43 | 不适当 |
| | 昆明 | 宣威 | 0.45 | 0.99 | 0.73 | 不适当 | 0.39 | 0.98 | 0.60 | 不适当 |
| 西北 | 兰州 | 民勤 | 0.36 | 0.39 | 0.37 | 不适当 | 0.39 | 0.37 | 0.44 | 适当 |
| | 西安 | 凤翔 | 0.72 | 1.07 | 0.60 | 适当 | 0.73 | 1.08 | 0.52 | 适当 |
| 新疆 | 乌鲁木齐 | 吉木萨尔 | 0.66 | 0.67 | 0.41 | 适当 | 0.69 | 0.71 | 0.53 | 适当 |

由表 3.2 看出,在 1981—2010 年和 1961—2010 年不同降水资料序列中,选取了与气温相同的参考站,却分别有 6 个站组、7 个站组出现订正不适当,在两个时段有些站组还互不交叉。这说明有必要考虑降水资料序列订正适当性有必要考虑,降水订正适当性与地理位置、地形地貌以及所选时段长短、起止时间关系密切。另外,降水订正适当性从站点分布来看,南方比北方相对好一些,这可能与南方年降水时间分布相对均匀有关。

## 3.1.3　气候资料订正及其评估

全球变暖是众所周知的事实。然而,地球大气的变率估计还存在较大的不确定性。简要描述根据资料序列获得气候变化趋势的一个传统估计方法——线性回归方法是研究描述气候变化趋势重要气候变化方法。影响气候变化趋势估计精度的有若干重要因子,主要包括数据统计处理的精度,数据观测、订正误差的大小,数据的长度、空间选站点的密度,以及观测量本身的自然变化率大小等因素,正确而逼真地估计气候变化趋势的准确性,减小估计趋势的不确定性是一个非常复杂的问题。

用线性回归方法估计单站气候变化趋势的准确性与数据统计处理的精度,数据观测、订正误差的大小,数据的长度,以及观测量本身的自然变率大小有关。在区域和全球平均气候序列研究中,除了与单站的上述主要因子有关外,不同的空间区域选择方法对于区域平均的变化趋势影响很大。在不同空间尺度的研究中,台站样本的选取决定着最终区域平均气候变化趋势的结果。

运用掌握的资料序列,初步进行了观测资料精度对气候变化趋势影响、资料缺测订正对气候变化趋势分析影响的数值试验,并对其进行了初步分析评估,在评估过程中采用绝对趋势偏差(统计或订正后试验序列变化趋势-原序列变化趋势的绝对值)、均方根误差和趋势精度 3 项指标来考察对气候变化趋势的影响。3 项指标值越小表示插值效果越好。其中趋势精度公式如下(邹晓蕾,2012):

$$\sigma_{\text{trend}}^2 = \sigma^2(a) = \frac{12(\sigma_{\text{obs}}^2 + \sigma_{nv}^2)}{N^3 - N}$$

$$\sigma = \sqrt{\sigma_{\text{trend}}^2} \tag{3.13}$$

式中,将 $\sigma_{\text{obs}}^2$ 引申为原序列与统计或订正后序列的误差方差;$\sigma_{nv}^2$ 为自然变率方差,忽略不计;$N$ 为研究年数。

(1)资料缺测订正对气候变化趋势分析的影响评估

客观研究分析气候长期变化趋势,需要长时间连续的气象数据。而不同站点的气象数据由于仪器故障、台站撤并与非正常的人为干预行为等方面造成数据的缺测比较常见,由于地震、海啸、战争等不可抗力因素导致的数据缺测也普遍存在。数据缺测对气候变化监测检测研究造成极大挑战,长期气候变化趋势的估计需要质量好的资料序列,订正之后的资料数据序列能否准确反映气候变化趋势精度,减少长期变化趋势的不确定性自然成为所关注的问题。

针对缺测数据的插补订正,曾经有许多专家学者进行过研究,除了前述所讲的资料订正常用方法之外,黄嘉佑(1995a,1995b)对北京单月气温序列使用多种回归模型进行缺测数据的恢复研究,并以降水和气温作混合因子使用残差最小逐步回归模型对缺测降水数据进行恢复研究。江志红等(2001)利用回归插补模型对全球陆面格点温度场进行插补延长试验,插补效果较好。李庆祥等(2002)采用经验正交函数(EOF)展开方法插补延长北半球陆面月降水数据,结果证明数据插补是可行的。张秀芝等(1996)采用一维车贝雪夫多项式展开和均生函数(MGF)方法进行了月平均气温数据、年降水量不同缺测情况下数据的插补试验研究。涂诗玉等(2001)对武汉、宜昌、芷江气温序列进行相关分析发现武汉和宜昌相关性最好,进而进行了两站 20 世纪 30 和 40 年代所缺月、季、年气温数据的互相插补试验。王海军等(2008)以日气温缺测数据为对象,进行了几种插补方法的对比试验,得出综合插补方法较好,推荐在实际业务中应用。余予等(2012)探讨研究了标准序列法在日平均气温缺测数据插补中的应用。

综上所述,这些研究多侧重于单一插补订正方法对指定区域、特定站点、特定时间段资料数据缺测的插补订正,而运用多种插补订正方法,对不同缺测位置连续缺测插补订正方法比较订正效果,尤其是订正后资料序列对长期变化趋势影响结果的影响方面多没有涉及和分析。

因此,利用标准序列法、多元回归法、差值法,对 1961—2010 年我国 15 个国家级地面气象站年平均气温进行前段、中段、末段连续缺测 5 年、10 年、15 年的插补试验研究,将插补订正后序列计算的气候变化趋势与原序列计算的气候变化趋势比对,考察几种插值订正方法的优劣以及不同缺测位置插补订正对气候变化趋势分析的影响是一项十分有意义的工作,试验结果将对历史长时间资料序列缺测的插补订正方法的选择,以及对如何更科学地研究气候变化趋势具有一定的参考意义。

①插值方法的评估分析

试验设计 15 个代表站 1961—2010 年年平均气温序列分别在前段(1961—1965 年、1961—1970 年、1961—1975 年)、中段(1981—1985 年、1981—1990 年、1979—1993 年)、末段(2006—2010 年、2001—2010 年、1996—2010 年)连续缺测 5 年、10 年、15 年的数据,分别用 3

种插值方法对其插补订正,比较分析应用绝对趋势偏差、均方根误差和趋势精度 3 项指标作为订正序列与原序列计算的气候变化趋势之间比对的评估指标。

　　分析中以连续缺测 10 年为例进行趋势差别对比分析,其绝对趋势偏差统计如表 3.3 所示。在不同插值方法下,绝对趋势偏差的范围在 $0 \sim 1.3 \times 10^{-2}$,偏差多出现在海拔较高的站点,最大值出现在乌鲁木齐前段。由表 3.3 可看出不同缺测位置应用不同插值方法进行订正后序列所计算的变化趋势与原序列的差值,在变化趋势要求一定精度范围内($\leqslant 10^{-2}$)均能满足要求。但不同缺测位置的偏差大小有所不同,在前段有 13 个站(约 87%)均为用多元回归插值法的绝对趋势偏差最小(除南宁和宝山外);在中段和末段分别有 11 个站(73%)和 8 个站(53%)用标准序列插值法的绝对趋势偏差最小。

表 3.3　连续缺测 10 年绝对趋势偏差统计对比　　　　　　　　单位:℃/10 a

| 方法<br>位置<br>站点 | 标准序列法 | | | 多元回归法 | | | 均值插值法 | | |
|---|---|---|---|---|---|---|---|---|---|
| | 前段 | 中段 | 末段 | 前段 | 中段 | 末段 | 前段 | 中段 | 末段 |
| 长春 | $3.0 \times 10^{-4}$ | 0 | $1.0 \times 10^{-3}$ | $6.3 \times 10^{-3}$ | $1.0 \times 10^{-4}$ | $4.0 \times 10^{-4}$ | 0 | 0 | 0 |
| 沈阳 | $2.7 \times 10^{-3}$ | $3.0 \times 10^{-4}$ | $4.2 \times 10^{-3}$ | $3.0 \times 10^{-4}$ | $3.0 \times 10^{-4}$ | $3.4 \times 10^{-3}$ | $3.9 \times 10^{-3}$ | $4.0 \times 10^{-4}$ | $7.1 \times 10^{-3}$ |
| 北京 | $7.3 \times 10^{-3}$ | 0 | $3.0 \times 10^{-4}$ | $4.0 \times 10^{-4}$ | 0 | $7.0 \times 10^{-4}$ | $2.5 \times 10^{-3}$ | $2.0 \times 10^{-4}$ | $3.4 \times 10^{-3}$ |
| 石家庄 | $1.7 \times 10^{-3}$ | $1.0 \times 10^{-4}$ | $4.0 \times 10^{-4}$ | $2.0 \times 10^{-3}$ | $2.0 \times 10^{-4}$ | $6.0 \times 10^{-4}$ | $2.7 \times 10^{-3}$ | $1.0 \times 10^{-4}$ | $3.7 \times 10^{-3}$ |
| 广州 | $2.6 \times 10^{-3}$ | 0 | $1.2 \times 10^{-3}$ | $1.0 \times 10^{-3}$ | $1.0 \times 10^{-4}$ | $1.4 \times 10^{-3}$ | $1.6 \times 10^{-3}$ | $1.0 \times 10^{-4}$ | $3.0 \times 10^{-3}$ |
| 南宁 | $2.2 \times 10^{-3}$ | $1.0 \times 10^{-4}$ | $6.2 \times 10^{-3}$ | $1.7 \times 10^{-3}$ | $3.0 \times 10^{-4}$ | $4.8 \times 10^{-3}$ | $1.6 \times 10^{-3}$ | $2.0 \times 10^{-4}$ | $7.9 \times 10^{-3}$ |
| 南京 | $9.0 \times 10^{-4}$ | $1.0 \times 10^{-4}$ | $7.0 \times 10^{-3}$ | $7.0 \times 10^{-3}$ | $2.0 \times 10^{-4}$ | $2.0 \times 10^{-2}$ | $2.0 \times 10^{-3}$ | $1.0 \times 10^{-4}$ | $3.3 \times 10^{-3}$ |
| 宝山 | $2.0 \times 10^{-3}$ | $1.0 \times 10^{-4}$ | $1.0 \times 10^{-3}$ | $2.0 \times 10^{-3}$ | $1.0 \times 10^{-4}$ | $5.0 \times 10^{-3}$ | $5.0 \times 10^{-3}$ | $1.0 \times 10^{-4}$ | $5.0 \times 10^{-3}$ |
| 武汉 | $1.9 \times 10^{-3}$ | $1.0 \times 10^{-4}$ | $5.0 \times 10^{-3}$ | $1.6 \times 10^{-3}$ | $3.0 \times 10^{-4}$ | $5.0 \times 10^{-3}$ | $3.5 \times 10^{-3}$ | $2.0 \times 10^{-4}$ | $6.2 \times 10^{-3}$ |
| 郑州 | $6.0 \times 10^{-4}$ | $1.0 \times 10^{-4}$ | $1.4 \times 10^{-3}$ | $3.0 \times 10^{-4}$ | $1.0 \times 10^{-4}$ | $1.4 \times 10^{-3}$ | $1.5 \times 10^{-3}$ | $2.0 \times 10^{-4}$ | $1.0 \times 10^{-4}$ |
| 沙坪坝 | $3.9 \times 10^{-3}$ | $1.0 \times 10^{-4}$ | $2.0 \times 10^{-3}$ | $3.3 \times 10^{-3}$ | 0 | $6.0 \times 10^{-3}$ | $3.8 \times 10^{-3}$ | 0 | $2.0 \times 10^{-3}$ |
| 昆明 | $2.9 \times 10^{-3}$ | $2.0 \times 10^{-4}$ | $2.0 \times 10^{-3}$ | $1.4 \times 10^{-3}$ | $2.0 \times 10^{-4}$ | $2.6 \times 10^{-3}$ | $5.9 \times 10^{-3}$ | $2.0 \times 10^{-4}$ | $9.5 \times 10^{-3}$ |
| 兰州 | $8.6 \times 10^{-3}$ | $1.0 \times 10^{-4}$ | $6.0 \times 10^{-3}$ | $3.4 \times 10^{-3}$ | 0 | $2.0 \times 10^{-3}$ | $7.6 \times 10^{-3}$ | $1.0 \times 10^{-4}$ | $3.3 \times 10^{-3}$ |
| 西安 | $5.3 \times 10^{-3}$ | $1.0 \times 10^{-4}$ | $1.9 \times 10^{-3}$ | $3.2 \times 10^{-3}$ | $1.0 \times 10^{-4}$ | $2.0 \times 10^{-3}$ | $6.2 \times 10^{-3}$ | $1.0 \times 10^{-4}$ | $8.5 \times 10^{-3}$ |
| 乌鲁木齐 | $1.3 \times 10^{-2}$ | $3.0 \times 10^{-4}$ | $2.6 \times 10^{-3}$ | $5.1 \times 10^{-3}$ | $2.0 \times 10^{-4}$ | $1.6 \times 10^{-3}$ | $1.1 \times 10^{-2}$ | $5.0 \times 10^{-4}$ | $1.4 \times 10^{-3}$ |

　　订正后序列与原序列计算的气候变化趋势的均方根误差和趋势精度的统计对比分别如表 3.4 和表 3.5 所示,均为在前段有 13 个站(87%)用多元回归插值法误差最小,中、末段分别有 10 个站(67%)和 9 个站(60%)用标准序列插值法误差最小(除南宁和宝山外),乌鲁木齐仍为误差最大的站。

　　上述是以缺测 10 年为例进行订正后的序列与原序列所计算变化趋势进行偏差分析的,同样用连续缺测 5 年、15 年的情况进行分析均得到相似结论。因此综合不同缺测年数数据统计分析结果,总的来说多数站点在前段资料缺测时用多元回归插值法插值效果相对较好,在中、末段资料序列缺测时用标准序列插值法插值效果相对较好。

**表 3.4　连续缺测 10 年均方根误差统计对比**

| 站点\位置\方法 | 标准序列法 | | | 多元回归法 | | | 均值插值法 | | |
|---|---|---|---|---|---|---|---|---|---|
| | 前段 | 中段 | 末段 | 前段 | 中段 | 末段 | 前段 | 中段 | 末段 |
| 长春 | 0.074 | 0.025 | 0.057 | 0.165 | 0.115 | 0.104 | 0.065 | 0.035 | 0.047 |
| 沈阳 | 0.069 | 0.188 | 0.150 | 0.035 | 0.146 | 0.163 | 0.098 | 0.208 | 0.190 |
| 北京 | 0.216 | 0.032 | 0.066 | 0.095 | 0.094 | 0.087 | 0.119 | 0.122 | 0.103 |
| 石家庄 | 0.089 | 0.051 | 0.035 | 0.068 | 0.037 | 0.060 | 0.094 | 0.066 | 0.095 |
| 广州 | 0.084 | 0.040 | 0.053 | 0.051 | 0.057 | 0.068 | 0.069 | 0.040 | 0.086 |
| 南宁 | 0.076 | 0.081 | 0.156 | 0.055 | 0.102 | 0.121 | 0.060 | 0.089 | 0.194 |
| 南京 | 0.035 | 0.028 | 0.053 | 0.032 | 0.045 | 0.053 | 0.053 | 0.037 | 0.104 |
| 宝山 | 0.045 | 0.028 | 0.045 | 0.045 | 0.028 | 0.055 | 0.035 | 0.025 | 0.055 |
| 武汉 | 0.063 | 0.049 | 0.113 | 0.053 | 0.049 | 0.112 | 0.097 | 0.049 | 0.191 |
| 郑州 | 0.042 | 0.028 | 0.058 | 0.032 | 0.035 | 0.058 | 0.035 | 0.028 | 0.062 |
| 沙坪坝 | 0.102 | 0.035 | 0.042 | 0.084 | 0.035 | 0.032 | 0.095 | 0.037 | 0.042 |
| 昆明 | 0.125 | 0.100 | 0.118 | 0.113 | 0.068 | 0.143 | 0.159 | 0.114 | 0.242 |
| 兰州 | 0.201 | 0.042 | 0.035 | 0.095 | 0.080 | 0.040 | 0.177 | 0.060 | 0.087 |
| 西安 | 0.137 | 0.057 | 0.071 | 0.097 | 0.065 | 0.053 | 0.153 | 0.042 | 0.202 |
| 乌鲁木齐 | 0.362 | 0.154 | 0.081 | 0.136 | 0.177 | 0.121 | 0.283 | 0.254 | 0.071 |

**表 3.5　连续缺测 10 年趋势精度统计对比**

| 站点\位置\方法 | 标准序列法 | | | 多元回归法 | | | 均值插值法 | | |
|---|---|---|---|---|---|---|---|---|---|
| | 前段 | 中段 | 末段 | 前段 | 中段 | 末段 | 前段 | 中段 | 末段 |
| 长春 | $7.2 \times 10^{-4}$ | $2.4 \times 10^{-4}$ | $5.5 \times 10^{-4}$ | $1.6 \times 10^{-3}$ | $1.1 \times 10^{-3}$ | $1.0 \times 10^{-3}$ | $6.4 \times 10^{-4}$ | $3.4 \times 10^{-4}$ | $4.6 \times 10^{-4}$ |
| 沈阳 | $6.8 \times 10^{-4}$ | $1.8 \times 10^{-3}$ | $1.5 \times 10^{-3}$ | $3.4 \times 10^{-4}$ | $1.4 \times 10^{-3}$ | $1.6 \times 10^{-3}$ | $9.6 \times 10^{-4}$ | $2.0 \times 10^{-3}$ | $1.9 \times 10^{-3}$ |
| 北京 | $2.1 \times 10^{-3}$ | $3.1 \times 10^{-4}$ | $6.5 \times 10^{-4}$ | $9.3 \times 10^{-4}$ | $9.2 \times 10^{-4}$ | $8.5 \times 10^{-4}$ | $1.2 \times 10^{-3}$ | $1.2 \times 10^{-3}$ | $1.0 \times 10^{-3}$ |
| 石家庄 | $8.8 \times 10^{-4}$ | $5.0 \times 10^{-4}$ | $3.4 \times 10^{-4}$ | $6.6 \times 10^{-4}$ | $3.7 \times 10^{-4}$ | $5.9 \times 10^{-4}$ | $9.2 \times 10^{-4}$ | $6.5 \times 10^{-4}$ | $9.3 \times 10^{-4}$ |
| 广州 | $8.2 \times 10^{-4}$ | $3.9 \times 10^{-4}$ | $5.2 \times 10^{-4}$ | $5.0 \times 10^{-4}$ | $5.5 \times 10^{-4}$ | $6.6 \times 10^{-4}$ | $6.8 \times 10^{-4}$ | $3.9 \times 10^{-4}$ | $8.4 \times 10^{-4}$ |
| 南宁 | $7.5 \times 10^{-4}$ | $8.0 \times 10^{-4}$ | $1.5 \times 10^{-3}$ | $5.4 \times 10^{-4}$ | $1.0 \times 10^{-3}$ | $1.2 \times 10^{-3}$ | $5.9 \times 10^{-4}$ | $8.8 \times 10^{-4}$ | $1.9 \times 10^{-3}$ |
| 南京 | $3.4 \times 10^{-4}$ | $2.8 \times 10^{-4}$ | $5.2 \times 10^{-4}$ | $3.1 \times 10^{-4}$ | $4.4 \times 10^{-4}$ | $5.2 \times 10^{-4}$ | $5.2 \times 10^{-4}$ | $3.7 \times 10^{-4}$ | $1.0 \times 10^{-3}$ |
| 宝山 | $4.4 \times 10^{-4}$ | $2.8 \times 10^{-4}$ | $4.4 \times 10^{-4}$ | $4.4 \times 10^{-4}$ | $2.8 \times 10^{-4}$ | $5.4 \times 10^{-4}$ | $3.4 \times 10^{-4}$ | $2.4 \times 10^{-4}$ | $5.4 \times 10^{-4}$ |
| 武汉 | $6.2 \times 10^{-4}$ | $4.8 \times 10^{-4}$ | $1.1 \times 10^{-4}$ | $5.2 \times 10^{-4}$ | $4.8 \times 10^{-4}$ | $1.1 \times 10^{-4}$ | $9.5 \times 10^{-4}$ | $4.8 \times 10^{-4}$ | $1.9 \times 10^{-3}$ |
| 郑州 | $4.2 \times 10^{-4}$ | $2.8 \times 10^{-4}$ | $5.7 \times 10^{-4}$ | $3.1 \times 10^{-4}$ | $3.4 \times 10^{-4}$ | $5.7 \times 10^{-4}$ | $3.4 \times 10^{-4}$ | $2.8 \times 10^{-4}$ | $6.0 \times 10^{-4}$ |
| 沙坪坝 | $1.0 \times 10^{-3}$ | $3.4 \times 10^{-4}$ | $4.2 \times 10^{-4}$ | $8.2 \times 10^{-4}$ | $3.4 \times 10^{-4}$ | $3.1 \times 10^{-4}$ | $9.3 \times 10^{-4}$ | $3.7 \times 10^{-4}$ | $4.2 \times 10^{-4}$ |
| 昆明 | $1.2 \times 10^{-3}$ | $9.8 \times 10^{-4}$ | $1.2 \times 10^{-3}$ | $1.1 \times 10^{-3}$ | $6.6 \times 10^{-4}$ | $1.4 \times 10^{-3}$ | $1.6 \times 10^{-3}$ | $1.1 \times 10^{-3}$ | $2.4 \times 10^{-3}$ |
| 兰州 | $2.0 \times 10^{-3}$ | $4.2 \times 10^{-4}$ | $3.4 \times 10^{-4}$ | $9.3 \times 10^{-4}$ | $7.8 \times 10^{-4}$ | $3.9 \times 10^{-4}$ | $1.7 \times 10^{-3}$ | $5.9 \times 10^{-4}$ | $8.5 \times 10^{-4}$ |
| 西安 | $1.3 \times 10^{-3}$ | $5.5 \times 10^{-4}$ | $6.9 \times 10^{-4}$ | $9.5 \times 10^{-4}$ | $6.4 \times 10^{-4}$ | $5.2 \times 10^{-4}$ | $1.5 \times 10^{-3}$ | $4.2 \times 10^{-4}$ | $2.0 \times 10^{-3}$ |
| 乌鲁木齐 | $3.5 \times 10^{-3}$ | $1.5 \times 10^{-3}$ | $8.0 \times 10^{-4}$ | $1.3 \times 10^{-3}$ | $1.7 \times 10^{-3}$ | $1.2 \times 10^{-3}$ | $2.8 \times 10^{-3}$ | $2.5 \times 10^{-3}$ | $6.9 \times 10^{-4}$ |

②缺测位置的评估分析

根据前面的分析结果,前段资料缺测时应用多元回归插值法进行插补订正资料序列,在中、末段资料序列缺测时应用标准序列插值法进行插补订正资料序列。分别统计订正序列与原序列气候变化趋势的绝对趋势偏差、均方根误差、趋势精度并进行分析。

绝对趋势偏差统计如图 3.1 所示,相同缺测年数不同缺测位置的对比分析均显示出在中段缺测的绝对趋势偏差最小,数值小于在两端缺测。两端相互差异不明显。结合表 3.3 以连续缺测 10 年为例进行偏差分析,中段缺测绝对趋势偏差均在 $10^{-4}$ 量级。综合表 3.3 和图 3.1 也可以看出,资料序列的前、中、末段不同缺测年数综合统计绝对趋势偏差范围分别在0~0.084 ℃/10 a、0~0.011 ℃/10 a、0~0.037 ℃/10 a 变化(图表略),从另一个角度表明在资料序列中段缺测进行插补订正后序列所计算的气候变化趋势较原序列计算的变化趋势相对比较稳定。因此,总体而言数据在中段缺测进行插补订正后的序列对计算气候变化趋势影响最小。

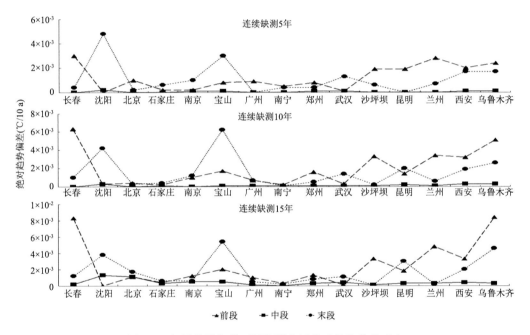

图 3.1   相同缺测年数不同缺测位置绝对趋势偏差对比

相同缺测位置不同缺测年数所计算的气候变化趋势与原序列计算趋势的趋势精度的对比如图 3.2 所示。一般情况下,资料序列随缺测年份的增加,趋势精度在降低。在前段长春、昆明、兰州和乌鲁木齐高海拔地区站趋势精度最低,在中段沈阳和昆明、兰州站趋势精度最低,在末段沈阳、宝山、昆明出现趋势精度最低值,东北地区两个站表现的不一致性可能与参考站选取有一定关系。因此,相对而言,高海拔地区的资料序列插补订正造成趋势精度值偏低,东部地区较西部地区资料序列插补订正趋势精度较高,效果更好。换言之,高海拔地区、西部地区资料缺测经订正的效果对气候变化变化趋势影响更大。

针对绝对趋势偏差和均方根误差进行分析,其订正效果也是随着缺测年份的增加效果变差,相比较而言,低海拔地区、东部地区分别较高海拔地区、西部地区效果要好(图表略)。一般来说,随着缺测年份的增加插补订正对气候变化趋势影响越来越大。低海拔地区、东部地区较高海拔地区、西部地区对气候变化趋势的影响相对较小。

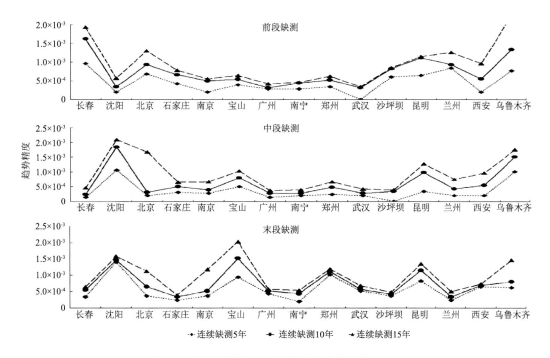

图 3.2　相同缺测位置不同缺测年数趋势精度对比

综合上述分析,可以得出以下主要的结论:

a.综合资料序列不同缺测年数订正对变化趋势的影响分析,不同时段缺测插补应用不同订正方法,在一定精度范围内均能满足订正要求。但相对而言,资料序列前段缺测时应用多元回归插值法订正效果较好,而在资料序列中段和末段缺测时应用标准序列插值法订正效果较好,实际应用中建议不同缺测位置斟酌选用合适的插值方法。

b.运用标准序列法、多元回归法、均值插值法进行插补订正后序列计算气候变化趋势时,资料序列随缺测年数增加绝对趋势偏差、均方根误差增大,趋势精度降低;资料序列分别在前、中、末不同时段缺测时,运用相应的插补订正方法插补效果比较分析(相同缺测年数),中段缺测插补效果对变化趋势影响最小,效果最好。

c.由空间分布各站点对比分析而言,东部地区较西部地区的插值订正对变化趋势的影响较小,效果较好,可能是东部站点密集,所构建的参考序列相对较好的缘故。低海拔地区较高海拔地区插值订正对气候变化趋势影响较小,效果较好,可能是高海拔地区参考站选取较为困难,海拔差异较大的原因。

在数据试验过程中,深切体会到资料序列的插补订正的试验效果与选好参考站,从而构建一个良好的参考序列关系密切,此结果直接影响最后插补订正误差,以及对计算气候变化趋势精度的影响。因此,如何更加科学合理地选取参考站、构建更加可靠的参考序列是今后努力的工作方向,有待于进行更大样本量的试验,优选复杂地形地势站点的参考站。

需进一步在此方面做好工作,考虑选取与待插值站距离最近(相关系数和海拔高度差满足条件下)的 3 个参考站进行试验分析,并进一步优选区域的代表站,进行更大样本量的试验。

(2)资料观测精度对气候变化趋势分析的影响

长序列连续的气象资料,是由不同的观测次数或统计处理数目经加工统计处理而形成,由不同观测次数或统计处理数目加工而成的长序列气象资料其精度会有所不同。例如,气候基准站每天有 24 h 的逐时观测,应用 24 次观测统计而成的年气温资料序列与每日 4 次(02 时、08 时、14 时、20 时)观测统计而成的年气温资料序列,其资料精度是不同的,对形成的年气温平均值序列以及由年气温资料序列所计算的气候变化趋势也会产生影响,产生的影响究竟如何,正是我们所关注和考虑的问题之一。

对此我们设计进行了系列的数值试验,一是利用每日观测不同时次(最高最低气温平均、3次观测平均、4 次观测平均、8 次观测平均)计算日平均气温,从而得出的历年气温序列,与 24时次计算的日平均气温构建的历年平均气温资料序列,比较其长期变化趋势的差别,以分析评估日平均气温资料序列精度对气候变化趋势的影响;二是利用代表月(1 月、4 月、7 月、10 月)得出的年气温资料序列与全年(12 个月)计算的年气温资料序列精度进行长期气候变化趋势对比分析,以分析评估年平均气温资料序列精度对气候变化趋势的影响。

①日平均气温资料序列精度对气候变化趋势的影响

日平均气温的计算方法有多种,20 世纪初,我国经历了多年的内外战争,气象观测没有统一的规范,气象台站多次迁移、观测时次的变化以及各种人为因素,导致了日平均气温的计算不统一,为了研究更长时间序列的气候变化趋势,有必要比较研究和评估由不同时次计算的日平均气温精度对计算年气候变化趋势的影响情况。

运用河北省境内张北、邢台、丰宁、乐亭、饶阳 5 个国家基准站,近 30 年的逐时气温数据分别进行了最高最低气温平均、3 次平均、4 次平均、8 次平均所形成的年气温资料序列以及计算的气候变化趋势,与 24 次平均所形成的年气温资料序列及所计算的气候变化趋势进行对比分析。

由表 3.6 可以看出,不同观测次数计算的日气温资料构建的年气温资料序列气候变化趋势是一致的,同增温或同降温,从趋势估计精度来看,与 24 时次构成的日气温资料序列比较而言,趋势估计精度从高到低依次为 8 次平均、4 次平均、3 次平均、最高和最低平均,趋势估计精度都在 $10^{-4}$ 量级及以上。由不同时次形成的日平均气温构建的年气温资料序列与 24 时次日平均气温所代表的年气温序列数值差异而言,均方根误差从小到大依次为 8 次平均、4 次平均、最高和最低平均、3 次平均,3 次平均构成的年气温资料差异最大。

表 3.6　观测资料精度对气候变化趋势影响(日不同次数)

| 站名 | 项目 | 张北<br>(1989—2012 年) | 邢台<br>(1987—2012 年) | 丰宁<br>(1993—2012 年) | 乐亭<br>(1988—2012 年) | 饶阳<br>(1991—2012 年) |
|---|---|---|---|---|---|---|
| 趋势<br>(℃/10 a) | 最高最低平均/日年序列 | 0.1770 | 0.2801 | −0.2939 | 0.4610 | −0.1247 |
| | 3 次/日年序列 | 0.2421 | 0.3603 | −0.3486 | 0.3753 | −0.0958 |
| | 4 次/日年序列 | 0.2000 | 0.2756 | −0.3752 | 0.4231 | −0.1033 |
| | 8 次/日年序列 | 0.1970 | 0.2600 | −0.4020 | 0.3994 | −0.1261 |
| | 24 次/日年序列 | 0.1991 | 0.2592 | −0.4014 | 0.3987 | −0.1296 |

续表

| 站名 | 项目 | 张北<br>(1989—2012 年) | 邢台<br>(1987—2012 年) | 丰宁<br>(1993—2012 年) | 乐亭<br>(1988—2012 年) | 饶阳<br>(1991—2012 年) |
|---|---|---|---|---|---|---|
| 绝对误差<br>(℃) | 最高最低平均/日年序列 | 0.04 | 0.02 | 0.11 | 0.06 | 0.00 |
| | 3 次/日年序列 | −0.02 | 0.10 | 0.05 | −0.02 | 0.03 |
| | 4 次/日年序列 | 0.00 | 0.02 | 0.03 | 0.02 | 0.03 |
| | 8 次/日年序列 | 0.00 | 0.00 | 0.00 | 0.00 | 0.00 |
| 相对误差<br>(%) | 最高最低平均/日年序列 | 22 | 8 | 27 | 16 | 4 |
| | 3 次/日年序列 | 11 | 39 | 13 | 6 | 26 |
| | 4 次/日年序列 | 1 | 6 | 7 | 6 | 20 |
| | 8 次/日年序列 | 1 | 0 | 0 | 0 | 3 |
| 估计精度<br>(℃) | 最高最低平均/日年序列 | $9.8 \times 10^{-4}$ | $8.8 \times 10^{-5}$ | $2.7 \times 10^{-4}$ | $1.4 \times 10^{-4}$ | $9.4 \times 10^{-5}$ |
| | 3 次/日年序列 | $1.7 \times 10^{-4}$ | $6.6 \times 10^{-4}$ | $2.1 \times 10^{-4}$ | $4.3 \times 10^{-5}$ | $6.7 \times 10^{-5}$ |
| | 4 次/日年序列 | $4.4 \times 10^{-5}$ | $4.1 \times 10^{-5}$ | $4.7 \times 10^{-5}$ | $3.9 \times 10^{-5}$ | $5.0 \times 10^{-5}$ |
| | 8 次/日年序列 | $2.0 \times 10^{-6}$ | $7.7 \times 10^{-7}$ | $1.6 \times 10^{-6}$ | $8.8 \times 10^{-7}$ | $1.4 \times 10^{-6}$ |
| 均方根误差<br>(℃) | 最高最低平均/日年序列 | 0.7046 | 0.6043 | 0.7147 | 0.6511 | 0.6131 |
| | 3 次/日年序列 | 1.1480 | 0.9126 | 1.2610 | 0.8905 | 0.8799 |
| | 4 次/日年序列 | 0.6405 | 0.5001 | 0.5853 | 0.5131 | 0.4388 |
| | 8 次/日年序列 | 0.6244 | 0.5002 | 0.5756 | 0.4843 | 0.3891 |

综上可以看出,8 次、4 次平均构建的年气温资料序列无论从气候变化趋势,还是序列数值差异均能较好逼近模拟真值(24 时次)的结果,观测时次越多,越逼近真值;3 次平均与最高和最低平均构建的年气温资料序列比较,3 次平均构建序列更能较好反映真值气候变化趋势,最高和最低平均构建序列更能较好地反映真值资料序列平均值变化。但在观测资料有限的情况下,两种资料序列精度均可用于作为逼近模拟真值(24 时次)资料序列的替代应用。

②年气温资料序列精度对气候变化趋势的影响

在各类气候考察中,由于各种主客观原因的限制,考察月份只能选取代表性月份 1 月、4 月、7 月、10 月进行观测,但 4 个观测月份计算的年平均气温资料序列能否较好地代表 1—12 月构建的年气温资料序列,其 4 个代表月构建的年序列计算气候变化趋势与全年 12 个月构建的资料序列计算的气候变化趋势差异有多大? 为此,应用全国 15 个观测站的资料进行了数据模拟试验,详细情况见表 3.7。

由表 3.7 中可以看出,由代表月构建的年气温序列资料计算的变化趋势多小于年(12 个月平均)气温序列值计算的趋势(除广州、昆明、石家庄外),而且变化趋势相同,数值上两者非常接近,变化趋势绝对误差在 $10^{-2}$ 量级,其绝对值均小于 0.05。代表月构建的年气温资料序列的趋势估计精度在 $10^{-3}$ 量级。因此,如果在一定精度要求下,应用 4 个代表月计算的年气候变化趋势值能够较好地代表年值序列变化趋势。

由上面不同时次日平均气温和代表月份气温构建的年平均气温资料序列比较分析可以得出如下结论:

a.不同时次日平均气温和代表月份气温构建的年平均气温资料序列精度,在趋势估计精度一定要求范围之内,均能较好代表和反映真值序列的气候变化趋势。

b.8次、4次日平均气温构建的年气温序列无论从气候变化趋势,还是序列数值差异均能较好逼近模拟真值(24时次)的结果,观测时次越多,越逼近真值。

表 3.7　观测资料精度对气候变化趋势影响

| 站名 | 趋势(℃/10 a) | | 变化趋势 | | | 相关系数 |
|---|---|---|---|---|---|---|
| | 年值 | 4个代表月 | 绝对误差(℃) | 相对误差(%) | 估计精度(×10⁻³) | |
| 北京 | 0.465 | 0.436 | −0.03 | −6 | 3.29 | 0.928 |
| 石家庄 | 0.388 | 0.389 | 0.00 | 0 | 3.44 | 0.900 |
| 沈阳 | 0.176 | 0.172 | 0.00 | −2 | 4.74 | 0.804 |
| 长春 | 0.429 | 0.398 | −0.03 | −7 | 5.23 | 0.844 |
| 广州 | 0.264 | 0.276 | 0.01 | 4 | 3.77 | 0.802 |
| 南宁 | 0.077 | 0.068 | −0.01 | −12 | 4.20 | 0.695 |
| 南京 | 0.307 | 0.287 | −0.02 | −6 | 3.87 | 0.859 |
| 宝山 | 0.447 | 0.439 | −0.01 | −2 | 3.89 | 0.899 |
| 武汉 | 0.414 | 0.395 | −0.02 | −5 | 3.89 | 0.887 |
| 郑州 | 0.287 | 0.251 | −0.04 | −13 | 3.31 | 0.860 |
| 沙坪坝 | 0.092 | 0.052 | −0.04 | −43 | 3.90 | 0.701 |
| 昆明 | 0.452 | 0.472 | 0.02 | 4 | 3.34 | 0.933 |
| 兰州 | 0.544 | 0.518 | −0.03 | −5 | 3.67 | 0.921 |
| 西安 | 0.457 | 0.443 | −0.01 | −3 | 3.65 | 0.903 |
| 乌鲁木齐 | 0.167 | 0.152 | −0.02 | −9 | 6.63 | 0.735 |

c.3次日平均气温与日最高最低平均气温构建的年气温资料序列比较,3次平均构建的序列更能较好反映真值(24时次)气候变化趋势,最高最低平均构建的序列更能较好反映真值资料序列平均值变化。但在观测资料有限的情况下,两种资料序列精度均可用于替代应用。

另外,在区域和全球平均气候序列中,对于长期趋势估计影响最大的主要是采样误差和系统误差,其他各种类误差的影响都比较小,采样误差和系统误差与参加区域平均的各站资料序列具有密切关系,在进行区域平均之前,尽可能采取相应措施减少上述误差。在样本量足够大的情况下,一些误差则具有明显的随机性质。随着研究的深入,将来如果能够对台站观测环境和城市化因素造成的地面气温序列中的系统误差予以订正,则会在很大程度上减少趋势估计值的不确定性。

## 3.2　资料质量控制

### 3.2.1　气候资料质量控制研究进展

(1)全球历史气候网质量控制

美国国家气候数据中心(NCDC)所制作的全球历史气候网(GHCN)是很有影响的台站每月观测的数据集。版本2的气温数据集包括7300个站的月平均气温和5100个站的月平均最高/最低气温,来自 30 多个源数据集。GHCN(版本 2)改进的不仅仅是数据量的增加,还使用了特殊均一性检测订正技术和一套新的质量控制方法。

质量控制过程包括对源数据集的检查、台站时间序列检查、单个数据点的检查 3 个阶段。在第 1 阶段中对源数据集的检查包括明显的数据问题(如文件被切断、格式化错误、读不出来的记录等)。

在第 2 阶段,台站时间序列检查时,检测平均值变化使用了累积总和检测法(van Dob-bende Bruyn,1968),通过找出时间序列平均数的变化来检查。方差变化检查使用了尺度累积量,该量是累积总和检测法的一个变量,用来查找台站时间序列的方差变化。

在第 3 阶段单个数据点的检查中,辨别时间奇异值使用了双权重标准差用作计算方差,这种方法既能很好地抵抗奇异值,又能保持整体的功效(Lanzante,1996)。

辨别时间奇异值使用 3R 极限值。使用空间检验来验证奇异值,空间检验有很多不同的方法。Eischeid 等(1995)用了 6 种不同的方法来预测或估计某个站的值。这些方法是:正常比率法;简单反距离加权法;最佳内插法;用最小绝对偏差标准的多元回归法;单个最佳估计算子;前 5 种方法的综合。根据分析,空间检验中邻近站与被检验站的数据要逐个检查,因此通常要借助于人工进一步判断。

(2)北欧气象观测资料的质量控制

①单站资料质量控制方法

单站资料质量控制方法包括范围检查(或极值检查)、时变检查、一致性检查等。

②空间质量控制方法

仅利用单站资料进行该站观测记录的质量控制是不够的,邻近台站资料的存在使得观测资料的质量控制能够利用更多的参考信息。空间质量控制方法就是充分利用与检测站邻近的多个台站的同时刻的观测资料,进行该站观测资料质量控制的方法。

北欧国家所用的空间质量控制方法主要有:Madsen-Allerup 方法(丹麦)、DECWIM 方法(挪威)、数值预报模式(HIRLAM)插值方法(挪威)、Kriging 统计插值方法(芬兰)、MESAN 方法(瑞典)等。

其中,Madsen-Allerup 方法的基本原理是基于某一空间范围内要素的空间分布是均一的假设,利用周围若干台站同时刻观测值的中值和 $75\%$、$25\%$ 分位值,计算统计量 $T_{it}$

$$T_{it} = (X_{it} - M_t)/(Q_{t,75} - Q_{t,25}) \tag{3.14}$$

式中,$X_{it}$ 为 $t$ 时刻台站 $i$ 的观测值,$M_t$ 为 $N$ 个邻近站 $t$ 时刻观测值的中间值,$Q_{t,75}$ 和 $Q_{t,25}$ 分别为 $N$ 个邻近站 $t$ 时刻观测值的 $75\%$ 和 $25\%$ 分位值。

如何根据 $T_{it}$ 值判断数据是否可疑需要经验确定,一般认为 $|T_{it}|$ 值越大,可疑程度越大。$T_{it}$ 作为外部参数可随时调整,被检出的可疑记录由专家根据专业知识判断是否正确。

## 3.2.2　气候资料质量控制方法

(1)气候观测数据的误差分类

任何一种测量所得的观测值通常会对真值有误差。气象数据相对于其描述的要素的真值的误差,是决定气候指标能否很好地反映一地气候特征的主要因素(屠其璞,1984)。存在于气象观测资料中的误差可由许多因子引起。例如,许多气象观测资料是利用移动的扫描设备、遥感或遥测得到的,也就是说,观测设备和观测的对象之间有一定的距离,甚至很大距离。还有一些观测资料是间接观测得到的,如卫星遥感温度探测。有些观测可能因人而异,如能见度的人工观测。总之,由于观测手段不尽完美,致使观测值与观测对象之间有一定的误差。

所有的气象观测资料的误差可分为3类性质完全不同的误差,即随机误差、系统误差及过失误差(屠其璞,1984;翟盘茂 等,1997)。

随机误差是观测资料中普遍存在的固有特性,它是由相互独立的因子引起的,是不相关的。随机误差对于单次测量是无法消除的,其平均值为0。它的分布状态多被假设为正态分布。分布图形仅仅由一个因子决定,即均方根误差。均方根误差被用作度量随机误差的离散程度。随机误差既然是观测资料中普遍存在的固有特性,因此,在处理单个气象观测资料时,不可能也不必要完全消除它。

与随机误差相反,系统误差的分布相对于0是非对称的,它的平均值显著偏离于0。气象资料的系统误差表现为资料在气候平均处出现与实际状况明显的偏差,通常与观测仪器、场地变化、观测与资料处理过程中所采用的方法等因素有关。这种误差在观测资料中,大小和符号基本保持不变(屠其璞,1984)。

粗大误差是没有任何天气学意义的错误资料,通常由观测失误、仪器故障、不正确的编码、抄录和资料传输错误等原因引起。正因为该类资料不代表任何天气学意义,因此尽管在整个观测资料中错误资料虽然发生率不高,但也会影响实际数值预报与气候分析结果,其危害性是不可估量的。

(2)常用质量控制方法

常用的气候资料质量控制方法主要是根据天气、气候学原理,以气象要素的时间、空间变化规律和各要素间相互联系的规律为线索,分析气象资料是否合理。主要方法包括:逻辑检查、气候界限值检查、气候极值检查、内部一致性检查、时间一致性检查、空间一致性检查、连续性检查等。这些方法已被普遍应用到气候观测资料的质量控制中。

①逻辑检查

逻辑检查是指检查要素是否符合一定的逻辑关系。根据《地面气象观测规范》(中国气象局,2003),各要素必须符合如下关系:

- 总、低云量≤10 成;
- 相对湿度≤100%;
- 电线积冰厚度≤积冰最大直径;
- 冻土深度上限<下限(上限、下限均为 0 时除外);
- 各时日照时数≤1.0 h;
- 风向为 N,E,S,W,C 或前 4 个字母的规定组合;
- 云状为本规范规定的 29 种云的符号及雾、吹雪、雪暴、浮尘、霾、烟幕、扬沙、沙尘暴等现象的符号或代码;
- 天气现象为本规范规定的 34 种现象符号或代码。

②气候界限值检查

气候界限值检查是指从气候学角度检查要素值是否在合理范围内。根据《地面气象观测规范》(中国气象局,2003),各要素观测记录不能超出气候界限值(表 3.8),超出的观测记录为错误记录。

表 3.8　各要素气候界限值表

| 要素 | 气候界限值 |
|---|---|
| 本站气压(hPa) | 400～1080 |
| 海平面气压(hPa) | 400～1080 |
| 气温(℃) | −75～80 |
| 湿球温度(℃) | −70～70 |
| 露点温度(℃) | −90～70 |
| 最大水汽压(hPa) | 70 |
| 相对湿度(%) | 0～100 |
| 最大能见度(km) | 99(>50) |
| 日最大风速(m/s) | 65 |
| 日极大风速(m/s) | 75 |
| 日蒸发量(mm) | 50 |
| 最大积雪深度(cm) | 200 |
| 最大积雪雪压(g/cm²) | 50 |
| 电线积冰最大直径(mm) | 400 |
| 电线积冰最大重量(kg/m) | 50 |
| 0 cm 地面温度(℃) | −90～90 |
| 5 cm 地温(℃) | −80～80 |
| 10 cm 地温(℃) | −70～70 |
| 15 cm 地温(℃) | −60～60 |
| 20 cm 地温(℃) | −50～50 |
| 40 cm 地温(℃) | −45～45 |
| 深层地温(℃) | −40～40 |
| 最大冻土深度(cm) | 600 |
| 风向(°) | 0～360 |
| 云量(成) | 0～10 |
| 时间 | 0≤小时≤23,0≤分钟≤59 |
| 每小时日照时数(h) | 0～1 |

③气候极值检查

气候极值检查是指检查要素是否超过气候极值。其中,气候极值是指在固定地点的气象台站在一定的时间范围内出现概率很小的气象记录(中国气象局,2003)。

• 日最高本站气压<1050.0 hPa,日最低本站气压>600.0 hPa;

• 日最高气温<50.0 ℃,日最低气温>−55.0 ℃;

• 湿球温度<35.0 ℃;

• 水汽压<55.0 hPa;

• 露点温度<35.0 ℃;

• 低云高<3000 m(距地高度);

- 中云高 2500～5000 m(距地高度);
- 高云高＞4500 m(距地高度);
- 定时降水量＜200.0 mm;
- 日最大风速＜65.0 m/s;
- 日极大风速＜75.0 m/s;
- 日蒸发量＜30.0 mm;
- 雪深＜100 cm;
- 雪压＜30.0 g/cm²;
- 电线积冰直径＜200 mm;
- 电线积冰重量＜30000 g/m;
- 冻土深度＜450 cm;
- 日地面、草面最高温度＜80.0 ℃,日地面、草面最低温度＞-60.0 ℃;
- -40.0 ℃＜5,10,15,20,40 cm 各定时地温＜45.0 ℃;
- -25.0 ℃＜0.8,1.6,3.2 m 各定时地温＜35.0 ℃。

④内部一致性检查

内部一致性检查是指检查同一时间观测的气象要素记录之间的关系是否符合一定的规律(中国气象局,2003)。各要素间必须符合如下关系:

- 干球温度≥湿球温度;
- 定时温度≥露点温度;
- 总云量≥低云量;
- 海平面气压≥本站气压(海拔高度＜0.0 m 的台站除外);
- 极大风速≥最大风速;
- 冻土深度≥0 cm 时,地面最低温度≤0.0 ℃(解冻时除外);
- 总云量≥1 成时,应有云状;
- 低云量≥1 成时,应有低云状;
- 云状为吹雪、雪暴、雾现象时,总低云量均应为 10;
- 云状为烟、霾、浮尘、沙尘暴、扬尘时,总低云量均应为"-";
- 定时能见度＜1.0 km 时,应有雾或沙尘暴、雪暴现象;
- 定时能见度＜10.0 km 时,应有轻雾或吹雪、扬沙、浮尘、烟幕、霾、降水现象;
- 降水量≥0.0 mm 时,应有降水现象或雪暴;
- 积雪深度≥0 cm,应有积雪现象;
- 积雪深度≥5 cm 时,应有雪压值;
- 电线积冰直径≥1 mm 时,应有雨凇或雾凇现象;
- 雨凇(雾凇)直径≥8(≥15)mm 时,应有重量值;
- 极大风速≥17.0 m/s 时,应有大风现象;
- 风向为"C"时,风速≤0.2 m/s。

⑤时间一致性检查

时间一致性检查是指检查一定时间范围内的气象记录变化是否具有特点规律。根据《地面气象观测规范》(中国气象局,2003)各要素观测记录在一定时间范围内不能超出表 3.9 中的变化范围,超出的观测记录为错误记录。

**表 3.9　各要素 24 h 内的变化范围**

| 要素 | 24 h 内的变化范围值 |
|---|---|
| 本站气压(hPa) | 50 |
| 气温(℃) | 50 |
| 0 cm 地面温度(℃) | 60 |
| 5 cm 地温(℃) | 40 |
| 10 cm 地温(℃) | 40 |
| 15 cm 地温(℃) | 40 |
| 20 cm 地温(℃) | 30 |
| 40 cm 地温(℃) | 30 |
| 80 cm 地温(℃) | 20 |
| 160 cm 地温(℃) | 20 |
| 320 cm 地温(℃) | 20 |

⑥空间一致性检查

空间一致性检查是利用气象要素自然分布具有连续性和均匀性的特点,将某一被检测站的观测资料与其周围其他邻近测站的资料进行比较分析,从而判别该要素是否正常(任芝花等,2007)。本文参考任福民等(1998)、潘晓华等(2002)等多种判别方法,以逐日最高气温为例介绍空间一致性检验。

将所有落在以本站为中心、以 250 km 为半径的圆内的台站定义为邻近站,站站之间距离根据计算公式:

$$d(A_1 A_2) = R \arccos[\sin\varphi_1 \sin\varphi_2 + \cos\varphi_1 \cos\varphi_2 \cos(\theta_1 - \theta_2)] \tag{3.15}$$

式中,$\theta_1$ 和 $\varphi_1$ 分别为 $A_1$ 点经度和纬度;$\theta_2$,$\varphi_2$ 分别为 $A_2$ 点经度和纬度;$R$ 为地球半径,这里取平均值 6371 km。选取离本站最近的 5 个站为参考站。该站最高气温逐日序列为 $T_{\max j}$,$j = 1, \cdots, n$,$n$ 为序列的样本长度,其标准化序列为 $H_j$,参考站最高气温的标准化序列为 $R_{ji}$,$j = 1, \cdots, n$,$i = 1, \cdots, 5$。考虑到逐日资料具有更大的不稳定性,在利用相同要素空间一致性检验的同时,还进行了相关要素之间的一致性检验,即利用该站最低气温 $T_{\min j}$ 和平均气温 $T_{\text{ave} j}$ 与 $T_{\max j}$ 存在一致性的特点进行检验,其相应的标准化序列分别为 $L_j$ 和 $A_j$,$j = 1, \cdots, n$,$n$ 为序列的样本长度。

相同要素空间一致性的检查条件为:

$$N_1 = \sum_{i=1}^{5} k_i, k_i = \begin{cases} 1, H_j R_{ji} > 0 \\ 0, H_j R_{ji} < 0 \end{cases}$$

$$N_2 = \sum_{i=1}^{5} k_i S_i, S_i = \begin{cases} 1, H_j + 2 \geqslant R_{ji} \geqslant H_j - 2 \\ 0, 其他 \end{cases} \tag{3.16}$$

相关要素之间的一致性检查条件为:

$$N_3 = \begin{cases} 1, H_j L_j > 0 \\ 0, H_j L_j < 0 \end{cases}$$

$$N_4 = \begin{cases} 1, H_j A_j > 0 \\ 0, H_j A_j < 0 \end{cases} \tag{3.17}$$

通常把超过 2 倍标准差的值称为异常,本文采取如表 3.10 所示的方法剔除错误值。

**表 3.10　空间一致性质量控制判断条件**

| 序号 | 参考站个数 | 相关要素 L | 相关要素 A | 判断为错误值条件 |
|---|---|---|---|---|
| 1 | 0 | 0 | 0 | $\|H\| \geqslant 3$ |
| 2 | 0 | 1 | 0 | $3 > \|H\| \geqslant 2$ 时,$N_3 = 0$ <br> $\|H\| \geqslant 3$ 时,$N_3 = 0$ 且非 $H+2 \geqslant L \geqslant H-2$ |
| 3 | 0 | 0 | 1 | $3 > \|H\| \geqslant 2$ 时,$N_4 = 0$ <br> $\|H\| \geqslant 3$ 时,$N_4 = 0$ 且非 $H+2 \geqslant A \geqslant H-2$ |
| 4 | 0 | 1 | 1 | $3 > \|H\| \geqslant 2$ 时,$N_3 = N_4 = 0$ <br> $\|H\| \geqslant 3$ 时,$N_3 = N_4 = 0$ 且非 $H+2 \geqslant (L,A) \geqslant H-2$ |
| 5 | 1 | 0 | 0 | $3 > \|H\| \geqslant 2$ 时,$N_1 = 0$ <br> $\|H\| \geqslant 3$ 时,$N_2 = 0$ |
| 6 | 1 | 1 | 0 | $3 > \|H\| \geqslant 2$ 时,$N_1 = 0$ 且 $N_3 = 0$ <br> $\|H\| \geqslant 3$ 时,$N_2 = 0$ 且 $N_3 = 0$ |
| 7 | 1 | 0 | 1 | $3 > \|H\| \geqslant 2$ 时,$N_1 = 0$ 且 $N_4 = 0$ <br> $\|H\| \geqslant 3$ 时,$N_2 = 0$ 且 $N_4 = 0$ |
| 8 | 1 | 1 | 1 | $3 > \|H\| \geqslant 2$ 时,$N_1 = 0$ 且 $N_3 = N_4 = 0$ <br> $\|H\| \geqslant 3$ 时,$N_2 = 0$ 且 $N_3 = N_4 = 0$ |
| 9 | 2 | 0 | 0 | $3 > \|H\| \geqslant 2$ 时,$N_1 \leqslant 1$ <br> $\|H\| \geqslant 3$ 时,$N_2 \leqslant 1$ |
| 10 | 2 | 1 | 0 | $3 > \|H\| \geqslant 2$ 时,$N_1 \leqslant 1$ 且 $N_3 = 0$ <br> $\|H\| \geqslant 3$ 时,$N_2 \leqslant 1$ 且 $N_3 = 0$ |
| 11 | 2 | 0 | 1 | $3 > \|H\| \geqslant 2$ 时,$N_1 \leqslant 1$ 且 $N_4 = 0$ <br> $\|H\| \geqslant 3$ 时,$N_2 \leqslant 1$ 且 $N_4 = 0$ |
| 12 | 2 | 1 | 1 | $3 > \|H\| \geqslant 2$ 时,$N_1 \leqslant 1$ 且 $N_3 = N_4 = 0$ <br> $\|H\| \geqslant 3$ 时,$N_2 \leqslant 1$ 且 $N_3 = N_4 = 0$ |
| 13 | $\geqslant 3$ | 0 | 0 | $3 > \|H\| \geqslant 2$ 时,$N_1 \leqslant 2$ <br> $\|H\| \geqslant 3$ 时,$N_2 \leqslant 2$ |
| 14 | $\geqslant 3$ | 1 | 0 | $3 > \|H\| \geqslant 2$ 时,$N_1 \leqslant 2$ 且 $N_3 = 0$ <br> $\|H\| \geqslant 3$ 时,$N_2 \leqslant 2$ 且 $N_3 = 0$ |
| 15 | $\geqslant 3$ | 0 | 1 | $3 > \|H\| \geqslant 2$ 时,$N_1 \leqslant 2$ 且 $N_4 = 0$ <br> $\|H\| \geqslant 3$ 时,$N_2 \leqslant 2$ 且 $N_4 = 0$ |
| 16 | $\geqslant 3$ | 1 | 1 | $3 > \|H\| \geqslant 2$ 时,$N_1 \leqslant 2$ 且 $N_3 = N_4 = 0$ <br> $\|H\| \geqslant 3$ 时,$N_2 \leqslant 2$ 且 $N_3 = N_4 = 0$ |

⑦连续性检查

气候记录的时间连续性在气候学研究中是很必要的,尤其是当数据用于验证气候模型、卫星估计值时,或者用来评价气候变化以及与其相关联的环境和社会经济学影响。中国长期的气候观测序列由于受到台站迁址、观测仪器变更、观测时次及计算方法变化、土地利用变化等的影响(李庆祥 等,2003),造成了观测数据记录的不连续性。

### 3.2.3　个例分析

(1)中国地面月气候资料序列的特点分析与描述

气候变化是缓慢的、连续的。虽然逐年的观测值并不一样,但月气候资料序列点应在一个大致的水平上随机波动。许多气候资料序列,如月平均气温、月平均气压序列等接近正态分布。不过随着时间的推移,无论是台站观测人员,还是台站位置、环境、观测仪器等台站信息和观测方法,均发生了很大变化。这些因素都会影响气候资料序列的连续性、均一性。因此,对气候资料序列进行质量控制,首先对台站沿革信息进行详细的调查、了解是极其重要的。

需要指出的是,中国许多气象台站有过迁址的记录,一些台站还曾多次迁址。大部分迁址是因为台站周围环境改变,影响气象观测记录的代表性而进行的。有的台站虽然一直没有迁址,但随着中国经济的发展,台站周围的环境发生了很大变化。根据需要,中华人民共和国成立后中国地面气象观测规范曾做过 5 次修改,分别于 1951 年、1954 年、1962 年、1980 年、2004 年开始执行。每次修改几乎都涉及观测仪器的变化、仪器安装高度的变化、观测场地尺寸的变化,甚至观测时制、每日观测时间、观测次数的变化。观测规范的变动,对时间序列的连续性、均一性同样会有不同程度的影响。

由于台站迁移、环境变化、观测规范的修改等客观原因,使观测资料偏离序列的平均值,这种偏离总是以正偏或总是以负偏趋势的方式表现(Lanzante,1996)。因此,中国大多数站的气候资料序列不可能均一,其分布状态也不可能接近正态分布。上述原因造成的气候资料不连续、不均一,不属于质量控制研究的范畴,但是对传统的质量控制效果有一定的影响。

图 3.3 为各种各样的月气候资料序列时间变化曲线图。在实际所观测的气候资料序列中,有可能存在类似于图中各种各样的质量问题。

①曲线 1 为真实反映气候变化的均一序列(以月平均气压序列为例),序列中既无奇异值也无非均一性存在,这样的序列接近正态分布。

②曲线 2 为仅存在个别奇异值(A1~A6)的序列,这些奇异值利用各种统计分布上的置信区间简单控制就可发现。奇异值既可能为错误值,也可能为代表极端天气气候事件的异常值。这样的序列也接近正态分布。

③曲线 3 为虽无奇异值却有类似非均一性(C1~C2 段,C3~C4 段)存在的序列,这样的序列一般远离正态分布。造成资料序列如此分布的原因有两种:一种为气候趋势或气候异常引起的,反映天气气候真实状况的正确资料;另一种是由于资料序列中存在非均一性而引起的。

④曲线 4 是曲线 2 与曲线 3 的综合,为既有奇异值又有类似非均一性存在的复杂序列。这样的序列非正态分布。曲线 4 中 A1~A6 为序列的奇异点,C1~C2 段、C3~C4 段为类似非均一性曲线段,C1,C2,C3,C4 为间断点。

在实际的月气候资料序列中,上述 4 种情况都有可能存在。质量控制的任务,既要辨别单个数据点错误资料,也要对由于第二类非均一的可避免型原因导致的连续性错误资料进行辨别。

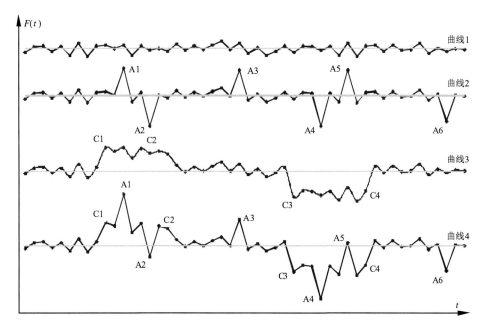

图 3.3　月气候资料序列存在的 4 种时间变化曲线图

（图中与各序列曲线相交的浅色水平直线均为相应序列的平均值线）

（2）中国地面月气候资料质量控制方法

在对中国地面月气候资料进行质量控制前,不可能一一了解每个气候资料序列的分布状态,而是提前假定序列中可能存在单个数据点错误资料和连续性错误资料,然后再去检验,以证实这些错误资料是否存在。因此,在质量控制前,首先假定气候资料序列如曲线 4 所示。

观测中仪器出问题或观测员操作失误以及仪器标定错误、仪器有明显的漂移等问题,若发现太晚甚至始终没注意到,则有可能导致连续几个月甚至跨年的月气候资料错误。对这种连续性错误资料的检测,应把 12 个月的气候资料序列联合起来统一检查。以 1971—2000 年月气候资料为例,具体检测方法如下:

①计算各月序列的平均值 $\overline{x}_j$,$j=1,2,\cdots,12$。

②计算 1971—2000 年各月气候值的距平 $\Delta x_{i,j}$

$\Delta x_{i,j}=x_{i,j}-\overline{x}_j$,$i=1971,1972,\cdots,2000$;$x_{i,j}$ 代表 $i$ 年 $j$ 月的月气候资料。

③建立历年各月距平序列

$\Delta x_{1971,1}$,$\Delta x_{1971,2}$,$\cdots$,$\Delta x_{1971,12}$,$\Delta x_{1972,1}$,$\cdots$,$\Delta x_{1972,12}$,$\cdots$,$\Delta x_{2000,1}$,$\Delta x_{2000,2}$,$\cdots$,$\Delta x_{2000,12}$。

④判断

在历年各月距平序列中,当连续 $n$ 个月距平为正距平,或连续 $n$ 个月距平为负距平时,则把该时间段内的资料作为可疑的非均一资料。

考虑到可能存在的奇异值影响,当连续 $m$ 个月距平普遍大于或等于 0,或连续 $m$ 个月距平普遍小于或等于 0,但其中有 1~2 个月距平为异号时,则把该时间段内的资料仍作为可疑的非均一资料。

$m$ 与 $n$ 是各自独立的,可根据允许的资料可疑率（如 1%）来取值。在对 1971—2000 年中国基准基本站地面月气候资料进行质量控制时,取 $n\geqslant 4$,$m\geqslant 8$。可疑的非均一资料首尾两个点,为序列的不连续点或间断点。整个序列的第一个点和最后一个点也作为间断点。

⑤对可疑的非均一资料进行分析辨别

在质量控制技术中,使用 Metadata 是一项很有效的人工辅助检验手段。Metadata 定义为关于数据的信息,其对数据质量控制以及均一性订正起着至关重要的作用。

中国气象台站有着长期稳定的 Metadata 记录,是一项十分宝贵的背景资料。根据 Metadata,可以分析观测资料的可信性以及特殊事件发生的原因。利用 Metadata,对可疑的非均一资料进行如下分析辨别:

a.排除台站信息变化的影响:检查可疑资料时间段的第 1 个月及其前 1 个月、可疑资料时间段的最后 1 个月及其后 1 个月台站是否迁移、台站环境或观测方法是否变化、仪器是否换型等,以确定可疑资料段是否由台站信息变化引起。

b.排除气候趋势的影响:检查是否有该时间段内气候异常现象的描述;检查可疑资料时间段内,可疑站的距平趋势是否与邻近站一致,以确定可疑资料段是否由气候变化引起。

c.寻找资料可疑的原因:检查该时间段内的资料是否与纸制报表一致;从 Metadata 资料中检查可疑资料时间段内的最后 1 个月和其后的第 1 个月观测仪器是否更新;分析可能的观测员操作失误、仪器标定错误、仪器漂移等影响。

所谓资料可疑,是指该资料通过一系列的质量控制后,认为该资料可能为错误资料。但是,为了谨慎起见,只有找到错误原因的资料才作为错误资料处理。无法找到错误原因的资料仍保留为可疑资料。对可疑的非均一资料,在排除台站信息变化影响和气候趋势影响后,若能找到资料可疑的原因,则资料判为错误;若无法找到资料可疑的原因,则资料仍为可疑。

①近正态分布序列的建立

一般情况下,当数据越远离序列平均值时,错误的可能性越高,越接近平均值时,则错误的可能性降低。在传统的质量控制技术中,通常当距平超过临界值时,该数值被认为是奇异值。但是,由于中国台站信息和观测规范的变动,许多时间序列普遍存在非均一性。某些时间段的奇异值有的由于离序列平均值比较近而检测不到。像曲线 4 中 A1 和 A4 点是最容易被检测到的奇异点,而奇异点 A2 和 A5 由于非常接近序列的平均值,用通常的方法是检测不到的。奇异点 A3 接近非均一性序列段 C1～C2 的平均值,A6 接近非均一性序列段 C3～C4 的平均值,也很难检测到。要想准确检测到各奇异值,首先应排除非均一性资料的影响,突出所有的奇异值,然后对其进行检测。只要把曲线 4 中的序列变换成类似于曲线 2 分布的序列,使其仅存在奇异值,而无非均一性数据段,变换后的序列比原序列接近正态分布。

假定序列 $X:x_1,x_2,\cdots,x_i,\cdots,x_n$ 为某站某月份的气候资料序列,$n$ 为序列长度。具体转换如下:

a.计算序列 $X$ 的平均值 $\bar{x}$,给出距平序列:$X-\bar{x}$。

b.利用距平序列,方法如上述连续性错误资料检测中的步骤④所示,寻找序列的间断点。

c.计算相邻两个间断点间数据段的平均值 $\overline{x_j}$,假定序列 $X$ 中有 $L$ 个不连续的数据段,$\overline{x_j}$ 为第 $j$ 个数据段的平均值,$j=1,2,\cdots,L$。

d.计算各数据段平均值与序列平均值之差 $\Delta\overline{x_j}=\overline{x_j}-\bar{x}$。

e.由序列 $X$ 中的各序列值 $x_i$ 与其所在数据段的 $\Delta\overline{x_j}$ 之差 $y_i$ 组建连续性新序列 $Y:y_1,y_2,\cdots,y_i,\cdots,y_n$,$y_i$ 与 $x_i$ 一一对应。其中,$y_i=x_i-\Delta\overline{x_j}$,$x_i$ 为序列 $X$ 中第 $j$ 个数据段的序列值。

序列 $Y$ 的特点:相对于序列 $X$ 中的各数据段,序列 $Y$ 中的各数据段平均值及整个 $Y$ 序列的平均值均为 $\bar{x}$;序列 $Y$ 中每个序列值的距平等于序列 $X$ 中相应序列值与其所在数据段的平均值之差。

转换后的序列 $Y$ 类似于曲线 2 分布的序列,使原序列 $X$ 中各数据段上的奇异点在序列 $Y$ 中均突出显示。利用序列 $Y$ 很容易检测到如曲线 4 中的各个时间段的奇异点。下面奇异值的检测是针对序列 $Y$ 而言。序列 $Y$ 与序列 $X$ 一一对应,当序列 $Y$ 中某个值 $y_i$ 被检测为奇异值时,相应的序列 $X$ 中 $x_i$ 也为奇异值。

②奇异值的确定

传统上,人们在用历年同月份的月平均气象资料做气候研究、长期预报以及资料的质量控制时,常常首先假定该参数服从正态分布规律,从而进一步计算基本统计量,如平均值(即算术平均值)、标准差等。用上述假定计算平均值及标准差,属于均权统计,其统计结果很容易受奇异值(气候异常或错误值)的影响。我们知道,一个序列值所得到的权重大小,本身表明了在统计过程中对该值的信任程度。在气候资料实际的应用与质量控制中,越远离分布中心的值越可疑,可信度越低。Lanzante(1996)介绍了双权重统计方法的特性与优点。双权重统计方法不提前假定序列的分布规律,而是规定,当个别观测数据越远离序列分布的中心,那么就给予这些数据越小的权重,当数据远离分布中心超过一定距离时,就得到 0 权重。因此用双权重统计方法计算的序列平均值与标准差几乎不受奇异值的影响。1997 年美国发布的 GHCN(版本 2)(http://www.ncdc.noaa.gov)中的月平均气温资料采用了双权重统计方法计算序列的平均值与标准差,从而进行资料的质量控制。用 Biweight 法计算序列 $Y$ 的平均值和标准差,公式如下:

$$平均值 \ \bar{y}_{bi} = M + \left\{ \left[ \sum_{i=1}^{n}(y_i - M)(1 - u_i^2)^2 \right] \Big/ \sum_{i=1}^{n}(1 - u_i^2)^2 \right\} \tag{3.18}$$

$$标准差 \ s_{bi} = \left[ n \sum_{i=1}^{n}(y_i - M)^2(1 - u_i^2)^4 \right]^{0.5} \Big/ \left| \sum_{i=1}^{n}(1 - u_i^2)(1 - 5u_i^2) \right| \tag{3.19}$$

式中,$u_i$ 为权重因子,其表达式为 $u_i = (y_i - M)/(c \times \text{MAD})$,当 $|u_i| > 1$ 时,$u_i = 1$,$M$ 为序列 $Y$ 的中值,MAD 为序列 $|y_i - M|$ 的中值,$c$ 为权重调整参数,取为 7.5。

中值的计算公式如下:

$$M = \begin{cases} y_{n+1}/2 & (n \ 为奇数) \\ (y_{n/2} + y_{n/2+1})/2 & (n \ 为偶数) \end{cases} \tag{3.20}$$

一个数据在时间域内要在多大程度上偏离均值才会被认为是奇异值呢? 常用的方法是用 3 倍标准差控制(Grant et al.,1972)。通常在奇异值达到最极端时,数据错误的可能性最高,而当数据更接近平均值时则降低。这意味着有必要确定什么时候开始出现错误数据。Peterson 等(1998)曾讨论过临界值的选择,在进行月平均气温数据质量控制中发现错误的数量基本上是从 $2.5s_{bi}$ 开始的。因此,从纯粹的时间序列奇异值角度来看,任何比 $2.5s_{bi}$ 更为极端的数据点都可以被看作是可疑的。但是还必须非常注意不要把碰巧极端的正确数据给扔掉了。在对 1971—2000 年中国地面 700 多个基准基本站月气候资料进行奇异值检测时,普遍以 $2.5s_{bi}$ 作为控制界限,即当距平绝对值 $|y_i - \bar{y}_{bi}| \geqslant 2.5s_{bi}$ 时,认为 $x_i$ 为奇异值。个别连续性要素的控制界限根据 $2.5s_{bi}$ 控制检测出的资料可疑率,在 $2.5s_{bi}$ 左右时做适当调整。风速、降水量等离散性要素的控制界限在 $3.5s_{bi}$ 左右。一般资料的可疑率控制在 1% 之内。

一个数据点从时间序列角度看可能是极端的,但它也可能是完全有效的。所以,要判断一个数据点的有效性,简单地从时间序列角度标出它还不足够。如果一个站的气候在某个月异常的冷,邻近站应该也如此。因此,有必要用空间质量控制来判定时间域检测中被标出的奇异值是否正确。Eischeid 等(1995)曾介绍了 6 种不同的方法来预测或估计某个站的值,通过分析观测值和估计值的差异来判断数据点是否通过空间质量控制,并把这些方法用于 GHCN(版本 1)资料的质量控制中。GHCN(版本 2)资料采用距平比较法进行月平均气温的空间质量控制(Peterson et al.,1998)。考虑到邻近区域内气候变化的一致性,在对中国 1971—2000年基准基本站的月气候资料进行质量控制时,采用距平比较法进行空间质量控制。具体检测如下:当所选邻近站序列 Y 中至少有 1 个站的距平与被检站序列 Y 中奇异值的距平方向相同,且距平绝对值不低于 1.5 倍标准差时,即认为相应的序列 X 中的奇异值通过空间检测。反之,则奇异值需经人工进一步分析辨别。

空间检测中被检站与邻近站的距平和标准差均是在序列 Y 基础上用 Biweight 法统计的。考虑到中国地形的多样性与复杂性,要求所选的邻近站符合下列条件:

$$(1) d = \frac{180}{\pi} \arccos(\sin\varphi_1 \sin\varphi_2 + \cos\varphi_1 \cos\varphi_2 \cos(\theta_1 - \theta_2)) \leqslant 3.15 \tag{3.21}$$

式中,$\theta_1$,$\varphi_1$ 分别为被检站的经度、纬度;$\theta_2$,$\varphi_2$ 分别为邻近站的经度、纬度。$d=3.15$ 相当于邻近站和被检站间最短的球面距离为 350 km。

(2)当 $h_0 < 2500$ m 时,$|h-h_0| \leqslant 200$ m;

当 $h_0 \geqslant 2500$ m 时,$|h-h_0| \leqslant 500$ m。

式中,$h$ 和 $h_0$ 分别为邻近站和被检站的海拔高度。

传统的质量控制技术中,时间域和空间域检测均未通过的奇异值被认为是错误值。考虑到质量控制技术的局限性以及极端天气气候和天气过程的局地性,只有通过人工分析判断,才能确认是否为错误资料。对下列两种情况的数据,需进行人工分析,加以辨别:

①时间域和空间域检测均未通过的数据;

②无论空间域检测是否通过,当 $|y_i - y_{bi}| \geqslant 5 s_{bi}$ 时,相应原序列 X 中的数值 $x_i$。

人工分析方法:

a.参考纸制报表,检查数字化资料是否录入、传输出错;

b.参考 Metadata;

c.与相关要素间比较分析。

用上述质量控制方法,再次对 1971—2000 年中国地面 700 多个基准基本站约 25 万个月的地面气温、气压、空气湿度、风速、各层地温、日照、小型蒸发、冻土深度与积雪深度等要素月统计资料进行上述检查后,共发现 136 个月资料出现错误现象。反馈在原始资料(地面数字化资料)中,主要错误原因为:①用其他站或其他月资料代替本站资料;②资料扩大或缩小 10 倍录入,以及其他录入错误;③原始资料应为缺测或非"0"值,而数字化资料为"0";④观测仪器有问题导致资料异常。

表 3.11 为所查出的 1971—2000 年地面数字化资料错情以及错误原因。表中错误资料,除了江西吉安站 1971 年 1—8 月 40 cm 地温资料,由于观测时仪器出问题,资料仅供参考外,其他所有站的错误资料从数字化文件到整编统计结果,全部做了改正。

表 3.11　1971—2000 年中国基准基本站地面数字化资料错情

| 要素 | 错误资料站数及月数 | 资料年代 | 错误原因 |
|---|---|---|---|
| 地面所<br>有要素 | 4 站共 4 个月全月地面所有要素资料均错 | 1981 年、1984 年、1992 年 | 用其他站或其他月资料替代了本站本月资料 |
| | 1 站 1 个月从云量开始所有要素资料均错 | 1994 年 | 用其他站或其他月资料替代了本站本月资料 |
| 风速 | 10 站共 85 个月全月风速资料错 | 1980—1994 年 | 录入错误 |
| 小型蒸发 | 1 站 1 个月全月蒸发资料错 | 1990 年 | 录入错误 |
| 地温 | 3 站 10 个月 0 cm 地温全月错 | 1989 年、1994 年 | 已取消地温观测,但全月该资料却错用 0 表示 |
| | 3 站 14 个月极端最高地面温度全月错 | 1989 年、1994 年 | 已取消地温观测,但全月该资料却错用 0 表示 |
| | 1 站 1 个月 5～15 cm 地温全月错 | 1984 年 | 地温超刻度,占用符号位 |
| | 1 站 2 个月 20 cm 地温全月错 | 1994 年 | 地温表坏,资料应缺测处理,而数字化资料却全为 0 |
| | 1 站 8 个月 40 cm 地温比气候平均值偏高 7.5 ℃ | 1971 年 | 地温表瓷板断裂,资料仅供参考 |
| 日照时数及<br>日照百分率 | 1 站 1 个月 1 d 资料错 | 1976 年 | 录入错误 |
| | 1 站 1 个月 27 d 资料错 | 1993 年 | 录入错误 |
| 极端最高气温 | 1 站 1 个月 1 d 资料错 | 1995 年 | 录入错误 |
| 相对湿度 | 1 站 1 个月全月相对湿度方式位错 | 1995 年 | 录入错误 |
| | 1 站 1 个月 11 d 相对湿度错 | 1992 年 | 录入错误 |
| 最大冻土深度 | 3 站 3 个月共 15 d 资料错 | 1980 年、1987 年、1992 年 | 录入错误 |
| 最大积雪深度 | 2 站 2 个月共 2 d 资料错 | 1977 年、1985 年 | 录入错误 |

# 3.3　资料非均一性检验与订正

　　和天气资料不同,气候资料是"二手"资料,即需要对采集、积累的原始资料进行加工,才能形成气候资料。这当中,资料的均一性(连续性)是气候资料的核心要件之一。所谓气候资料的非均一性,就是气候资料序列中由于非自然原因造成的、相对于自然变率不可忽视的系统差异。长期观测资料序列由于受到各种系统性变化的影响,使得某一段(几段)序列与其他段的序列相比较表现出明显的系统性偏差,使得该观测序列不能够代表该地区(站点)的真实的自然气候变化。从时空的角度上讲,气候资料的非均一性可以分为空间的非均一性和时间上的非均一性(不连续性)。在同一观测站网(如地面观测)得到的观测序列中,一般考虑得较多的是时间上(即气候序列)的均一性。而采用不同观测网络(如不同国家的站网,不同类型、级别的站网)的资料进行合并处理时,则还需要考虑空间上的均一性。

　　均一性的气候数据对历史气候趋势和变率的研究,尤其对于气候态和极端事件的研究非常重要,然而长序列的气候数据记录不可避免地存在由于观测仪器改变、观测方式改变、台站迁移等非气候因素造成的非均一性(不连续)断点。

　　IPCC 历次评估报告将全球气温变化序列(曲线)作为反映全球平均气候变化的一项重要的指标性成果,而均一性的全球数据集产品正是建立全球气温变化曲线的重要基础。同样,对于区域性,特别是局地(单个城市或站点)长期气候变化趋势,更加容易受到气候资料非均一性的干扰,甚至歪曲。以我国为例,关于 20 世纪以来平均气温的变化,已有的几条序列彼此间还存在相当大的分歧,其中一个重要的原因可能是因为 20 世纪上半段的气候资料没有得到系统的均一化处理,导致各位研究者(团队)得出的结论出现了较大的差异和不确定性。严格来讲,只有均一的资料方能作为气候分析(气候与气候变化监测、检测、归因、评估、预报与预估等)和服务的基础。同样,历史天气事件特别是灾害性天气,极端事件的统计,数值模式的验证,遥感数据的定标定位,新型观测数据的应用和检验,大气再分析产品的评估检验等,都需要用到均一性的气候数据。因此,在某种意义上讲,气候资料的均一性,既是具有"气候质量"要求的气候数据产品的核心要件,同时也是准确应用所有长期数据的重要保障。

### 3.3.1　气候资料均一性研究进展

国际上对现场观测的气候资料均一性的重视由来已久。许多专家对国际气候资料非均一性研究进行了较为系统的总结与论述(Trewin,2010;Reeves et al.,2007)。世界气象组织(WMO)在 2003 年的"世界气候资料与监测计划(WCDMP)指南丛书"的"气候元数据和均一性指南"(Aguilar et al.,2003)中对台站元数据的建立和均一化研究给予了明确的指导,总结了国际上各个研究机构建立并广泛使用的 14 种均一性研究方法,这些方法特点各异,或是引用的气候学基础不同,或是研究的时间尺度不同,应用于同一序列甚至会得到互相矛盾的结论。

随着均一性研究的不断深入,均一性研究技术也经历了不断更新完善的过程。均一性检验的直接方法就是结合元数据信息采用主观调整的方法进行断点的检查与订正,直观地判断序列产生非均一性变点的时间及原因。然而,受历史多种因素影响,详尽的台站元数据信息很难获取,因此,采取一定的数学方法使得序列中不连续点在统计上体现出来的客观方法被越来越多的科学家采用。

气候资料序列的长期变化可能显示不均一性,但也可能仅显示局地气候的一个突变,大多数情况下,非均一性的数量级和真实气候变化的数量级相同甚至更小。为了把这两者分离,许多检验技术应用了邻近台站的资料作为局地气候变化的显示器。把任何显著不同于局地气候信号的断点定为可能的非均一性变点。在均一性检验工作中,直接利用邻近台站或利用多个台站资料发展一个参考序列是一个基本手段,最常见的选取参考站的方法是在待检站与周围站之间求相关,选取相关最好的一个作为参考站。根据是否使用参考序列将均一性检验的数学统计方法区分为绝对方法和相对方法。绝对方法中,统计检验独立应用于各个台站,相对方法中应用邻近站(假设均一)的记录参与均一性的检验。两种方法都是有价值与根据的,但是都有缺点。绝对方法很难确定变化是由于非气候还是气候因素的影响,为了克服这个缺点,台站历史元数据的支持对验证变点检验非常有效。相对方法试图分离非气候的影响,假设在一个地理区域,气候形态是相同的,该地区所有站点的观测反映这个相同的形态。相同气候区域所有站点收集的数据应该是高度相关的,有相似的变率,不同的仅仅是换算系数和随机采样变率。然而,如果观测站网等同时变化就会产生问题,如观测方法同期改变,使得所有序列同时受到影响,相对方法就检验不出来。此外,当许多邻近站自身序列是非均一性的,可能会得出不明确的结论。

尽管参考序列的使用也有一定的缺陷,但是大多数均一性研究仍然是建立在有效参考序列的基础上进行以下 4 步运算:①原始数据、元数据的基本质量控制与统计分析;②建立参考序列;③变点检验;④数据订正(调整)。参考序列的有效使用能够提高对气候序列变点检验的能力,好的参考序列应该是均一性的,并且与目标序列高度相关。构建差值或比值序列在序列趋势和周期被去除或减少后比原始序列变率减小,从而更易检验出变点。

以往开展的许多均一化研究大多基于对年值序列进行检验,月和日值序列因存在周期性的特征使得均一化工作变得极为复杂,之前国际上发展的许多检验与订正气候非均一性的过程并不适用于高时间分辨率(如日或小时数据)的序列。Yan 等(2010)基于北京气温观测序列的均一性分析提出,基于传统 Alexanderson 类型的均一化结果,大致在季节尺度上是可靠的,在月或更短尺度上,由于各站局地天气扰动的影响,基于"相邻参考序列"的均一性分析很难达到统计显著水平。WMO 对订正月以下尺度数据也没有进行详细指导,只是建议在应用小于月尺度数据进行长期气候变化分析时需参照月平均值非均一性的情况进行判断。此外,自相关是另一个需要考虑的问题,之前发展的方法大多假设独立误差的情况,这种假设对年序列是合理的,对日或者月序列则不然,日或月序列一般具有较强自相关性。认为由独立误差序列发展的检验变点的过程当自相关是正值时将导致更多的虚假变点。尽管由周期性和自相关引起的检验困难是明显的,但试图同时考虑二者也是可行的。

此外,过去一些均一性检验存在针对"最多一个"变点的假设。根据不同的研究目的,许多研究者仅仅查找最显著的变点,并订正之,然后把这个方法再用到校订后的序列,而这样可能导致错误的订正。因为当存在其他变点时,第一个变点的订正效果本身可能是偏离的。理想的情况是,所有可能的变点应该被同时识别。因此,对序列存在多个变点的检验与订正是目前较为活跃的研究内容。在这个过程中,优先的变点出现时间在其他变点时间定位之后需要再次评估。此外,均一性研究越来越关注对"无记录"变点的检验和订正,这些无记录的变点指的是没有元数据支持的变点,而原有一些均一性检验方法对这些变点的检验能力则有限。

综上,从相关技术发展和产品研发的角度,国际上气候资料均一性研究大体可以分为 3 个阶段。第一阶段,从最初(1930s[①] 或 1940s 以来)气候资料非均一性问题的提出,到大约 20 世纪 80 年代,这一段可以称作为均一性问题提出和探索时期。最初气候资料非均一性(一致性)的概念是在处理观测(指现场观测,即 in situ)气候序列过程中提出的。此后,欧美一些专家开始在气温、降水和一些海洋气象要素上进行了一些数据比较和方法探讨。第二阶段是 20 世纪 80 年代后期到 21 世纪前 10 年,可以称为气候资料均一性研究体系形成和第一代均一化气候数据产品研发时期。在这个时期,NOAA 的 NCDC、英国气象局哈得来中心、英国东安吉利尔大学气候研究中心(CRU)、瑞典气象水文研究所(SMHI)为代表的一批专家将气候观测资料中的非均一化研究推向一个高潮,并且主导形成了较为完善的气候资料均一性研究的技术体系,并且开始推出了本国乃至全球均一化气候数据产品(主要以月及以上尺度的气候数据产品为主,称之为第一代均一化数据产品)得以研制并提供应用,大大提高了气候变化研究的精度与水平。其中,最有代表性的全球数据集有 CRU 的全球气温数据集产品 CRUTEM(Jones, 1993;Jones et al. ,2003),NCDC 的全球地面气温数据集产品(GHCN)(Peterson et al. , 1997),美国戈达德空间研究所(GISS)的全球地面气温数据集产品 GISSTemp 等(Hansen et al. ,1987),区域性的数据集如 NCDC 的美国历史气候网(USHCN)(Vose et al. ,2003),加拿大均一化数据集(AHCCD)等(Vincent et al. ,2002);此外,NCDC 的高空均一性气温数据集、全球海表气温数据集,英国气象局哈得来中心的 HadAT、HadSST 等全球性的高空、海洋气候数据集产品也得到了广泛的关注;中国气象局也在 2006 年发布了中国均一化气温数据集(CHHT1.0)(Li et al. ,2004a)。第三阶段为 21 世纪前 10 年以来,称为气候数据均一化技术发展与第二代均一化数据集研发时期。传统的均一化数据产品满足长期气候变化趋势的检测

---

① 　1930s 代表 20 世纪 30 年代,下同。

已经完全没有问题,但对于不断加剧的极端气候事件,面对其长期变化规律的研究需求,逐月气候序列已经无法满足用户。但由于逐日资料的随机性大,统计检验结果很不稳定,传统的气候资料均一性方法难以奏效。因此,近 10 多年来,许多国家的专家开始探讨逐日气候资料的均一化方法,提出了一系列关于逐日气候要素均一性检验的方法,有些技术方法得到了比较广泛的应用。针对本国的实际情况,一些国家利用较为成熟的统计方法,研制均一化的逐日数据集产品。迄今为止,从国家气象部门层面上,有加拿大(Vincent et al.,2012)、澳大利亚(Trewin,2013)、中国(Xu et al.,2013)在国际主流期刊上发表了本国基于逐日气温序列的均一性检验基础上的第二代均一化气温数据集产品。2009 年著名的"气候门"事件以后,由 NC-DC、英国气象局哈得来中心联合牵头的国际地面气温数据集计划(ISTI)也取得了较为重要的进展,该项目旨在推出新版本(第二代)的全球气温数据集产品(Thorne et al.,2011);此外,美国 Berkeley 大学的一个以物理学家、统计学家、气象学家等组成的小组,也研发了一套全球气温数据集产品,其研究结果已经被 IPCC AR5 所引用评述。

随着全球气象观测网络的不断完善,天气、气候资料处理技术的不断发展,从最初的现场观测的气候序列,到遥感气象探测(卫星气候数据)、多源数据融合(降水、海温、风等)、同化气象数据(海洋、大气和陆面再分析)、历史气候模拟与长期预估数据(气候情景)等,气候资料均一性的内涵和涉及范围也得到了不断丰富和扩展,它成为所有气候资料的关键处理环节与核心理念。近年来,国际上在以"高时空分辨率,高精度,均一性,要素间、层次间具有协调性"为特征的第二代气象数据产品研发方面取得了长足进步,给气候资料均一性研究带来了良好的发展机遇和发展空间。

### 3.3.2　气候资料非均一性检验和订正

1)地面资料非均一性检验方法

(1)直接方法

①元数据的应用

在所有的均一性技术中最常用的信息来自台站历史元数据文件。台站迁移、仪器变更、仪器故障、新的计算平均公式、台站周围的环境变化如建筑和植被情况、新的观测者、观测次数变化以及仪器变化中的仪器比较研究等都是评估均一性的相关信息。这些元数据可以在台站记录、气象年册、原始观测表、台站检查报告及通信,以及不同的技术手册当中找到,元数据还可以同台站操作人员的交谈会见获得。元数据包含的特殊信息和观测数据是非常相关的,并且可以提供给研究者关于非均一性发生的精确时间以及造成的原因。

②仪器的平行比较及统计研究

根据各国的实际情况,仪器类型改变时常常采用不同仪器的平行比较观测。理想状况下是在每一个台站均做这样的比较,以便新旧仪器之间有交替的时间序列,但实际上通常是只在有限数量的台站做比较。平行观测比较必须持续至少一整年,这是为了评估不同仪器之间季节变率的差异,有些比较甚至延续了几十年。例如,在 Stevenson 百叶箱里以 Glaisher 标准的温度测量仪器就用了 60 年以上。仪器的平行比较观测也在我国的仪器更替和换型工作中应用。

仪器平行比较观测所得到的气象资料要纳入统一的观测数据集,就必须进行统计研究。一个典型例子是:针对美国的温度观测仪器从在有遮挡的液体玻璃管温度表(CRS)到新的电热调节器最高、最低温度系统(MMTS)的变化,Quayle 等(1991)利用台站元数据判断哪些台站保留 CRS 不变,哪些台站以采用 MMTS 作为唯一的替换;对于每个 MMTS 台站的 CRS 最高相关的 5 个台站被用来建立对每个 MMTS 的局地 CRS 台站序列;在建立起每个 MMTS 台站的 MMTS－CRS 序列后,对研究中上百个的 MMTS－CRS 序列做平均,利用了 MMTS 安装月份的所有台站可得到的资料,这样就平滑了单个台站的噪声但保留了仪器变化的平均影响。

(2)间接方法

①利用单站资料

台站资料适用于大部分均一性检验技术,但必须是和元数据或者和相邻台站联系在一起。仅利用单个台站的资料是有问题的,因为检测到的变化(或者无变化)可能是由于实际气候变化造成(或者被之所掩盖)的。然而,有一些独立的台站周围并没有足够的台站,这样就必须要求单个台站的资料更可靠。另外,当元数据不精确时,还必须用台站资料来确定变化时间,当尽可能的要素都可取得时则最好(例如,气压的变化常常比降水资料更好地确定出一个迁移时间)。

Zurbenko 等(1996)将一个滤波器应用于单个台站资料来确定不连续时间,这个过程是迭代的,它可以平滑掉时间序列的噪声而保留下作为明显的断点的非均一性;Rhoades 等(1993)也提出了一些统计程序来均一化单个台站的资料。虽然对不连续点的调整必须要求更加主观,但很多的图形和分析技巧对于均一性调整也是有帮助的。例如,图形分析、利用在平均间隔上的年及年内差异的简单统计检验,以及在由元数据检验出的不连续的时间序列判断最明显的变化断点的验证程序,这些程序为均一性研究提供了调整的原则。

②构造参照序列

台站的时间序列的变化可能显示不均一性,但也可能仅显示局地气候的一个突变。为了把这两者分离,许多检验技术应用了邻近台站的资料作为局地气候的显示器。把任何显著不同于局地气候讯号的假定认为是不连续。在均一性检验工作中,直接利用邻近台站的资料或者利用台站资料发展一个参考序列在许多方法中得到应用。

建立参考站的时间序列的方法是非常重要的,并且需要对站网和调整方法有充分了解,这主要是因为通常情况下不能提前估计台站序列的均一性对于参考序列的作用。在一些情况下,可以利用元数据来判断哪些邻近台站在特定时段内是均一的。Potter(1981)建立了一个 19 个站的站网的参考序列,对观测时间相同的其他 18 个站的平均作为每一个待检台站的参考序列。在经过均一性检验,去除那些含有非均一性的台站后,用相同的方法重新建立了一个新的参考序列。

利用含有未知的非均一性的序列建立一个完全均一的参考序列是不可能的,但采用一些技术可以减小参考序列中潜在的不均一性。第一,找寻相关性最好的邻近台站,对第一差异序列做相关分析。比如,温度计的改变将只改变第一差异序列中一年的值,而对于原始数据,这样的变化将改变所有后面的年份。第二,建立第一差异参考序列的最小化技术,计算不包括待检年份数据的相关系数。这样,如果某一年待检序列的第一差异值因为不连续而过异常的话,当年的第一差异参考序列值的确定将完全不受该不连续点的影响。在建立每年的第一差异值时,采取一种多元随机块置换检验(MRBP),利用周围 5 个最高相关的台站的途径有足够的资料准确地模拟待检序列,以至于由于随机性导致的相似性的可能性小于 0.01;另一个减少参考序列的非均一性方法,Peterson 等(1994)利用了 5 个最高相关的中心的 3 个值来构造第一个差异序列的资料点。当然别的一些技术,比如 PCA,也可以产生非常好的参考序列。当邻近台站资料在许多均一性调整途径之中时,当那些资料都不够好的时候,就要进行多次调整。

③主观方法

主观调整在众多的调整方法中是一个很重要的工具,因为它可以解决很多不能用程序实现的因子权重的因素。例如,当看到一个图形输出揭示一个台站时间序列、一个邻近台站的序列和一个差异序列(待检一邻近)时,主观的均一性评估就取决于台站序列之间的相关、通过序列方差比较体现的明显不连续的幅度、邻近台站的资料质量、其他相关的信息以及可得到的元数据的可信度等。主观调整在台站资料的内部检查和当某种因素(比如元数据)的可信度变化时尤其有用。

流量对照分析可以作为一个对主观评价的补充。一个流量对照曲线图画出了一个邻近站的累计和与待检台站的累计和的对照。许多流量分析图都是粗略地为直线,所以一个新的倾斜度突然变化则表示不连续,缺点是它不能认定是因为待检序列还是邻近台站的序列发生不连续。为了解决这个问题,Rhoades 等(1993)同时画出了邻近一些台站的平行累计和曲线。

④客观方法

所谓客观方法就是采取一定的数学方法使得序列中不连续点在统计上体现出来。国外经常采用的一些检验方法:第一步为滤波,这样去除系统的气候可变性和变化;第二步应用一些随机性检验来通过或拒绝它的随机性或者趋势的存在与否;还提出了一些更复杂的方法,主要是针对多个断点的检验,这些检验方法主要是基于最大似然原理。下面是国外许多研究者发展(大致按提出的时间先后)的一系列具体的研究气候序列均一性的方法。

(a)Craddock 检验。Craddock 检验根据下列公式计算了参考序列和待检序列的正态化差异序列:

$$s_i = s_{i-1} + a_i \times \frac{b_m}{a_m} - b_i \qquad (3.22)$$

式中,$a_i$ 为均一性的参考序列,$b_i$ 为待检变量序列,$a_m$ 和 $b_m$ 分别是参考序列和待检序列的平均值。如果检验的气候元素变为 0(或者接近 0),它必须用一个附加常数来转换,以避免被 0 除。对于温度,则可以通过用绝对温标 K 代替摄氏度。

(b)$t$ 检验。通常 $t$ 检验也被用于检验均一性判断序列的断点。刘学锋等(2005)为了确定台站气温序列是否均一,应用累积距平法、连续 $t$ 检验法,将河北地区 55 个站确定为被检站和参考站,因为它们距离较近,地理环境相似,有较高的相关。如果不连续点附近存在明显的站址迁移、仪器换型、观测方法改变以及计算方法改变等记录,那么该不连续点被认为是不合理的,并做订正。利用被检站与参考站序列差值的平均值序列,进行订正。

(c)Potter 方法。Potter(1981)应用这种技术对待检站序列的降水比率序列和复合的参考序列进行了检查。Potter 方法是对原假设一整个序列具有相同的双变量正态分布和可变假设——检验年份之前、后具有不同的分布之间的最大似然比率的显著性检验,这种双变量检验和流量对照曲线分析非常相似。一部分检验统计取决于时间序列的所有点,而另一部分仅取决于有问题的点之前的点,统计量值的最大值点的次年即为台站时间序列的均值不连续点。Plummer 等(1995)利用 Potter 方法来形成一个对每个资料值的检验统计和对资料值的最大可能抵消或调整的评估。

(d)标准正态均一化检验(SNHT)方法。Alexandersson(1986)发展了广泛应用的 SNHT 方法。现在用这种方法的不仅可以检验不止一个断点的情况以及除了跳点以外对趋势的均一性检验外,还包括了方差的变化的情况。像 Potter 方法一样,SNHT 方法也是一种最大似然检验方法。这个检验是针对待检序列和参考序列的比率或差值序列的。首先序列被正态化,在最简单的形式下,SNTH 统计检验量是 $T_v$ 的最大值。

$$T_v = v(\overline{z_1})^2 + (n-v)(\overline{z_2})^2 \tag{3.23}$$

式中,$\overline{z_1}$ 为序列从时刻 1 到 $v$ 的平均值,$\overline{z_2}$ 为从 $v+1$ 到 $n$ 的平均值。

(e)二相回归方法(TPR)。Solow(1987)描述了一种通过在一个双位相回归中确定变点来检验时间序列的趋势变化的技术,被检验的年前、后的回归线强迫在该点会合。因为仪器变化可能导致跳跃点,Easterling 等(1995)发展了这一技术,之后称为 E-P 技术,使得回归线不强迫在该点会合,而在被检验年份的前后的差异序列(待检−参考)都用线性回归来拟合。这个检验对所有年的时间序列进行重复(每一段至少 5 年),最小残差平方和的年份被认为是潜在不连续的年份,同时也计算了整个时间序列的单独回归的残差平方和。利用两个残差平方和的最大似然比例统计和用 Student $t$ 检验不连续点前后序列的平均值差异,来检验两个位相的回归拟合的显著性。

如果不连续认为是显著的,时间序列在该年被分为两部分,每一小段同样地检验。这种进一步划分延续到时间序列没有不连续点或者序列长度太短为止(<10 年)。每一个确定的不连续点用一个多响应置换程序(MRPP)进一步检验,MRPP 检验是无参数的,通过比较了每一组成员之间的欧氏距离和两组中所有成员之间的距离,返回一个这样的可能性,即:由随机性产生的两个组区别更大。这两组在不连续点的每一边是 12 年窗口,这个窗在第二个潜在不连续点处被截断。如果不连续达到 5% 的显著性水平,则认为是真正的不连续。应用到不连续点之前的所有资料点的调整值就是台站−参考台站的差异序列的两个窗的平均值之差。

(f)序列均一性的多元分析(MASH)。该方法是由匈牙利气象局发展的,可能的断点或者转折点可能被检测出来,然后通过相同气候区域相互的比较进行调整。待检序列是从所有可得到的序列中选出来的,其余的序列就成了参考序列,这些众多序列的作用在程序中一步步改变。针对不同的气候要素,应用加法或者乘法模式,乘法模式也可以通过取对数转化为加法模式。

差异序列是由待检序列和权重参考序列构成的,最佳的权重是由最小化差异序列的方差来决定的。为了增加统计检验的效率,假设待检序列就是所有的差异序列中唯一的普通序列,在所有差异序列中检测到的断点就认为是待检序列中的断点。

新发展的一种多元断点检验程序考虑了显著性和效率在内。显著性和效率分别根据与两类不连续点有关的常规统计公式量化计算。这个检验不仅得到评估的断点和转折值,还得到相应的显著性间隔。可以利用这些点和间隔评估对序列做出调整。

(g)等级顺序变点检验。这种检验利用的统计量在每一点都计算了基于从开始到有问题的点等级之和。首先是判断时间序列中每一点的等级,然后形成一个等级的和的序列($SR_i$);下一步对长度为 $n$ 的序列计算一个调整和($SA_i$):$SA_i = |2SR_i - i \times (n+1)|$。除了最后一个点,$SA_i$ 的最大值被认为是可能不连续点。如果记为 $x$,则统计量 $z$:

$$z = \frac{SR_x - x(n+1)/2 + d}{[x(n-x)(n+1)/12]^{0.5}} \tag{3.24}$$

式中，$d$ 为一个经验值，如 $SR_x = x(n+1)/2$，则 $d = 0$；如 $SR_x < x(n+1)/2$，则 $d = 0.5$；如 $SR_x > x(n+1)/2$，则 $d = -0.5$。如果 $x > 10$ 且 $(n-x) > 10$，即不连续点前后至少有 10 年资料，那么利用一个正态概率表的双尾检验可以应用来评估统计量的显著性。

(i)Caussinus-Mestre 技术。Caussinus-Mestre 方法同时集检验未知数量的多断点和构造均一的参考序列于一体。它是基于这样两个前提：第一，两个断点之间的时间序列是均一的；第二，这些均一的子序列可以用作参考序列。单个序列在相同的气候区域同别的序列比较以产生差值（气温、气压）或者比值（降水）序列，然后检验这些差值或比值序列的不连续性。当一个检验的断点在整个待检站和周围站比较的过程中都保持不变时，这个断点就认为存在于待检台站的时间序列当中。

(j)多元线性回归。加拿大的 Vincent(1998)发展了一个基于多元线性回归的新方法来检验温度序列中的跳跃和趋势。这个技术是基于应用一个回归模型来确定被检验的序列是否均一、有一个趋势、一个单独的跳跃或者（在跳跃点前和/或后）趋势。这里，非独立的变量是待检台站序列，独立变量是许多周围台站的序列。额外的独立变量用来描述或衡量存在于检验序列中的趋势或跳跃。为了确定跳跃点的位置，在不同时间位置应用回归模型，提供了最小残差平方和的位置点，它代表检验时间序列中最可能跳跃点的位置。

(k)RHtest 均一性检验方法。加拿大环境部 Wang 等(2007)对 SNHT 方法、二相回归方法等应用效果较好的统计方法引入了惩罚因子，经验性地考虑了序列的滞后一阶自相关导致的统计量检验偏差，并嵌入了多元线性回归方法，发展了一个序列均一性检验系统 RHtest，该系统基于惩罚最大 $T$ 检验(PMT)和惩罚最大 $F$ 检验(PMFT)，能够用于检验、订正包含一阶自回归误差的数据序列的多个变点（平均突变），可用于对年、月、日 3 种时间尺度数据序列的均一性检验。应用经验的惩罚函数，误报警率和检验能力的非均匀分布问题也大大减少。通过回归检验算法来检验出多个变点，即依次分段找出序列中各段最可能的变点，计算所有变点的统计量，确定第一个变点，寻找该变点位置之后每段最可能的变点，估计其显著性，找出下一个可能的变点，重复该过程，分步找出所有的变点，将变点按照显著性由大到小排列，形成变点列表，判断最小的变点是否显著，当不显著时剔除该变点，再次评估剩余变点的显著性，最终保留统计显著的变点即为序列检验得到的变点。该系统发布后，得到了很多技术人员的欢迎和试用，并提出了很多修改意见和建议，该软件仍在不断的完善当中。由于其在统计上的合理性，以及其软件的完整性，该软件系统得到了世界各国相关专家的借鉴和应用。我国的气候资料工作者也主要以此为工具，对中国月、日尺度的气候序列和全球月气温、降水序列进行了检验与订正试验，取得了较好的效果，后面的案例分析也主要基于该均一性检验方法的结果分析。

气候资料均一性检验技术处于发展之中，从各种方法的对比表现看来，各种方法各有优缺点，还没有哪一种方法能够说明显优于其他所有技术方法。因此，在针对不同要素时，不同技术的选用往往是可以参考性互补的。

2)地面资料非均一性订正技术

从序列检验得出的断点一般都认为是"可能不连续点"，但由于方法的选取，以及显著性水平的选取，这种"可能不连续点"会存在很大的差别。应该说明的是，并不是每个"可能不连续点"都需要进行订正,一般的做法是只对那些经过充分证明为真实的不连续点进行订正,这种验证的过程也往往依赖于元数据,或者细致的分析对比。订正就是将检测出的断点或不连续点去除,使包含不连续点的时间序列变得"相对均一"。通过订正使包括台站迁移、仪器换型、观测方法改变、计算方法变化甚至台站周围环境的变化对资料均一性的影响尽可能减少到最小。

序列订正有多种思路。一种是传统的订正思路,即从年序列的订正值推断月序列的订正值,进而推断出月以下尺度序列的订正值,步骤如下:

假设 $a$ 是检测出的不连续点,$Z$ 为差值序列,则根据不连续点的物理意义,对于年均序列:

$$\begin{cases} Z_i \in N(\mu_1, \sigma) & i \in \{1, \cdots, a\} \\ Z_i \in N(\mu_2, \sigma) & i \in \{a+1, \cdots, n\} \end{cases} \tag{3.25}$$

$\mu_2 - \mu_1$ 即为计算所得的订正补偿值,则将该补偿值加到序列中不连续点 $a$ 之前的序列片段中,然后根据逐年逐月待检序列和参考序列的差值的线性关系将该补偿值应用到各月序列中,得出逐月订正值。

日值订正方法由 Vincent 等(2002)提出,该思路为很多专家采用,是一个较客观的订正途径。其基本思路:根据月值的订正值客观地选取"目标"值作为该月的中间日期的订正值,然后对 12 个月的中间订正值进行线性差分,差分到日值,成为日值的订正值,而日值订正值的按月平均等于月订正值。

"目标"值与月订正值之间的关系可以通过下式表达:

$$T = A^{-1}M \tag{3.26}$$

式中,$T$ 为 12×1 的矩阵,即目标值;$M$ 为月订正值,即 12×1 的矩阵;$A$ 为斜三角矩阵:

$$A = \begin{bmatrix} 7/8 & 1/8 & & & \\ 1/8 & 6/8 & 1/8 & & \\ & & \cdots & & \\ & & 1/8 & 6/8 & 1/8 \\ & & & 1/8 & 7/8 \end{bmatrix}$$

将从式(3.26)中得到的目标值 $T$ 作为各月中间日期的订正值,然后对其进行线性差分,进而得到该月各日的订正值。在此过程中,日值订正的平均值等于月订正值。图 3.4 给出了气温的月订正值(柱体)和日订正值(细实线)示意图,红色实线表示日订正值,蓝色柱体表示月订正值,单位是 0.1 ℃。

另一种订正思路是基于各气象变量的逐日天气波动的概率分布。例如,Trewin 等(1996)发展了百分位匹配方法,即使得不连续点前后的概率分布的百分位互相匹配,这个方法也用于逐日资料均一化中(Trewin,2013);Della-Marta 等(2006)也提出了一种类似方法,采用一种非线性模型估计高相关性的参考站点和目标站点的关系,并指出如果参考序列足够好,这种订正方法可以得到均值、方差和斜度上均可靠的订正;Brandsma 等(2006)提出了一种"最近邻近站重抽样"技术,通过改变日以下尺度时间和频率去除非气候的转折;Yan 等(2008)应用小波分析方法订正逐日序列;Wang 等(2007,2010)和 Wang(2008)所发展的分位数匹配(QM)订正方法,基本思想是基于序列的百分位数分布的连续性对序列进行订正,这种订正可以直接延伸到月、日序列。另外,这种订正思路还可以独立于检验站点序列的参考序列。相比较而言,这种订正方法较为直观,效果也较为合理。因此,QM 订正方法在全球数据集研制以及部分偏远

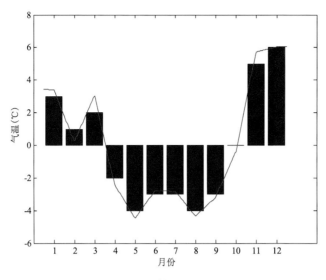

图 3.4　气温的月订正值(柱体)和日订正值(细实线)示意图

台站序列的订正工作中具有明显的优势,因此,它得到越来越多的应用(Vincent et al.,2012;
Xu et al.,2013)。对于年尺度和月尺度气温,调整主要趋势或平均状态就足以为气候变化趋
势研究和评估提供可靠保证(Houghton et al.,2001;Jones et al.,2003)。然而,非自然变化在
不同的气候条件下会对记录数据产生不同的影响(Wang et al.,2010),从而影响数据分布的
一些方面(如尺度和形状),这些在平均值订正中均体现不出来。尤其是用平均值订正人为造
成的断点不同用来分析与日值紧密相关的极端事件。

　　国内外相关研究针对上述众多均一性检验与订正技术方法进行了较为系统的分析与比
较。如李庆祥等(2003)总结了较为常用的 9 种均一性检验与订正方法,以及一些国家利用这
些研究方法对本国或区域气候序列开展均一性研究的成果,其中许多方法在国内已经得到广
泛使用,包括标准正态均一化检验(SNHT)方法、二相回归方法(TPR)、序列均一性的多元分
析(MASH)、多元线性回归等。Reeves 等(2007)对比分析了包括 SNHT、二相回归检验等的
8 种方法。Costa 等(2009)总结了 9 种均一性检验方法,包括 MASH、基于回归检验的方法
(二相回归、多元线性回归等)、SNHT 等。由于这些均一化研究方法常常是为不同的研究目
标而设计,因此,开展客观的对比分析工作并非易事。为了在相同的基础上比较这些方法对非
均一性的检验能力,较为常用的办法是:确定检验规则,如各种方法不考虑参数估计,识别出正
确的非一性性变点的可能性(包括命中率、误报率等)。

　　应该说明的是,气候资料均一化和概率统计、诊断检测分析所不同的是它很难做到唯一
性。不同的个人、不同的技术、不同的方案得出的气候序列均一性是存在一定差异的,因此很
难说某某数据集、某某序列是百分之百的准确和正确。一般在对一个序列、一个数据集进行均
一化时,往往带着某种目的进行,比如要检测某个局地气候变化趋势或者年代际变化等,此时,
均一化就以达到该目的为主要动机,如果订正序列、数据集在描述所关心的线性趋势或年代际
变化较为合理时,就可以认为,对该序列、数据集的均一性基本达到了目的,结论是合理的。因
此,作为均一化的最后一步,一定是研究者根据其研究目的进行效果检验与评估,如果这个效

果达到了,即使整个过程不够完美,该订正也基本达到了目标,反之,必须重新认真加以审查、修正。

### 3.3.3　个例分析

1)中国地面气温序列的均一性检验与订正

图 3.5 显示了 1951—2011 年我国基准基本站站点(按照每年逐日数据>300 个)数量逐年变化情况。20 世纪 50 年代我国基准、基本站数量快速增加,至 60 年代基准基本站数量达到 800 个左右,之后基准、基本站数量增加速度变缓,到 2005 年达到 825 个。图 3.5 中不同颜色代表站点观测资料时间长短,大部分站点观测时间>50 年,有 4 个站温度观测时间<10 年,3 个站温度观测时间<20 年。

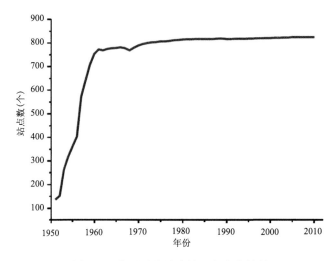

图 3.5　我国基准基本站逐年变化情况

基于中国 825 个基准基本站气温日值数据,采用上述提到的 RHtest 均一性检验软件,按照统计检验和主观判断相结合的原则采用不同时间尺度资料的相互印证进行检验,同时结合台站沿革信息,逐站、逐点反复核查,对资料序列的合理性进行综合分析判断,完成中国地面气温序列的均一性检验和订正。

(1)断点及相关原因统计

经过检验分析和综合判断,如表 3.12 所示,日最高气温共检验出 367 个站点存在断点,占台站总数的 44.5%,其余 458 个台站未检验出确定的断点,占台站总数的 55.5%;日最低气温共检验出 460 个站点存在断点,占台站总数的 55.8%,其余 365 个台站未检验出确定的断点,占台站总数的 44.2%;日平均气温共检验出 465 个站点存在断点,占台站总数的 56.4%,其余 360 个站点未检验出确定的断点,占台站总数的 43.6%。从三要素的对比来看,均一站点最多的是日最高气温,日最低气温和日平均气温的均一站点数基本相当,日最低气温的均一站点数略大于日平均气温,这一定程度上是由于日平均气温会受到观测时次和观测时制的影响,而日最低气温则不受该因素的影响。但是从断点数的总数看,日最低气温共检验出的断点最多,共 631 个;其次是日平均气温,共检验出 611 个断点,最少的是日最高气温,共检验出 483 个断点(表 3.13)。这个结果表明最低气温受非自然因素的影响最大,其次是平均气温,而最高气温所受的影响最小。表 3.13 也给出了不同原因引起的断点的统计，可以看到，绝大部分断点是有元数据支持的，有元数据支持的日最高气温、日最低气温和日平均气温断点分别有 84.5%、74.5% 和 76.8%。只有一小部分断点是没有元数据支持的，但这部分断点在年尺度和月尺度上均有体现，被称为一类不连续点，这些断点的存在也从侧面说明了元数据信息常常是不完整的。

表 3.12　含有不同断点数的站点数　　单位：个

| 断点情况 | 日最高气温 | 日最低气温 | 日平均气温 |
| --- | --- | --- | --- |
| 没有断点 | 458 | 365 | 360 |
| 1 个断点 | 269 | 317 | 338 |
| 2 个断点 | 82 | 118 | 110 |
| 3 个断点 | 14 | 21 | 13 |
| 4 个断点 | 1 | 4 | 4 |
| 5 个断点 | 1 | 0 | 0 |
| 总站点数 | 825 | 825 | 825 |

表 3.13　不同原因引起的断点数　　单位：个

| 引起断点原因 | 日最高气温 | 日最低气温 | 日平均气温 |
| --- | --- | --- | --- |
| 迁站 | 287 | 335 | 281 |
| 环境变化 | 42 | 50 | 54 |
| 人工转自动 | 79 | 85 | 41 |
| 观测时次变化 | 0 | 0 | 93 |
| 无元数据支持 | 75 | 161 | 142 |
| 总断点数 | 483 | 631 | 611 |

在有元数据支持的日最高气温、日最低气温和日平均气温断点中（表 3.13），分别约有 70%、71% 和 60% 的断点是由于站址迁移而造成的，因此可以得到迁站是引起三要素不均一最主要的原因。对于日最高气温和日最低气温而言，人工转自动观测系统的变化也是造成非均一的主要原因，而对于日平均气温而言，观测时次的变化和人工转自动观测系统的变化均是造成非均一的主要原因。

由日最高气温、日最低气温和日平均气温包含不同断点数的站点空间分布（图略），可以看到，三要素存在断点的台站分布在全国各个地方，包含 2 个以上断点的站点主要分布在华北及东南部分地区。图 3.6 给出了三要素不连续点个数随时间的变化特征，可以看到日最高气温和日最低气温断点随时间的变化是单峰结构，峰值主要出现在人工转自动的系统升级比较集中的 2004 年及 2005 年；日平均气温断点随时间变化是双峰结构，分别出现在人工转自动的系统升级比较集中的 2004 年及 2005 年，以及观测时制变化比较集中的 1960 年。

（2）订正前后的对比分析

①个例订正效果

以贵阳站（站号：57816）的日最高气温和日最低气温序列为例，分析均一化订正对温度长期变化趋势以及极端气候指数的长期变化趋势的影响。在 1951—2010 年，贵阳站主要经历了

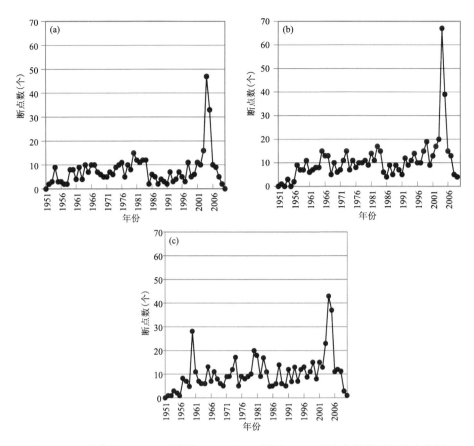

图 3.6　日最高气温(a)、日最低气温(b)和日平均气温(c)断点个数的时间分布特征

两次迁站,第一次发生在1953年9月1日,水平距离变化了0.4 km,高度增加了13.8 m;第二次发生在2000年1月1日,水平距离变化了2.5 km,高度增加了149 m,日最高气温序列选取了贵州兴仁站为参考站,日最低气温序列选取了贵州毕节站为参考站,均一性检验的结果是两次迁站均对日最高气温序列产生了影响,而仅仅第二次迁站对日最低气温序列产生了影响。图3.7给出了贵阳站订正前后年尺度日最高气温序列和日最低气温序列,从图上看,原始日最高气温及日最低气温序列均是弱的降温趋势,这主要与两次迁站高度均是增加的有关,2000年迁站的高度增加,使得日最高气温降低了1.26 ℃,日最低气温降低了1.38 ℃,而1953年迁站的高度增加,使得日最高气温降低了1.73 ℃;分位订正法对这些非自然变化造成的温度变化进行订正后,日最高气温及日最低气温序列均呈现弱的升温趋势,这与全国整体增温趋势相一致。

　　非自然变化也会对与人们生活息息相关的极端事件产生影响,为了了解这些影响,计算了如下几个极端温度指数:暖日、冷日、暖夜及冷夜。考虑到这些指数均不是正态分布,趋势的计算均是采用 Kendal 趋势估计法(Kendall,1955;Sen,1968),该趋势估计法考虑了一级自相关(Wang et al.,2001)。图3.8给出了贵阳站订正前后暖日(TX90P)、暖夜(TN90P)、冷日(TX10P)以及冷夜(TN10P)在年尺度上的日数随时间的变化。可以看到,如果不去掉由于迁站造成温度降低的影响,暖日和暖夜会被错认为是减少的趋势,而实际上是增加的趋势;冷日会被错认为是增加趋势,而实际上是减少的趋势;冷夜的显著减少趋势也会被弱化。由此可以得到,订正由于非自然变化对温度产生的影响,能够更合理地反映极端事件的长期变化趋势。

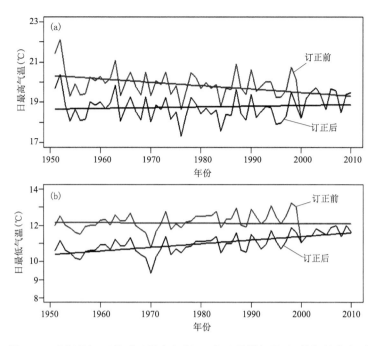

图 3.7　贵阳站订正前后日最高气温(a)和日最低气温(b)的年尺度序列

②全国整体订正效果

以贵阳站为个例表达了均一化订正对于温度以及极端温度指数长期变化趋势的影响,那么全国整体订正效果如何呢? 以日最低气温为例,从全国 825 个国家基准、基本站最低气温订正前后 1951—2010 年的趋势对比可以看到,在中国东北、华北以及西南部分地区,订正前有个别站点日最低气温的变化趋势表现出与该地区明显不一致的特征,存在明显的空间非均一性问题,具体为约有 706 个台站表现为显著增温趋势,有 24 个台站是降温趋势,其中 7 个台站表现为显著降温趋势;而订正后有 758 个台站表现为显著增温趋势,仅有 9 个台站表现为降温趋势,但均不显著。

由全国 825 个国家基准、基本站冷夜年尺度天数订正前后 1951—2010 年的趋势对比,可以看到,订正后冷夜年尺度天数的变化趋势空间均一性明显比订正前好。具体表现为:订正前,有 697 个台站是显著减少趋势,有 20 个台站是增多趋势,其中有 3 个站是显著增多趋势;订正后,有 745 个台站表现为显著减少趋势,仅有 5 个台站表现为增多趋势,但均不显著。

以上结果均表明,对非自然原因引起的变化进行订正,不仅能使全国温度长期变化趋势的空间一致性变好,也能对全国极端气候指数长期变化趋势的空间一致性分布特征产生积极的影响。

2)中国地面降水序列的均一性检验与订正

该工作是采用上述提到的 SNHT 对年降水量进行均一性检验,检验对象为待检序列与参考序列的比值(Groisman et al.,1991),将统计意义上显著的年份标示为可疑断点,结合台站历史沿革信息与主观分析确认断点,并采用比值方法订正最终得到订正后月、年降水量数据。统计检验及订正方案大致如下(刘小宁 等,1995,李庆祥 等,2008)。

构建待检序列与参考序列的比值序列 $Z_i$,$i=1,2,\cdots,n$。

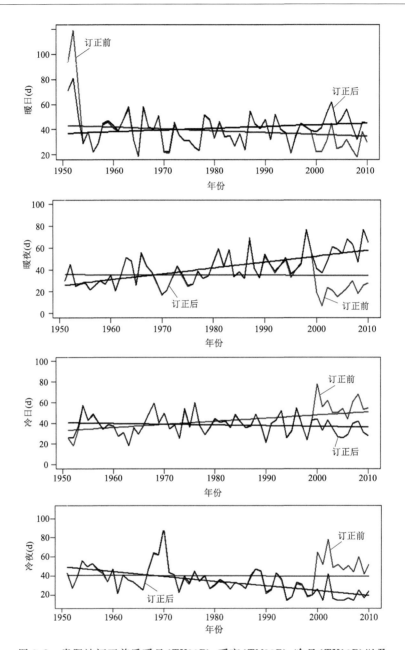

图 3.8 贵阳站订正前后暖日(TX90P)、暖夜(TN90P)、冷日(TX10P)以及
冷夜(TN10P)在年尺度上的日数随时间的变化

如果 $Z_i$ 序列没有不连续点存在,则统计假设检验为:对于任意 $i$,$Z_i$ 序列服从标准正态分布。如果 $Z_i$ 有一个不连续点 $a$,则统计假设为:

$$\begin{cases} Z_i \in N(\mu_1, 1) & i \in \{1, \cdots, a\} \\ Z_i \in N(\mu_2, 1) & i \in \{a+1, \cdots, n\} \end{cases} \qquad (3.27)$$

式中,$\mu_1$,$\mu_2$ 分别为假设不连续点 $a$ 前后两个序列的平均值($\mu_1 \neq \mu_2$),$n$ 为样本容量。根据最大似然比率的标准技术,通过构造统计量即可作为显著性判据:

$$T^s = a\overline{Z_1} + (n-a)\overline{Z_2} \qquad (3.28)$$

$$T^s_{\max} = \max_{1 \leqslant a \leqslant n-1} T^s = \max_{1 \leqslant a \leqslant n-1} \{a\overline{Z_1} + (n-a)\overline{Z_2}\} \qquad (3.29)$$

式中，$T^s_{\max}$ 为 $T^s$ 的最大值；$\overline{Z_1}$，$\overline{Z_2}$ 分别为不连续点 $a$ 前后的平均值，这样如果 $T^s_{\max}$ 大于选定的显著性水平(临界值与序列长度有关)，原假设被拒绝，即存在非均一不连续点。表 3.14 给出了 0.1 与 0.05 显著性水平下 $T^s_{\max}$ 的临界值。

**表 3.14　0.1 与 0.05 显著性水平下 $T^s_{\max}$ 的临界值**　　单位：℃

| 序列长度(年) | 0.1 显著性水平 | 0.05 显著性水平 |
|---|---|---|
| 10 | 5.05 | 5.70 |
| 20 | 6.10 | 6.95 |
| 40 | 7.00 | 8.10 |
| 60 | 7.40 | 8.65 |
| 80 | 7.85 | 9.15 |

采用比值序列对检测出不连续点的序列进行订正，比值的两个均值由以下公式计算：

$$\overline{q_1} = \sigma\overline{Z_1} + \overline{Q} \qquad (3.30)$$

$$\overline{q_2} = \sigma\overline{Z_2} + \overline{Q} \qquad (3.31)$$

式中，$\sigma$ 为前后两段的均方差，$\overline{Q}$ 为整个序列的平均值。

不连续点前后比值均值必然不同，订正的目的是调整不连续点前后的 $q$，使其达到一致，即 $\overline{q_1}/\overline{q_2}$ 近似于 1。

选取马鬃山站作为降水资料非均一研究个例。图 3.9 中黑色曲线为马鬃山站年降水序列，蓝、绿、黄、橙、紫色曲线分别代表 5 个邻近站年降水序列。黑色曲线在 20 世纪 80 年代初有"跳跃"，80 年代后年降水量显著减少。所有序列中仅黑色曲线在 1960—2009 年显著下降，下降速率约为 $-4.9$ mm/10 a(黑色箭头)，同期 5 个邻近站年降水量均为增加趋势，平均增速为 2.6 mm/10 a。SNHT 方法的检验结果显示马鬃山站年降水序列在 1982 年存在可疑断点，

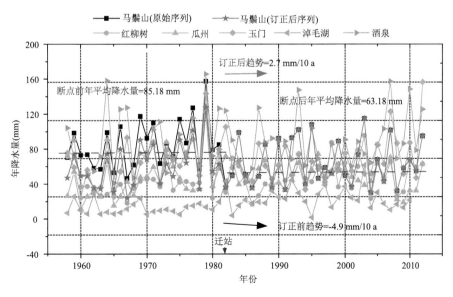

图 3.9　马鬃山站及邻近站降水量年值序列

断点前后年平均降水量分别为 85.18 mm 和 63.8 mm，差异较大。查询台站历史沿革数据发现马鬃山站在 1982 年有迁站，与统计结果一致，由此判定马鬃山站年降水序列非均一性客观存在，断点时间在 1982 年。

采用比值法对断点前月值降水量进行订正。表 3.15 给出马鬃山站平均各月降水量与各月订正量，可以看到马鬃山站降水主要集中在 5—9 月，与之对应的比值订正幅度较大，其余月份月降水量不足 5 mm，对应的订正幅度也较小。李庆祥等（2008）的研究指出，观测或其他因素的改变，往往可能对原本降水较少月份带来的影响也比较小，至少是在年降水量的检验中难以体现出来。比值订正对降水量较多的月份给予了较多的权重（降水量大的月份订正量较大），订正的结果较为合理。图 3.9 中灰色曲线为马鬃山站订正后年降水序列，可以看到订正后曲线不再有"跳跃"，1960—2009 年呈上升趋势（灰色箭头），上升速率为 2.7 mm/10 a，与邻近站变化趋势一致。

表 3.15　马鬃山站平均月降水量与各月订正量

| 月份 | 1 | 2 | 3 | 4 | 5 | 6 | 7 | 8 | 9 | 10 | 11 | 12 |
|---|---|---|---|---|---|---|---|---|---|---|---|---|
| 订正量 | 0.994 | 0.997 | 0.988 | 0.997 | 0.971 | 0.996 | 0.913 | 0.969 | 0.972 | 1.001 | 0.999 | 0.996 |
| 平均月降水量（mm） | 0.8 | 1.0 | 2.2 | 3.6 | 5.6 | 13.5 | 20.9 | 14.4 | 5.7 | 1.5 | 1.5 | 1.1 |

对 2342 个国家级台站年降水量开展均一性检验，其中 98 个台站存在断点，占所有检测台站数的 4.2%，迁站、仪器换型是引起降水序列显著不均一的主要原因。图 3.13 中星形代表检测出断点台站的空间分布，可以看到降水资料非均一的台站主要分布在中、东、南部地区，东北、西北及青藏高原分布较少。

与王秋香等（2012）的结果比较，断点数量及所占比例一致，空间分布特征相似，检测出断点的台站主要集中在华中、华东、华南地区。王秋香等（2012）的研究结果中山东、西北地区、青藏高原地区检测出多个非均一台站。本研究中山东、青藏高原各检测出一个非均一台站，西北地区非均一站点亦相对较少。这种差异主要由以下方面造成：a. 本研究选用最新版本的降水资料，在较大程度上避免因数据质量造成的断点误判，同时大量补录数据提升了数据的完整性；b. 采用较为全面的邻近站选取标准，参考序列构建过程考虑了不同计算方法因缺测产生的不确定性；c. 结合了台站历史沿革资料；d. SNHT 方法在序列起始、终止位置的误报率相对较高（Wang et al.，2007），本研究通过统计检验、元数据查询、主观复查相结合的方法最终确认断点。关于不同统计方法、参考序列对断点检验结果的比较工作将在后续的研究中详细讨论。

采用比值订正法，得到订正后的月、年降水量。在较小时间尺度内，降水具有极强的空间和时间变率，这也是处理降水资料的难点。但就年代际尺度，同一气候区域邻近站的降水量变化趋势具备一定可比性。本书尝试通过比较检测出断点台站非均一性订正前后与邻近站降水量变化趋势差异，评估订正效果。总体上看，一定区域内邻近站之间降水变化速率较接近（圆点），非均一的台站与邻近站降水量变化趋势差异较大，空间分布较凌乱，西藏、四川、云南、湖北、湖南地区部分台站与邻近站变化趋势相反且变化速率差异很大。订正后台站降水变化趋势的空间一致性有一定改善。

3）全球陆地气温序列的均一性检验与订正

气候资料的均一性研究（包括检验和订正）的基本思路有两种：一种是通过目标台站的观测序列和几个周边站点的序列进行比较，剔除目标台站序列中的气候背景信号后，利用统计手段对剩余的差值序列进行检验，根据检验结果，结合元数据信息，确定非均一性点的位置和幅度，根据统计学手段进行订正，调整得到新的相对均一化序列；另一种途径就是从观测站点的历史沿革变化入手，主观将那些可能产生非均一性的点作为可能非均一性点，通过对比、检验，确定出非均一性的幅度，再进行订正调整，得到相对均一化的时间序列。对于全球陆地这样一个较为庞大的站网组成的气温数据集，在大多数台站沿革文档不可获取或者是语言不详不够完备的情况下，采用第二种思路显然是不可能完成整个数据集的均一化的。这种情况下，采用第一种思路是实现数据集中所有序列均一化的唯一选择。根据第一种思路，建立全球陆地月气温均一化研究方案需要考虑如下几个关键技术问题：

（1）参考序列的构建及评估

参考序列必须满足两个基本条件：一是参考序列应该可以代表所要研究的站点的气候变化特征；二是参考序列本身应该是相对均一的。

①站点数据空间代表性分析

由于全球区域范围较大，并且不同区域站点的密度也有很大不同，因此按照七大洲大致经纬度和站点的密度来分区确定站点数据的空间代表性。值得指出的是，南极洲地区站点分布比较稀疏，均一化检验采用无参考序列方案，因此不考虑该区的站点代表性。表 3.16 是全球六大区计算得到的站点空间代表距离，从表中可以看到，对于气温序列来说，在全球范围内，要建立能够代表所要研究站点气候变化特征的参考序列，最大空间距离需要控制在 450 km 以内。

**表 3.16　全球六大区域空间代表距离**

| 分区 | 北美区（1 区） | 欧洲区（2 区） | 亚洲区（3 区） | 南美区（4 区） | 非洲区（5 区） | 大洋洲区（6 区） |
|---|---|---|---|---|---|---|
| 相关性达到 0.8 的平均距离（km） | 389 | 342 | 392 | 421 | 429 | 396 |

②参考序列的均一性考虑

利用含有未知的非均一性的序列建立一个完全均一的参考序列是不可能的，但采用一些技术可以减小参考序列中潜在的不均一性。首先，找寻第一差异序列相关性最好的邻近台站。比如，温度表的改变将只改变第一差异序列中一年的值，而对于原始数据，这样的变化将改变所有后面的年份。然后，利用无参数化检验方法（如 MRBP）对差异序列进行显著性检验，选取正相关最高且海拔高度差不超过 500 m 的 3～5 个台站的第一差异序列加权平均来作为第一差异参考序列的资料值，得到的一级差分序列再反算成参考序列，这样既可以减少区域内序列长度不一致对平均序列的影响，又可以降低区域内个别序列出现奇异值对平均序列的影响，从而尽可能地减少参考序列的非均一性。但值得指出的是，参考序列的建立并不是一蹴而就的，也就是说，上面这些技术可能使得一大部分台站找到合适的参考序列，对于一小部分的台站来说，需要不断调整参考台站的组合，综合考虑参考序列的代表性和均一性，最终找到一个合适的参考序列，或者最终根本无法获得一个合适的参考序列。

③参考序列的可靠性分析

如上节所描述的一样，每个台站最终建立的参考序列均采用了 PMFT 对其进行了均一性检验或订正，从统计意义上保证了其均一性。因此，在此部分，主要是参考序列的另一个特性，即参考序列是否可以代表所要研究的站点的气候变化特征进行可靠性分析。

如表3.16所示,在站点分布相对稠密的1,2,3区,与参考序列相关性能够达到0.8的站点比例均达到了90%,而从这些站点的空间分布(图略)看,相关性在0.9及以上的站点总数远远大于相关性在0.8～0.9的站点数,并且相关性在0.8～0.9的站点主要分布在区域边缘处;而在站点相对稀疏的4,5,6区,除6区因为站点分布相对集中使得与参考序列相关性达到0.8的站点比例为89.5%外,4和5区与参考序列相关性达到0.8的站点比例仅分别为61.0%和60.2%,而从这些站点的空间分布看,除6区相关性在0.9及以上的站点总数与相关性在0.8～0.9的站点数相当外,4和5区相关性在0.9及以上的站点总数均远远小于相关性在0.8～0.9的站点数。这些结果均表明参考序列的好坏与站点的密度以及站点的均匀分布情况有很大关系。在无法改变每个区域站点密度及是否均匀分布的情况下,只对与参考序列相关性达到0.8以上的站点使用参考序列进行均一性检验,从而保证所使用参考序列能够代表所要研究站点的气候变化特征。而从各个区域与参考序列相关性达到0.8以上的站点比例和空间分布上看,采用上述参考序列建立流程能够为每个区域绝大部分站点建立可靠的参考序列。

(2)最终断点的确定原则和统计分析

①最终断点的确定原则

研究气候资料均一性必须从主观、客观途径进行。尽管从客观的途径检验气候序列均一性的方法已经成为这方面研究的主要手段,但是完全依赖数学方法的结果又缺乏充分的说服力。因此,在客观统计结果的基础上,必须通过其他信息的验证来保留最有说服力的断点,做到最终每个断点都有据可依,才能保证气候序列均一性研究的结果更加可靠和合理。这种主客观相结合的均一性检验思路,一方面能够弥补元数据信息的不足;另一方面,它可以尽可能减少由于方法本身导致的均一化结果的不确定性,因此已经成为国际上气候资料均一性检验的主要发展趋势。

上述提到的其他信息的验证包括元数据的使用、不同时间尺度上的对比、不同空间尺度上的表现以及不同要素之间的协调等。值得指出的是,由于以往研究对气温三要素的均一性检验都是独自完成的,没有考虑到三要素非均一性的相关性,导致最终的均一化序列中出现日最高气温低于日平均气温,或者日平均气温低于日最低气温等内部一致性问题,这在物理气候学上显然是错误的,而以往解决这种问题的办法通常是不讲究任何物理意义的前提下直接降低某种要素部分序列的数值大小,这种方法显然是存在问题的。而通过中国基本、基准站气温序列内部一致性研究发现,造成三要素内部不一致性的很大原因是孤立地对每个要素进行断点判断,没有考虑三要素之间断点存在的协调性。为了最大可能地避免这种内部不一致性,全球气温均一性检验方案采用的是三要素断点相同验证,同步确定最终断点的思路。

基于这种思路,首先对三要素的站点列表进行统计分析,划分为3类站点集合。第1类:包含3种要素的站点集合;第2类:包含任意2种要素的站点集合;第3类:只包含1种要素的站点集合。不同站点集合的最终断点确定原则会有所不同,下面重点介绍第1类站点集合的最终断点确定原则和流程。

第1步:利用PMT或PMFT方法对每个站点3种要素的月值序列进行统计检验,得到每种要素月值序列最原始的断点列表(LMtg,LMtx,LMtn)。

第2步:利用PMT或PMFT方法对每个站点3种要素的年值序列进行统计检验,得到每种要素年值序列断点列表（LYtg，LYtx，LYtn）。

第 3 步：将每个台站每种要素的年值序列、参考站序列以及一级差分年序列相关最高的 3 个邻近站年值序列在同一张图上显示，得到每种要素的序列参照图（PYtg，PYtx，PYtn）。

第 4 步：保留 LMtg，LMtx，LMtn 中与元数据一致的断点，这是客观结果参照了元数据信息。

第 5 步：保留 LMtg，LMtx，LMtn 中至少在 2 个月值断点列表中同时出现的断点，这是客观结果参照了要素之间协调性的信息。

第 6 步：保留 LMtg，LMtx，LMtn 中至少在 2 个年值断点列表中同时出现的断点，这是客观结果参照了时间尺度上和要素之间协调性的信息。

第 7 步：这一步是视觉判断过程，首先标记 LMtg，LMtx，LMtn 中只与对应要素年值断点一致的断点为可疑断点，通过分析对应要素的序列参照图，视觉判断是否为确定的断点，这是客观结果参照了时间尺度上和空间尺度上的信息。

第 8 步：综合第 4 步至第 7 步得到的总断点，即为最终的断点列表。

对于第 2 类站点集合，其最终断点的确定原则和流程与第 1 类站点集合是类似的，而对于第 3 类站点集合，其最终断点的确定原则和流程是没有第 5 步和第 6 步的。

②最终断点的统计分析

为了尊重各国气温均一化成果，该套数据集只对没有做过均一化处理的长度不低于 20 年的台站序列进行了均一性检验和订正。经统计（表 3.17），全球月最高和月最低气温分别有 4558 个和 4003 个台站进行了均一性检验和订正。按照上节所述的最终断点判定原则，月最高气温有 3237 个台站不存在显著断点，占总检验台站数的 71.0%；另外 1321 个台站包含不同个数的断点，总断点数是 1574 个。月最低气温有 2657 个台站不存在显著断点，占总检验台站数的 66.4%；另外 1346 个台站包含不同个数的断点，总断点数是 1750 个。而对于月平均气温，为了避免全球不同区域月平均气温统计计算的不确定性，对于同时存在月最高气温和月最低气温的 8305 个站点，其月平均气温统一按照月最高气温和月最低气温的平均得到。另外，有 3596 个台站不能采用月最高气温和月最低气温的平均，这部分数据是来源于不同的数据集，因为没有详细的数据说明，所以无法得到这部分站点的平均气温是源于月最高、最低气温的平均，还是源于不同时次的气温平均。其中没有做过均一化处理的长度不低于 20 年的台站共有 1960 个台站，表 3.17 是这 1960 个台站的均一性检验结果统计，有 1294 个台站不存在显著断点，占总检验台站数的 66.0%；另外 666 个台站包含不同个数的断点，总断点数是 836 个。

表 3.17　含有不同断点数的站点数和总断点数统计　　　　单位：个

| 断点情况 | 月最高气温 | 月最低气温 | 月平均气温 |
|---|---|---|---|
| 没有断点 | 3237 | 2657 | 1294 |
| 1 个断点 | 1104 | 1037 | 517 |
| 2 个断点 | 193 | 255 | 131 |
| 3 个断点 | 15 | 34 | 15 |
| ≥4 个断点 | 9 | 20 | 3 |
| 总站点数 | 4558 | 4003 | 1960 |
| 总断点数 | 1321 | 1346 | 666 |

3）订正效果的分析评估

①订正量的统计分布特征

图 3.10 是 1321 个包含不连续点的最高气温台站和 1346 个包含不连续点的最低气温台站所有订正量的概率密度分布及对应的概率密度函数。可以看到,最高气温和最低气温订正量的分布都是呈双峰结构,最高气温平均订正量是$-0.2228$ ℃,最低气温平均订正量是$-0.0973$ ℃。

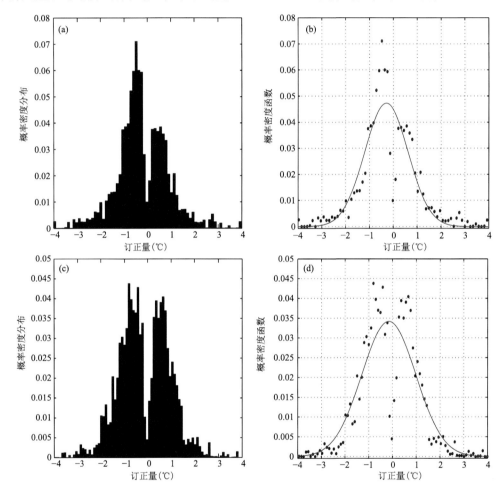

图 3.10　最高气温(a,b)和最低气温(c,d)订正量概率密度分布(a,c)及概率密度函数(b,d)

②订正前后的方差和趋势分析

对于最高气温,订正前方差在 1.0 ℃² 以内的台站有 1102 个,超过 1.0 ℃² 的台站有 181 个,其中在 5.0 ℃² 以上的台站有 12 个,而订正后方差在 1.0 ℃² 以内的台站有 1171 个,超过 1.0 ℃² 的台站仅有 123 个,没有台站方差超过 5.0 ℃²;对于最低气温,订正前方差在 1.0 ℃² 以内的台站有 1006 个,超过 1.0 ℃² 的台站有 327 个,其中在 5.0 ℃² 以上的台站有 13 个,而订正后方差在 1.0 ℃² 以内的台站有 1103 个,超过 1.0 ℃² 的台站仅有 230 个,仅 1 个台站方差超过 5.0 ℃²。这些结果表明订正后的方差较订正前是减小的,特别是对个别方差特别大的站点。

由最高气温和最低气温均一化订正前后的变化趋势分布(图略),可以看到,订正前由于个别台站与周围台站存在明显的空间不一致性问题,订正后使得站点趋势的空间一致性趋于一致。

4)全球陆地降水序列的均一性检验与订正

参考序列和元数据是最终确认断点和序列订正最重要的依据。全球台站降水资料起止时间差异极大,缺测问题普遍存在,这些是构建参考序列面临的最大难题,尤其长序列台站资料,很难在其周围找到序列足够长且高相关性的邻近站作为参考序列。约 2000 个台站序列未能找到符合邻近站筛选标准的邻近站构建参考序列,尽管本项工作对这部分台站做了单站断点统计检验,但仅有统计结果还不足以判定降水资料中的"跳跃"是人为因素干扰造成的结论,因此不保留此类断点。另外,缺乏元数据,无法掌握国际观测站的历史变迁信息,当某个区域台站资料在同一时期都出现统计显著断点,此时无法区分是气候突变或人为因素造成的序列突变,此类断点也不保留。

最终对待检站与参考序列比值开展统计检验,断点置信度设为 95%,所有断点经过专家诊断,仅保留统计意义显著且与邻近站对比异常的结果。最终确认 272 个台站降水时间序列存在显著非均一问题,共计 323 个断点。采用比值法逐月对存在显著断点的月降水量时间序列进行订正。图 3.11 为两个存在显著非均一问题的台站个例,黑色曲线为年降水量原始时间序列,红色曲线为均一化订正后序列。图 3.11a 为 Nenastnaja 站,数据源于自动气象站。1955 年前该站平均降水量为 760 mm,1955 年后降水量增加 1 倍,为 1589 mm,曲线在 1955 年有异常"跳跃",统计结果显著,周围邻近站无此特征,且 1934—2009 年降水量趋势为 150.17 mm/10 a,与邻近站趋势比较显著异常,综合判定该站降水时间序列不均一。经过均一化订正,1955 年"跳点"消除,降水时间序列与邻近站较为一致,1934—2009 年变化趋势为 39.8 mm/10 a。图 3.11b 为 MOREHEAD CITY 2 WNW 站,数据源自 USHCN,原始序列在 1906—2013 年的变化趋势为 20.0 mm/10 a,与邻近站无明显差异。通过数学检验,发现 1949 年与 1965 年存在显著突变,时间序列上,1949—1965 年降水量异常低,仅为历史平均降水量(1305 mm)的 69.5%,持续时间长达 15 年以上。根据统计结果和邻近站对比,可以判定该站在 1949—1965 年存在非均一性问题,均一化订正后,降水时间序列与邻近站较为一致,20 世纪 50 年代后降水量异常低的现象消除,1906—2013 年变化趋势为 4.2 mm/10 a。上述研究结果表明,国际知名的降水数据集中存在非均一问题,它们对局地或区域降水长期趋势的影响尤为明显,可能造成误判。

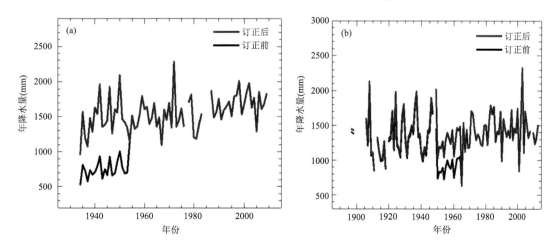

图 3.11　站号分别为 201029752000(a)和 403072305002(b)的两个气象站年降水量数据均一化订正前后序列

# 第4章　气候资料系统偏差评估与订正

气候资料系统偏差特指由于观测环境逐渐改变产生的地面气候观测资料序列随时间变化的误差,会对气候变化监测和检测研究结果产生重要影响。本章主要介绍城市化引起的地面气温资料系统偏差评估和订正方法,以及主要由于近地面风速变化引起的降水测量系统偏差评估和订正方法。降水测量系统偏差不完全是由城市化引起的,还同大尺度大气环流场的长期演化有关。此外,本章也对城市化引起的近地面风速系统偏差评估方法做简要介绍。

## 4.1　研究现状

### 4.1.1　研究目的与意义

气候观测资料的系统偏差是由气候变量观测记录误差随时间逐渐增大或减小引起的。这种资料的误差会造成该气候变量长期趋势估计值偏离真实的情况,对气候变化监测和检测结果产生重要影响。

造成观测资料系统偏差的主要因素是观测场附近局地环境的渐进性演化,包括附近几十到几百米范围的微环境变化影响,以及几千米到十几千米范围内的城市扩张影响。这两个尺度上的局地环境变化可统称为城市化或城镇化影响。由于气候变化研究重点关注区域以上尺度关键气候变量的长期趋势变化,IPCC 的全球地表温度变化检测和归因主要侧重在全球和大陆、次大陆尺度上,而城镇建成区面积在区域、大陆和全球陆地范围内所占比例非常小,因此城镇化造成的局地气候趋势应当作为地面观测资料的系统偏差处理。

以地面气温为例,如果一个观测站没有迁移,则伴随着城镇化过程,这个站将感受到逐渐的气候变暖,气温记录也将不断增加,致使长期气温观测资料中出现一个系统性的正偏差。如果中间经历若干次迁站,在经济和城市化快速发展阶段,由于迁站多数情况下是从城里往城外或郊区转移,在未做均一化订正的情况下,实际上每一次外迁都是对城市化造成的正的气温系统偏差的一次矫正,尽管在迁站时间附近出现了气温下降的跃变点,但这种站址迁移总体上减弱了城市化的影响;如果对这些气温观测资料的跃变点进行订正,即做均一化处理,尽管资料序列在时间上变得更连续、均一了,但常常会把城市化造成的增温趋势重新恢复过来。值得注意的是,几乎所有的资料均一化方法,都无法有效消除这种渐进性的城市化影响。因此,对由于迁站引起的非均一性断点进行订正后,就更需要对城市化影响产生的系统偏差进行科学评估和合理订正。

对于单站来说,迁站和更换仪器等人为干预造成的资料序列中的非均一性,也可以看作系统偏差,因为它们均对本站长期变化趋势估计造成一定影响;但是,在单站仪器更换非常频繁的情况下,或者一个观测网内很多台站迁址的情况下,由于这些原因造成的非均一性则可以大致看作随机误差,因为它们对趋势估计结果的影响一般比较弱。

## 4.1.2　研究历史和现状

(1)地面气温

城市化对地面气温记录影响的研究最初始于单个案例城市。1833 年英国人 Lake How-ard 第一次记载了伦敦城市中心与郊区温度的不同(Howard,1833);Manley(1958)在 1958 年首次提出城市热岛(UHI)的概念。20 世纪 80 年代中期开始,人们认识到城市化影响偏差对于区域气温变化监测、检测的重要性(Karl et al.,1988)。20 世纪末,Hansen 等(1999,2001)对全球陆地气温变化中的城市化影响偏差进行了分析和订正。进入 21 世纪以来,不同学者利用多种方法对中国等地区地面气温记录中的城市化影响进行了研究。

单站案例研究大多是通过对比某个城市站和附近村镇站地面气温观测资料序列的差异,确定城市化对气温变化趋势的影响(Böhm,1998;Magee et al.,1999;林学椿 等,2005;初子莹 等,2005;田武文 等,2006;朱家其 等,2006;Ren et al.,2007;Kataoka et al.,2009)。还有研究利用探空资料(850 hPa)作为背景观测序列,对比分析气象站地面气温记录中的城市化影响(吴息 等,1994;Ernesto,1997)。

对北美和东亚案例城市站的研究大多在近几十年的地面气温序列中发现了明显的城市化增温现象。例如,学者发现 1861—1964 年美国西部的 3 个大城市站增温趋势显著,而乡村站和小城镇站没有明显的增温;在美国 Fairbanks(Magee et al.,1999)和 Tucson(Comrie,2000)城市站的气温序列中均发现了明显的城市化增温;相对于乡村站,韩国首尔站在 1973—1996 年有 0.56 ℃的增温(Kim et al.,2002);对中国北京、天津、上海、武汉、昆明等地区的研究均发现显著的城市热岛增温(林学椿 等,2005;初子莹 等,2005;朱家其 等,2006;李书严 等,2008;郭军 等,2009;何萍 等,2009;王学锋 等,2010);北京地区的 2 个国家基本、基准站(北京站和密云站)城市化增温率为 0.16 ℃/10 a,占同期两站平均增温的 71%,成为观测的气温变化的主要原因(初子莹 等,2005);对北京和武汉两个案例城市的研究表明,年平均地面气温变化趋势的 65%~80%可由增强的城市热岛效应解释(Ren et al.,2007);Kataoka 等(2009)发现,1951—2005 年汉城[①]、东京和台北等大城市站由于城市化造成的增温为 1.0~2.0 ℃,但改用城市周围 CRU 的网格化数据序列来代替乡村站序列,得出的城市化增温比实际的城市化增温明显偏小,说明在 CRU 网格数据集中也仍然存在部分城市化影响。

对欧洲城市的研究有不同的结果。例如,Böhm(1998)在维也纳 3 个城市站气温序列的分析中,仅发现 1 个站在 1951—1995 年的 45 年中有 0.6 ℃的城市化增温。但是,其他研究则表明 20 世纪初至 20 世纪中叶,欧洲城市化对器测气温记录有明显影响(Balling et al.,1998;任玉玉,2008)。

单站案例研究可以提供不同类型城市站城市化增温速率及其季节性等细节信息,对于了解局地尺度地面气温记录在多大程度上受到城市化影响有帮助。但是,受站点具体位置和城市规模影响,这类研究结果一般不适宜推广到区域及大陆尺度。

区域尺度研究一般是通过各种方法筛选出研究区的乡村站,然后对比不同类型台站的区域平均地面气温序列,认为不同气温序列之间的差异即为城市化对区域气温序列的影响,并对

---

① 2005 年 1 月,韩国政府宣布汉城正式更名为首尔。

其进行相应分析。这类研究大多集中在美国和东亚地区。

北美的早期研究主要依靠人口作为区分城市站和乡村站的依据,对城乡气温变化的差异进行分析。研究发现,美国本土或北美地区地面气温观测记录中确实存在明显的城市化影响。Cayan 等(1984)对 1933—1980 年美国西南地区的研究发现,城市站 30～50 年的线性趋势比非城市站、700 hPa 无线电探空仪和海平面温度的趋势高 1.0～2.0 ℃。Kukla 等(1986)分析了北美洲 34 对城乡对比站的温度变化差异,认为 1941—1980 年的增暖(0.3～0.4 ℃)中约有 30%(约 0.12 ℃)是由城市化影响造成的;Karl 等(1988,1989)利用人口与台站附近城市热岛强度之间的统计关系,分析美国本土地区历史气候网(HCN)、CRU 全球陆地表面气温数据集(CRUT)和美国戈达德空间研究所(GISS)3 套地面气温数据集中的城市化影响,发现 HCN 序列中 1901—1984 年城市热岛的影响为 0.06 ℃,而且人口低于 1 万人的聚落也可以观测到城市化对气温的正向影响,随聚落人口规模增加(>1 万人,>10 万人,>100 万人),城市化影响的程度也随之增加(0.11 ℃、0.32 ℃、0.91 ℃);CRUT 美国地区 20 世纪的平均气温序列中城市化造成的温度偏差为 0.1 ℃。

一些学者开始利用遥感获取的夜间灯光影像和可见光影像资料,结合大比例尺地图、人口数据等资料遴选乡村站点,对美国地面气温记录中的城市化影响进行了分析。例如,Gallo 等(1999)依靠夜间灯光强度、地图与人口以及对观测者的调查等方法分类美国的乡村、郊区、城市站点,分析对比各自气温序列差异,发现台站筛选方法会影响区域气候变化研究的结果。Peterson(2003)对比美国 40 组城市站和乡村站 1989—1991 年地面气温记录,发现不存在显著的差异,并认为那些发现城市化对地面气温观测记录有显著影响的研究,可能是因为没有采用均一化订正的数据造成的。Epperson 等(1995)使用高空和卫星观测资料对城市化对全美地面气温观测的影响进行回归分析,认为截至 20 世纪 80 年代末城市化对月最低、平均、最高气温的影响值分别为 0.40 ℃、0.25 ℃、0.10 ℃。

中国大陆地区是另一个研究热点区域。Wang 等(1990)对中国各类台站地面气温记录的分析发现,1954—1983 年中国城市热岛强度为 0.23 ℃,东部地区城市站(0.36 ℃/30 a)和乡村站(0.24 ℃/30 a)有明显的增温差异;赵宗慈(1991)对不同等级城市气温变化的研究也发现,1951—1989 年大城市增温 0.48 ℃,全国平均增温 0.2 ℃,小城市站(乡村站)增温 0.04 ℃,差异明显;Portman(1993)使用华北地区 21 个城市站和 8 个乡村站 1954—1983 年资料进行的对比研究则认为,城市与乡村气温序列有显著的差异;朱瑞兆等(1996)认为,城市热岛效应对中国地面气温观测记录有明显影响;黄嘉佑等(2004)发现,中国南方沿海地区热岛效应造成的年平均气温与自然趋势的差值约为 0.64 ℃/10 a;Zhou 等(2004)和 Zhang 等(2005)认为城市化和土地利用变化因素共同对地面气温记录造成了明显影响;周雅清等(2005)使用台站附近聚落区人口和站址具体位置等信息,从华北地区所有气象台站中选择乡村站,对比分析不同类型台站与乡村站平均地面气温序列的差异,发现 1961—2000 年城市热岛效应加强因素引起的国家基准、基本站年平均气温增暖达到 0.11 ℃/10 a,占全部增暖的 37.9%。

张爱英等(2010)采用更严格的标准遴选乡村站,应用经过均一化订正的月平均气温数据,通过对比分析中国 614 个国家基准、基本站和乡村站地面气温变化趋势,发现 1961—2004 年全国范围内国家基准、基本站地面年平均气温序列中的城市化增温率为 0.076 ℃/10 a,占同期全部增温的 27.33%。在他们划分的全国 6 个区域中,除北疆区外,其他地区年平均城市化增温率均非常显著,江淮地区尤其明显,其年平均城市化增温率达到 0.086 ℃/10 a,城市化增温贡献率高达 55.48%。城市化造成的全国全部国家级台站地面增温幅度在冬季和春季最明显,而城市化增温贡献率在夏季和春季最大。这项研究表明,在中国广泛应用的地面气温数据集中,城市化造成的增温偏差是很显著的。Ren 等(2014)使用同样的参考站网数据,发现城市化对 1961—2008 年国家基准站和基本站网观测到的极端气温指数序列趋势同样具有明显的影响,对与最低气温相关的极端气温指数长期趋势变化的影响尤其显著。

　　已有的研究表明,城市化对器测时期地面气温的影响在不同地区、不同时间有不同表现。城市化对气温序列具有显著性影响开始的时间不同,同一时间段城市化影响的强度也有所不同。例如,周雅清等(2005)和 Portman(1993)研究结果的对比说明,华北平原地区城市化对地面气温序列的绝对影响可能具有随时间上升的趋势。Balling 等(1998)对欧洲长序列气温记录的研究发现,1890—1950 年,地面气温增温与城市化或者其他区域因子有明显的相关。任玉玉(2008)研究发现,中国中东部地区气温记录中出现显著城市化影响的时间晚于欧洲地区。在张爱英等(2010)的研究中,也发现中国地面气温序列中的城市化影响有着明显的区域差异。

　　在全球或者半球尺度上,研究的难度比较大。主要原因是不同国家和地区的城市化进程差异明显,很难采用统一的标准和方法遴选乡村站。Karl 等(1988)利用人口数据筛选乡村站进行研究发现,剔除 1970 年人口数超过 10 万人的站点后,全球 20 世纪(Hansen 数据集)平均的增温趋势大约降低 0.1 ℃,城市化对全球范围的影响远小于对美国地区的影响。Jones 等(1990)没有发现中国东部、澳大利亚东部、俄罗斯和美国 4 个地区 CRUT 数据与乡村站记录有明显差异,因此,他们认为 CRUT 数据集中城市化影响较小,推测该数据集中 20 世纪北半球陆地年平均气温序列中由城市化引入的增温不超过 0.05 ℃。这个结论具有深远的影响,IPCC 第二次评估报告(SAR)、第三次评估报告(TAR)和第四次评估报告(AR4)均采用了这一研究结论,并认为在全球尺度上城市化造成的增温比观测到的全部增温趋势小一个数量级。Peterson 等(1999)利用地图和卫星夜间灯光资料选择乡村站,建立全球陆地平均气温序列。所建序列与全部站点所建序列在趋势上没有显著的差异。Hansen 等(1999,2001)对 5 万人以上的城市依据附近乡村站的记录进行订正,对比乡村站、小城镇站和未订正的城市站序列,以及未进行城市化订正的全部站点序列,指出城市化对 20 世纪地面气温趋势的影响不会超过 0.1 ℃;大部分格点的城市化影响订正小于或者约等于 0.1 ℃,并认为城市化在区域尺度的影响要比在全球尺度的影响明显。但是,Wood(1988)对广泛应用于半球或全球变暖研究中的地面气温资料序列提出了质疑,认为还存在很多的不确定性,特别是城市化的影响可能还保留在现有温度序列中。

　　因此,在全球和半球大陆尺度上,城市化对陆地平均气温序列的影响可能比较弱,但也是不可忽视的。不同陆地地区之间存在较显著的差异,这种差异不仅体现在相同时期城市化增温速率和对总增温贡献的程度上,也体现在显著城市化影响开始出现的时间上。欧洲和美国等发达国家最显著城市化影响出现的时间可能比中国等发展中国家和地区来得早。

　　与城市化影响偏差评估相比,地面气温资料的城市化影响偏差订正工作还很少。除 Hansen 等(2001)建立全球平均温度序列时对亚洲地区进行了城市化影响订正处理外,针对全球和亚洲地区的城市化影响订正研究还鲜有报道。相关研究主要集中在中国、日本、韩国。但是,受乡村站选择方法等问题的困扰,Hansen 等(2001)自己也承认,他们对亚洲等美国以外地区的订正可信度较低。

　　订正方法大致可以归为两类:利用人口的函数形式拟合城市化影响(Karl et al.,1988;

Choi et al.,2003；黄嘉佑 等,2004)和依据乡村站或背景气温场建立参考序列进行订正(Portman, 1993；Hansen et al.,1999,2001；Choi et al.,2003；周雅清 等,2005)。台站附近城镇人口只能部分地解释站点之间增温速率的差异(Gallo et al.,1993, Peterson et al.,2005),而且大范围精确的人口数据收集较为困难,因此,大部分城市化影响订正工作主要依赖于附近乡村站的地面气温资料。但是当前的订正方法基本不考虑城市化影响开始的时间和城市化发展的不同阶段,也不考虑风速、云量等气象因子对热岛强度的影响,在整个时段中线性剔除受影响站中的城市化影响。大部分城市站建站时间早于邻近参考站,使得城市站早期的珍贵资料无法进行订正。

此外,还有以大气动力学和热力学过程为基础,用数值模式模拟城市下垫面、人为热源、人为排放物及其与周围环境的相互作用,分析城市气候效应的研究方法。已经由最初的一维地表能量平衡模型发展到综合多种因素的三维中尺度模式。这种方法可以模拟各种条件下温、湿、风等要素的时空变化,但对下垫面性质和几何结构、人为热和废气排放等要素描述的要求较高,因此对遥感信息的依赖度比较大,无法解决早期城市化影响的评估和订正问题。

(2)降水量和风速

导致降水观测误差的原因是多方面的,其中风场变形误差是最主要的原因之一。风场变形误差从很早以前就引起了国内外足够的重视,但是由于各国雨量计型号和安装高度的不同,这个问题始终没有得到很好的解决。IPCC AR4 指出,风速导致的雨量计低捕获对现有的降水资料具有一定的影响(IPCC,2007)。Yang 等(1991,2005)在雨量计低捕获率及其降水观测资料误差订正方面进行了系统研究。近年来国内也通过多次对比观测试验,试图找到解决我国降水观测误差的方法(任芝花 等,2003；Ye et al.,2004；Ding et al.,2007)。上述研究为深入开展全球陆地和中国陆地降水观测误差及其对现有降水气候、气候变化分析的影响提供了良好的基础。

从气候变化研究角度看,如果风速导致的降水观测误差是随机的,则其对趋势分析结果影响不大。但是,随着对近地面风速观测资料分析的深入,发现 20 世纪中期以来中国大陆地区国家基准气候站和基本气象站记录的平均风速和大风频率呈显著下降趋势(任国玉 等,2005c；Jiang et al.,2010),最近研究发现全球陆地平均风速也呈现明显下降趋势(Vautard et al.,2010)。因此,至少在中国大陆地区,大部分陆地台站观测的平均风速下降可能已经引起风场变形误差减小,并进而导致雨量计捕获率增加,明显影响对降水量特别是冬季降雪量长期趋势变化的估计(Yang et al.,2005)。

研究还发现,近地面平均风速的大幅下降在很大程度上与人为因素造成的局地观测环境改变和城市化影响有关(刘学锋 等,2009；张爱英 等,2009)。因此,风速导致的降水量变化趋势估计偏差,尽管可能与大尺度大气环流演化有一定关系,但更主要的原因还是人为因素引起的一种系统偏差,在气候变化研究中需要认真评估和订正(任国玉 等,2010)。

现有对中国降水观测误差的订正研究,主要是基于乌鲁木齐河对比观测试验结果开展的(叶柏生 等,2007；Ding et al.,2007)。虽然乌鲁木齐河对比观测试验包含了较多的天气现象,但对比观测试验数据不一定适合其他地区,据此获得的订正方法应用到其他地区可能会产生较大误差。在 20 世纪 90 年代,中国气象局曾在东北和华北地区 28 个台站开展了普通雨量计与标准雨量计的对比观测试验,获得了多年连续试验数据。这些工作为今后系统评估和订正中国风速等因素引起的降水观测误差奠定了很好的基础。

许多学者对中国地区近地面风速变化趋势的研究表明,中国近地面台站平均风速呈现明显减小的趋势。王遵娅等(2004)指出,中国几乎全部地区的风速都在显著减小,冬、春季和西北西部减小最明显;任国玉等(2005c)发现,20 世纪后半叶中国大部分地面台站观测的平均风速呈明显下降趋势,一些地区下降幅度可达 0.2 m/(s·10 a);彭珍等(2006)在对北京边界层风场结构的研究中指出,1997—2003 年北京夏季平均风速呈现非常明显的逐年递减趋势,而且距离地表越近递减趋势越显著。在第三次全国风能资源评价和普查中,应用气象站距地 10 m 高观测风速进行统计计算,发现全国气象站年平均风速也呈现明显减小趋势(张爱英等,2009)。

研究发现,在过去的几十年,中国夏季风和冬季风环流均明显减弱;王遵娅等(2004)认为,中国风速大幅度减小主要是由于亚洲冬、夏季风的减弱和西伯利亚高压减弱所致;Jiang 等(2010)认为,大气环流的变化是中国近地面平均风速减小的可能原因,城市化、仪器变更是平均风速减小不可忽略的原因,但不是主要原因;刘学锋等(2009)通过对河北地区城市化和观测环境改变对地面风速观测资料序列的影响研究以及边界层内不同高度风速变化特征的分析认为,河北地区城市化以及台站附近观测环境的改变对台站观测风速变化减小趋势具有重要影响;王毅荣等(2006)通过对比分析河西走廊高山气象站和绿洲气象站测风资料,认为风速受绿洲和城市化影响十分明显,在河西走廊绿洲风速下降明显;张爱英等(2009)通过比较高空和地面风速变化趋势发现,中国 1980—2006 年对流层各个层次和地面年平均风速均呈下降趋势,但只有地面平均风速的下降趋势通过了统计显著性检验,说明台站附近观测环境变化和城市化等局地人为因素的影响可能是重要的。

因此,城市化和观测环境改变很可能已经对中国近地面风速观测造成了显著影响。这种影响从大尺度气候变化分析来看,应该作为资料序列的偏差对待,将来也需要进行订正。当前主要任务是对地面台站观测的平均风速明显下降趋势究竟在多大程度上由城市化和观测环境改变引起,进行深入系统评估,并发展风速偏差订正方法。

## 4.2　气温资料城市化影响偏差评估

### 4.2.1　参考站(网)选取方法

评估城市化对地面气温序列的系统影响偏差,有多种方法,但最常用也是迄今最为可信的方法就是确定参考站或参考站网,建立参考序列,然后将目标序列变化与参考序列变化进行比较,估算目标序列相对于参考序列波动或趋势的偏离程度。在这个过程中,参考站(网)的选取和参考序列的建立是至为关键的环节,因为它决定了最终的评估结果是否真实、可靠。早期研究中对于同一站或同一站网(地区)地面气温序列中城市化影响性质和程度的争议,在很大程度上就和不同的参考站选取方法以及参考序列建立方法有关。

参考站(网)资料选取有多种方法,其中包括同一站点或同区域的探空观测(吴息 等,1994;Ernesto,1997)、附近高山站观测、附近海洋表层水温观测(Jones et al.,2008)、再分析资料(Kalnay et al.,2003;Fall et al.,2010;Yang et al.,2011)、邻近地面站观测等。探空和附近高山站观测的优点是几乎可以完全摆脱人类活动影响,但由于不同高度可能存在较明显的气温变化差异,包括趋势变化的差异,这种方法的预设假定条件可能不成立。另外,探空观测仪器类型、防辐射措施、观测时次等和地面观测也不相同,二者可比性较差。附近海洋表层水温观测资料作为参考序列也存在较大问题,其中最主要的一个问题是由于海流的影响沿岸地区海水不是静止的,其表层温度受其他海区和海流温度影响较大,不宜作为陆地的参考序列(王芳 等,2012)。再分析资料是利用气候模式同化不同类型观测资料获取的高分辨率资料,但由于各类原始资料的质量问题和模式偏差,难以代替实地观测资料,特别是在描述气候变化趋势上常常存在较大误差,加之再分析资料中很可能包含着除了城市化以外更大尺度土地利用和土地变化的影响,用作城市化偏差评估的参考资料序列同样受到广泛批评(Trenberth,2004;Simmons et al.,2004;Jones et al.,2008;Parker,2010)。因此,一般认为,用来评估和订正城市化影响偏差的参考站(网),最可信赖的方法还是选取和采用邻近地面观测站(Brohan et al.,2006;Ren et al.,2008)。

邻近地面观测站选取可分为人口方法、数值方法、卫星遥感(夜间灯光、可见光遥感、亮度温度)方法和综合方法等。

人口方法是早期使用较广泛的方法,一般将气象台站所在居民点的常住人口数量作为指标,规定当人口数量低于某一阈值时,该站可作为参考站或乡村站。这一方法是基于城市热岛效应强度与城市居住人口数量具有密切关系的观测和理论研究结论。由于地理和社会经济条件的差异,以及各个地区站网类型的差异,研究者常常采用不同的人口指标阈值,例如,美国早期研究采用了 1.0 万人口(Karl et al.,1988),针对中国地区的研究则采用了从 1.0 万到 20.0 万不等的人口指标阈值(赵宗慈,1991;Portman,1993;Li et al.,2004b;周雅清 等,2005;陈正洪 等,2005)。由于阈值不同,不同研究者获取的参考站或站网差异明显,最终的对比分析结果也存在较大差异(任玉玉 等,2010)。另外,更重要的是,气象台站的具体位置可以在城市内部,更多的是分布在城市附近不同方位和不同距离范围内的近郊区,实际感受到的城市热岛效应可能与市区常住人口数量关系不大。

针对上述问题和缺陷,有研究提出同时使用人口指标和有关台站观测环境描述的元数据资料,确定参考站(周雅清 等,2005)。周雅清等(2005)采用 5.0 万人口指标,并根据观测环境元数据对于具体位置的描述,确定华北地区的参考站,获得较理想效果。

数值方法是指通过数理统计等数值计算来区分城镇站和乡村站,例如,根据 EOF 分析和空间插值等温线等方法识别乡村站(黄嘉佑 等,2004;初子莹 等,2005;Li et al.,2010;Kim et al.,2011)。在对北京地区地面气温序列中城市化影响进行的研究中,初子莹等(2005)采用对1979—2000 年全市 20 个长序列资料台站年平均地面气温进行经验正交函数(EOF)分解方法确定乡村站,认为空间函数第二特征向量指示城市热岛效应或土地利用对局地气温的影响,并将年和四季平均气温 EOF 第二特征向量均为负值的站作为乡村站。所选出的参考站有霞云岭、斋堂、佛爷顶、汤河口、怀柔和上甸子站,恰好是所有 20 个站中附近居民点人口数和建成区面积最小的。

卫星遥感方法是通过利用卫星遥感技术反演的地面土地利用和土地覆盖信息,识别乡村站点位置(胡嘉骢,2010);而所谓综合方法是指采用反映地表特性的多种自然、社会指标,综合各种信息遴选乡村站点。这两种方法是遴选参考站(网)最有潜力和应用前景的技术手段,以下做详细介绍。

(1)卫星遥感方法

卫星遥感方法还可以划分为夜间灯光强度分类方法、可见光影像分类方法和地表亮度温度分类方法。

　　Hansen 等(2001)利用卫星夜间灯光影像资料选择乡村站,建立全球陆地"乡村站"平均气温序列,用于评估、订正城市化影响偏差。这种方法的主要思路是,卫星夜间灯光在主要城市和城市群地区比较明亮,而在经济活动弱、人口稀少的乡村地区较暗;根据气象台站所在位置卫星夜间灯光明暗程度,可以判断是属于城市地区还是乡村地区;把位于"暗带"的气象站挑选出来,可以作为乡村站或参考站。国内学者也使用这种方法开展了研究(Yang et al.,2013;Wu et al.,2013)。然而,这种方法存在一个明显的缺陷,就是不同国家和地区之间不具有可比性。除去城市化水平或城市热岛效应因素,不同国家或地区的文化传统、消费观念和生活习惯也影响夜间灯光的强度。例如,发展中国家的中小城市夜间灯光强度一般比较弱,而发达国家和地区具有同样热岛强度的中小城市在卫星影像上可能明亮得多。因此,采用卫星夜间灯光强度指标在不同国家、地区之间的可比性较差,需要其他元数据资料分析评估才能用于大尺度的站点分类中。

　　利用卫星可见光影像资料,进行大比例尺土地利用/土地覆盖分类,可以更明确地划定城市建成区范围,确定当前气象台站的具体位置,或者获取过去气象站周围地区城市土地利用扩张速率,判断其可能受到的城市化影响程度。国内几个研究组采用这种方法遴选乡村站,或者表征城镇站附近居民区的城市化速率,评估 20 世纪 80 年代初以来城市化对城镇站地面气温趋势的影响,取得较好效果(孙朝阳 等,2011;Yang et al.,2011,2013;Wang et al.,2012;He et al.,2013)。

　　孙朝阳等(2011)采用可见光卫星遥感影像和 GIS 空间分析相结合的方法,对中国基本和基准站的观测环境历史变化进行了评估,区分出此前 30 年不同历史时期受城市化影响的气象站,并在此基础上分析和尝试订正城市化对气温观测记录的影响;Wang 等(2012)利用卫星资料,把国家基准站和基本站按照城市土地利用扩大速率分为快速城市化、中度城市化和最小城市化 3 类,分析 1980—2009 年快速城市化和中度城市化类型台站相对于最小城市化类型台站增温速率的差异,得到其城市化贡献率分别至少为 41% 和 20% 的结论;He 等(2013)利用高分辨率卫星可见光影像资料,分析了京津冀地区城市土地利用扩张对 69 个气象站地面气温增加趋势的影响,发现大约 10% 的城市土地利用扩大可以导致气象站地面年平均气温上升0.13 ℃左右,整个地区城市化引起的年平均增温对全部增温的贡献达到 44.1%。

　　卫星可见光影像资料在划分气象台站类型方面具有很大优势,有潜力应用于更大尺度的城市化影响评估研究中。利用卫星资料确定气象站周围地区城市土地利用扩张速率,分析评估气象站观测记录受到的城市化影响程度,只能用于近期的城市化影响研究,20 世纪 70 年代末以前没有可用资料。在发达国家,大部分城市已经处于城市化后期,近几十年建成区范围基本稳定,利用城市用地扩张速率指标不一定获得理想结果。此外,采用卫星遥感可见光资料还要考虑城市郊区台站可能仍在一定程度上受到城市热岛"穹窿"的影响,利用该方法遴选出的一些具有最低城市化影响的台站不一定代表真正的乡村站。

　　有研究(任玉玉,2008)发展了一种基于卫星遥感地表亮度温度分类气象台站的方法,并已应用于中国、亚洲地区和北半球陆地城市化对地面气温观测资料序列影响的评估研究中。该方法借鉴前人利用卫星遥感分析技术研究城市热岛强度的方法,首先分析获得所有台站附近地表亮度温度场空间分布规律,确定城市热岛效应的影响范围及其与气象站的相对位置,确定站点类型。具体工作中可选择 NASA 提供的高分辨率(1 km)热红外波段反演的地表温度数据,绘制气象台站附近的等温线分布图。该资料由 NASA 的 LST 小组利用推广的分裂窗算法,对中分辨率成像光谱仪(MODIS)第 31 波段和第 32 波段进行处理所得。处理中考虑了观察角度、大气柱水汽含量和云等要素。有了亮度温度等值线分布图,进一步观察了解台站附近区域地表亮度温度与城市附近地表温度的关系,同时可结合谷歌地球(Google Earth)发布的卫星影像图信息或其他元数据资料,确定台站附近的建筑物或地物情况,选择参考站。

卫星资料分析时段的确定需要考虑 MODIS 热红外波段探测对哪个季节(月份)的温度更加敏感,反演效果更为理想,也要考虑资料的可获得性。一般情况下,中高纬度地区冬季月份利用卫星遥感技术获得的地表热状况分布更接近实际,城市热岛影响可以比较清晰地识别出。

反演地表温度等温线的间距选择应该既能反映城市和背景区域之间的温度梯度,又不易受小地形等局地因素的干扰,同时最大限度地节省时间和工作量。采用 1.0 ℃、0.5 ℃ 和 0.25 ℃ 等不同的地表亮度温度等值线间距和不同类型台站进行试验,综合比较分析结果表明,0.5 ℃ 的等温线间距可以明确地显示出城乡地表温度差异,等温线间距适中(图 4.1)。0.25 ℃ 的等温线间距会产生更多的等温线,反而容易给分析识别造成干扰;1.0 ℃ 的等温线间距又略显粗糙,在一些小城镇台站附近不容易识别观测地点在空间热力结构中的地位。

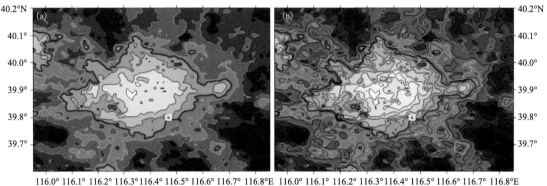

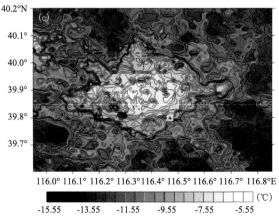

图 4.1　北京站平均地表温度等值线

(a、b、c 分别表示等温线间距为 1.0 ℃、0.5 ℃、0.25 ℃ 的地表温度分布)

具体确定乡村站点的过程可分为两个步骤。下面以中国北京站和德国菲希德尔山站为例予以说明:

　　①利用台站元数据提供的经纬度位置信息,在 Google Earth 中提取台站及其周围区域的影像图,寻找台站具体地点,确定台站与城市的相对位置,并分析台站附近人工环境是否可能对观测造成影响。北京站观测场处于中心城区东南方的城乡过渡带,周围有大量的人工建筑物。

　　②利用台站所在位置的地表温度资料,绘制等温线分布图,分析观测场附近地表亮度温度等值线分布情况,确定台站所在地点是否与背景温度一致。图 4.1 表明,北京地区地表温度呈现出明显的由中心城区向四周辐射降低的环状分布。此外,出京交通干道附近的温度也明显高于其他地区。在北京这种特大城市区域,最外一圈闭合等温线(−10.55 ℃)方可大体代表城市热岛现象影响的边界。北京站位于−9.55 ℃等温线以内,站点附近与背景气候条件下的地表温度(北京西南方平原农田地区)有 2 ℃以上的温差。因此,可以确定该站受到城市热岛效应的显著影响,是一个代表城市边缘区域气候条件的台站,不能作为参考站点。

　　另一方面,菲希德尔山站位于德国境内靠近捷克的地区。附近最有可能影响观测的聚落区位于站点的东南部,但面积很小(图 4.2)。区域海拔高度略有起伏,附近人口和建筑物均较少。站点东南方聚落区附近没有出现明显的闭合等温线,表明该站基本未受附近城镇热岛效应影响。因此,该站可以作为地面气温参考站。

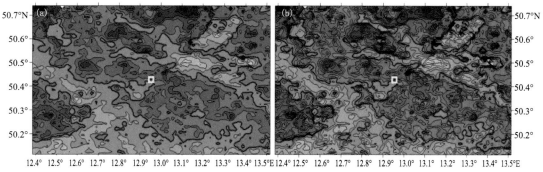

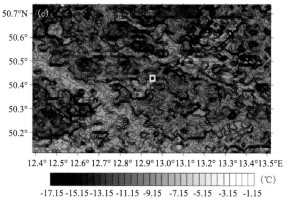

图 4.2　菲希德尔山站平均地表温度等值线

(a、b、c 分别表示等温线间距为 1.0 ℃、0.5 ℃、0.25 ℃的地表温度分布)

　　在对站点进行分类时,还需要注意妥善处理以下情况:

　　①部分台站经纬度位置数据较粗,仅四舍五入到分(′),标定位置有一定误差。在这种情况下,可以认为站点实际上处于以根据经纬度数据确定的位置为中心加减 30″的矩形区域内。

如果是在赤道地区,该矩形区域大约 1.86 km×1.85 km。因此,分析台站所在区域地表温度时,需要将所标定台站位置的经纬度扩大 30″。如果确定该区域没有受城市化影响,则认为该站点可作为乡村站。例如,元数据中提供的北京站经纬度坐标为(39°48′N,116°28′E)。在MODIS影像中,识别北京站是否为乡村站时,是对(39°48′30″N,116°27′30″E)到(39°47′30″N,116°28′30″E)之间的区域进行分析。由于这个区域内平均地表亮度温度明显比背景温度高,因此不能作为参考站。

②参考站选择要注意过去的迁站问题。许多站原来在城市里,现在迁到了郊区或乡村,但资料的均一化过程在一定程度上恢复了气温序列中的城市化影响(Hansen et al.,2001;任国玉 等,2010;Zhang et al.,2013),这样得到的参考站序列仍有问题。因此,在对站点进行分类时,需要考虑台站的历史沿革情况,对迁站次数进行一定的限制,任国玉等(2010)规定参考站在 1961 年后迁站次数不多于 2 次。按照城市发展的一般规律,城市规模将不断扩大,原来是乡村或者郊区的地方现在可能发展成为市区,而原来是城市的地区一般不会退化为乡村或者郊区。因此,按照现在卫星遥感资料选出的参考站地面气温序列,如果没有迁站,在早期多数情况下不会受到城市化的影响,不仅对现在的地面背景气温变化有代表性,也能代表过去任何时期的背景地面气温变化情况。

③考虑到分析所需序列需要覆盖较长的时间段,参考站观测的起始年份越早越好,最好能够与所评估的目标站序列一样早。但如果评估 19 世纪后期以来的城市化影响,常常难以选取到足够数量的参考站。

(2)综合方法

如前所述,用来评估和订正城市化影响偏差的参考站(网),最可信赖的方法还是选取和采用邻近地面观测站。除了基于卫星遥感资料的方法以外,单独采用台站附近居民点人口或具体位置描述等信息都不足以确定观测地点附近的实际环境状况。在这种情况下,任国玉等(2010)发展了一种综合方法。这种方法是通过设立若干标准或指标,采用多重指标遴选背景或参考站,再利用这些台站资料检测和订正目标站的城市热岛效应影响,所用标准除台站附近居民点人口总数或密度外,有时还考虑其他直接或间接表征城市化水平和观测场周围环境特征的指标。

要考虑从尽可能密集的观测站网中选取参考站。例如,中国有 3 类国家级地面气象站网,从哪个站网中确定参考站,对于保证遴选结果的代表性和可信性至关重要。大量实践经验表明,从包括一般站网的所有台站中遴选参考站是必须的。包括了一般站后,全部站网资料的数量和密度均比仅使用国家基准站和基本站网资料增加 3 倍左右,东部城市和人口密集的区域增加幅度还要大。更重要的是,由于一般站更可能建立在乡镇附近,这样就可以保证获得足够数量的脱离了城市化影响的参考站点。

综合方法规定以下 5 条原则:

①资料序列足够长,时间连续性高。连续记录的长序列参考站资料是比较评估目标站城市热岛偏差的前提条件。理想情况下,参考站观测时间长度应该与目标站完全一致,例如目标站有 80 年观测记录,参考站资料序列也应达到 80 年。但由于参考站很多将从一般站网中选取,而一般站建站时间通常较晚,获得与目标站观测记录长度一致的参考站十分困难。在这种情况下,参考站的观测长度一般比目标站短。由于评估和分析是在全国和区域尺度上开展,规定统一的参考站观测起始时间点是必要的。这要照顾到多数候选站的记录长度,也要考虑所

获得的目标站城市热岛增温趋势结果是有意义的。

②迁站次数少,迁站等造成的资料非均一性可以证实和订正。迁站是造成地面气温序列非均一性的主要原因之一。频繁的迁站将产生一系列非均一性断点,给资料序列的连续性和可靠性造成影响。由于检测技术的局限和元数据的可获得性等问题,不是每一个断点都能够识别和确认,订正起来十分困难。因此,作为参考站的候选台站,最好没有经历迁站。在最近的 50 年中,没有迁站记录的台站数量较少,国家站中不足 33%,一般站中不足 35%。如果要求均无迁站记录,候选站的数量将大大减少。在这种情况下,规定迁站的次数尽可能少,并具备完善的台站沿革记录,以便对断点进行可靠的检测和订正。

③避开各类人口密集的城市地区,选择附近人类活动程度对广大区域有代表性的台站。这是最重要的,也是难以做到的。许多分析都发现,大中城市和特大城市台站记录的地面气温趋势中,城市化的影响十分显著。根据这一原则,参考站应该位于真正的乡村、农田、旷野和各种自然生态群系内,但在中国这样的台站凤毛麟角。现实与理想的差距比较大,目前能够做到的也只能是尽最大可能,选择那些在全部台站网中比较好的站点。因此,一些参考站不可避免地仍将坐落于乡镇甚至小城市等居民区附近。已有的分析说明,城市规模越大,台站附近城市化增温也越显著。乡镇和小城市站虽然可能仍感受到城市化的影响,但和其他各类规模城市站比较,其同期的总增温和热岛增温率是最小的。这为选择附近居民点人口较少的台站作为参考站提供了依据。

④达到一定数量,空间分布相对均匀。地面气温变化和变率在空间上的持续性比较好,但比城市尺度大的各种区域性因子仍然使其具有较明显的空间差异。为了充分反映这种区域差异性,所选的参考站需要达到一定数量,在空间分布上也要相对均匀。遵循这一原则有时可能要求在难以寻找参考站的地区适当降低标准。这样做是为了在区域范围内能够对目标站的城市热岛偏差进行评估。例如,在中国东部的平原地区,许多原来台站所在乡镇已经发展成为小城市,真正位于乡镇的台站极少。在这种情况下,就需要综合考虑台站所在地人口、经济水平和具体位置等条件来选择一定数量的参考站。

⑤对于各类自然和人工环境具有代表性。这一原则与上一条原则有密切联系。在参考站密度和分布达到要求的情况下,各类大的自然和人工环境一般可以获得记录。在山区和沿海等自然环境梯度较大的区域,气温变化和变率的空间差异不一定也大,这和气候学上的气温分布特征不同。因此,仅就气候变化研究来说,这些区域参考站的密度与其他区域可以相近。

在具体遴选参考站前,需要收集整理全部台站的基础信息和历史沿革信息。这些包括台站经纬度、海拔高度、台站详细地址、记录年限、缺测情况、迁站信息等;台站附近居民点的常住人口数;台站附近居民点人工建筑分布情况,特别是台站周围方圆一定范围内(例如 12 km²)的人工建筑面积比率,观测场距附近居民区地理中心的直线距离等。这些数据可根据 Google Earth 和大比例尺地图资料估计获得。

在基础台站信息资料的基础上,根据上述基本原则,采用以下标准和程序遴选中国地区的气温参考站(图 4.3)。

①规定所有备选的参考站地面气温记录必须达到和目标站一样的长度,例如 40 年或 50 年以上,起始记录年份不晚于某一年。此外,参考站气温资料的连续性也非常重要,因此规定备选的参考站月平均气温无缺测记录。满足这两个条件的台站在中国大陆共有 1416 个,约占全部台站数量的 59%。

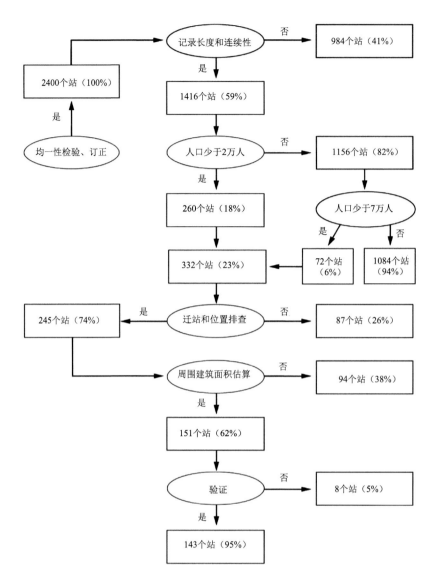

图 4.3　综合方法遴选中国地区气温参考站的步骤

②采用 2000 年全国人口普查的人口统计数据,首先规定参考站所在居民点的常住人口数少于 2 万人。这样的台站一般都是村镇。在备选的 1416 个台站中,满足这一条件的台站数量只有 260 个,大部分位于中西部地区,东部较为稀疏。在经济发达的平原地区,常住人口数低于 2 万人的台站尤其稀少。

在这种情况下,在东北三省、华北平原、长江中下游、东南沿海和四川盆地等地区共 16 个省(市)放宽人口数标准,规定站点所在或附近居民点常住人口数不超过 7 万人。在备选的台站中,这些地区台站附近居民点常住人口数多于 2 万人但少于 7 万人的站点共有 72 个。综合考虑全国范围内人口数少于 2 万人的站点,以及东部经济发达地区人口数少于 7 万人的站点,总共得到 332 个乡镇台站。这些台站成为进一步遴选参考站的基础。

(3)已有研究表明,台站附近居民点人口数量有时不能完全反映城市化对观测点气温的影响,小城镇尤其如此。位于小城镇甚至乡村的台站,如果观测场位于人工建筑区域内,城镇化(包括城市热岛效应)的影响仍然很明显。观测场周围的局地环境变化需要给予关注。因此,在上述 332 个站的基础上,又根据台站基础信息资料对这些站点进行了排查。

首先根据站点具体位置信息剔除了位于村镇中心或太靠近建成区的台站。这个阶段还考虑了台站迁移次数,规定参考站自 1961 年以来迁站次数不超过 2 次,每次迁站水平距离不超过 5 km。对于经纬度相差在 1°左右的邻近站点,根据人口数、台站位置信息及地区经济增长情况等综合做出判断,保留那些符合上述标准的台站,以保证所选台站空间分布的相对均匀性。在河北、山西、湖北、吉林、黑龙江、江苏、湖南、浙江及西藏西部等站点较少的地区,适当降低迁站次数与迁站距离标准,以保证各省(区)台站数和空间分布的均匀性。经过此次排查后,全国共保留 245 个站点。

(4)利用 Google Earth 的遥感图片资料和大比例尺地图资料,对以上 245 个站点附近的观测环境逐一进行检验。Google Earth 的遥感图片资料空间分辨率差异很大,一些图片分辨率高,可以清晰地查看到观测场内百叶箱位置,及其附近房屋等人工建筑,而其他的粗分辨率图片则只能观察台站相对于城镇建成区域的位置。在这个过程中,主要是查看观测场周围人工建筑面积的相对比例。规定以观测场为中心、以 2 km 为半径的区域内,即环绕观测场方圆约 12 km² 范围内,人工建筑面积所占比例不超过 33%。

此轮筛选还舍去站点分布相对密集区的几个台站。这主要是根据遥感资料和实地调研情况,舍去观测场附近观测环境以及资料序列连续性和均一性相对较差的站点。这一轮筛选后,在全国范围内得到 151 个台站,作为反映背景气温变化的参考站点。

(5)从 151 个站中随机抽取 60 个,邀请各省(区、市)气象局专业技术人员根据独立的资料和信息对其观测环境情况进行检验。检验主要考虑附近居民点的常住人口数量和建成区面积、台站相对于附近居民点的方位和距离、以台站为中心的方圆 12 km² 范围内人工建筑物所占比例等。结果表明,这些台站中 80%以上基本符合标准,其中观测场周围 12 km² 范围内人工建筑面积所占比例不超过 40%的台站有 49 个,占全部检验台站数量的 82%。少量台站与根据 Google Earth 遥感图片和大比例尺地图资料获得的结果有一定出入,但差异较小。台站附近居民点的常住人口数和建成区面积、观测场相对于附近居民点地理中心的直线距离等参数,一般也和实际情况符合。

在检验过程中,删除了 5 个明显与原来估计结果不符的台站,其中多数是由于观测场周围 12 km² 范围内人工建筑面积所占比例明显超过 40%,或东部地区台站附近居民点常住人口数超过 7 万人。此外,在中西部所选台站略密集的地区,进一步根据上述标准舍弃了 3 个站点。

因此,最后保留下来作为地面气温参考站的共有 143 个,其分布情况见图 4.4。在黑龙江中南部、吉林中部、安徽北部、江苏北部、河南东部、新疆南部和西藏西部,参考站点仍然较稀少。其中东部省份参考站点稀少地区全部位于平原上,是中国经济发展迅速、城市化程度很高的区域。但总体上看,通过这种方法获得的参考站点空间分布在多数地区还是比较均匀的,而且对各个自然气候单元和行政区域的代表性也较好。在这些台站中,附近居民点常住人口数全部在 7 万人以下,其中 76%在 2 万人以下,96%在 5 万人以下。

上述台站是当前可能获得的、能够大体代表背景地面气温变化的站点,其长期地面气温资料可用作其他台站城市化增温偏差评估和订正的参考,也可直接用于中国地面气温变化的分析。但是,根据这种方法遴选的地面气温参考站在东部平原地区还较稀少,将来应结合更详细

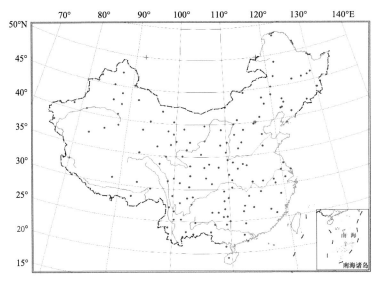

图 4.4　根据综合方法遴选的中国大陆地区气温参考站分布
（红色是后来剔除的站点，蓝色是后来补充的站点）

的台站信息加以补充；另外，这样获得的参考站仍不是真正意义上区域背景气温站，因为它们仍然存在局地较强人为干扰问题，不能用作基准气候站。但是，这种方法所提出的遴选思路、原则和步骤，对于在当前情况下遴选最接近代表区域背景气候条件的观测站网有参考价值，对于国家基准气候站网设计也具有一定借鉴意义。

### 4.2.2　城市化影响（偏差）评估方法

在传统城市热岛（UHI）效应研究中，一般采用城市热岛强度指标表征 UHI 的大小。城市热岛强度定义为城市内和城市外围乡村之间的地面气温差，用 UHII 表示。城市热岛强度的表达式为：

$$\text{UHII} = T_u - T_r \tag{4.1}$$

式中，$T_u$ 为城市内任一点或一个区域平均的地面气温，$T_r$ 为城市外围乡村地点或乡村多点平均的地面气温。

城市化对城市气象站地面气温变化趋势的影响，不同于城市热岛强度，是指由于城市发展而引起的气象站观测场内地面气温的趋势性变化。这种趋势性变化是叠加在区域地面平均气温变化之上的额外变化量，因而在大尺度气候变化研究中将其作为观测的系统偏差，又称城市化影响偏差或简称城市化偏差。

对城市化偏差大小的评估可以参考城市热岛强度的定义，计算分析城市气象站与城市外围乡村站（参考站）或参考序列地面气温（或气温指数）长期变化趋势的差值，或者城市气象站与城市外围乡村站（参考站）或参考序列逐年地面气温（或气温指数）差值序列的线性趋势。

城市化偏差：指由于城市化作用，城市热岛效应随时间加强等因素引起的城市内或附近气象台站地面气温（或气温指数）的长期趋势性变化，用 $\Delta X_{urt}$ 表示。设 $X_{ut}$ 为城市站气温（气温指数）的变化趋势，$X_{rt}$ 为乡村站气温（气温指数）的变化趋势。城市化偏差（$\Delta X_{urt}$）的表达式为：

$$\Delta X_{\rm urt} = X_{\rm ut} - X_{\rm rt} \tag{4.2}$$

当 $\Delta X_{\rm urt} > 0$ 时,表示城市化影响使城市站地面气温(或气温指数)上升或增加,引起地面气温序列的正偏差;当 $\Delta X_{\rm urt} = 0$ 时,表示城市站地面气温序列中的城市化偏差为 0;当 $\Delta X_{\rm ur} < 0$ 时,表示城市化影响使城市站地面气温(或气温指数)下降或减少,引起地面气温序列的负偏差。

如果是城市气象站,$\Delta X_{\rm urt} = 0$ 的情况极少。出现这种情况一般是因为城市规模很小,接近乡村,或者气象站位置远离城镇的建成区,地面气温观测基本能够代表区域背景气温的长期变化过程。多数城镇气象站的 $\Delta X_{\rm urt}$ 将大于 0,即城市化影响使城镇站地面气温(或气温指数)呈现上升或增加的趋势,造成观测场内和附近局地变暖。这种情况在湿润地区或高纬度地区更为明显。在干燥地区,例如,新疆天山南北麓地带的城市气象站,$\Delta X_{\rm urt}$ 常常小于 0,即城市化影响使城市站地面气温(或气温指数)呈现下降或减少的趋势,造成观测场内和附近局地变凉,出现所谓"绿洲化效应"。

城市化偏差评估的另一种方法是,首先计算城市气象站与城市外围乡村站(参考站)或参考序列逐年地面气温(或气温指数)差值,相当于逐年的城市热岛强度,获得城市减乡村的差值序列或城市热岛强度时间序列,再计算整个时期此差值序列或城市热岛强度序列的线性趋势。其表达式为:

$$\Delta X_{\rm urt} = T_{(ui-ri)t} \qquad (i=1,2,3,\cdots,n-1,n) \tag{4.3}$$

式中,$T_{ui}$ 为第 $i$ 年的城市站地面气温,$T_{ri}$ 为第 $i$ 年的乡村站地面气温。

城市化影响贡献率:指显著的城市化影响对城市附近台站地面气温(或气温指数)总体变化趋势的贡献率,即通过显著性检验的城市化影响在城市附近台站地面气温(或气温指数)总体线性变化趋势中所占的比率,用 $E_{\rm ut}$ 表示。因此,只有当城市化影响通过显著性检验后,才可以计算和分析城市化影响贡献率。城市化影响贡献率($E_{\rm ut}$)的表达式为:

$$E_{\rm ut} = |\Delta X_{\rm urt}/X_{\rm ut}| \times 100\% = |(X_{\rm ut} - X_{\rm rt})/X_{\rm ut}| \times 100\% \tag{4.4}$$

考虑到使城市化影响贡献率 $0 \leqslant E_{\rm ut} \leqslant 100\%$,所以取了绝对值。当 $E_{\rm ut} = 0$ 时,表示城市化对城市站地面气温(或气温指数)的变化趋势没有贡献;当 $E_{\rm ut} = 100\%$ 时,表示城市站地面气温(或气温指数)的变化完全是由城市化影响造成的。实际计算当中,少数情况下 $E_{\rm ut}$ 可能超过 100%,说明可能存在某种尚未认清的局地因子影响,但这种情况均按 100% 处理。

之所以规定仅当城市化影响通过显著性检验后,才计算、分析城市化影响贡献率,是因为在总体变化趋势和城市化影响数值较小的情况下,城市化影响贡献率会出现虚假偏高现象,其结果没有意义。

在单站基础上计算和分析城市化影响及其贡献率比较简单。关键在于选取参考站和建立参考序列。参考站选取方法参见本章有关内容。一般情况下,针对一个目标站的参考序列建立方法,可采用其周围具有相同背景气候条件的若干参考站,计算气温或气温距平的平均值。参考站数量取决于附近台站资料的可获得性,一般采用不同方位的 3～5 个站即可。计算参考序列的平均方法,可以是简单的算术平均,但最好根据各参考站与目标站去趋势后的年平均气温序列相关系数,进行加权平均,获得参考序列。

如果分析评估的不是单独一个目标站,是一个较大区域或多个目标站,需要采用不同的计算方法。

一个方法是划分经纬度网格,在网格的基础上计算城市化影响或偏差,然后进一步计算整个区域平均城市化影响或偏差。网格尺寸的确定要根据区域大小和台站分布密度,特别是参考站网的密度。例如,对于华北地区,如果评估的对象站网是国家基准站和基本站,台站数量在 100 个左右,在全部 300 个左右台站内,按照标准方法能够选作参考站的站点不会超过 50 个。在这种情况下,可以确定网格尺寸为 2.0°×2.0°左右。在 30 个左右经纬度网格内,平均每个网格的目标站数为 3 个以上,参考站数为 1~2 个。如果需要对目标站进行分类评估,比如分为大城市、中等城市和小城市,则每个网格内目标站数量将更少,可能比参考站数量还少。总之,需要综合考虑目标站、参考站数量及其空间分布情况,确定合理的网格尺寸。然后,就可以按照通用的方法分别建立网格点平均的目标序列和参考序列,分别计算它们的线性趋势,再求二者差值;或者计算两个序列逐年的差值,获得差值序列,再计算差值序列的趋势。这两种方法都可以求算获得各个网格的平均城市化影响或偏差。最后,根据网格尺寸加权平均获得整个区域的城市化影响或偏差。

另一个方法是针对每个目标站选取参考站并建立参考序列。首先分析评估各个目标站的城市化影响。参考站的选取可以采用不同的方法。最简单的方法是将某一个目标站周围一定范围内的参考站全都用上,计算其平均值,获得该目标站的参考序列;一个更成熟的方法是通过计算去趋势后各参考站与目标站年平均气温序列的相关系数,按照相关性大小、具体方位和直线距离远近,综合遴选该目标站的参考站,再根据相关系数加权平均获得参考序列。后一方法将在城市化偏差订正部分详细介绍。这个遴选参考站的方法不同于网格平均方法,可以使得部分参考站被用于配对分析不止一个目标站,在参考站网密度比较稀疏的情况下更具有优势。有了参考序列,就可以计算每个目标站的城市化影响或偏差,然后根据经纬度网格及其面积加权平均方法计算获得所有网格和整个区域的城市化影响或偏差。

### 4.2.3　应用案例

(1)单站城市化偏差评估

单站城市化偏差评估,首先需要获得均一化的地面气温资料序列。这里以石家庄站为例,在确认没有由于迁站等因素引起的非均一性基础上,评估城市化对均一化地面气温序列的影响。

从建站到 2012 年,石家庄站没有经历过迁址,因此,不存在由于迁站原因造成的地面气温资料不连续性现象。由于采用了国家气象信息中心新近公布的均一化地面气温资料数据集,其他原因引起的非均一性断点也得到了订正。这个站的历史地面气温观测资料在不同尺度气候变化分析中也得到了广泛应用,因此正确评估其城市化偏差,对于局地后期区域气候变化监测和研究均具有实际意义。

参考站从前述根据综合方法遴选的全国 143 个台站内选取。方法是:首先取石家庄周围方圆 500 km 范围内的所有参考站,共计 10 个;然后计算 1960 年以来每个站与石家庄站年平均气温的相关系数,从中选取与石家庄站相关性最大的 4 个台站,分别为河北盐山站、内蒙古清水河站、北京上甸子站和山西榆社站。采用 4 个参考站逐月气温距平的加权平均值获得石家庄站的月平均气温距平参考序列,权重为前述相关系数的平方。在这个步骤中,由于部分参考站与石家庄站海拔高度相差较大,因此在建立平均参考序列时,首先对所有单站气温序列计算距平值,计算距平值的参考期是 1981—2010 年。

利用公式(4.3),计算石家庄站与参考站逐月平均气温距平序列的差值,得到 1960—2012

年差值序列,然后通过最小二乘法计算整个时期石家庄站逐月和年平均的城市化偏差,利用公式(4.4)计算城市化影响贡献率。

图 4.5 给出了 1960—2012 年 53 年内石家庄站与参考站年平均气温距平差值序列的逐年变化及其线性趋势、3 阶多项式拟合曲线,表 4.1 列出了石家庄站年和季节平均、最高和最低气温城市化偏差及其城市化影响贡献率的具体数值。就年平均气温而言,1992 年之前城乡年平均气温距平差值均为负值,变化趋势不明显;1992 年之后城乡年平均气温距平差值则基本上为正值,上升趋势明显。近 53 年石家庄站与乡村站年平均气温距平差值序列的线性趋势为0.25 ℃/10 a,即石家庄站的城市化影响为 0.25 ℃/10 a,通过了 $\sigma=0.001$ 水平的信度检验,表明城市化偏差非常明显,城市化影响贡献率达到 67.8%;年平均最低气温序列中的城市化偏差及其城市化影响贡献率更为明显,而年平均最高气温序列中没有检测到明显的城市化偏差。各个季节平均气温和平均最低气温序列均存在着非常显著的城市化偏差。

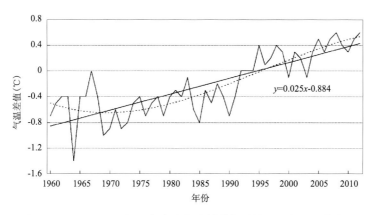

图 4.5　1960—2012 年石家庄站与乡村站年平均距平气温差值序列
（曲线）及其线性趋势（直线）、3 阶多项式拟合（虚线）

表 4.1　1960—2012 年石家庄站年、四季平均城市化偏差及城市化影响贡献率

|  | 平均气温 | | 平均最低气温 | | 平均最高气温 | |
|---|---|---|---|---|---|---|
|  | 城市化偏差(℃/10 a) | 城市化影响贡献率(%) | 城市化偏差(℃/10 a) | 城市化影响贡献率(%) | 城市化偏差(℃/10 a) | 城市化影响贡献率(%) |
| 春季 | 0.26** | 67.9 | 0.52** | 80.4 | 0.02 | / |
| 夏季 | 0.24** | 93.7 | 0.36** | 88.6 | 0.04 | / |
| 秋季 | 0.27** | 82.0 | 0.46** | 85.9 | −0.05 | / |
| 冬季 | 0.22** | 47.6 | 0.53** | 68.1 | −0.12 | / |
| 年 | 0.25** | 67.8 | 0.47** | 78.6 | −0.03 | / |

注:** 表示通过了 $\sigma=0.001$ 水平信度检验。

应用相似的方法,还可以进一步对石家庄站基于日观测资料的极端气温指数序列城市化偏差和城市化影响贡献率进行评估。

(2)中国大陆城市化偏差评估

在区域尺度上,以中国大陆地区为例,应用根据综合分类方法和卫星遥感地表亮度温度方法选取的参考站(网)资料,对国家基准气候站和基本气象站网平均地面气温序列中的城市化偏差及其城市化影响贡献率进行评估。

如前所述,综合方法遴选的中国大陆地区参考站数量为 143 个。国家基准气候站和基本气象站网台站数量总共为 820 多个站,但排除其中的参考站(70 个站)以及其他的非城镇站(根据全国 3 个大区域的人口数据按照从大到小排列,常住人口数低于第 20 百分位值的站点作为非城镇站),保留 520 个城镇站作为城市化偏差评估对象。

在全部 520 个城镇站点中,有 446 个站点的城市化影响为正趋势,占总站点数的 86%;在全部具有正值城市化影响的站点中,78% 的站点通过了信度水平为 0.01 的信度检验,83% 的站点通过了信度水平为 0.05 的信度检验。城市化影响为负值的城镇站点共有 74 个,占总站点数的 14%。这些具有负值的站点中有 57% 未通过信度水平为 0.01 的信度检验,41% 未通过信度水平为 0.05 的信度检验(表 4.2)。

表 4.2　通过不同显著性水平检验的具有正值、负值城市化影响城镇站数及其百分比

| | 正值站点(446 个) | | 负值站点(74 个) | |
|---|---|---|---|---|
| 显著性水平 | 0.01 | 0.05 | 0.01 | 0.05 |
| 台站数(个) | 348 | 370 | 32 | 44 |
| 百分比(%) | 78 | 83 | 43 | 59 |

1961—2004 年国家基准气候站和基本气象站内大部分城镇站年平均地面气温序列中都包含着明显的城市化影响或城市化偏差,其中华北、华中和华南沿海地区的城市化影响最显著,正值城市化影响一般也最大,华北地区多数站点达到 0.25 ℃/10 a 以上;城市化影响为负值的零星站点主要出现在西北、东北和西南地区,其中天山南北的山麓地带和辽宁西部最为集中。

张爱英等(2010)的研究也表明,国家基准气候站和基本气象站地面气温观测数据中存在着显著的城市化影响,华北南部和华中、华东北部的江淮区域城市化增温率最大。这些特点和早先对于华北地区的其他研究结果一致(周雅清 等,2005),与对于包括华北南部和华南北部在内的华东区域分析结果也基本一致(Yang et al.,2011)。东北地区、西北地区和西南地区城市化影响较小,在先前的区域性研究中也得到了较一致的反映(白虎志 等,2006;方锋 等,2007;唐国利 等,2008;赵春雨,2009)。

在云南北部和辽宁西部,存在着城市化影响为显著负趋势的若干站点(张爱英 等,2010)。造成这种现象的可能原因有:①在未被选为参考站的基本基准站中,有少量站受到的城市化影响确实很微弱,甚至年平均升温速率比附近的参考站还小。这些站之所以未被选为参考站,很可能是因为除了人口和观测场周围环境外的其他指标达不到要求。西南地区的华坪、会理、昭觉等站均位于小县城,目前探测环境很好,其城市化偏差负趋势当与此有关。②由于 2001 年以后的数据未经均一化处理,少数城镇台站站址可能发生了由城区向郊区的迁移,使得年平均地面气温趋势出现虚假的下降,整个时期线性趋势低于附近参考站。已经核实,满洲里、沈阳、阜新、湛江等站均在 2001 年后发生了迁移,造成年平均气温序列的增温趋势大大减小,云南的玉溪、保山、楚雄和贵州的盘县在 2001 年及以后也有迁站经历,造成这些站点的城市化偏差为负趋势。此外,东北地区由于参考站密度仍然不够,可能导致个别目标站的参考序列代表性较差,出现虚假负城市化偏差现象。

天山南北山麓地带集中出现的显著负城市化偏差可能在很大程度上与干燥地区的绿洲效

应加强有关。张爱英等(2010)指出:在北疆地区城市化影响表现为降温趋势,可能与城市区域扩大引起的绿洲效应加强有联系。研究发现,西北地区城市化的温度效应有正有负,城市化负效应主要分布在北疆及新疆东部到甘肃河西西部的部分地区,并指出这与西北降雨量增多及城市发展、绿地增加有关(方锋 等,2007),乌鲁木齐站 1961—2004 年就经历了城市化引起的冷化过程,可能与城市发展和绿洲效应加强有关系(李珍 等,2007)。绿洲和周围荒漠的气候特征差异明显,绿洲具有降温、保湿、风屏等效应,地表温度和近地面层气温明显比周围荒漠低(张强 等,2005)。因此,西北干燥区城镇站点附近的热岛效应同时叠加着绿洲效应,地面气温长期变化趋势的局地影响因子比较复杂。

图 4.6 给出了 1961—2004 年中国大陆地区全部国家基准气候站和基本气象站与参考站年平均气温距平及其差值序列。可以看出,即使在全部站里包括了参考站和其他非城镇站,两套地面气温序列的差异仍很明显,其中国家基准气候站和基本气象站年平均气温距平序列表明了更明显的上升趋势,其与参考站的距平差值序列也表现出显著的增加趋势,增加值即城市化影响达到 0.07 ℃/10 a,城市化贡献率为 24.9%。

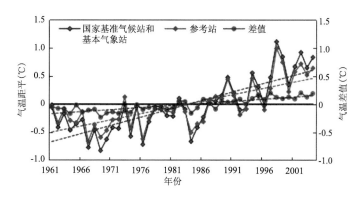

图 4.6　1961—2004 年中国大陆地区国家基准气候站和基本气象站(蓝色)
与参考站(粉色)年平均气温距平及其差值(红色)序列

表 4.3 列出了 1961—2004 年国家基准气候站和基本气象站年和季节平均城市化影响及城市化贡献率数值。年和季节平均的城市化影响全部通过了 0.05 的显著性水平检验,表明从全国平均来看,城市化对国家基准气候站和基本气象站年和季节平均地面气温增加趋势的影响是明显的。其中冬季的城市化影响绝对值最高,达到 0.10 ℃/10 a,秋季最小为 0.05 ℃/10 a。各个季节平均城市化贡献率在 20.1%~29.0%。

以下说明采用卫星遥感地表亮度温度分类方法以及前述城市化影响和贡献计算方法,分析评估 1961—2004 年国家基准气候站和基本气象站地面气温变化趋势中的城市化影响及其贡献率,并同采用综合方法所获得的结果进行比较。所有资料均经过均一化处理。

**表 4.3　1961—2004 年国家基准站、基本站年和季节平均城市化影响及城市化贡献率**

|  | 年 | 春季 | 夏季 | 秋季 | 冬季 |
|---|---|---|---|---|---|
| 城市化偏差(℃/10 a) | 0.074* | 0.074* | 0.052* | 0.049* | 0.097* |
| 城市化影响贡献率(%) | 24.9 | 29.0 | 28.7 | 20.1 | 20.9 |

注:* 表示城市化影响通过了 0.05 水平信度检验。

　　应用卫星遥感地表亮度温度分类方法,在中国大陆地区选取了138个参考站。同采用综合方法早期版本(任国玉 等,2010)选出的参考站比较,两种方法所得到的参考站中有36个相同,占综合方法所选站数的48%,遥感亮度温度方法所选站数的32%。21个相同站分布在105°E以西地区,其余多在沿海地区。相同站点多位于中国中西部地区,台站观测环境较好,沿海地区多为设置在小岛上的测站,受城市化影响较小。长江中下游和环渤海等经济发展较好的地区,相同站点很少,综合方法在这些地区遴选的参考站多为一般站。

　　由图4.7可以看出,两种遴选方法获得的参考站年平均地面气温序列较为接近,线性增温趋势分别为0.21 ℃/10 a(遥感)和0.20 ℃/10 a(综合),而国家基准气候、基本气象站序列为0.28 ℃/10 a。由两套参考站序列得到的国家基准气候、基本气象站城市化增温占总增温的比率分别为23%和27%。

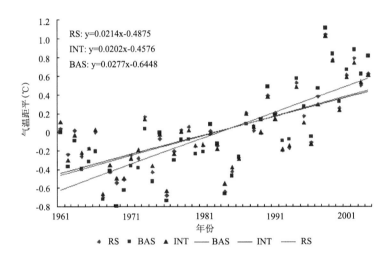

图4.7　遥感法参考站、综合法参考站和国家基准气候、基本气象站年平均地面气温距平序列
(RS为遥感法所选参考站序列,INT为综合法所选参考站序列,BAS为全部国家
基准气候、基本气象站序列,公式和直线为各序列线性拟合公式和直线)

　　综合方法选出的参考站中包括46%的一般站,而一般站比国家基准气候、基本气象站更可能位于乡镇附近,从中遴选参考站更为容易。考虑到这一点,两套参考站序列增温趋势存在0.01 ℃/10 a(4%)的差异,可以认为是很小的。这说明,采用遥感亮度温度方法遴选参考站具有较高的代表性,可以用于全球陆地范围气象观测站地面气温记录的城市化影响偏差评估和订正研究。

## 4.3　气温资料城市化偏差订正

### 4.3.1　站点资料订正方法

　　由于城市化因素对中国等国家和地区的地面气温观测序列具有很大的影响(Chung et al.,2004;Ren et al.,2008;Fujibe,2009),成为地面气温观测资料中系统误差的主要来源(任国玉 等,2005b;Ren et al.,2008;张爱英 等,2010;Yang et al.,2011),因此,需要对其进行合理订正,消除资料序列中的这种偏差。只有这样,才能更好地认识长期气候变化趋势,为检测和预估全球和区域气候变化奠定科学基础。

但是,当前还没有研究出一套具有普适意义的技术方案,用于订正单个台站气温序列中的城市化偏差。国内外学者提出了多种订正方法,有的已应用于实际研究中,但这些方法还需要不断完善。根据订正方法所依赖的参数类型,可分为人口方法、遥感夜光强度方法和城乡站对比方法等。

(1)人口方法

Karl 等(1988)利用美国 1219 个观测台站的热岛增温速率(城市站与乡村站气温差值)和人口数据建立回归方程,来订正单站和区域平均气温和平均最高、最低气温,但他们指出这个回归方程在美国之外的其他地区并不一定适用。Karl 等(1988)将人口数据作为城市站和乡村站的划分指标,并在城市站外围 30~100 km 范围内搜索乡村站,最终确定城市站和乡村站对应的城-乡站点进行对比。

(2)遥感夜光强度方法

Gallo 等(1999)将城乡平均气温差值与卫星反演的归一化差值植被指数(NDVI)、地表辐射温度(Tsfc)的城乡差值进行比较,得到显著的相关关系,显著性检验表明:城乡气温差值的变化有接近 40% 是由城乡 NDVI、Tsfc 差造成的,并认为基于卫星遥感估计的订正方法与基于人口数据的订正方法相比具有同样的误差量级,但前者在全球适用性方面更具有优势。在城市站和乡村站的划分上,Gallo 等(1999)将人口数在 1 万人以上的站点作为城市站,若站址位于市区,尽管人口数少于 1 万人,同样视为城市站。

(3)城乡站对比方法

城乡站对比方法还可进一步分为两类:一是线性趋势方法,二是城乡差值方法。

①线性趋势方法。由于气候变化检测关注的主要是地面气温趋势性变化,因此可以考虑利用城乡站气温序列的趋势差值来估算和剔除城市化影响偏差。Hansen 等(1999)首次利用线性趋势订正城市化偏差,但基于城市化增温在研究的两个时段之内是线性增加的假定。为了使订正过的城市站与其附近的乡村站的加权平均序列均方差最小,文中选择 1950 年作为分割点,利用乡村站序列的趋势分别对城市站在 1950 年之前和之后的序列进行线性订正。由于各个国家城市化进程不同,都选择相同分割点的两段线性趋势订正存在问题。Hansen 等(2001)又将方法进行调整,选择可以使每个站点订正后城乡序列均方差最小的那一年作为分割点,他们认为灵活的分割点选择可以更好订正城市站序列。

在国内,周雅清等(2005)和张爱英等(2009)利用城市站和乡村站整个时段的线性趋势差值对城市站区域平均增温趋势做订正,得到剔除城市化影响后的区域平均序列。利用目标站(序列)和参考站(序列)整个时段的线性趋势差值作为总订正值,对目标站的城市化增温趋势偏差做订正,即从目标站(序列)最早年份向后依次递减平均每年的城市化趋势偏差,订正后的序列代表了去除城市化影响的气温序列。

城乡站线性趋势差值方法避免了人口数据质量、回归方程调整检验等一系列问题,但这种方法建立在整个研究时期内城市化对地面气温趋势的影响是线性的假设基础之上,同时还要求乡村站与目标城市站具有相同长度的时间序列。

②城乡差值方法。对于一些具有长时间地面气温观测记录的城市站,往往因为难于找到相同长度的乡村站序列使得早期的城市化影响无法订正。在这种情况下,发展一种无早期参

考序列条件下的城市化偏差订正方法是十分必要的。

Portman(1993)和 Choi 等(2003)利用城市站和乡村站资料进行差值订正。Portman(1993)在对中国华北地区站点进行均一化检验后,去掉有间断点的站点,同时消除各台站经度、纬度、海拔高度不同造成的偏差,利用城市站和乡村站资料的差值,得到城市站区域平均的订正公式。Choi 等(2003)采用同样的方法订正了韩国年平均和各个季节的城市站区域平均序列。

在国内,张媛等(2014)研究了一种无早期参考序列条件下城市站城市化偏差的评估和订正方法,以便分析北京站 1915—2012 年最高、最低和平均气温的真实变化趋势。将城市站气温与相似高度和环境条件下的乡村站气温的差值,作为城市站长期以来的城市化增温累积值,亦即当前城市站附近的城市热岛强度。将城市化累积影响对城市站长期地面气温变化总体趋势的相对贡献定义为城市化累积影响贡献率。在订正城市化影响偏差时,同样假设城市站所经历的城市化影响是线性递增的。根据观测序列的时间长度和城市化累积影响,计算平均每年的城市化增温速率。然后通过线性回归的方法估算不同年份的城市化影响偏差,进而对原有序列进行偏差订正。

### 4.3.2　应用案例

为了研究城市化影响偏差订正前后地面气温趋势变化的差异,重点介绍线性趋势和城-乡差值订正方法对单站和区域平均气温序列进行如下案例分析。

(1)无早期参考序列条件下的订正案例

张媛等(2014)选取 1915—2012 年北京站的月平均最高、最低气温和月平均气温地面观测资料,经过资料质量控制、插补和均一化处理后,建立经过质量控制和均一化处理的 1915—2012 年北京站地面月最高气温、月最低气温、月平均气温和气温日较差序列。

①参考序列的建立。乡村站的选取利用卫星遥感反演的地表亮度温度资料,把在地表亮度温度场中处于闭合等值线外围的自动气象站点看作乡村站,同时参照以下原则:a. 与北京站距离≤60 km,保证与北京站处于相同的大尺度环流和气候背景下;b. 与北京站海拔高度差＜30 m,避免由于高度差异带来的影响;c. 通过 Google Earth 和其他手段证实周围观测环境开阔。

②城市化偏差分析。图 4.8 给出了北京站 1915—2012 年均一化气温资料序列中的年、季平均城市化累积影响及其贡献率。年最高、最低、平均气温和气温日较差序列中的城市化累积影响分别为−0.112 ℃、1.783 ℃、0.836 ℃ 和−1.895 ℃,对应的城市化影响贡献率分别为51.1%、66.5%、57.7% 和 77.0%。把上述城市化累积影响转化为城市化增温率,分别是−0.011 ℃/10 a、0.182 ℃/10 a、0.085 ℃/10 a 和−0.193 ℃/10 a。因此,在近百年内,北京站年最高、最低、平均气温和气温日较差序列均表现出较大的城市化影响偏差,这种系统偏差占同期总体变化趋势的 50% 以上。

从四季的城市化累积影响来看,最高气温序列很小,除冬季外,其他季节均为负值,秋季绝对值最高也仅为 0.261 ℃;最低气温序列较大,介于夏的 1.217 ℃ 到冬季的 2.286 ℃ 之间;平均气温序列也较大,冬季最大为 1.173 ℃,夏季最小;气温日较差序列均为负值,秋、冬季约−2.23 ℃,春、夏季较小,但绝对值也在 1.30 ℃ 以上。四季的城市化累积影响贡献率,最高气温秋季达 80%,其余三季均在 30% 以下;最低气温秋季最大为 83%,其他三季均在 50% 以上;平均气温夏季最大为 100%,秋季次之,春季和冬季均接近 50%;气温日较差冬季最大为

95.4%,夏季最小,但也达 58.4%。

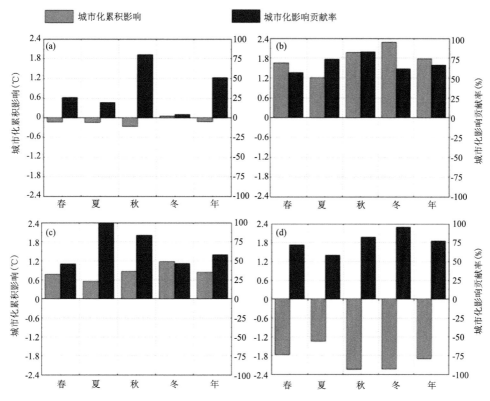

图 4.8　1915—2012 年北京站年、季最高气温(a)、最低气温(b)、平均气温(c)
和气温日较差(d)的城市化累积影响及城市化影响贡献率

③订正后的线性趋势分析。采用上述方法对 1915—2012 年北京站的月气温资料进行了城市化偏差订正,利用订正后的资料建立了年、季平均地面气温序列。消除了城市化偏差后,年平均最高气温趋势略有上升,由 0.022 ℃/10 a 上升为 0.034 ℃/10 a;平均最低气温和平均气温上升趋势都有不同程度的减小,分别由 0.274 ℃/10 a 和 0.148 ℃/10 a 下降到 0.090 ℃/10 a 和 0.062 ℃/10 a;气温日较差下降趋势也有明显减弱,由—0.251 ℃/10 a 变为—0.056 ℃/10 a。

尽管分析时期不同,本节对平均气温序列中的城市化影响估算结果与先前研究(Ren et al.,2008;张爱英 等,2010)得到的 1961—2004 年华北地区城市化引起的国家基准站和基本站增暖偏差为 0.08~0.11 ℃/10 a 的结果可以对比;但与多数研究(宋艳玲 等,2003;初子莹等,2005;林学椿 等,2005;Yan et al.,2010)得出的 1960 年后北京站的城市化影响程度范围 0.16~0.54 ℃/10 a 相比,本文结果偏低,原因可能是城市化影响在早期较弱,改革开放后明显增大(林学椿 等,2005)。关于最高、最低气温城市化影响的估算与司鹏 等(2009)针对 1960—2006 年的分析结果具有可比性,最高、最低气温的城市化影响比后者明显偏低,可能也与早期城市化影响偏弱有关。造成不同研究结果差异的原因,可能主要与所选乡村站的代表性以及所分析时间段不同等有关。

(2)等长参考序列条件下的订正案例

温康民等(2019)发展了针对国家基准气候、基本气象站(网)单站月平均地面气温资料序列城市化偏差的订正方法,对 1961—2015 年国家基准气候、基本气象站(网)中的 685 个城镇站月平均地面气温城市化偏差进行了订正。

①单站参考序列的建立。在建立单个城市站的参考序列时,首先将任国玉等(2010)建立的地面气温参考站(网)中的站点作为备选站点,依次考虑与目标站的距离、海拔高差等因素,以及候选参考站与目标站地面气温年际变异性是否一致,即将城市站与参考站的去趋势相关系数的大小作为评判指标。由于过多的参考站参与计算会带来噪声,一般采取相关性较好的3~5 个站,根据参考站与目标站的去趋势相关系数的大小进行加权平均,最终获得目标站对应的单一的参考序列。

以北京站为例,选取北京郊区的上甸子站和霞云岭站、内蒙古岗子站、河北盐山站作为乡村站建立参考序列。1961—2010 年北京站订正前的年平均气温上升速率为 0.42 ℃/10 a,订正后降为 0.17 ℃/10 a。在订正前的序列中,城市化增温率和城市化影响贡献率分别为0.25 ℃/10 a 和 60%。订正后增温速率下降明显,但年代际波动振幅极为一致。初子莹等(2005)取北京周边的霞云岭、斋堂、佛爷顶、汤河口、怀柔和上甸子站作为参考站,分析发现1961—2000 年北京站记录的城市化增温趋势 0.26 ℃/10 a,与这里订正结果相似,具体数值差异应与所选乡村站的代表性以及分析或订正时间段不同有关。

②订正后的线性趋势分析。利用去除城市化影响的逐月平均气温数据集,计算单站的年、季节平均序列的线性趋势,并对逐个站点趋势变化进行显著性检验。从单站年平均气温趋势的空间分布(图略)可以看出:589 个站点中,仅 1 个站的年平均气温为降温趋势,该站为云南的元谋站(56763),其他站点均为增温趋势。在中国北方、青藏高原,以及华东部分地区的增温趋势达到 0.45 ℃/10 a 以上,且增温趋势均通过了信度水平为 0.05 的检验,在华中、西南以及除海南外的华南地区年平均气温增温趋势较小。增温趋势通过显著性检验的站点数量达到518 个,占总站点数的 87.9%;增温趋势未通过显著性检验的站点共有 71 个,占总站点数的12.1%,主要分布在长江中下游地区以及淮河流域的西部。

春季平均气温变化趋势的空间分布与年平均气温变化趋势的空间分布有所不同。589 个站点中,具有降温趋势的站点数量为 23 个,具有增温趋势的站点为 566 个,降温趋势集中分布在四川盆地及西南的部分地区。在中国的东北、华东的部分地区春季气温的增加趋势较大,而长江以南的大部分地区增温趋势较弱。春季的增温趋势通过显著性检验的站点数量为 355个,占总站点数的 60.3%;增温趋势未通过显著性检验的站点共有 234 个,占总站点数的39.7%,主要分布在新疆北部、西南以及长江以南的大部地区,在华北的局部地区也有出现。

夏季平均气温变化趋势的空间分布更具季节特色。589 个站点中,具有降温趋势的站点数量达到 119 个,占全部站点数量的 20.2%;具有增温趋势的站点为 470 个,占全部站点数量的 79.8%。降温趋势集中分布在长江中下游地区以及江淮地区,其他地区为增温趋势。在我国的东北的部分地区以及西北干燥区夏季气温的增加趋势较大,增温趋势在 0.3 ℃/10 a 以上;而在华中的河南、湖北降温趋势相对较强,在 -0.15 ℃/10 a 以下,且降温趋势通过了显著性检验。夏季的增温趋势通过显著性检验的站点数量为 315 个,占总站点数的 53.5%;增温趋势未通过显著性检验的站点共有 274 个,占总站点数的 46.5%,主要分布在除东北以外的气候湿润地区。

秋季平均气温变化趋势的空间分布与年平均气温变化趋势的空间分布类似,大值的分布特征相差不大,但站点显著性检验的空间分布特征不同。589 个站点中,仅 2 个站的秋季平均气温为降温趋势,分别为云南的元谋站(56763)和山西的榆社站(53787),其他站点均为增温趋势。在我国北方以及青藏高原、华东部分地区的增温趋势在 0.4 ℃/10 a 以上;在其他地区秋季平均气温增温趋势较小。增温趋势通过显著性检验的站点数量为 379 个,占总站点数的 64.3%;增温趋势未通过显著性检验的站点共有 210 个,占总站点数的 35.7%,主要分布在华北、淮河流域以及长江中下游地区以南地区。

冬季平均气温变化趋势的空间分布与其他季节又有所不同。589 个站点中,仅 3 个站的冬季平均气温为降温趋势,分别为云南的元谋站(56763)、西藏的狮泉河站(55228)和新疆的塔什库尔干站(51804),其他站点均为增温趋势。在我国北方的大部分地区以及沿海省份,冬季平均气温的增温趋势较大,在 0.45 ℃/10 a 以上,其他地区冬季平均气温增温趋势相对较小。增温趋势通过显著性检验的站点数量为 494 个,占总站点数的 83.9%;增温趋势未通过显著性检验的站点共有 95 个,占总站点数的 16.1%,主要分布在新疆北部、长江中下游地区以及除海南省以外的华南地区。塔什库尔干站于 2003 年 12 月 31 日迁至该县城区东侧,距原址直线距离 700 m,从冬季气温序列上可以看到明显的不连续点,但并未给予均一性订正,该站的降温趋势应当与此有关。

年平均气温通过显著性检验的站点数量最多,达到 518 个,占站点总数的 87.9%。从四季来看,夏季通过检验的站点数量为四季中最少,仅为 315 个;冬季通过检验的站点数量最多,达到 494 个;秋季与春季次之,分别为 379 个和 355 个。

## 4.4　降水资料偏差评估与订正

### 4.4.1　降水测量资料偏差产生的原因及其影响

(1)降水测量空气动力学偏差产生的原因

对于降水测量误差中的空气动力学偏差,两个世纪以前这个系统性的偏差就引起了广泛关注。空气动力学偏差产生的原因毋庸置疑包含了复杂的物理机制,其中最主要的是雨量计形状、风场强弱、降水类型三者相互作用的结果。

对于降水测量中的空气动力学偏差形成原理已经有了较为深入研究。根据 Nešpor (1993)未设置风障的普通雨量计器口附近风场示意图所示(图 4.9),器口上方风场由于受到雨量计影响,会产生一定程度的变形,在降水时段雨滴或者雪花就会出现逸散现象。任芝花等 (2003)根据已有研究的雨量计风洞试验结果总结空气动力学偏差形成的原理如图 4.10 所示:雨量计器口上方的风速显著大于周围环境场风速,并且随着风速的增加风速的增量也加大。风速偏大导致了雨滴或者雪花下落时与地面的夹角变小,雨滴或雪花呈飘逸状态,或呈发散状下落,从而引起雨量计收集到的降水量低于周围环境中的降水量。另外,由于降雪时的雪花截面积大于降雨时雨滴的截面积,所以受风速水平方向的力大于雨滴,所以降雪时雪花的飘逸状态更为明显,即空气动力学偏差对降雪的影响大于降雨。

(2)降水测量空气动力学偏差对降水测量及其趋势估算的影响

在对比观测试验中总结出的降水误差修正方法广泛应用于降水观测误差评估中。在不同国家的应用表明,误差订正后的降水量较原有实际观测的降水量都有显著的提高,在北极等高纬度降雪比例较大的地区提高程度更大。对比观测试验结果显示,由空气动力学偏差引起的

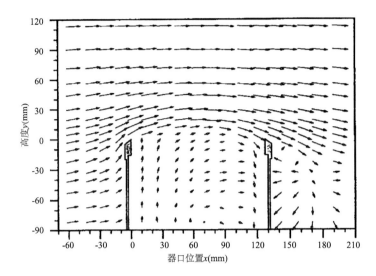

图 4.9　普通雨量计器口附近风场示意图(Nešpor,1993)

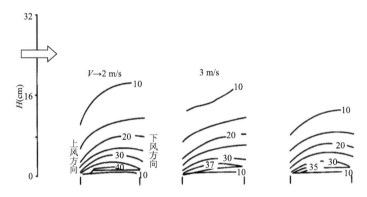

图 4.10　普通雨量计风洞试验示意图(任芝花 等,2003)
($V$ 为风洞中的风速,图中曲线中的数字为风速的百分比增量,$H$ 为雨量器
上方距雨量计器口的高度,箭头为风的方向)

全球降雨负偏差在 2%～10%,降雪最高可达 80%,在山区这个结果甚至会更高。

　　我国通过不同的对比观测试验,对降水观测误差进行了系统的评估。任芝花等(2003,2007)分析结果表明,在大部分地区由风速作用引起的动力损失是主要的误差来源,每次测量的空气动力学偏差为 0.19 mm/次,降雪为 0.32 mm/次。同时发现降水较少的地区湿润和微量降水观测损失也起着重要作用,并定量化得出我国降雨观测综合误差的平均相对误差在 4.3%～15.3%,降雪观测的平均相对误差在 6.2%～40.0%。

　　在天山乌鲁木齐河源对比观测试验所得到的订正方法的基础上,叶柏生等(2007)对于中国现有降水观测误差进行订正,结果显示动力学偏差损失各站误差在 1.3～677 mm,订正的均值达到了 89.2 mm,订正的相对误差在 0.8%～31.5%不等,平均相对误差为 11.1%。此外也存在季节性差异,冬季的相对误差远远高于夏季,但冬季绝对误差却小于夏季。从降水观测误差空间差异上来看,西北区域的绝对误差大于东南区域,而相对误差从西北向东南逐渐减小。

　　Ding 等(2007)考虑中国降水综合观测误差对降水量变化趋势影响的初步研究表明,我国的年平均降水实际变化趋势被低估了 6%,而相对变化趋势被高估了 8%～10%。由于降水对季节的依赖性较强,所以对不同月份的变化趋势的影响也有比较显著的差异,研究结果显示降水观测误差对各月降水的相对变化趋势的影响为 7%～18%。

## 4.4.2　降水测量对比观测试验和研究

　　为了检测国际上各种雨量计对降水的捕获率和研究修正系统偏差的方法,WMO 从1960—1993 年进行了 3 次国际对比观测试验。对于不同降水类型的对比观测试验,WMO 推荐使用的观测场设置和仪器也不相同。降雨推荐使用的为地面雨量计或者称为坑式雨量计,即雨量计口与地平面高度一致,周围设置为标准化设计的防溅网;固体降水包括降雪和雨夹雪,WMO 推荐设置为 DFIR,雨量器安装高度为 30 cm,除了在雨量计本身加风障外,外围还设置了两个等边八角形的防护栅栏。

　　坑式雨量计(图 4.11)在降水时段器口与地面高度一致,在最大程度上避免了仪器本身引起的风场结构变化,同时周围的防溅网可以防止雨滴溅入,可以认为其不受空气动力学偏差影响,能够准确测量到各种风速条件下的降雨量;而固体降水对比观测推荐使用的 DFIR(图4.12),由于周围设置了八角形的栅栏,同时雨量计周围设置了风障,也可以认为最大程度上消除了风场变形的影响,能够准确测量到各种风速条件下的降雪量。

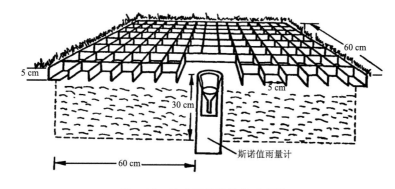

图 4.11　坑式雨量计结构示意图

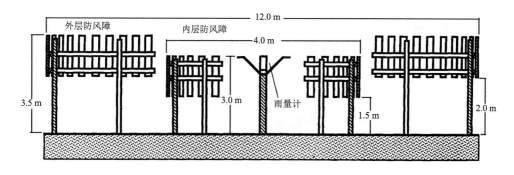

图 4.12　DFIR 安装结构示意图(Goodison et al.,1997)

　　为了得出中国降水观测误差的程度和订正方法,更为系统地研究降水观测的精度问题,从

20 世纪 80 年代开始,按照 WMO 降水对比观测计划要求,国内也进行了一系列的对比观测试验。早期分别于天山乌鲁木齐河源和北京大屯农业生态站对降水进行了空气动力学偏差的初步试验研究。20 世纪 90 年代中国气象局在全国范围内选择 30 个基准气候站,建立了更为精确的对比观测雨量站网,进行了为期 7 年的对比观测试验。

　　中国现有的空气动力学偏差订正方法主要依据天山乌鲁木齐河源所做的试验,得出了标准雨量计的捕获率与降水时段平均风速之间的关系(叶柏生 等,2007)。而后续中国气象局组织的对比观测试验,虽然对资料进行了整理,并通过试验获得的资料对中国降水观测误差进行了评估,但尚未通过观测资料获得针对中国地区的订正方法。

### 4.4.3　降水资料偏差订正方法

　　降水观测误差的基本订正方程为:

$$P_c = K(P_g + \Delta P_w + \Delta P_e) + \Delta P_t \tag{4.5}$$

式中,$P_c$ 为订正后的降水量;$P_g$ 为观测到的降水量;$\Delta P_w$ 和 $\Delta P_e$ 分别为沾湿和蒸发损失;$K$ 为订正系数;$\Delta P_t$ 为微量降水。由于只考虑空气动力学的偏差,所以基本订正方程可以简化为:

$$P_c = K P_g \tag{4.6}$$

　　订正系数 $K$ 直接与降水捕获率呈倒数关系,$K = 1/CR$,本案例中 CR 为降水捕获率。

　　确定空气动力学偏差订正方法即确定订正系数($K$)。由式(4.5)订正系数 $K = 1/CR$,此处 CR 是指普通雨量计降水捕获率,降水捕获率是指气象台站现用雨量计测得降水量与对比观测期间坑式雨量计测得的"真实"降水量的比值。由空气动力学偏差形成原理可知普通雨量计收集到的降水量较"真实"值偏低,所以降水捕获率 CR≤100%,订正系数 $K = 1/CR$,则≥1。当风速为 0 时,$K = 1$,当风速>0 时,$K > 1$。由于风速存在明显趋势变化,$K$ 也将随时间改变。如果风速随时间变弱,则 $K$ 随时间变小,反之,则 $K$ 随时间变大。$K$ 随时间的变化必然会影响 $P_c$ 的趋势。

　　获得空气动力学偏差的订正方法只须确定降水捕获率 CR 与风速的关系。降水捕获率与观测场附近风速和降水类型、雨量计类型等相关,可以直接利用对比观测试验数据,获得普通雨量计降水捕获率与风速之间的关系(图 4.13)。

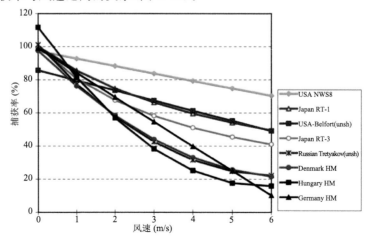

图 4.13　各国不同型号未设置风障的雨量计降水捕获率与风速之间关系曲线(Goodison et al.,1997)

　　最早提出的风速与普通雨量计降水捕获率之间的关系是线性关系,但随着研究的深入,得到公认的是曲线关系,并且根据雨量计是否具有防风栅栏,其曲线形状也不同。未设置防风栅栏的雨量计降水捕获率与风速之间的关系大多为上凹型曲线(图 4.13),而设置风障的雨量计多为上凸型曲线。

　　根据 WMO 总结的各国对比观测结果来看,由于雨量计的不同,空气动力学偏差的订正方法也不相同。中国台站使用的普通雨量计也未设置风障,所以在天山站获得的风速与雨量计降水捕获率的关系曲线也为上凹型曲线。此外,也有研究认为,固体降水中的空气动力学偏差除了与风速和降水类型相关以外,还与日最高、最低或者平均气温有关,但加拿大气候中心根据试验得到的结果正好相反,结果认为风依然是最主要的因素,温度和湿度的影响并不重要。

## 4.4.4　应用案例

　　通过东北 3 个对比观测试验站观测资料获得了风速与降雪捕获率之间的关系,最终获得数学订正模型。选取东北(黑龙江、吉林、辽宁)冬季降雪为研究对象,分析空气动力学偏差对降雪测量及其趋势估算的影响,最后对案例中和误差订正过程中存在的问题进行讨论。

　　(1)降水空气动力学订正基础试验和资料选取

　　降水对比试验站采用 1 台坑式雨量计和 2 台普通雨量计进行平行观测。坑式雨量计与其中 1 台普通雨量计之间的安装距离约为 5 m,2 台普通雨量计之间的距离在 10～15 m。坑式雨量计器口与地表面齐平,周围是标准化设计的防溅网。试验中两台普通雨量计的使用可降低随机误差的影响(任芝花 等,2003,2007)。观测试验资料长度为 1992—1998 年,共 7 年。试验观测获得的日降雪资料经过质量控制,包括剔除缺测记录以及剔除吹雪、雨夹雪等天气现象时的记录。选取的是中国气象局组织的全国降水对比观测试验数据中的东北地区海伦、长春、宽甸 3 个站降水对比观测资料。资料来自国家气象信息中心保存的《中国降水测量误差及其订正资料集》(黎明琴 等,1997)。

　　(2)数学订正模型的确定

　　订正方法为第 4.4.3 节中所述的基础方法,并根据 4.4.4 节(1)中的试验数据确定风速($W_s$)与降雪捕获率(CR)之间的关系方程最终确定数学订正模型。

　　杨大庆(1989)认为,在通过试验结果获得风速与降水捕获率之间的关系时,降水量较小的降水事件会对结果产生虚假影响。所以本案例在确定东北地区风速和普通雨量计降水捕获率的关系时,降雪采用≥1 mm 的降水事件记录,剔除了降水量相对较小的降水记录。

　　根据东北地区海伦站、长春站、宽甸站 3 个站降水对比观测试验时段≥1 mm 的降雪事件,得到日平均风速与普通雨量计降雪捕获率之间的关系,如图 4.14 所示。在试验站资料拟合基础上,得到了东北地区风速与普通雨量计降雪捕获率之间的关系方程:

$$CR = exp(-0.12W_s) \times 100\% \tag{4.7}$$

式中,CR 为降雪捕获率(%);$W_s$ 为 10 m 高日平均风速(m/s),$W_s \leqslant 6.5$ m/s。根据所得关系式(4.6)和式(4.7)以及 $K = 1/CR$ 可以得到降雪的最终订正数学模型为:

$$P_c = P_g / [exp(-0.12W_s) \times 100\%] \tag{4.8}$$

式中,$P_c$ 为订正后的降雪量(mm);$P_g$ 为观测到的降雪量(mm),$P_g \geqslant 1.0$ mm;$W_s$ 为 10 m 高日平均风速,由于订正时也使用 10 m 高日平均风速,所以在不转化为雨量计器口高度日平均风速的情况下,对订正结果不会产生影响。

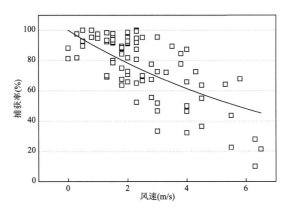

图 4.14　东北地区日平均风速与普通雨量计降雪捕获率的关系

(3)降水测量空气动力学偏差对降雪测量的影响

图 4.15a、图 4.15b 分别为中国东北地区冬季实测降雪量的绝对误差和相对误差的空间分布。从图 4.15a 中可以看出,绝对误差的大值区主要位于黑龙江东部和辽宁的东南部地区,对应冬季降雪量较大区域。图 4.15b 显示的是相对误差的空间分布,相对误差较大的区域集中在黑龙江省东北部和辽东半岛南部,从整个区域来看多数台站相对误差均大于 20%,说明东北地区冬季降雪量观测记录受风场变形影响产生的相对误差非常明显。

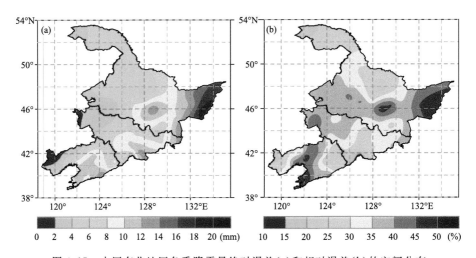

图 4.15　中国东北地区冬季降雪量绝对误差(a)和相对误差(b)的空间分布

对东北地区冬季以及各月降雪量误差大小的统计结果见表 4.4。整个区域订正后和实测的冬季平均降雪量分别为 22.5 mm 和 15.1 mm。但是,各站降雪的绝对误差差异较大,冬季平均为 1.1~19.4 mm,平均值为 7.5 mm;相对误差各站也不尽相同,最大的可达 50.8%,均值达到了 34.1%。从各月平均的绝对误差和相对误差来看,各月比较一致,月份之间差异较小。

表 4.4　东北地区近 50 年订正前后降雪量以及空气动力学偏差

| | 实测平均降雪量（mm） | 订正后平均降雪量（mm） | 绝对误差范围（mm） | 相对误差范围（%） | 平均绝对误差（mm） | 平均相对误差（%） |
|---|---|---|---|---|---|---|
| 12 月 | 5.8 | 8.5 | 0.2～6.5 | 9.7～49.4 | 2.7 | 32.7 |
| 1 月 | 4.7 | 7.0 | 0.8～11.0 | 10.3～53.8 | 2.3 | 33.2 |
| 2 月 | 4.6 | 7.0 | 0.6～7.1 | 14.1～52.1 | 2.5 | 36.4 |
| 冬季 | 15.1 | 22.5 | 1.1～19.4 | 11.8～50.8 | 7.5 | 34.1 |

（4）降水测量空气动力学偏差对降雪量趋势估算的影响

在得到了观测误差对降水测量的影响之后，考虑到降水观测误差直接与降水量和风速呈正比关系，如果风速和降水量不随时间变化，那么降水观测误差是不变的，但是近年来随着研究的深入，发现全国的近地面风速，无论平均风速、最大风速都呈下降趋势，所以观测误差对于降水的变化趋势是否有影响，需要从理论上加以验证。Ding 等（2007）提出了观测误差对降水量变化趋势影响的方法。

首先，在降水观测误差的基本订正公式（4.5）中，订正后的降水量 $P_c$、观测到的降水量 $P_g$，以及订正系数 $K$ 都是可以随时间改变而改变的量，而虽然每次沾湿损失 $\Delta P_w$ 和蒸发损失 $\Delta P_e$ 不会随着时间的改变而发生变化，但是沾湿损失的总量直接与降水频率有关，而降水频率随着时间的改变会发生变化，所以在研究总降水量变化趋势过程中，认为沾湿损失也是随时间变化的，可以假设基本订正方程中 $P_c, K, P_g, \Delta P_w$ 的线性趋势分别为 $A_c, A_k, A_g, A_w$，设常数项分别为 $B_c, B_k, B_g, B_w$，时间为 $t$，则 4 个变量可以分别表示为：

$$P_c = A_c t + B_c \tag{4.9}$$
$$K = A_k t + B_k \tag{4.10}$$
$$P_g = A_g t + B_g \tag{4.11}$$
$$\Delta P_w = A_w t + B_w \tag{4.12}$$

由于本案例中认定蒸发损失为 0，并且微量降水损失未考虑，所以在式（4.9）中忽略这两项，并且将式（4.9）、式（4.10）、式（4.11）、式（4.12）分别带入式（4.5）中，则式（4.5）变形为：

$$A_c t + B_c = (A_k t + B_k)(A_g t + B_g + A_w t + B_w) = (A_k A_g + A_k A_w)t^2 +$$
$$(A_k B_g + A_k B_w + A_w B_k + A_g B_k)t + B_k B_g + B_k B_w \tag{4.13}$$

如果略去式中 $t$ 的高阶项，根据式子两边对比则订正后降水量的趋势为：

$$A_c = A_g B_k + A_w B_k + A_k(B_g + B_w) \tag{4.14}$$

右边的三项中，如果假设风速是不随时间变化则 $A_k = 0$，沾湿损失随时间变化也为 0，则右边只剩第一项，订正后降水量变化趋势为实测的降水量变化趋势与订正系数平均值 $B_k$ 的乘积，由前文第 4.4.3 节中分析可知订正系数一般 $\geq 1$，可以推出 $A_c \geq A_g$，所以实际的降水量绝对的变化趋势是被低估。

第二项为沾湿损失随时间变化对降水量变化趋势的影响。假设右边第一项和第三项均为 0，则实际的降水量变化趋势是由沾湿损失随时间的变化决定。$B_k$ 一般为 >1，那么当降水频率随时间增多时，实际的降水量变化趋势为上升，反之则为下降。

第三项则代表了订正系数 $K$ 随时间的变化对降水量变化趋势的影响。假设实测的降水量和沾湿损失随时间都没有变化,那么真实的降水量变化趋势 $A_o$ 也会随着风速的变化趋势 $A_k$ 的变化而改变,如果风速随时间的变化是增加的,那么式右边整体是大于 0 的,则真实的降水量变化趋势是增加的,此时真实的降水量变化趋势值与实测的降水量变化趋势为 0 比较,实测的降水量变化趋势是被低估的,反之则是被高估的。

在降水观测误差空气动力学偏差订正,以及关于观测误差对降水量趋势估算产生影响的理论基础上,根据订正前后的降雪资料,进一步分析评估了空气动力学偏差对东北地区冬季降雪量变化趋势估计值的影响。方法是:分别计算空气动力学偏差订正前后 1960—2009 年冬季降雪量序列的线性趋势值,获得订正后减订正前降雪量线性趋势的差值,分析订正前(即实际测量)降雪量变化趋势被高估或低估的程度。趋势偏差是指,订正后与订正前趋势差值,相对趋势偏差则指趋势偏差的绝对值与订正后趋势绝对值的百分比值。

图 4.16 是订正前后冬季降雪量线性变化趋势偏差(订正后减订正前)的空间分布情况。趋势偏差>0 表示该区域实际观测降雪量变化趋势被低估了,反之亦然。趋势偏差>0 的台站主要位于黑龙江北部地区,其中黑龙江东北部较大,达 1 mm/10 a 以上;另一方面,辽宁、吉林和黑龙江中部等地区实测的降雪量变化趋势被高估,订正后变化趋势有所减小,其中辽宁的大部分地区和吉林东南部订正前的降雪量变化趋势被高估程度较大,绝对值一般也可达1 mm/10 a 以上。

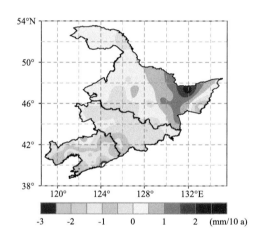

图 4.16　订正后与订正前东北地区 1960—2009 年降雪量变化趋势偏差的空间分布

图 4.17 给出了东北地区冬季及各月平均的订正前后冬季降雪量时间序列及其线性趋势,其中,图 4.17a 给出了东北地区实测和订正后降雪量时间序列及其线性趋势。可以看出,所有订正后的冬季降雪量都高于订正前降雪量,即订正后的气候均值增大了;从整个区域来看实测降雪量有上升趋势,而订正后降雪量变化趋势趋于平缓,更接近于 0。

图 4.17b、图 4.17c、图 4.17d 分别给出了冬季各月实测和订正后降雪量时间序列及其线性趋势,从图中可以看出 12 月订正前后趋势基本保持一致;1 月实测降雪量变化趋势在一定程度上被低估,但低估程度不明显;2 月订正后降雪量下降趋势明显大于实测的降雪量下降趋势,实测的降雪量下降趋势被高估程度较明显。

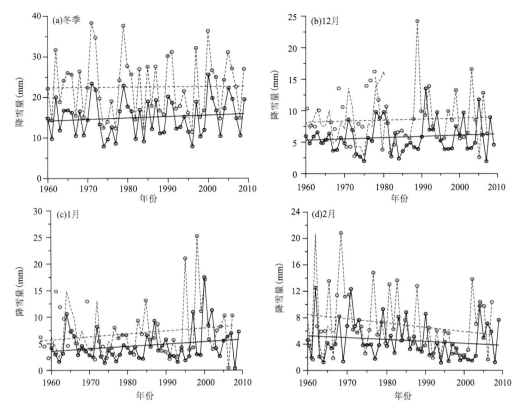

图 4.17　订正前后 1960—2009 年降雪量时间序列及其线性趋势

(○—○—○观测序列，———观测趋势，○-○-○订正序列，------订正趋势)

（5）案例讨论

本案例通过分析发现：东北地区冬季降雪量台站实测观测记录普遍被低估，此外受气象台站附近观测环境改变导致的地面风速减弱趋势影响，东北地区大部分台站雨量计对降雪的捕获率有所增加，冬季降水量观测中的空气动力学偏差减小，引起降雪量的长期变化趋势估算值偏高。因此，在开展降水特别是中高纬度地区冬季降雪气候变化分析时，需要十分重视空气动力学误差随时间变化对分析结果的影响，要应用空气动力学偏差订正后的资料开展研究。

在获得捕获率与风速关系方程方面，本案例通过分析东北地区 3 个地点对比观测试验结果，得到了日平均风速与普通雨量计捕获率的统计关系。对于降雪量较大的降雪事件，本案例获得的日平均风速与普通雨量计降雪量捕获率的关系与杨大庆等（1990）得到的结果相近，但在数值上有一定差别。

通过两处对比观测试验发展的风速与普通雨量计降水捕获率关系曲线比较发现：东北地区试验得到的结果随日平均风速增加，冬季普通雨量计降雪捕获率下降更快；在同样风速情况下，本案例得到的降雪捕获率一般更低（图 4.18）。造成这一差异的主要原因，除了样本数量和试验区域的差异以外，用于得到风速与降水捕获率关系的降雪量数据最小值取值不同，以及观测仪器的差异可能也是重要的。另外，空气动力学偏差受观测场微环境的影响较大，同一地区放置在不同位置的雨量计观测到的量值也会有差异。

此外，对比观测试验的代表性问题也需要在设置试验和获得数学模型过程中给予充分考

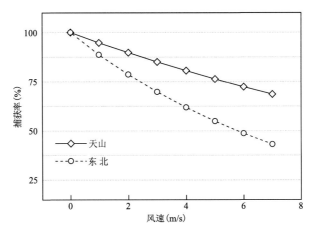

图 4.18　天山乌鲁木齐河源对比观测试验与东北地区对比观测试验
结果中风速与普通雨量计降雪捕获率关系曲线（孙秀宝 等,2013）

虑。本案例所用的 3 个对比观测站分别位于黑龙江、吉林和辽宁省,其中 2 个处在平原地区,1
个在东部山地,对东北地区地形和气候特征具有较好的代表性。对比试验观测资料长达 7 年,
基本满足了针对整个区域的研究需要。因此,本案例获得的分析结果是有一定说服力的。但
是,由于对比观测试验站点数仍然偏少,对比试验观测长度也还有限,目前无法逐站开展针对
当地特点的空气动力学偏差订正。未来还需要开展更多、更长时间的对比观测试验和深入的
科学研究。

　　本节和案例对降水测量记录的订正只考虑了空气动力学偏差,并未考虑沾湿损失、蒸发损
失和微量损失对降雪测量的影响。已有的基于对比观测试验的误差分析表明,中国全国平均
的降水量蒸发误差可认定为 0,空气动力学偏差则达到 10.97%,沾湿误差为 6.79%（任芝花
等,2003,2007）。尽管空气动力学偏差是最大的观测误差,但沾湿误差也不容忽视。特别是对
于水资源评价,降雪或降水观测的沾湿误差应该得到进一步重视。但本案例的主要目的不是
单纯确定冬季降雪测量的误差,而是分析评估降雪观测误差对冬季降雪量长期变化趋势估计
的系统性影响。虽然沾湿误差的影响也较大,但其随时间的变化较小,不像空气动力学偏差那
样随时间出现显著系统变化,因而也不会对降雪量变化趋势估计值造成明显影响。

　　此外,对于风速与捕获率的关系研究,由于没有更详细的分钟或小时平均风速观测资料,
其结果还比较粗糙。这主要是因为日平均风速不一定很好地代表了降水时刻的瞬时风速。将
来,如果能够获得更详细降水和平均风速资料,可望建立起更可信的降水捕获率与风速关系模
型,用于订正降水观测资料的空气动力学偏差会得到更好的结果。

## 4.5　风速资料城市化偏差评估

### 4.5.1　城市化偏差评估方法

　　对于地面台站观测风速减弱的原因,还没有完全了解。那么,致使平均风速减小的原因到
底是什么? 在诸多可能的影响因素中,究竟哪些因素起着主导作用? 诸多学者应用不同方法、

从不同角度对这个问题开展了研究。

近几十年来我国东部大部分台站地面风速呈明显下降趋势。人们怀疑城市化和台站附近观测环境变化对风速下降可能有一定影响,但不同于对地面气温变化趋势中城市化影响的识别,对于地面风速变化中城市化影响识别更为困难,因为风速记录对台站微观环境变化(建筑物、树木及其他影响观测环境的因素,以下统称台站微观环境变化)非常敏感,采用对比城市站与乡村站变化趋势方法常常不能奏效。在这种情况下,研究高空和地面风速变化以及它们之间的关系,为了解观测场周围环境变化对风速变化产生的影响也提供了一种新的思路,因为高空观测风速基本不受地面观测环境变化的影响,高空风速与地面风速变化的差异在一定程度上代表观测环境变化对实测地面风速的影响。为了和高空风速变化比较,地面风速资料同样取自探空站。因此,应用探空站无线电探空仪观测的边界层不同高度和不同等压面风速变化趋势与地面同期风速变化趋势进行对比分析,对于认识城市化和台站观测环境变化对地面风速的影响,不失为一种比较有效的途径。具体方法就是分别计算探空站地面观测风速(10 m)、边界层内不同高度风速(300 m、600 m、900 m)和各等压面(不同厚度层)平均风速的风速变化趋势值,以便分析风速变化趋势的垂直分布特征。若分析表明,地面观测风速与边界层内不同高度、不同等压面内风速的变化趋势出现不同的变化特征,可以此探究长时期以来地面站观测风速变化趋势的主要因素,究竟是自然因素还是人为因素占主导地位。应用这种思路和方法,分别对河北、全国的观测数据进行了对比分析。结果表明:中国高空平均风速的变化主要是大尺度大气环流改变的结果,地面气象站记录的平均风速减弱可能受到大尺度大气环流变化的影响,更可能与台站附近观测环境变化和城市化等人为因素影响有密切关系。

地面观测台站风速的变化趋势除受大尺度大气环流场改变影响之外,同时也与人为因素影响有关。主要人为因素影响分为两种。一是宏观因素——城市化和更大规模土地利用变化。近年来,陆地部分测站所在地城市化显著,因此,城市化对测站地面风速记录的影响可能是风速下降趋势不可忽略的原因。二是微观因素——台站周围环境和仪器改变因素影响。主要包括:台站迁移、仪器高度变化、台站微观环境变化。另外,其他影响风速变化的可能因素还包括观测时间变更、统计方法变化、观测随机误差等。

测风仪器的变更对资料的均一性具有非常重要的影响。可确认的人为风速序列突变点(断点)多与测风仪器型号变更有关。1967—1970 年,在全国范围内 EL 型电接风速风向计取代了维尔德测风器;2002 年以后地面气象观测站陆续由 EL 电接风型转换为自动站仪器测风。两次仪器的换型,由于测风感应器原理不同,造成测风数据存在一定的系统偏差。王遵娅等(2004)、Jiang 等(2010)在研究全国平均风速变化序列时,均发现在 20 世纪 60 年代末(1969年左右)有一个风速突然增大的现象,这很可能与此时段全国范围内的仪器换型有关。另外,Jiang 等(2010)还发现平均风速的最小值出现在 2002 年后,这与气象台站测风仪器的陆续换型不无关系。因此,在研究其他因素对风速序列变化影响时,应尽量避开仪器换型期,或做出必要的资料序列订正。

如何区分城市化、台站微观环境变化对台站观测风速的影响,从宏观角度分别评估其定量影响程度是非常复杂的工作,有研究试图从不同角度进行尝试性探究。

应用多项衡量指标,刘学锋等(2012)对河北省 143 个台站风速变化情况进行了分类研究。根据人口指标将河北省台站分为两类:一是城市化程度较小的台站,二是城市化程度较大的台站。依据台站历史沿革情况指标,将台站环境变化分为两种类型:一是观测环境变化小的台站,即上述各微环境指标没有发生变化或变化不明显;二是观测环境变化大的台站,是指各微环境指标变化程度较大或其中1项或2项指标变化程度非常大的台站。

综合考虑城市化程度和台站观测环境变化情况,进一步将所有台站分为以下4种类型。

(1)城市化程度小,台站环境变化也小。这类台站地面风速观测资料序列受人为因素影响不大,可近似认为台站的地面风速变化趋势代表区域背景风速变化速率,包括9个台站。

(2)城市化程度小,台站环境变化大。这类台站地面风速观测资料序列受到局地环境变化影响,地面风速变化趋势是区域背景变化与台站环境变化共同影响的结果,包括35个台站。

(3)城市化程度大,台站环境变化小。这类台站地面风速观测资料序列受到城市化的影响,地面风速变化趋势是由于区域背景气候变化与城市化共同影响造成的,包括24个台站。

(4)城市化程度大,台站环境变化大。这类台站地面风速观测资料序列受到最强的局地人为因素影响,地面风速变化趋势反映了区域背景气候变化与各种人为因素的综合影响,包括75个台站。

通过对比分析研究表明:台站所在地城市化程度是风速减小趋势不可忽略的原因,其影响程度在1/4左右;台站观测环境因素中观测场附近台站微观环境变化对风速减小趋势具有重要影响,超过了区域背景风速减小趋势。台站观测环境因素对风速资料序列均一性的影响也不容忽视,至少有1/3的平均风速序列非均一性断点是由观测环境变化产生的。

为进一步探讨研究观测环境改变对风速资料序列的影响,根据2007年全国气象台站观测环境综合调查统计数据,在全国2435个地面气象观测台站中筛选出未迁移台站747个,从其中选取了资料质量好、序列完整的460个台站作为研究对象,从宏观角度针对观测环境对风速资料序列影响加以探讨。应用地面观测台站通过综合评分所反映的台站环境评分数据作为第一条件,利用观测环境评分中权重最大的因子——障碍物和障碍物遮挡面积作为第二条件,对未迁移台站观测环境变化进行量化分类,将460个台站分为5个类别进行研究。全国范围内绝大多数未迁移台站近地面平均风速呈明显减小趋势,冬季平均风速相对减小趋势最大,秋季最小;在影响风速观测资料序列的台站观测环境因素中,观测场周围障碍物视宽角最为重要,随着周围障碍物视宽角的增大,风速相对减少趋势也变得更明显;台站周围障碍物视宽角对年和各季平均风速减少趋势的贡献最大在1/3左右。由此可见,观测环境状况是对地面风速资料序列产生影响的不可忽视的重要因素。

在上述各种思路和方法定量对比分析各类情况下风速变化趋势分析中,采用最小二乘法计算不同高度及各类情况下年及四季平均风速的变化倾向率。即计算样本与时间的线性回归系数:

$$\alpha = \frac{\sum_{i=1}^{n}(t_iy_i) - \frac{1}{n}\sum_{i=1}^{n}y_i\sum_{i=1}^{n}t_i}{\sum_{i=1}^{n}t_i^2 - \frac{1}{n}(\sum t_i)^2} \tag{4.15}$$

式中,$y_i$为不同高度平均风速序列(m/s);$t_i(t_i=1,2,\cdots,n)$为时间序列,$n=36$;$10\alpha$为风速变化速率,单位为m/(s·10 a)。$\alpha<0$表示在计算时段内呈下降(减小)趋势,$\alpha>0$表示呈上升(增加)趋势。$\alpha$绝对值的大小可以度量其上升(增加)、下降(减小)的程度。

由于全国范围内各类台站的平均风速不同,应用平均风速线性变化速率或趋势指标不能有效反映各类台站平均风速变化的差异,因此在分析平均风速随时间变化趋势时,采用风速的距平百分率指标。

为了检测不同观测环境变化对风速序列影响的大小,计算了观测环境退化对各类台站平均风速变化趋势的贡献率。在上述分类中,$A$ 类台站的观测环境没有明显改变,其观测到的风速相对变化速率代表背景风速场的变化情况。用具有不同程度观测环境变化的某类 $B$、$C$、$D$、$E$ 台站平均风速相对变化速率与 $A$ 类台站平均风速相对变化速率之差占该类台站平均风速相对变化速率的百分比值,作为该类台站观测环境退化对平均风速变化的贡献率($\delta$)。表达式为:

$$\delta = [(\beta_i - \beta_A)/\beta_i] \times 100\% \tag{4.16}$$

式中,$\beta_i$ 为其他类台站平均风速相对变化速率,$\beta_A$ 为 $A$ 类台站平均风速相对变化速率。

季节划分是以 3—5 月为春季、6—8 月为夏季、9—11 月为秋季、12 月至次年 2 月为冬季,季平均风速是该季 3 个月风速平均值,年平均风速则是年内 12 个月风速平均值。计算风速距平值的基准时期是 1971—2006 年。

上述方法和思路只是对近地面平均风速变化趋势的人为影响进行初步探讨。各种人为活动造成近地面平均风速变化的原因非常复杂,许多问题还需要今后进一步研究。例如,如何更精确地反映台站所在地的城市化进程,是一个非常值得探讨的问题。应用气象站所在城镇人口增长是否超过一定比例作为城市化高低度量指标,还需要根据更新的人口等资料进行详细评估。在人口增长小于一定比例的情况下,城市化不一定就没有发展。另外,城市已建成区面积、基础设施建设投入等数据也可以作为城市化的度量指标。

无论在全国或河北范围内应用案例中,分类中的 $A$ 类台站风速变化趋势平均值,不一定最好地代表了区域背景变化趋势。在河北境内应用案例中,台站观测环境变化因素中 3 个要素的不同条件组合情况,以及迁站次数的多少,迁站距离的远近,仪器高度变化程度,以及台站微观环境变化中楼房、树木的高低及其距离观测场的远近等,都会对地面风速资料序列产生不同程度的影响,需要将来进行深入探讨。在全国范围内观测台站风速变化趋势分析中,如何更完善地将台站按照观测环境退化程度不同进行科学分类,就是一个非常值得探讨的问题,案例中应用台站观测环境评分和台站周围障碍物视宽角不同对台站进行了分类,并没有考虑遮蔽程度与主导风向的关系,也没有考虑各类台站在全国不同区域的相对比例;除了观测环境变化外,城市尺度上下垫面粗糙度改变的影响可能也是重要的,但由于资料的欠缺,没有给予分析评估,因此本节的 $A$ 类台站风速相对变化趋势平均值,不一定最好地代表了区域背景风速变化趋势。此外,针对具体观测站,建筑物距离观测场的远近、建筑物建起的早晚、障碍物视宽角的具体数值以及位于台站的具体方位等,都会对地面风速资料序列产生不同程度的影响,因此在对具体观测站风速资料序列进行订正时,还要做到具体问题具体分析。

## 4.5.2 应用案例

为了研究城市化进程对风速变化的影响,利用前文所叙述的方法和思路先后对河北、全国的观测台站风速变化情况进行了案例分析。

(1)河北地区边界层内不同高度风速变化特征

利用河北省境内 1971—2006 年邢台、张家口和乐亭 3 个探空站(表 4.5)高空风观测资料和对应地面站风观测资料,统计分析了边界层内距地面 10 m、300 m、600 m、900 m 4 个高度的长期风速变化特征,比较了不同高度风速变化趋势的异同(表 4.6)。

表 4.5　3 个探空站和地面站位置及其变动情况

| 站号 | 站名 | 东经(E) | 北纬(N) | 海拔高度(m) | 迁站时间 | 变更高度时间 |
|---|---|---|---|---|---|---|
| 53798 | 邢台 | 114°30′ | 37°04′ | 78 | 1978 年 12 月；2000 年 1 月 | 1978 年 12 月 |
| 54401 | 张家口 | 114°53′ | 40°47′ | 725 | 无 | 无 |
| 54539 | 乐亭 | 118°53′ | 39°26′ | 27 | 1994 年 1 月 | 无 |

　　将 3 个探空站每日 08 时、20 时两个时次不同高度测风资料进行了信息化处理,并用两个时次的平均值作为不同高度的日平均风速,依次统计了边界层内 300 m、600 m、900 m 高度的月、季、年单站平均风速和 3 站平均风速,同时计算该 3 个站近地面 10 m 高度 EL 型电接风速风向计 2 min 02 时、08 时、14 时、20 时测风资料平均值作为地面风速日平均值,并统计了与各高度层相对应的月、季、年平均风速。由于 3 个站均为国家基本气象站,因此资料的完整性较好,为了利于比较,均选用 1971—2006 年完整的 36 年资料。

　　在所分析的 36 年中,随高度和季节变化,3 站平均的年风速变化具有明显差异(表 4.6)。

表 4.6　3 站平均不同高度风速变化速率　　　　　　　　　　　单位:m/(s·10 a)

| 层次 | 冬季 | 春季 | 夏季 | 秋季 | 年 |
|---|---|---|---|---|---|
| 10 m | −0.364** | −0.404** | −0.216** | −0.248** | −0.305** |
| 300 m | −0.063 | −0.137* | −0.088 | −0.140* | −0.110** |
| 600 m | −0.006 | −0.020 | −0.064 | −0.048 | −0.038 |
| 900 m | 0.046 | 0.035 | −0.067 | 0.001 | 0.001 |

注:** 表示通过了 0.01 信度检验;* 表示通过了 0.05 信度检验。

　　10 m 高风速存在显著的递减趋势(表 4.6 和图 4.19a),递减率为−0.31 m/(s·10 a),通过了 0.01 的信度检验;随着高度上升,年风速变化趋势逐渐减小(图 4.19b、图 4.19c),在 900 m 转化为弱的正值(图 4.19d);300 m 高度递减率为−0.11 m/(s·10 a)(图 4.19b),通过

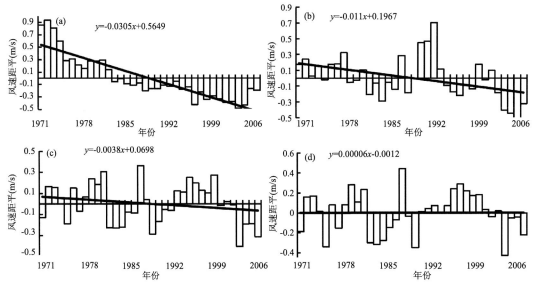

图 4.19　河北地区边界层内不同高度年平均风速距平变化

(a)10 m;(b)300 m;(c)600 m;(d)900 m

了 0.01 的信度检验,而 600 m、900 m 高度由递减转化为递增(图 4.19d),变化趋势不显著,没有通过信度检验。

各季节风速变化趋势有相似性。一般情况下,10 m 高季节风速变化存在显著的递减倾向,春、夏、秋、冬季分别为－0.40 m/(s·10 a)、－0.22 m/(s·10 a)、－0.25 m/(s·10 a)、－0.36 m/(s·10 a),其中以春季变化最大,冬季次之,夏季最小,但各季节均通过了 0.01 的信度检验(表 4.6);随着高度上升,季节风速递减率逐渐减小,由负值转化为正值,仅 300 m 高度的春、秋季平均风速减少趋势通过了信度为 0.05 的检验,其他高度的季节风速变化趋势均不显著。

在 36 年里,3 站平均的地面(10 m 高)年和季节平均风速变化存在显著的减少趋势,300 m 以上各高度层平均风速一般也降低,但远没有地面明显;不同高度平均风速变化趋势的差异可能主要是由城市化以及台站附近观测环境的改变引起的,这使得地面风速明显减弱;但地面以上各层平均风速同样存在一定减弱现象,说明背景大气环流的变化也是地面风速下降的原因之一。

3 个站不同高度上平均风速变化趋势的差异主要体现在地面与其他 3 个层次之间。与中国东部其他各级地面气象站一样,河北的 3 个探空站地面平均风速在 36 年里也明显减弱。但是,这 3 个站近地面以上层次观测的风速变化一般不存在显著减弱趋势,与地面风速变化趋势差异显著。由于各站所处的地理位置和地形条件不同,各个高度平均风速变化趋势存在若干差别,但 3 站平均的风速变化趋势具有随高度减小现象,其中从地面到 300 m 高度风速变化趋势的递减速率最大。这说明,近地面的风速受到不同程度的城市化以及台站附近观测环境变化的影响,出现显著的减弱趋势;随着高度增加,风速受城市化、地面粗糙度及台站微观环境变化的影响渐趋弱化甚至消失,风速减弱现象随之变得不明显。

1971—2006 年,河北省 3 个探空站所在地城市化进程加快,观测站周围环境遮蔽程度逐渐加大。邢台站曾有迁站经历,从建筑物密集城区迁往相对开阔的区域(公园内)造成地面风速序列前后变化,部分抵消了本应下降的风速变化趋势,从对与邢台站空间距离相近的任县、南和和内邱等站风速资料分析中(递减率均通过了 0.01 的信度检验)得到了进一步证实,邢台站的风速变化因为迁站原因,其变化趋势有其特殊性,是该站地面风速变化趋势没有其他站显著的主要原因。张家口和乐亭站分别位于较大城市和小城市,城市化速率也很快,观测场附近环境改变也比较大,在各自城市主导风向的上游陆续有建筑物竖起,加之站址没有迁移,地面风速减弱趋势就非常明显。

但是,由于地面以上的其他层次风速也在一定程度上存在着减弱现象,特别是各站 300 m 高度和乐亭 600 m 高度,风速减少趋势比较明显,因此河北省地面风速的显著下降似乎又不完全是由于城市化和观测环境变化引起的,大尺度背景环流场的变化可能也是原因之一。研究发现,20 世纪 50 年代以来,我国东部夏季风和冬季风环流均明显减弱(丁一汇 等,2008),对我国地面气温、降水和沙尘暴发生频率变化造成重要影响,也说明城市化和观测环境变化不是地面风速下降的唯一因素。

(2)城市化和观测环境改变对河北省近地面风速观测资料序列的影响

选用河北省 143 个气象台站 1975—2004 年 10 m 高年平均风速资料,以及 1990 年和 2000 年人口普查资料,根据人口增长、台站迁移、仪器高度变化、台站微观环境变化等影响地面风速变化的台站历史信息,把所有气象台站分为如前所述的 4 类,并分别对其进行比较分析。

收集了 1982 年、1990 年、2000 年第三、四、五次全国人口普查资料,但由于第三次人口普查资料中没有气象站所在城镇人口数据,因此选用第四、五次人口普查资料中的人口变化情况作为城市化发展的度量指标。

利用如下方法区分气象台站所在地的城市化程度:

$$p = \frac{M-m}{m} \times 100\% \qquad (4.17)$$

式中,$M$ 和 $m$ 分别为第五次和第四次人口普查资料中各气象站所在城镇常住人口数(人);$p$ 为 1990—2000 年人口增长量(%)。当 $p \leqslant 50\%$ 时,认为城市化程度较小;当 $p > 50\%$ 时,认为城市化程度较大。但对于人口基数在 30 万以上人口的气象站所在 11 个地级市,不论人口增长率多少,均作为城市化程度较大的台站处理。

按照上述指标划分,河北全省城市化程度较小的台站有 44 个,城市化程度较大的台站为 99 个,分别占台站总数的 30.8%、69.2%。

在台站环境变化指标中综合考虑了台站迁移、仪器高度变化、台站微观环境变化 3 个因素。具体而言,在台站迁移水平距离超过 50 m 时,认为台站发生过 1 次迁站,并且认为台站微观环境也发生了相应变化;仪器高度增高(降低)超过 2 m 时,认为仪器高度发生了变化;按照《地面气象观测规范》(中国气象局,2003)对观测场环境条件的要求,凡是在气象报表备注栏中对周围建筑物、树木及其他影响观测环境的要素有详细记录时,均认为台站微观环境发生了变化,并进一步区分出在原有站址或台站迁移后所引起的微观环境改变情况。根据这些衡量指标,将台站环境变化分为两种类型:一是观测环境变化小的台站,即上述 3 项指标中没有发生变化或变化不明显(台站没有发生迁移或迁移距离小于 50 m,仪器高度没有发生变化或高度变化小于 2 m,台站微观环境在 1975—2004 年没有发生变化的记载)的台站,共计 33 个,占台站总数的 23.1%;二是观测环境变化大的台站,是指 3 项指标变化程度较大或其中 1 项或 2 项指标变化程度较大的台站(未包括在第一类台站中的站点),共计 110 个,占台站总数的 76.9%。综合考虑城市化程度和台站观测环境变化情况,将所有台站分为上述第 4.5.1 节第 4 种类型,这里分别记为 $A$、$B$、$C$、$D$。

按照 4 类台站分别计算了河北全省年平均风速变化趋势(图 4.20 和表 4.7)。在此 4 类台站中,$A$ 类台站的风速减少趋势最小,$C$ 类台站其次;而 $B$ 类台站的减少趋势最大,$D$ 类台站的风速减少也较明显。

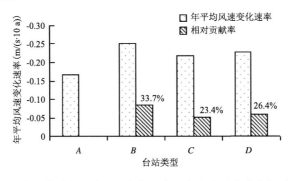

图 4.20 各类台站年平均风速变化速率和各人为因素改变相对贡献率

**表 4.7　各类台站年平均风速变化速率**

| 台站类别 | A 类 | B 类 | C 类 | D 类 | 合计/平均 |
|---|---|---|---|---|---|
| 台站个数(个)<br>(占总数百分比) | 9<br>(6.3%) | 35<br>(24.5%) | 24<br>(16.8%) | 75<br>(52.4%) | 143<br>(100%) |
| 变化速率(m/(s·10 a)) | −0.167* | −0.252* | −0.218* | −0.227* | −0.228* |

注:* 表示通过了 0.01 信度检验。

A 类台站可近似地认为代表区域背景风速变化,其值为−0.167 m/(s·10 a),在 4 类台站中变化趋势最小。B 类台站与 A 类台站风速趋势之差,可近似认为代表 B 类台站观测环境改变引起的风速变化,其值为−0.085 m/(s·10 a),其对全部风速变化的贡献率为 33.7%(图 4.20);C 类台站与 A 类台站之差,可近似认为是 C 类台站城市化影响造成的风速变化,其值为−0.051 m/(s·10 a),其贡献率为 23.4%(图 4.20)。台站观测环境变化和城市化因素对地面风速观测记录的影响均比较明显,前者大于后者。分别对比 A 和 B 类、C 和 D 类风速趋势发现,在城市化影响一定的情况下,观测环境变化大的台站年平均风速减小程度也大。

在台站观测环境变化的定义中,台站迁移(一般由城镇内向外迁移)、仪器高度变化(由低向高增加)两个因素是使风速呈现增大趋势的因子,而台站微观环境变化通常是使风速呈现减小趋势的因子。在各个台站中,每个因子所起的作用不一样,致使地面风速变化趋势也不同。进一步分析 B 类、D 类台站风速变化趋势(表 4.8)发现,在台站微观环境变化时,风速减少趋势最明显,且明显大于同类台站中其余 3 种情况,比 A 类台站风速变化趋势(−0.167 m/(s·10 a))高出 1 倍以上,说明台站微观环境变化对风速变化趋势的影响举足轻重,可与台站记录的区域背景变化趋势相当。

**表 4.8　B 类、D 类台站不同观测环境变化情况下年平均风速变化趋势**

| 台站类别 | B 类台站 | | | |
|---|---|---|---|---|
| 影响因素 | 台站微观环境变化 | 仪器高度变化 | 台站迁移 | 3 个因素均变化 |
| 台站个数(个) | 11 | 7 | 11 | 6 |
| 变化速率(m/(s·10 a)) | −0.361* | −0.222* | −0.225* | −0.136* |
| 台站类别 | D 类台站 | | | |
| 影响因素 | 台站微观环境变化 | 仪器高度变化 | 台站迁移 | 3 个因素均变化 |
| 台站个数(个) | 13 | 11 | 32 | 19 |
| 变化速率(m/(s·10 a)) | −0.333* | −0.178* | −0.237* | −0.164* |

注:* 表示通过了 0.01 信度检验。

B 类、D 类台站中,在 3 个因素同时发生变化时,风速减小趋势最小,不足台站微观环境变化引起风速变化趋势的一半。这是因为台站迁移、仪器高度变化均将导致观测的地面平均风速增大,在一定程度上减弱了风速减少的趋势。在台站历史沿革记录中,此类台站采用了向城市外迁移、仪器高度加高等措施,以尽量避免受城市化、台站微观环境变化因素的影响。虽然这种做法在一定程度上具有减轻风速观测受人为因素影响的作用,但也在地面风速观测资料序列中引入了新的非均一性。在以仪器高度变化为主或台站迁移为主的情况下,地面平均风速都呈增大趋势,但并不能完全抵消前期或后期由于其他因素(城市化、台站微观环境变化、区域背景变化等)影响所引起的风速减小趋势。因此,3 个因素影响同时存在时,其平均风速变化趋势一般介于中间。

（3）台站观测环境改变对中国近地面风速观测资料序列的影响

台站观测环境改变可能是造成中国近地面风速观测资料序列偏差的重要原因之一，但还没有从宏观尺度上对这个问题进行系统评估。选用前述第 4.5.1 节中国大陆地区 460 个气象台站 1971—2002 年 10 m 高平均风速资料和 2007 年全国气象台站观测环境综合调查资料，根据环境评分分数、障碍物视宽角等影响地面观测风速的台站环境信息，将气象台站分为 5 类，分别对平均风速观测记录进行比较分析。

选取 1971—2002 年作为近地面风速变化趋势研究时段，就可以剔除掉仪器变化对风速变化的影响。依据 2007 年全国气象台站观测环境综合调查统计数据，将环境评分按照 ≥90 分、89～60 分、<60 分对台站综合观测环境进行分类，然后根据风速主要与障碍物视宽角和障碍物遮挡面积关系最为密切的特点，将障碍物视宽角按照 <90°、90°～270°、>270°再进行细化分类。综合考虑环境评分和障碍物视宽角情况，将 460 个未迁移台站分为 5 个类别，考虑观测场周围障碍物视宽角程度不同又将其归为 3 个类型，具体结果见表 4.9。

**表 4.9　未迁移台站（460 个）观测环境分类**

| 台站类别 | 台站类型 | 站点数（个） | 所占百分比（%） | 环境评分（分） | 障碍物视宽角（°） |
|---|---|---|---|---|---|
| A 类（基本无变化） | 1 | 97 | 21.1 | ≥90 | <90 |
| B 类（变化较小） | 1 | 68 | 14.8 | 89～60 | <90 |
| C 类（变化较大） | 2 | 216 | 47.0 | 89～60 | 90～270 |
| D 类（变化很大） | 3 | 32 | 7.0 | 89～60 | >270 |
| E 类（变化最大） | 3 | 47 | 10.2 | <60 | >270 |

$A$ 类台站平均风速相对变化速率可以近似认为是背景相对变化速率，主要是由于在气候变暖的大背景下受亚洲冬、夏季风的减弱，海平面气压增高，以及大尺度土地利用变化造成的地面粗糙度增加等方面因素综合影响而造成的风速减少。而 $B$ 类、$C$ 类、$D$ 类、$E$ 类台站平均风速相对变化趋势除受上述所列因素影响致使风速减小外，还受台站观测环境改变的影响，台站周围综合观测环境的不同、台站周围障碍物遮蔽程度的不同，致使各类平均风速相对变化速率也不同。

从各类台站观测环境退化对平均风速变化的贡献率（表 4.10）来看，$B$ 类台站的年和夏、秋季平均贡献率为负值，冬、春季为正值。这与前面分析的台站周围障碍物遮蔽程度（视宽角）是综合观测环境中影响风速减少的主要因子有关。虽然 $A$ 类、$B$ 类台站环境评估分数不同，但障碍物的视宽角均在 <90°的范围，同属于第一类型，所选的两类台站中在全国各区域分布的台站数比例有所不同，或每类台站中具体每个台站遮蔽程度不同，或在主导风向上遮蔽程度

**表 4.10　观测环境变化对各类台站平均风速变化贡献率**　　　　　　　单位：%

| 台站类型 | 春季 | 夏季 | 秋季 | 冬季 | 年 |
|---|---|---|---|---|---|
| B 类 | 1.1 | −2.4 | −1.3 | 2.1 | −6.0 |
| C 类 | 22.8 | 26.7 | 31.9 | 22.5 | 22.1 |
| D 类 | 26.1 | 34.6 | 36.9 | 26.8 | 29.6 |
| E 类 | 30.2 | 22.7 | 29.4 | 35.0 | 29.0 |

不同,都会带来统计上的误差。但总体来看,$B$ 类台站平均风速变化与 $A$ 类差异不大。$D$ 类、$E$ 类台站之间观测环境退化对平均风速变化的贡献率也相近(同属于第 3 大类),类似于 $A$ 类、$B$ 类之间的对比。

但 $C$ 类、$D$ 类、$E$ 类台站观测环境退化对平均风速减小的贡献率均很明显。不同季节各类台站观测环境退化对平均风速变化的贡献不尽一致,在 22.5%～36.9% 范围内波动,$C$ 类、$D$ 类以秋季为最大,$E$ 类以冬季为最大。从年平均风速变化来看,$C$ 类、$D$ 类、$E$ 类台站观测环境退化对平均风速变化的贡献率分别为 22.1%、29.6%、29.0%,说明观测环境改变对平均风速减小趋势的贡献是非常显著的。但这些结果也说明,观测环境退化并不是造成台站平均风速下降的全部原因,其他因素包括土地利用变化引起的更大范围地面粗糙度增加,以及背景大气环流场的变化,可能也是重要的。与城市化有关的台站观测环境变化对风速资料序列的影响是不可忽视的重要影响因素,但可能还不是影响中国近地面平均风速资料序列变化的全部原因。

(4)高空与近地面风速变化对比

自由大气风速不受地面建筑和城市化过程影响。因此,通过比较高空不同层次与近地面平均风速的差异,有助于认识近地面风速受局地人类活动特别是城市发展所造成的影响。

利用 1980—2006 年全国 119 个站无线电探空仪观测的 13 个等压面和地面月平均风速资料,分析年和月平均风速变化趋势及其差异。这些高空等压面包括 850 hPa、700 hPa、500 hPa、400 hPa、300 hPa、250 hPa、200 hPa、150 hPa、100 hPa、70 hPa、50 hPa、30 hPa 和 20 hPa。探空风速资料经过质量控制。资料缺测情况比较严重,规定在所分析时期内,如果某年缺测资料达到 4 个月以上,则该年平均风速作为缺测,不参与统计;如某年资料缺测少于或等于 3 个月,则采用该年其余月份观测值计算年平均值。为了和高空风速变化比较,地面资料同样取自 119 个探空站,而且也是这些地点的近地面探空风速观测记录。

分别计算每个站点和每一等压面上的平均风速,获得所有站点和各等压面上的月、季、年平均风速时间序列。在计算全国平均各等压面上的平均风速时,把中国区域按经纬度划分为 $5° \times 5°$ 的网格,计算每个网格内各站点的算术平均,得到该网格的平均风速值,然后应用面积加权法计算获得各等压面上的全国平均逐年月、季、年平均风速时间序列。对月、季和年平均风速进行一次线性趋势拟合,得到风速变化速率或趋势。季节划分方法是:上年 12 月至本年 2 月为冬季,3—5 月为春季,6—8 月为夏季,9—11 月为秋季。

在计算分析各等压面平均风速变化的基础上,把垂直大气剖面进一步划分为 3 个厚度层,分别是:对流层中下层(包括 850 hPa、700 hPa、500 hPa、400 hPa 等压面)、对流层上层(包括 300 hPa、250 hPa、200 hPa、150 hPa 等压面)、平流层下层(包括 100 hPa、70 hPa、50 hPa 等压面)。计算每个厚度层的平均风速和风速线性变化趋势,获得 3 个厚度层的全国平均逐年月、季、年平均风速时间序列和风速变化趋势值。

图 4.21 给出了全国平均各等压面的年平均风速气候倾向率垂直分布情况,表 4.11 给出了所有等压面年和季节平均风速的气候倾向率和趋势系数。年平均风速变化趋势在整个对流层都是减弱的,其中地面平均风速气候倾向率为 -0.16 m/(s·10 a),通过了信度检验。850 hPa 和 400 hPa 等压面的平均风速变化趋势虽未通过信度检验,但趋势系数较大,变化趋势较为显著;100 hPa 及其以上的平流层各等压面年平均风速均呈增加趋势,其中 50 hPa 和 70 hPa 的增加也较显著。150 hPa 等压面处于过渡层次,年平均风速变化最不明显。

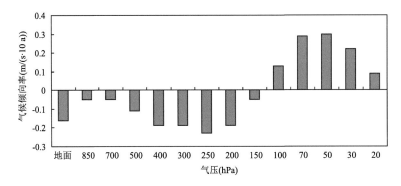

图 4.21 年平均风速变化趋势的垂直分布特征

表 4.11 中国大陆高空各等压面和地面年、四季平均风速变化趋势 单位:m/(s·10 a)

| 等压面(hPa)、地面 | 冬季 | 春季 | 夏季 | 秋季 | 年 |
|---|---|---|---|---|---|
| 地面 | −0.20* | −0.13* | −0.17* | −0.17* | −0.16* |
| 850 | −0.08 | 0.03 | −0.07 | −0.09 | −0.05 |
| 700 | 0.08 | 0.01 | −0.15 | −0.17 | −0.05 |
| 500 | 0.18 | −0.07 | −0.18 | −0.23 | −0.11 |
| 400 | 0.11 | −0.18 | −0.25 | −0.32 | −0.19 |
| 300 | 0.11 | −0.28 | −0.39 | −0.4 | −0.19 |
| 250 | −0.11 | −0.37 | −0.51 | −0.44 | −0.23 |
| 200 | −0.02 | −0.42 | −0.63 | −0.36 | |
| 150 | 0.15 | −0.21 | −0.61 | −0.25 | −0.05 |
| 100 | 0.37 | −0.16 | −0.11 | −0.12 | 0.13 |
| 70 | 0.53 | −0.13 | 0.25 | 0.04 | 0.29 |
| 50 | 0.41 | −0.05 | 0.22 | 0.04 | 0.30 |
| 30 | −0.04 | −0.07 | 0.22 | −0.08 | 0.22 |
| 20 | −0.71 | −0.34 | 0.26 | −0.06 | 0.09 |

注:* 表示通过 $\alpha=0.05$ 信度水平检验。

近地面年平均风速减小速率很大,而地面以上接近地面的自由大气(850 hPa 和 700 hPa)平均风速尽管也下降,但下降速率较小,与 250 hPa 以下各层风速减少幅度自上而下逐渐变弱的趋势十分不吻合,表明近地面平均风速的显著下降很可能是非自然因素造成的。统计显著性检验表明,只有近地面的年和季节平均风速变化趋势是显著的,地面以上包括近地面自由大气层平均风速变化趋势均未通过显著性检验。春、夏和秋季平均风速变化的垂直分布特点与年平均较相近,表现为对流层平均风速普遍减弱,但平流层变化不明显或上升。这种风速变化垂直方向上的不协调性应该反映观测环境变化对地面实测风速的影响,即地面风速减小可能受到了包括观测环境改变、城市化和土地利用变化等非自然因素的显著影响。

根据对流层风速变化趋势的垂直变化规律分析,自然情况下全国地面年平均风速的减少速率应仅为观测值(−0.16 m/(s·10 a))的 1/3 或更小。因此,在观测的年平均地面风速下降趋势中,至少有 2/3 是由于城市化等非自然因素变化引起的。同样,夏季和秋季平均风速的下降趋势至少有一半可能是由非自然因素变化引起的。这一估计与前述根据地面台站分类比较获得的结果具有一致性。

　　因此,中国大范围地面平均风速下降现象,既有局地人为因素的影响,也有大尺度大气环流变化的作用,但很可能以城市化和观测台站附近环境变化等人为因素影响为主。

# 第5章　区域划分与监测指标体系

## 5.1　气候变化监测分区

　　一般认为,1901—2012 年全球地面气温平均升高了 1 ℃左右,但不同地区的气候变化不尽相同,高纬度地区的升温速度远高于低纬地区。对中国地面气温的研究发现,1961—2013年中国年平均气温平均每 10 年升高 0.26 ℃,青藏地区升温速度更高,而西南地区升温较缓。在全球变暖的大背景下,气温变化的区域性仍然很明显。对降水的研究也发现了显著的地带性特征。尽管中国降水总体上看趋势变化不明显,但东北中南部、华北、华中和西南地区降水明显减少,而东南沿海、长江下游以及青藏高原、西北地区降水明显增加,中国大陆地区小雨和小雨日数的变化以 100°E 为界,东、西差异明显,西部地区的大部分站点呈现增加趋势,东部地区则多表现为减少趋势;暴雨量和暴雨日数均有上升趋势,但空间差异较大,东南诸河流域、长江和珠江流域暴雨量上升明显,暴雨日数和暴雨强度也呈上升趋势,海河流域和西南诸河流域暴雨量、暴雨日数和暴雨强度则呈较明显的下降趋势。对其他要素变化的分析也都发现了区域性特征。由气温、降水等要素变化引起的积温等水热条件的变化也有一定的空间分布特征。全球变化及其引起的一系列变化对社会经济和生态环境均造成了影响。

　　因此,应对、适应气候变化需要因地制宜,即根据不同区域的不同气候变化类型,及其与气候系统其他要素之间的关系来确定具体的适应性措施。气候变化监测的业务和研究工作需要根据社会经济发展要求进行细化的分区监测和研究。

　　当前对气候变化分区的研究较少,人们更熟悉的是气候分区。气候分区是将水、热等气象要素配置相似、空间分布相邻的地区划分为一个区。一般是将各个地区按照热量、水分及其年内配置等气候指标的常年情况进行分类,将属于同一类的相邻地区划分为一个气候区。例如:柯本早在 1918 年以热量和水分分布为基础,结合植被类型,第一次将全球分为热带多雨气候、干旱气候、温暖多雨气候、寒冷雪林气候和冰雪气候 5 种不同的气候带;贝尔格 1925 年根据气候同自然景观的关系,以月平均气温为指标,将全球低地气候划分为:热带雨林气候、萨王纳气候、热带沙漠气候、温带内陆沙漠气候、副热带森林气候、地中海(型)气候、草原气候、温带季风气候、温带落叶阔叶林气候、泰加林(针叶林)气候、苔原气候 11 种气候带(型);1948 年,桑斯维特使用湿润指数和可能蒸散量对世界气候状态进行了分类与分区;1959 年斯特拉勒按照气团的源地、性质、路径等要素,参考气温、降水分布,建立以气候动力为基础的世界气候区划。

　　在中国,现代气候区划工作最早可以追溯到 1929 年竺可桢发表的《中国气候区域论》。其后,中国科学家进行了几次大规模的气候区划。么枕生(1951)对气温的年变化曲线进行谐波分析,将中国分为季风、温带内陆、温带高原 3 个区。陶诗言(1959)使用最大可能蒸发量将中国寒温带到热带地区划分成 5 大类,又根据湿润度进行进一步分区。

气候变化分区则是将气温、降水等气候要素在某一时间段内的变化情况相似、空间分布相邻的地区划分为一类,属于同一类、空间分布相邻的划分为一个区。如史培军等(2014)使用1961—2010 年气温和降水量的变化趋势值,将中国划分为东北—华北暖干趋势带、华东—华中湿暖趋势带、西南—华南干暖趋势带、藏东南—西南湿暖趋势带以及西北—青藏高原暖湿趋势带 5 个气候变化趋势带。濮冰等(2007)对 1880—2004 年中国东部地区的气温进行分析,得到东部北部及内蒙古东部和华南等不同的气候变化区。

气候变化分区与气候分区最主要的差异是分区指标选择上的不同,前者是对气候的变化指标进行分析,后者是对气候指标进行分析。气候变化分区与气候分区的方法相似,气候变化分区可以使用气候分区的很多具体操作方法。

按照不同目的,气候变化监测分区可以分为业务型和研究型两种。业务型气候变化监测分区是完全按照业务需要选择气候变化监测的区域,不考虑区内和区外的任何差异。例如,中国国家气候中心对中国气温、降水、云量、风速等各气候要素的变化监测,以及各种气候变化监测业务产品,为给公众和政府部门提供中国整体的气候变化情况,将中国作为一个区进行监测,不考虑不同地区的差异。NCDC、英国气象局等气象业务机构也定期公布各自国家对各气候要素变化的监测产品。

研究型气候变化监测分区是将气候变化趋势、强度或者过程类似的地区划分为一个区,以便对各区气候变化的原因、现状或未来变化进行研究。

## 5.1.1　业务型气候变化监测分区

随着气候变化影响加剧,各国各地区气候业务部门纷纷开始关注本国本地区的气候变化,开展了一系列的气候变化监测业务,发布大量相关业务产品。全球影响最广的气候变化科学评估产品为 IPCC 报告。其分区也是全球空间范围最大的,IPCC 报告中气候变化监测分为全球、南北半球、全球陆地、海洋等不同的区域。中国、美国、英国、日本等多个国家的气候业务部门也都发布了各自的气候变化监测业务产品。例如,中国国家气候中心每年发布《中国气候变化监测公报》,美国国家气候数据中心(NCDC)定期发布美国和北美的各种气候变化及其影响的报告等。

业务型气候变化监测分区根据服务的业务部门的不同,有不同的分区方法。最常用的是按照行政区划分,各国气候业务部门对本国气候变化的监测就是按照行政区进行分区;各次一级行政区,例如中国的各省气候变化监测业务产品也完全是根据行政区划分的气候变化监测分区;水利相关的业务和科研部门对气候变化监测的分区则主要是根据各流域集水范围划定;农、林相关的业务和科研部门对气候变化的监测业务常常依据不同大田作物的分布或主要地表植被类型的分布进行分区。还有一些是按照大的地形分布、不同经济区划的分布等已经约定俗成的分区开展气候变化监测业务,例如,对中国 8 个区域(华北、东北、华东、华中、华南、西南、西北和青藏地区)的气温、降水变化进行的监测,NCDC 将美国分为西部、高原、中西部、东北部、南部、东南部 6 个区域,英国则分为英格兰、苏格兰和威尔士。

图 5.1 给出了中国大陆地区 10 个一级流域范围,在全国水资源规划和流域水资源调查评估等工作中得到应用。国家气候中心的流域降水和径流量变化监测业务中,也使用了这类流域范围分布界限。由于长江等流域面积较大,在实际工作中有时还进一步把长江流域划分为上游和中下游两段进行分析。

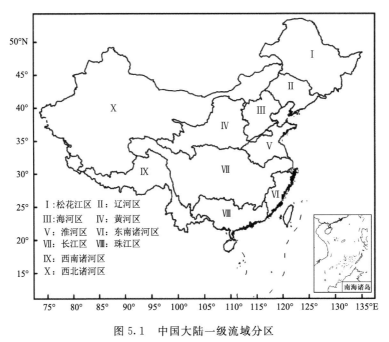

图 5.1　中国大陆一级流域分区

　　业务型气候变化监测都是由业务需求引导的,针对特定地区的。因此,本书主要介绍研究型气候变化监测分区方法,即气候变化分区方法。

### 5.1.2　研究型气候变化监测分区

　　气候变化分区实际上是对表征气候变化状态的各个指标相似程度的分析。主要是对各个地点气候变化各指标的数值进行分类,同一类型且地理分布相邻的为一个区。具体的气候变化分区工作可以分解为气候因子选择、变化状态指标选择、分类方法选择等部分。

　　首先,根据研究的目的,选择气候因子。例如,对气温变化的分区应该在最高气温、最低气温、平均气温、极端气温、积温等与气温相关的因子中寻找;夏季降水变化的监测分区则在夏季总降水量、极端降水、连续降水、连续无降水日数等因子中选择;此外,随着全球气候变化,各地的极端事件发生频率也有增加,说明各气候因子的变率也发生了变化,对气候变化进行分区研究时还需要考虑变率变化的情况。总的气候变化监测分区分析则需要综合气温、降水、日照、风速等多要素进行分析,主要的气候变化监测因子在本章下一节有具体描述,这里不做详细列举。

　　变化状态指标用来表征各气候要素变化情况,例如,最简单的情况,用 1981—2010 年的平均气温减去 1951—1980 年的平均气温,得到的差值正负就可以反映出相比于 1951—1980 年,1981—2010 年的平均气温是上升还是下降。按照变化的方向分区可以将目标区分为增加区、减小区和无明显变化区 3 类。当然,也可以分为增加区、减小区两类,或者增加区、无明显变化区两类。计算出 1961—2010 年中国各个气象站点监测到的年降水量线性趋势。可以按照增加、减少两个趋势方向将各站分为两类,结合空间分布上的连续将中国分为东南增加区、东北—西南减少区和西北增加区 3 个区,也可以结合温度变化划分为东北—华北暖干、华东—华中湿暖、西南—华南干暖、藏东南—西南湿暖和西北—青藏高原暖湿 5 个区。

　　在很多情况下,仅仅按照变化方向进行分区,所得的结果较为粗糙,区内的差异可能较大,不能满足日益精细的社会经济活动对气候变化监测检测的要求。例如,1961—2013 年,中国青藏地区和西南地区年平均气温均呈上升趋势,但青藏地区的平均增温速率达到 0.37 ℃/10 a,而西南地区的平均增温速率仅为 0.14 ℃/10 a,不到前者的一半,两者的差异达到 0.23 ℃/10 a,远大于西南地区的平均增温速率。因此,很多时候需要进一步按照变化强度将同一变化方向的区细化为显著增加区、显著减少区等。此外,从一个较长的时期看,气候各因子的变化还会出现反复。最近的一些研究发现,东北地区在 20 世纪末开始出现冬季平均气温下降的趋势(Ren et al.,2016)。对中国雨带分布的研究也发现主雨带在中国东部地区南北方向地巡游。对黄淮海地区和长江中下游地区异常降水年数年代际变化的研究也能发现,中国东部地区降水变化的南北差异,特别是 20 世纪 40 年代以后,黄淮海地区和长江中下游地区异常降水年数呈明显的反相关。黄淮海地区自 20 世纪 40 年代开始,异常降水年数上升,至 20 世纪 70 年代前期开始下降,至 21 世纪早期再次上升(图 5.2a);而长江中下游地区则自 20 世纪 40 年代开始下降,至 20 世纪 70 年代早期开始上升,至 21 世纪早期再次下降(图 5.2b)。而使用年降水量变化趋势进行分区则很难提取到这种过程上的差异(图 5.3,任国玉 等,2015)。因此,气候变化状态的描述指标可以根据研究目的选择使用趋势方向、变化强度、变化过程等。

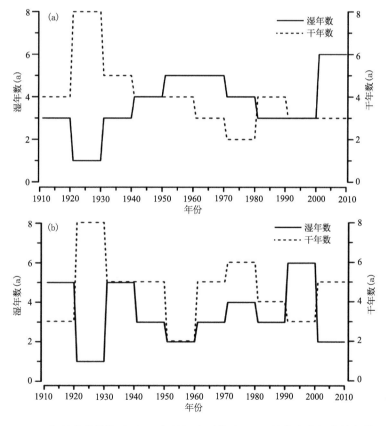

图 5.2　1911 年以来黄淮海地区(a)和长江中下游地区(b)异常降水年数的年代际变化

除了上述直接指标之外,还可以使用主成分分析得到对时间进行提炼后的变化特征场。主成分分析(气象学大多称为 EOF)是一种将高维数据转化为正交的低维数据的方法。假定有 $n$ 个站点 $m$ 个时间断面(年、月等)的资料,EOF 分析可以将其总结、提炼为 $n$ 个站点 $q(q\leqslant$

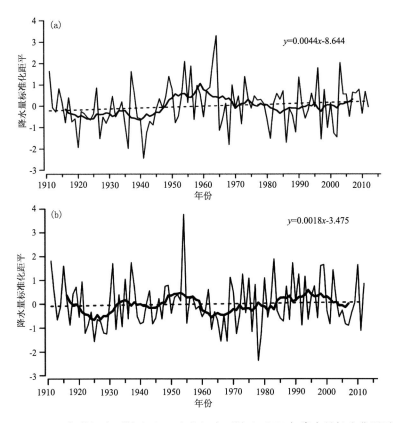

图 5.3 1911—2013 年黄河中下游地区(a)和长江中下游地区(b)年降水量标准化距平时间变化

$m$)个公因子,在此基础上,对这 $q$ 个公因子进行分类,即得到站点的分类。主成分分析有很多种类,如:侧重站点相关性的旋转经验正交函数,揭示气候因子空间分布和时间相关特征的扩展经验正交函数等。这些都可以在专业的统计分析文献中找到,这里不做赘述。EOF 分析既可以对时间进行提炼,又可以对空间进行提炼,因此做 EOF 分析时需要注意矩阵的结构和数据的物理意义。

气候变化分区的分类方法是度量各个站点/格点/地区气候变化指标相似度,将相似度高的站点/格点/地区划分为一类的方法,按照各类间阈值的制定方法可以分为经验型和客观型。很多研究按照人为设定的等比例、等间隔进行分区,然后参考各类站点分布的地理连续性进行调整。例如,1956—2013 年中国国家站年降水距平百分率的线性趋势系数分布在(−12%～15%)/10 a,将纳入计算的 2312 个站点按照其年降水距平百分率的线性系数由大到小或由小到大排列,假设要使用等间隔分区将其分为 3 类,则(−12%～−3%)/10 a 为一类,(−3%～6%)/10 a 为一类,(6%～15%)/10 a 为一类;使用等比例分区则是将排在前 771 位的台站分为一类,排在后 771 位的台站分为一类,中间 770 个台站分为一类。也有研究直接以 15 和 85 或者 30 和 70 百分位值作为界限,或者以平均值和平均值±5 倍或 3 倍标准差作为分类的界限。客观型则大多使用数学方法对站点进行分类,例如,聚类分析。使用聚类分析进行气候变化分区大多是按照站点某些气候指标的相似程度(或者距离),将相似度高(距离近)的站点划分为一类。

进行聚类分析时,首先要确定计算站点相似度或者距离的方法。常用的计算距离的方法有欧氏距离(Euclidian Distance)、绝对值距离(又称为布洛克距离,Block Distance)、切比雪夫距离(Chebyshev Distance)、闵可夫斯基距离(Minkowski Distance)等；常用的计算相似度的方法有皮尔逊相关系数、夹角余弦等。

假设要对 $n$ 个气象台站按照年平均气温线性趋势、夏季平均最高气温线性趋势、年总降水量线性趋势等 $m$ 个指标进行聚类分析，则第 $x_i$ 个台站和第 $x_j$ 个台站的欧氏距离：$D_{ij} = $

$$\sqrt{\sum_{k=1}^{m}(x_{ik}-x_{jk})^2}$$

绝对值距离：$D_{ij} = \sum_{k=1}^{m}|x_{ik}-x_{jk}|$

切比雪夫距离：$D_{ij} = \max(|x_{ik}-x_{jk}|)$

闵可夫斯基距离：$D_{ij}(q) = (\sum_{k=1}^{m}|x_{ik}-x_{jk}|)$

皮尔逊相关系数：$D_{ij} = \dfrac{\sum_{k=1}^{m}(x_{ik}-\bar{x}_i)(x_{ik}-\bar{x}_j)}{\sqrt{\sum_{k=1}^{m}(x_{ik}-\bar{x}_i)^2}\sqrt{\sum_{k=1}^{m}(x_{jk}-\bar{x}_j)^2}}$

夹角余弦：$D_{ij} = \dfrac{\sum_{k=1}^{m}(x_{ik}-x_{jk})}{\sqrt{\sum_{k=1}^{m}x_{ik}^2}\sqrt{\sum_{k=1}^{m}x_{jk}^2}}$

得到站点之间的距离或相似度后，可以将每个站都视为一个类，选择距离最近的类合并；或者将所有站视为一个类，将其拆分为距离最远的两个类。依次进行下去，直至得到需要的类的个数。

假定得到了 $C_a$、$C_b$ 等 $n$ 个类，$C_a$ 和 $C_b$ 分别含有 $n_a$ 和 $n_b$ 个站点，则各类之间的距离常用如下方法计算：

最短距离法：$D_{ab} = \min\{D_{ij}/x_i \in C_a, x_j \in C_b\}$

最长距离法：$D_{ab} = \max\{D_{ij}/x_i \in C_a, x_j \in C_b\}$

重心距离法：$D_{ab} = \left| \dfrac{\sum_{x_i \in C_a}}{n_a} - \dfrac{\sum_{x_j \in C_b}}{n_b} \right|$

平均距离法：$D_{ab} = \dfrac{\sum_{x_i \in C_a}\sum_{x_j \in C_b}D_{x_i x_j}}{n_a n_b}$

对 $n$ 个站点使用聚类分析，可以得到 $1\sim n$ 个分类，通过对分类的过程进行监控，确定分类的数量。同类气象站点的分布总是能体现出一定的地带性或者物理原因，或者是同样的地形区，或者是相似的距海远近，结合研究目的，确定分类的数量。还有一类方法是计算不同分类的解释方差。选择的类的数量应该是，在这个类数的基础上再增加一个类，总类内的离差平方和也不再大幅度增加。

需要注意的是，分类的数量不一定等于分区的数量。如前所述，分区要求地理分布上的连续性，如果是同一类的站点，但分布在两个地方，中间有其他类别的站点分隔，则应该分为两个区。

在实际进行分区工作之前，还要确定分区原则。分区原则是确定分区指标和制定分区方法的主要依据。一般而言,分区原则要包括空间分布连续性原则,即保证一个气候变化区在空间上是连续的,这个是分区和分类的本质区别;在针对多要素的变化进行分区时,还要考虑各个要素的主次顺序,确定主导要素和指标。在分区时,不同要素的分区结果可能不同,同时考虑所有要素的分区结果会导致分区的碎片化,因此,要结合分区的目的确定分区的主导要素;此外,还要考虑分区的基本单元,即分区的最小承载体或者说最小的分区是什么。常用的基本单元有行政区、格点等几类。对气候变化进行分区要求使用的气象资料有足够的长度,研究大多使用气象观测台站的资料。大部分国家级气象观测站点布局到行政区,每个相当于中国县级或者镇级的行政区内有一个气象观测站,选择行政区作为分区的基本单元相对比较简单,且分区的界限和行政区的边界是一致的,便于政府部门参考。但单纯以行政区为界,则无法考虑气候带或者地形的影响。当基本行政区范围大,或辖区内有重要的地形地貌分界岭、气候分界线时,可能会将具有不同气候变化特征的地区划为同一气候变化区。以格点为基本单元的大多是对使用气象站观测数据计算所得的气候变化分区指标进行插值。例如,图 5.4 为任国玉等(2015)计算的 1956—2013 年中国年降水量线性趋势空间分布,为各站年降水量线性趋势系数插值到格点所得,图中红色区域为降水量减少的地区,蓝色区域为降水量增加的区域。如有需要,可以去除图中的牛眼,即可得到更直观的分区图。

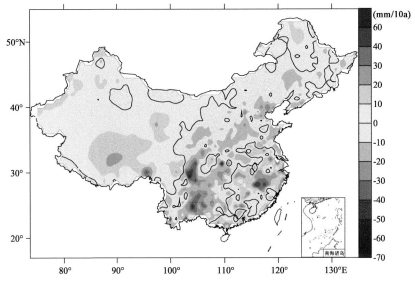

图 5.4    1956—2013 年中国年降水量线性趋势空间分布

## 5.2    气候变化监测指标体系

### 5.2.1    温室气体

气候变化,特别是全球变暖是人类社会面临的难题。温室气体浓度增加是导致全球变暖的原因之一。大气中起温室效应作用的气体主要有水汽($H_2O$)、二氧化碳($CO_2$)、甲烷($CH_4$)、臭氧($O_3$)、氧化亚氮($N_2O$)、氢氟碳化物($HFC_S$)、全氟化碳($PFC_S$)和六氟化硫($SF_6$)

等。除了氮氧化物可能会引起净的负辐射强迫外,绝大部分温室气体的净辐射强迫均为正,可以导致地表温度升高。因此,对温室气体的监测尤为重要。温室气体监测是研究温室气体浓度变化趋势的基础,也是研究温室气体源、汇的构成、强度和性质不可缺少的环节,对研究气候变化具有重要意义。温室气体监测包括温室气体背景浓度监测(又称本底浓度监测)、区域本底监测和排放源监测。不同温室气体根据其性质有不同的监测分析方法,且各有优缺点,但这些技术都有适合其自身的应用场合,随着监测分析技术的发展进步,在实际应用中,视具体情况应将不同的技术联合使用,以达到扬长避短的效果。

世界卫生组织(WHO)、世界气象组织(WMO)以及联合国环境规划署(UNEP)等在 20 世纪 70 年代联合建立了"大气本底污染监测网"(BAPMON),开展对温室气体、反应性气体等大气本底全球性的长期监测。最具有权威性的国际性大气成分监测网络是于 1989 年世界气象组织建立的全球大气监测系统(GAW),如今总共有 400 多个来自 60 个国家的本底监测站(其中包括 24 个全球基准站)加入 GAW,开展对温室气体等的长期全球性监测,为确保网络化观测的科学性、代表性、可比性和持续性,GAW 制定了大气温室气体本底观测所需的观测质量目标和特定站址环境要求。在估算温室气体源汇方面,1978 年,Nimbus7 卫星上开始搭载 TOMS 传感器监测臭氧总量变化。此后欧洲空间局、美国航空航天局和加拿大空间局等陆续发射装载有监测仪的卫星。欧、美、日、加、澳等国已相继建立了地基、高塔、飞机、航船、卫星等温室气体观测平台。2002 年欧洲空间局发射的 ENVI1 上装载的多台大气监测仪器,能够研究 $CH_4$、$N_2O$、氯氟烃($CFC_s$)等的成分变化以及大气状态参数等。2007 年,欧洲基于卫星观测开始绘制全球 $CO_2$ 和 $CH_4$ 总量分布图。2009 年初,日本成功发射温室气体观测卫星,结合地基校正,计划发布全球 $CO_2$ 和 $CH_4$ 动态变化;美国同期发射的 $CO_2$ 观测卫星因故坠落。

中国在大气本底监测方面起步较晚。20 世纪 80 年代初中国在黑龙江龙凤山、北京上甸子和浙江临安建立了区域大气本底站,加上青海瓦里关全球大气本底站,这 4 个站被列入 GAW 本底站系列,并入选为中华人民共和国科学技术部"大气成分本底国家野外科学观测研究站"。1985 年开始在中国西北民勒沙漠地区进行连续 3 年的采样监测。1994 年起,与 NOAA、加拿大气象局合作在瓦里关站开展主要温室气体长期在线观测。自 2006 年 7 月,在北京上甸子、浙江临安、黑龙江龙凤山和湖北金沙 4 个区域大气本底站开始采样分析,严格按 GAW 的要求以确保观测资料具有国际可比性和地域代表性。2009 年以来,中国气象局进一步加强温室气体本底观测网和中心分析标校实验室建设,并进一步提升综合观测、分析、研究与服务能力,在青海瓦里关、北京上甸子、浙江临安、黑龙江龙凤山、云南香格里拉、新疆阿克达拉、湖北金沙 7 个大气本底站实现多种温室气体在线观测。

近百年来全球气候变暖的趋势毋庸置疑。导致全球气候变暖的原因可以大致分为自然的气候波动、人类活动的影响。前者主要包括厄尔尼诺、火山活动等重大自然现象,后者主要包括毁林、化石燃料的燃烧以及农业活动等人类活动引起的大气中温室气体浓度的增加。自 20 世纪 50 年代以来,导致全球气候变暖的大部分原因都来自人类活动。1971 年以来人为排放温室气体产生热量的 93% 进入了海洋,海洋还吸收了大约 30% 人为排放的 $CO_2$,导致海水表面 pH 降了 0.1(秦大河,2014)。

## 5.2.1.1　气候强迫

大气中的 $CO_2$ 等气体透过太阳短波辐射,可使地球表面温度升高;但能阻挡地表向外发射长波辐射,从而使大气增温。因为 $CO_2$ 的这一作用与"温室"相似,故称之为"温室效应",引起这一效应的气体则称为"温室气体"。其中,$CO_2$、$CH_4$、$N_2O$ 气体对温室效应影响最大,而 $CO_2$ 带来的温室效应约占整体温室效应的 55%。工业革命前,大气中的 $H_2O$、$CO_2$ 等气体造成的"温室效应"使地球表面平均气温由 $-18\ ℃$ 上升至适合人类生存的 $15\ ℃$。从这一方面来看,大气中存在一定浓度的温室气体对地球上的生态系统和人类来说是有益的。但如果大气中的温室气体浓度超出一定范围时,就会对地球上的生物圈带来负面影响。这是因为当温室气体浓度持续增加,会导致地球向宇宙空间发射的长波辐射受到阻挡,为了维持辐射平衡,地面温度将会增加,从而增加长波辐射量。地面温度上升后,为了增加大气对地面长波辐射的吸收,水汽必将增加;为了减少地面对太阳短波辐射的发射,冰雪将会融化,这些变化又会使地球表面温度进一步增加,从而导致全球变暖。

在 IPCC SAR 主要考虑了 $CO_2$、$CH_4$、$N_2O$、$HFC_S$、$PFC_S$ 和 $SF_6$ 6 种温室气体。由图 5.7 可知在导致气候变化的几个驱动因子中,从 1750 年以来大气中 $CO_2$ 浓度的增加对总辐射强迫贡献最大。相对于 1750 年,2011 年总的人为辐射强迫值达到了 2.29 W/m²[1.13~3.33 W/m²],由混合充分的温室气体($CO_2$、$CH_4$、$N_2O$ 和卤代烃)排放产生的辐射强迫为 3.00 W/m²[2.21~3.79 W/m²],仅 $CO_2$ 排放产生的辐射强迫就有 1.68 W/m²[1.33~2.03 W/m²],仅 $CH_4$ 排放产生了 0.97 W/m²[0.74~1.20 W/m²]辐射强迫。平流层中耗损 $O_3$ 的卤代烃排放产生的净正辐射强迫有 0.18 W/m²[0.01~0.35 W/m²]。一氧化碳(CO)的排放基本上已经确定能引起正辐射强迫,而氮氧化物($NO_x$)可能会引起净的负辐射强迫。正辐射强迫可以导致地表温度升高,而负的辐射强迫可以导致地表温度降低,由以上分析可看出,温室气体浓度的增加是导致全球变暖的原因之一。

依据 IPCC 第五次评估报告(AR5),全球基本上所有地区气温都有升高的现象,这些体现在地表、海洋升温,南极和格陵兰冰川退缩和冰盖消融,海平面上升,极端气候事件频发等,1880—2012 年全球平均气温已升高 0.85 ℃[0.65~1.06 ℃];1981 年以来,每 10 年地面气温的增暖幅度高于 1850 年以来的任何时期,在北半球,1983—2012 年可能是最近 1400 年来气温最高的 30 年。特别是 1971—2010 年海洋变暖所吸收热量占地球气候系统热能储量的 90% 以上。北极海冰面积在 1979—2012 年以每 10 年 3.5%~4.1% 的速度减少;从 20 世纪 80 年代初以来,大多数地区多年冻土层的温度已升高(沈永平 等,2013)。

### 5.2.1.2　温室气体监测

温室气体监测是研究温室气体浓度变化趋势的基础,也是研究温室气体源和汇的构成、强度和性质不可缺少的环节,对研究气候变化具有重要意义。温室气体监测包括温室气体背景浓度监测(又称本底浓度监测)、区域本底监测和排放源监测。本底浓度监测站通常选择在人类活动或火山活动不直接影响的场所和不受植被影响的场所,且在较长时期内附近环境不发生变化的场所,这样能够反映出该区域的温室气体本底浓度,利于跟城市的温室气体形成对比,更好地观测温室气体浓度的变化(韩香玉 等,2011)。

近几年中国进一步增强了对温室气体的在线监测分析能力建设,初步建成了网络化采样系统。但是,当前中国温室气体监测管理中也存在一些问题,对于是开展大气本底值中的温室气体监测或区域本底监测、还是监测温室气体排放源,监测对象不明确,而且对温室气体排放源的监测较为薄弱(周凌晞 等,2008)。

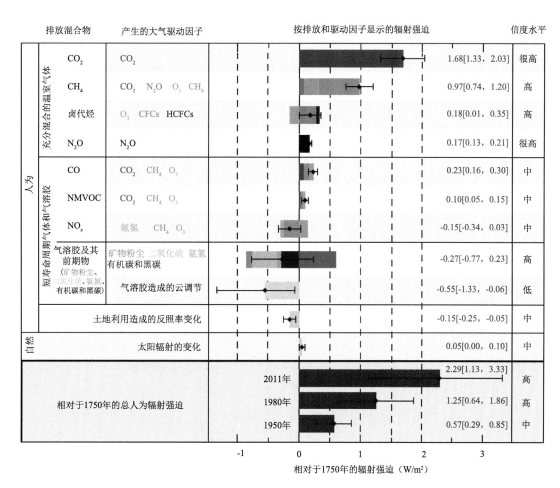

图 5.5　相对于 1750 年，2011 年的气候变化主要驱动因子
的辐射强迫估计值和总的不确定性（秦大河，2014）
（HCFCs 为含氢氯氟烃）

　　不仅周边各种输送过程对温室气体浓度变化有间接影响，当地源、汇对温室气体浓度变化更有直接影响。如今在国际上主要有两种方法用于估算温室气体的源和汇，一是"自下而上"法，即分地域、部门和行业调查，用源汇清单等外推方法进行估算；二是"自上而下"法，即用地面、卫星等观测资料和同期气象资料、模式进行推算。通过将这两种方法结合，能够较为准确地推算出温室气体在不同区域排放和吸收状况（周凌晞 等，2008）。

　　温室气体的监测，主要采用的是气相色谱（GC）法，这是一种以气体为流动相的柱色谱法，根据所用固定相状态的不同可分为气固色谱（GSC）法和气液色谱（GLC）法。很多部门都在用这种方法测量 $CO_2$ 浓度。此外还有光腔衰荡法，这种方法是世界上温室气体监测最先进的方法，通过气体对红外线吸收的不同，收集分析温室气体的浓度数据（韩香玉 等，2011）。

　　对温室效应影响较大的几种气体，常用的几种监测分析方法有（何日安，2010）：

　　$CO_2$：①红外光谱法。该方法具有操作简单、分析速度快、无污染和远程监测等优点。②气敏电极法。该方法具有操作简单、价格低廉和测量范围较广等优点，但也有较明显的缺点，因为该方法需要用到 pH 传感器，故会受到气体的酸碱性干扰。③气相色谱法。随着监测分析技术的不断进步，气相色谱仪与热导池检测器、电子捕获器和氢火焰检测器等检测器的联合使用将会广泛应用于环境监测、石油化工等部门的 $CO_2$ 检测。除了这些常用的监测方法。$CO_2$ 还可以用滴定法、激光雷达监测方法、TOC 分析仪测定法等。

$CH_4$：主要有气相色谱法、可调谐二极管激光吸收光谱法和气体滤波相关测法。

$N_2O$：主要有静态箱法、微气象法。

这些温室气体的不同监测分析技术各有优缺点。在实际应用中，应视具体情况将不同的技术联合使用，以达到扬长避短的效果。

### 5.2.1.3  温室气体浓度变化

从 1975 年以来，因为人类活动的影响，大气中 $CO_2$、$CH_4$、$N_2O$ 浓度都有所增加，在 2011 年已分别达到 391 mL/m³、1803 μL/m³、324 mL/m³，分别超出工业化时代前的 40%、150%、20%，与冰芯中的 $CO_2$、$CH_4$、$N_2O$ 气体成分相比，这些温室气体浓度及其在过去百年增加的平均速率都是史无前例的(沈永平 等,2013)。根据美国夏威夷 Mauna Loa 观测站自 1957 年开始观测的大气 $CO_2$ 浓度长期变化曲线，表明当世界人口、经济与碳排放增长持续增大时，大气中 $CO_2$ 浓度也随之升高，2013 年 5 月 9 日，该站首次测量到 $CO_2$ 平均浓度超过 $400×10^{-6}$（摩尔比浓度），而上一次地球 $CO_2$ 浓度是在 300 万年前超过 $400×10^{-6}$(Keeling,1961,1997)。表 5.1 和表 5.2 分别为 1992—2004 年位于北半球的 GAW 本底站大气 $CO_2$ 和 $CH_4$ 平均浓度，分别为北极站点 BRW(全球站)、海洋边界层站点 MHD(全球站)、内陆站点 UUM(区域站)、内陆高海拔站点 NWR(区域站)、海洋边界层站点 TAP(区域站)、内陆高海拔站点 WLG(全球站)以及海洋边界层高海拔站点 MLO(全球站)。由表 5.1 和表 5.2 可以看出从 1994 年以来，北半球 $CO_2$、$CH_4$ 的本底浓度均有一定的增长。这 7 个站点的 $CO_2$、$CH_4$ 年平均浓度及增长趋势的同期观测数据都比较接近，可以大致反映出北半球中高纬度地区温室气体的平均状况。

**表 5.1  GAW 北半球 7 个本底站大气 $CO_2$ 年平均浓度($×10^{-6}$ mL/m³)(周凌晞 等,2007)**

| 年份 | BRW | MHD | UUM | NWR | TAP | WLG | MLO |
|---|---|---|---|---|---|---|---|
| 1992 | 357.7 | 356.2 | 356.6 | 357.0 | 360.6 | 356.7 | 356.6 |
| 1993 | 358.3 | 356.8 | 357.4 | 357.5 | 360.7 | 357.4 | 357.0 |
| 1994 | 359.8 | 358.4 | 359.3 | 359.4 | 361.2 | 359.2 | 358.5 |
| 1995 | 361.9 | 360.9 | 361.0 | 361.2 | 364.0 | 360.6 | 360.7 |
| 1996 | 364.2 | 363.1 | 362.6 | 363.1 | 366.4 | 362.2 | 362.4 |
| 1997 | 365.3 | 364.2 | 374.8 | 363.9 | 367.0 | 363.8 | 363.5 |
| 1998 | 367.3 | 366.4 | 367.5 | 366.6 | 370.6 | 365.7 | 366.6 |
| 1999 | 370.0 | 368.6 | 369.2 | 368.3 | 371.7 | 368.2 | 368.3 |
| 2000 | 370.8 | 370.0 | 371.2 | 370.3 | 373.4 | 370.3 | 369.6 |
| 2001 | 372.4 | 371.8 | 372.3 | 372.4 | 375.7 | 371.3 | 371.2 |
| 2002 | 374.3 | 373.6 | 374.2 | 374.2 | 377.8 | 372.7 | 373.0 |
| 2003 | 377.5 | 376.3 | 377.8 | 376.4 | 379.7 | 376.2 | 375.8 |
| 2004 | 378.2 | 378.3 | 378.9 | 378.0 | 384.2 | 378.2 | 377.6 |

刘立新等(2009)利用 2007—2008 年的观测资料,对中国瓦里关、上甸子、临安和龙凤山站 4 个典型区域大气 $CO_2$ 本底浓度特征进行了研究分析,发现在观测期间,瓦里关大气 $CO_2$ 浓度变化趋势比较平缓。由于地理位置原因,受到人类活动影响显著的两个区域本底站上甸子和临安的浓度变化波动较大。在人类活动以及植被等的影响下,龙凤山站的大气 $CO_2$ 浓度季节变化具有明显的规律。白文广等(2010)利用遥感产品分析了近些年中国大气 $CH_4$ 的时空分布特征,发现中国区域内大气中 $CH_4$ 均匀混合比在青藏高原地区含量较低,在东南部的含量较高,并存在明显的季节波动。

表 5.2　GAW 北半球 7 个本底站大气 $CH_4$ 年平均浓度($\times 10^{-9}$ mL/m³)(周凌晞 等,2007)

| 年份 | BRW | MHD | UUM | NWR | TAP | WLG | MLO |
| --- | --- | --- | --- | --- | --- | --- | --- |
| 1992 | 1828.7 | 1804.7 | 1815.0 | 1778.0 | 1859.0 | 1787.3 | 1745.4 |
| 1993 | 1829.4 | 1808.8 | 1819.5 | 1782.1 | 1875.8 | 1786.1 | 1748.5 |
| 1994 | 1843.8 | 1815.3 | 1824.5 | 1786.8 | 1859.9 | 1799.8 | 1758.3 |
| 1995 | 1845.6 | 1814.6 | 1825.8 | 1798.8 | 1844.3 | 1804.4 | 1762.0 |
| 1996 | 1845.8 | 1829.8 | 1835.0 | 1797.8 | 1849.5 | 1808.2 | 1762.7 |
| 1997 | 1847.0 | 1825.9 | 1830.8 | 1802.0 | 1854.0 | 1807.2 | 1772.4 |
| 1998 | 1859.4 | 1834.4 | 1845.0 | 1809.0 | 1876.2 | 1812.4 | 1777.4 |
| 1999 | 1863.7 | 1842.9 | 1848.5 | 1815.3 | 1882.8 | 1824.8 | 1785.3 |
| 2000 | 1861.8 | 1842.7 | 1853.4 | 1812.2 | 1879.8 | 1830.0 | 1784.9 |
| 2001 | 1860.2 | 1844.8 | 1854.8 | 1814.9 | 1879.2 | 1828.1 | 1786.5 |
| 2002 | 1862.3 | 1844.9 | 1851.2 | 1824.1 | 1889.4 | 1821.1 | 1783.6 |
| 2003 | 1877.3 | 1850.5 | 1859.5 | 1826.3 | 1895.4 | 1835.2 | 1791.9 |
| 2004 | 1866.3 | 1844.7 | 1859.4 | 1823.6 | 1883.0 | 1842.7 | 1790.5 |

#### 5.2.1.4　温室气体减排措施

减少大气中 $CO_2$ 排放的主要方法和措施有:广泛植树造林,禁止乱砍滥伐,通过推广秸秆还田等增加生态系统对碳的吸收;降低煤炭消费比例,提升能源生产和使用效率;开发尽可能多的可再生能源。减少 $CH_4$ 排放的主要措施和对策包括:尽量使用化肥和有机肥混施的方法来减少稻田 $CH_4$ 的排放;选用高产低 $CH_4$ 排放的水稻品种;稻田合理灌溉等;回收利用煤层气;改善反刍动物的食物构成、减少个体 $CH_4$ 排放量等。可以提高氮肥利用率,尽可能多地用农家肥代替氮肥等来减少 $N_2O$ 的排放。

如今,中国已采取控制人口增长,提高能源效率,开发利用太阳能、风能等可再生能源代替化石燃料等措施,并进行植树造林活动,提倡绿色环保,取得了一定成效。但中国人口众多,自然资源相对贫乏,且经济基础较薄弱,今后化石燃料的使用和温室气体的排放仍不可避免,可以通过国际合作、交流吸取经验、技术来减少中国的温室气体排放,从而减缓全球温室气体排放总量。

### 5.2.2　极端气候

极端气候与社会经济损失息息相关,是全社会普遍重视的问题。本节主要从极端气候角度出发,阐述什么是极端气候以及极端气候事件。极端气候主要分极端气温和极端降水两大内容。本节从这两个方面来说明极端气候的研究方法、国内外主要研究进展以及得出的结论。

　　在全球变暖大背景下,极端事件发生的频率和强度变化更加受到社会普遍关注。所谓极端事件,就是事件发生的频率相对较低,事件的强度相对较大,事件导致了严重的经济损失。

### 5.2.2.1　极端气温和极端降水的研究方法

　　极端天气和气候事件自1950年以来已有变化,极端气候事件发生频率更加频繁,在全球范围内可看到冷昼和冷夜的天数正在减少,而暖昼和暖夜的天数正在增加,并且在北美及欧洲出现得更加频繁。已经观察到陆地上的冷昼和冷夜呈偏暖和/或偏少的趋势,而暖昼和暖夜呈偏暖和/或更加频繁的趋势,同时,暖期/热浪在大部分陆地上发生的频率和/或持续期也在增加(图5.6)。在欧洲、亚洲及澳大利亚等地区热浪发生的频率在增加(IPCC,2013)。

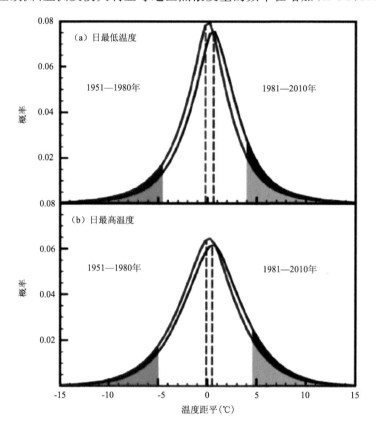

图 5.6　1951—1980 年(蓝线)和 1981—2010 年(红线)日最低气温(夜间,a)以及日最高气温
(白天,b)距平分布(相对于 1961—1990 年气候基准期,基于 HadGHCND 数据集)
(蓝色和红色阴影区域代表 1951—1980 年期间分别相对于(a)夜间和(b)白天气温最低的 10% 和最
高的 10% 的极端值范围。更深的阴影区域表示 1981—2010 年期间相比 1951—1980 年期间冷昼和
冷夜减少的频数(深蓝色区域)及暖昼和暖夜增加的频数(深红色区域))(翟盘茂 等,2014)

　　分析研究极端事件的变化特征通常有两种方法,一种是定义与极端事件相关的代用气候指数,通过分析这些气候指数的特征来反映极端事件的变化情况;另一种就是根据天气现象本身的定义标准,直接通过对原始资料的分析来判断该类极端事件的频率或强度有何变化(胡宜

昌 等,2007)。世界气象组织"气候变化检测和指标"(气候委员会/气候变率与可预报性研究/海洋学和海洋气象学联合技术委员会气候变化检测和指数专家组)(网址:http://cccma. seos. uvic. ca/ETCCDI)的方法被国内外不同学者用来研究极端气候事件,并被广泛采用。"气候变化检测和指标"研究组最后确定了 27 个极端气候事件指数,其中包括 16 个气温指数和 11 个降水指数,这些指数是从逐日最高、最低气温或逐日降水量来计算得到,可以在其网站下查看具体说明和计算方法。Alexander 等(2006)将这些指数归为 5 类:①基于百分比阈值的相对指数;②代表某个季节或某年最大或最小值的绝对指数;③气温或降水值大于或小于某固定阈值天数的阈值指数;④过度冷、暖、干、湿的持续时间或对生长季长度而言的生长周期所对应的持续时间指数;⑤其他指数,如年总降水量、气温日较差(最高值减去最低值)、平均雨日降水强度(降水量除以降水天数)、极端气温差以及年极端降水量占年降水量的百分比。

国际上在气候极值变化研究中最多见的是采用某个百分位值作为极端值的阈值,超过这个阈值的值被认为是极值,该事件可以认为是极端事件。如 27 个指标中的极端气温极值指标,采用的第 90(10)个百分位值作为极端值的阈值。其具体方法是:将某站 1961—2005 年中所有 1 月 1 日的最高(低)气温资料按升序排列,得到该日最高(低)气温的第 90(10)个百分位值,照此方法求出 365/366 个第 90(10)个百分位值,然后将其值作为该站极端最高(低)气温阈值。如果某日的最高气温大于(小于)该日最高气温的第 90(10)个百分位值,则认为该日白天出现了极端高温(低温)事件;同理如果某日的最低气温小于(大于)该日最低气温的第 10(90)个百分位值,则认为该日夜间出现了极端低温(高温)事件。

在 RClimDex 软件这个版本的软件中,由于实际应用的原因,并非所有指标的计算都基于月份。如果一个月的缺失数据不超过 3 d,一年中的缺失数据不超过 15 d,将计算每个月和每年的极端指标。如果某年某个月份的数据缺失,那么这一年的极端指标计算将会出现错误。对于阈值指标,阈值计算要保证至少有 70% 的数据存在。对于持续时间指标,如果指标有统计到第 2 年的,则将统计结果放到第 2 年。例如,统计北半球寒冷期在 2000 年 12 月 31 日开始,到 2001 年 1 月 6 日结束,那么这个计算结果将被统计在 2001 年。

27 个指数的公式和中文说明如下:

①霜冻日数(FD0):$Tn_{ij}$ 为在 $j$ 期间第 $i$ 天的日最低气温,FD0 为 $Tn_{ij} < 0\ ℃$ 的日数;

②夏季日数(SU25):$Tx_{ij}$ 为在 $j$ 期间第 $i$ 天的日最高气温,SU25 为 $Tx_{ij} > 25\ ℃$ 的日数;

③冰冻日数(ID0):$Tx_{ij}$ 为在 $j$ 期间第 $i$ 天的日最高气温,ID0 为 $Tx_{ij} < 0\ ℃$ 的日数;

④热夜日数(TR20):$Tn_{ij}$ 为在 $j$ 期间第 $i$ 天的日最低气温,TR20 为 $Tn_{ij} > 20\ ℃$ 的日数;

⑤生长日数(GSL):$T_{ij}$ 为在 $j$ 期间第 $i$ 天的日平均气温,从第一次出现至少连续 6 d 满足 $T_{ij} > 5\ ℃$ 开始,这期间的日数在 7 月 1 日后(指北半球)至少连续 6 d $T_{ij} < 5\ ℃$ 结束;

⑥极端最高气温(TX$x$):$Tx_{kj}$ 为在 $j$ 期间第 $k$ 月的日最高气温,每个月日最高气温的最大值,用公式表示如下:$TXx_{kj} = \max(Tx_{kj})$;

⑦最低气温中的最高气温(TN$x$):$Tn_{kj}$ 为在 $j$ 期间第 $k$ 月的日最低气温,每个月日最低气温的最大值,用公式表示如下:$TNx_{kj} = \max(Tn_{kj})$;

⑧最高气温中的最低气温(TX$n$):$Tx_{kj}$ 为在 $j$ 期间第 $k$ 月的日最高气温,每个月日最高气温的最小值,用公式表示如下:$TXn_{kj} = \min(Tx_{kj})$;

⑨极端最低气温(TN$n$):$Tn_{kj}$ 为在 $j$ 期间第 $k$ 月的日最低气温,每个月日最低气温的最小值,用公式表示如下:$TNn_{kj} = \min(Tn_{kj})$;

⑩冷夜日数(Tn10p)：$Tn_{ij}$ 为在 $j$ 期间第 $i$ 天的日最低气温，$Tn_{in}$ 为第 10 个百分位阈值，指标的相对比例用以下公式表示：$Tn_{ij} < Tn_{in}10$；

⑪冷昼日数(Tx10p)：$Tx_{ij}$ 为在 $j$ 期间第 $i$ 天的日最高气温，$Tx_{in}10$ 为第 10 个百分位阈值，指标的相对比例用以下公式表示：$Tx_{ij} < Tx_{in}10$；

⑫暖夜日数(Tn90p)：$Tn_{ij}$ 为在 $j$ 期间第 $i$ 天的日最低气温，$Tn_{in}90$ 为第 90 个百分位阈值，指标的相对比例用以下公式表示：$Tn_{ij} > Tn_{in}90$；

⑬暖昼日数(Tx90p)：$Tx_{ij}$ 为在 $j$ 期间第 $i$ 天的日最高气温，$Tx_{in}90$ 为第 90 个百分位阈值，指标的相对比例用以下公式表示：$Tx_{ij} > Tx_{in}90$；

⑭持续暖期日数(WSDI)：$Tx_{ij}$ 为在 $j$ 期间第 $i$ 天的日最高气温，$Tx_{in}$ 为第 90 个百分位阈值。统计至少连续 6 d 满足如下公式的天数：$Tx_{ij} > Tx_{in}90$；

⑮持续冷期日数(CSDI)：$Tn_{ij}$ 为在 $j$ 期间第 $i$ 天的日最低气温，$Tx_{in}10$ 为第 10 个百分位阈值。统计至少连续 6 d 满足如下公式的天数：$Tn_{ij} < Tn_{in}10$；

⑯日较差(DTR)：$Tx_{ij}$ 和 $Tn_{ij}$ 为在 $j$ 期间第 $i$ 天的日最低气温和日最低气温，$I$ 为 $j$ 期间的总天数，用如下公式统计：$DIR_j = \dfrac{\sum\limits_{i=1}^{I}(Tx_{ij} - Tn_{ij})}{I}$；

⑰1 d 最大降水量($Rx1day$)：$RR_{ij}$ 为在 $j$ 期间第 $i$ 天的日降水量，在 $j$ 期间的最大 1 d 降水量用如下公式统计：$Rx1day_i = \max(RR_{ij})$；

⑱连续 5 d 最大降水量($Rx5day$)：$RR_{kj}$ 为在 $j$ 期间 5 d 降水量并在第 $k$ 天结束，在 $j$ 期间的最大 5 d 降水量用如下公式统计：$Rx5day_j = \max(RR_{kj})$；

⑲简单降水强度(SDII)：$RR_{wj}$ 为在期间雨日 $w(RR \geqslant 1 \text{ mm})$ 的日降水量，$W$ 为 $j$ 期间雨日的天数，用如下公式统计：$SDII_j = \dfrac{\sum\limits_{w=1}^{w}RR_{wj}}{W}$；

⑳中雨日数(R10)：$RR_{ij}$ 为在 $j$ 期间第 $i$ 天的日降水量，用如下公式统计天数：$RR_{ij} \geqslant 10 \text{ mm}$；

㉑大雨日数(R20)：$RR_{ij}$ 为在 $j$ 期间第 $i$ 天的日降水量，用如下公式统计天数：$RR_{ij} \geqslant 20 \text{ mm}$；

㉒大于 nn 降水量时强降水日数(Rnn)：$RR_{ij}$ 为在 $j$ 期间第 $i$ 天的日降水量，nn 为降水的合理降水量，用如下公式统计天数：$RR_{ij} \geqslant nn$；

㉓连续无降水日数(CDD)：$RR_{ij}$ 为在 $j$ 期间第 $i$ 天的日降水量，统计最长的连续无降水天数：$RR_{ij} < 1 \text{ mm}$；

㉔连续降水日数(CWD)：$RR_{ij}$ 为在 $j$ 期间第 $i$ 天的日降水量，统计最长的连续降水天数：$RR_{ij} \geqslant 1 \text{ mm}$；

㉕极端降水(R95pTOT)：$RR_{wj}$ 为在 $j$ 期间雨日 $w(RR \geqslant 1 \text{ mm})$ 的日降水量，$RR_{un}95$ 为 1961—1990 年(最新 30 年应为 1981—2010 年)为第 95 个雨日降水百分位阈值，$W$ 为 $j$ 期间雨日的天数，用如下公式统计：$R95p_j = \sum\limits_{w=1}^{W}RR_{wj}(RR_{wj} > RR_{un}95)$；

㉖极端强降水(R99pTOT)：$RR_{wj}$ 为在 $j$ 期间雨日 $w(RR \geqslant 1 \text{ mm})$ 的日降水量，$RR_{un}99$ 为

1961—1990 年为第 99 个雨日降水百分位阈值，$W$ 为 $j$ 期间雨日的天数，用如下公式统计：

$$R99p_j = \sum_{w=1}^{W} RR_{wj}(RR_{wj} > RR_{un}99);$$

㉗总降水量（PRCpTO）：$RR_{ij}$ 为在 $j$ 期间第 $i$ 天的日降水量，$I$ 为 $j$ 期间降水的天数，用如下公式统计：$PRCpTO_j = \sum_{i=1}^{I} RR_{ij}$；

有时，还会用到一些其他极端气温指标，在世界气象组织"气候变化检测和指标"中未有描述，现将其定义描述如下：

㉘连续霜冻日数（CFD）：$Tn_{ij}$ 为在 $j$ 期间第 $i$ 天的日最低气温，统计最长的连续天数：$Tn_{ij} < 0\ ℃$；

㉙连续夏季日数（CSU）：$Tx_{ij}$ 为在 $j$ 期间第 $i$ 天的日最高气温，统计最长的连续天数：$Tx_{ij} > 25\ ℃$；

㉚寒潮期指数（CWDI）：$Tn_{ij}$ 为在 $j$ 期间第 $i$ 天的日最低气温，Tmean 参考期时段的平均值。统计至少连续 6 d 满足如下公式的天数：$Tn_{ij} < Tmean$；

㉛春寒期指数（CWFI）：$Tmean_{ij}$ 为在 $j$ 期间第 $i$ 天的日平均气温，$Tmean_{ij}10$ 为第 10 个百分位阈值。统计至少连续 6 d 满足如下公式的天数：$Tmean_{ij} < Tmean_{ij}10$；

㉜热浪期指数（HWDI）：$Tx_{ij}$ 为在 $j$ 期间第 $i$ 天的日最高气温，Tmean 参考期时段的平均值。统计至少连续 6 d 满足如下公式的天数：$Tx_{ij} < Tmean$；

㉝暖日指数（HWFI）：$Tmean_{ij}$ 为在 $j$ 期间第 $i$ 天的日平均气温，$Tmean_{ij}90$ 为第 90 个百分位阈值。统计至少连续 6 d 满足如下公式的天数：$Tmean_{ij} > Tmean_{ij}90$。

### 5.2.2.2　极端气温和极端降水研究若干结论

研究表明，1761—2010 年，中国极端最高气温和极端最低气温表现出逐年增暖趋势，但西北地区除外；极端最低气温的上升幅度明显大于极端最高气温的上升幅度，年较差有极显著的减小趋势；各地区极端气温的变化不同，尤其在 20 世纪 70 年代以后，西北北部、青藏高原、华北和华南地区的极端最高气温均出现了异常的变化现象。而对于极端最低气温，西北东部和华东只出现了异常偏冷现象，青藏高原和华南地区只出现了异常偏暖现象（赵军 等，2012）。中国整体来看，暖日和暖夜发生频率有增加趋势；冷日数减少，冷夜数减少更明显。1961—2012 年来夏季日数总体呈上升趋势，霜冻日总体呈下降趋势。

IPCC AR4 指出，1970 年以来伴随着全球的显著变暖，世界上许多地区的强降水事件呈现明显增多和增强的趋势，即使这些地方平均总降水量和降水日数没发生变化或甚至减少，如地中海大部分地区、南非、西伯利亚、日本、美国东北部也都发现 1970 年以来强降水量及强降水频数的增加。另一方面强度更强、持续时间更长的干旱发生频率持续上升，特别是在热带和亚热带地区。IPCC AR5 也指出，全球陆地上越来越多的地区出现强降水的频率、强度和/或降水量在增加。

许多研究结果都表明中国华北地区强降水事件趋于减少；极端降水事件在西北大部分地区呈明显的增长趋势，近期的极端降水事件比早期增加了近 1 倍；东北西部也趋于增加，但东北东部到华北大部极端降水事件发生的日数明显减少。中国东部在 1951—1995 年平均降水强度有较为显著的极端偏强的趋势，长江流域极端降水频率在夏半年增加；全年平均华北地区降水量减少，这主要是由于降水频率减小，而长江流域降水增加主要是由于降水强度加大且极强降水事件增多。因此可以看出,每个地区的极端降水事件都有其独特的分布格局和各自的演变趋势,尤其华北和长江流域地区,在 20 世纪 70 年代末强降水发生了"突变",华北地区由湿转干,而长江流域由干转湿,形成大范围洪涝。这也意味着,因为各地区变暖趋势不同,水汽蒸发量不同,原有的水汽循环结构发生改变,降水分布型被打破,强降水的突发性和不确定性加大,相应的预报也变得更加困难(翟盘茂 等,2003,2005)。总体来说,在中国大部分区域年极端降水频率的空间分布与年总降水量相似,尤其在长江中下游和华南地区,极端强降水事件发生的频率和强度在降水量增加的区域也趋向于增加。

### 5.2.2.3 极端气候事件

极端气候事件是指某一地区从统计分布观点看极少发生的天气事件,若用累积分布函数表示,其发生概率相当于或小于第 10(或大于第 90)百分位数,但气象上也把对人类或生物的影响界限作为气候极端值或阈值。极端事件总是会给社会造成巨大的经济损失,其中干旱和洪涝造成的损失最为严重(统计见图 5.7),下面就说明 3 个主要极端气候事件的定义、研究方法及研究进展。

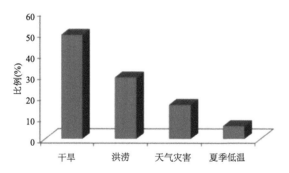

图 5.7 由于天气气候造成的经济损失中
各种气候灾害所造成的经济损失的比例

（1）干旱

干旱是指在相对广阔的地区,长期无降水或降水异常偏少的气候背景下,水分供求严重不足的一种现象。研究干旱时一般用干旱指数,干旱指数是表示干旱程度的特征量,是旱情描述的数值表达,在干旱分析中起着度量、对比综合等重要作用。而气象上用的气象干旱指数,是指利用气象要素,根据一定的计算方法所获得的指标,用于监测和评估某区域某时段内因天气气候异常引起的水分亏欠程度。降水是气象干旱的主要影响因素,因此气象干旱指数多以降水量为基础而制定。国内外常见的干旱指数有 H. N. Bhame-Mooley 干旱指标、Z 指标、标准化降水指数以及降水距平和标准差。

全球范围内干旱频发,每年有 120 多个国家和地区遭受不同程度干旱灾害威胁。近百年来,除澳大利亚、北非干旱区外,南美洲、南非、北美洲、中亚和中国西北干旱区变干趋势明显。在全球变暖的大背景下,所有干旱区都表现出:暖时段干旱年所占比率明显高于冷时段,如南非和北美洲干旱区暖年所发生干旱年比率分别为 64% 和 40%,而冷年分别为 10% 和 5%。这提示全球增暖的持续可能会导致干旱区干旱化加剧。

中国地处生存环境脆弱多变的东亚地区,干旱问题也比较严重。许多学者也根据干旱指数来研究中国区域干旱趋势变化。综合气象干旱指数(CI)是以标准化降水指数、湿润度指数及近期降水量为基础设计的,它同时考虑了降水和潜在蒸散两项因子,与单纯利用降水量的干旱指标相比更具有优越性(邹旭恺 等,2010),其等级划分见表5.3。

将全国分为十大流域,其研究结果表明:北方江河流域除西北诸河流域外,普遍有干旱面积增加的变化趋势,南方大多数江河流域的干旱面积没有明显的增加或减少趋势,仅西南诸河流域的干旱面积有显著减少趋势。从整体来看,1951—2010 年中国干旱面积呈现出弱的增加趋势。

**表 5.3　综合气象干旱指数等级划分**

| 等级 | 类型 | 综合气象干旱指数(CI) |
| --- | --- | --- |
| 1 | 无旱 | CI>−0.6 |
| 2 | 轻旱 | −1.2<CI≤−0.6 |
| 3 | 中旱 | −1.8<CI≤−1.2 |
| 4 | 重旱 | −2.4<CI≤−1.8 |
| 5 | 特旱 | CI≤−2.4 |

(2)洪涝

洪涝,指因大雨、暴雨或持续降雨使低洼地区淹没、渍水的现象。洪涝灾害在全球范围内主要发生在台风暴雨多的地区。这些地区主要包括:加勒比海地区和美国东部近海岸地区,中国东南沿海,孟加拉北部及沿海地区,日本和东南亚国家。此外,在一些国家的内陆大江大河流域也容易出现洪涝灾害。中国自古就是世界上洪涝灾害最严重的国家之一,因此,历史上洪涝灾害的研究历来受到重视。陈莹等(2011)采用 Mann-Kendall(MK)趋势分析、经验模态分解(EMD)方法和相关分析等方法,分析了 19 世纪末以来中国洪涝灾害变化与降水变化、人类活动之间的联系,揭示不同阶段洪涝灾害变化特征和影响因素的差异。研究表明:19 世纪末和 20 世纪 50—60 年代的洪涝灾害剧烈期均对应降水丰沛期,而 20 世纪末的洪涝灾害剧烈期,降水并不丰沛。20 世纪 80 年代以后的洪涝灾害加剧主要不是由于降水量的增加,而可能是一方面由于降水强度的增强,另一方面由于人类活动的影响加剧(陈莹 等,2011)。

(3)夏季低温

低温冷害是指在作物整个生长发育期或者某个生育阶段,气温低于作物所需的临界温度而造成的严重减产,是中国的主要自然灾害之一,南北方均有发生,一般北方发生比较严重。东北是中国农业发展的重要基地,夏季低温往往影响农作物产量,因此,研究东北夏季低温对农作物生产起到指导作用。东北气温同时满足以下两个条件就被称为一次月夏季低温事件:①任一测站夏季(6—8 月)月平均气温≤−1.0σ,其中,σ 为测站夏季月平均气温变化的标准偏差;②东北三省某一区域(测站比较集中),满足上述条件的测站数≥20 个。研究结果表明,东北夏季低温事件在 1960—2009 年具有明显的年代际特征,20 世纪 60—70 年代处于冷期,夏季低温事件处于高发期,70 年代发生频率最高;80 年代后频率逐渐降低,进入全球变暖背景的90 年代后,该趋势更明显(李尚锋 等,2014)。

## 5.2.3　海洋

海洋是地球气候系统中最重要的组成部分,与全球气候变化之间有着十分紧密的联系,在全球变暖的大背景下,海洋中也可以找到全球变暖的信号(Stott et al.,2000)。约 71% 的地球表面为海洋。除了在地球气候系统的自然变化中发挥着重要作用以外,海洋还吸收了约

93％的因温室效应产生的额外能量和约 30％的由人类活动排放到大气中的 $CO_2$，这对人类活动引起的气候变暖有显著减缓作用。IPCC AR5 第二工作组报告中提出"海洋区域"这一概念，首次将全球海洋视为地球上的一个区域，并较完整地评估了气候变化和海洋酸化对全球海洋区域的环境和生态的影响，以及海洋区域对气候变化的适应和脆弱性。

海洋对全球变暖响应的研究也已成为当今研究的核心内容之一。特别是 20 世纪以来，对全球海洋进行了广泛的观测调查，应用了多种先进的海洋观测手段、观测仪器和一系列不断完善的模式，这为从海洋中找到有关全球变暖的证据提供了必要条件。海洋具有巨大的储存和释放热量的能力，给气候系统以长期记忆并影响从季节到世纪尺度气候的变化（刘长建 等，2007）。下面从海水盐度、海水温度、海洋热含量、海平面以及海洋酸度方面介绍气候变化监测指标在海洋以及气候变化中的应用。

(1)海水盐度

海水盐度是指每千克海水中含有的盐类克数，用符号表示为 S‰。每种海洋生物对盐度都有一定的适应范围，盐度过高或过低都能影响其生长，甚至导致其死亡（孟雷明 等，2013；张乃禹，1982）。人们用盐度来表示海水中盐类物质的质量分数，它是研究海水性质的一个重要的参数，同时也是研究海水中许多物理过程的一个重要指标。

海水的平均盐度是 35‰，即每千克海水中的含盐量为 35 g。一般说来，海水中盐度的变化是很小的，其变化主要与降雨、海水蒸发、海水混合、洋流等因素有关。近海水域的盐度变化范围相对较大，主要是受陆地上的河流向海洋输入淡水（入海径流）影响较大。中国长江口海域，在冬季的枯水期可以测到海水盐度为 12‰；但是，夏季洪水季节，同一地点测得的海水盐度仅有 2.5‰。此外，在地球高纬度地区，冰层的结冰和融化对这些海区海水的盐度影响很大。从整个世界大洋看，赤道附近的降雨量大于蒸发量，这一海区年净得雨水约 22 cm，雨水使海水的盐度降低；在 20°S 和 20°N 附近是地球的信风带，天气干燥、降雨量小，蒸发量大大高于降雨量，海水盐度自然增加；位于南极和北极附近的高纬度地区，气温较低，蒸发量小，降雨量增加，海水盐度相对小一些。世界的个别海域盐度差别很大：地中海东部海域盐度达到 39.58‰，西部受到大西洋影响，盐度下降，只有 37‰。红海海水盐度达到 40‰，局部地区高达 42.8‰。波罗的海有众多入海径流，海水盐度只有 10‰，为世界各大海中最低的（刘涛，1994，1995）。

由于海水中产生的许多物理现象都与海水盐度分布和变化规律紧密联系，几个世纪以来，人们总是想方设法精确地测量海水的盐度。但是盐度这个特征参数具有特殊性，对它的测量方法先后有过几次演变。最早是按照海水中溶解物质质量与海水质量的比的定义直接测定其盐度，但实践证明，直接对盐度进行测定时无论用化学分析法还是蒸发结晶称量法都难以得到精准结果，而且操作方法又慢又复杂。在常规盐度测定的工作中不能应用直接测定盐度法，因而引出了间接测定盐度法，如氯度滴定法、电导率测定法、光学测定法、比重测定法和声学测定法。这些测量方法中，氯度滴定法和电导率测定法是测定盐度的主要方法（刘雪堂，1991）。

(2)海水温度

海水温度，即海温，是反映海水热状况的一个物理量。海水温度有日、月、年、多年等周期性变化和不规则的变化，其变化主要取决于海洋热收支状况及其时间变化。海水温度是海洋水文状况中最重要的因子之一，常作为研究水团性质、描述水团运动的基本指标。

太阳辐射、海洋-大气热交换以及极地海区的结冰和融冰过程是影响海水温度的主要因素,进入海洋中的太阳辐射,除有很少一部分能量返回大气中以外,大部分的能量会被海水所吸收,并转化成海水的热能。其中 60% 的太阳辐射会被 1 m 深的表层吸收,因此,海洋表层水温相对较高。海流对局部海区海水的温度也有明显影响。在开阔海洋中,表层海水等温线的分布大致与纬圈平行,在近岸地区,因受海流等的影响,等温线向南北方向移动。海水温度的垂直分布一般是随深度的增加而降低,并呈现出季节性变化。深层海水现场温度的测定,通常是用颠倒温度表进行的。海温和海水盐度一起成为海洋学上两个基本的物理量。世界海洋表层的水温变化一般在 -2~30 ℃,其年平均值达 17.4 ℃。其中,太平洋的海表温度最高,为19.1 ℃;印度洋次之,为 17.0 ℃;大西洋为 16.9 ℃。对整个世界大洋而言,约 75% 的水体温度在 1.3~3.8 ℃,整体水温平均为 3.8 ℃。其中,太平洋平均为 3.7 ℃,大西洋为 4.0 ℃,印度洋为 3.8 ℃。经直接观测表明:海水温度日变化很小,变化水深范围在 0~30 m,而年变化可到达水深 350 m 左右。在水深 350 m 左右,有一恒温层。在其以下随深度增加,水温逐渐下降,海拔高度每下降 1000 m,海温约下降 1~2 ℃(陈月娟 等,2009)。但是,世界大洋中的水温因时因地而异,比平均状态要复杂得多,而且一般难以用解析表达式给出。因此,通常多借助于平面图、剖面图,用绘制等值线的方法,以及绘制铅直分布曲线、时间变化曲线等,将三维时空的结构划分成二维或者一维的结构加以分析,从而形成对整个温度场的认识。研究海水温度,不仅是海洋学的重要课题内容,同时对捕捞业、航海、气象、水声等学科也很重要。

地球系统中的各个子系统之间是相互影响的,人类在对大气产生影响的同时也在直接或者间接地影响着海洋的变化。图 5.8 显示了人类社会活动与海洋相互影响的途径。在全球变暖的大背景下,海温也产生了相应的变化。人类生产所产生的污染以及石油泄漏等,改变了近岸地区的海洋水色等因素,改变了海水对太阳辐射的吸收,从而造成了海水温度的上升或下降。这是人类活动对海温变化的直接影响。全球海温的变化会引起气候的变化,因此海温的变化对全球气候的影响也不容忽视。

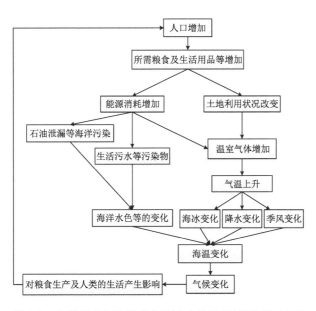

图 5.8　人类活动与海洋变化的影响关系图(周广超,2012)

　　全球的大气与海温也是紧密联系的。不同区域的海温存在不一样的变化形式,其直接影响大气环流的变化。其中,以太平洋中的海温变化最受人们的关注,主要有两种振荡现象:厄尔尼诺与南方涛动和北太平洋涛动现象。太阳辐射,大气、海洋水色,海陆分布等都是影响海温的自然因素,其中海水吸收太阳辐射量的改变是海洋温度变化的主要原因。全球平均海温的变化体现了地球海洋对太阳辐射吸收量的总体变化。太阳辐射、海陆分布因素具有稳定性,因此,海温的变化主要是由于大气、海洋等自身因素的改变而改变了海水对太阳辐射的吸收造成的。自然气候系统具有非线性特征,随着大气、海洋自身因素的慢慢改变,全球海温应表现出不同的变化特征。同时,由于太阳辐射、海陆分布因素的非均匀性,全球不同地区的海温也会表现出不一样的变化特征。因此,海温变化具有时间和空间两方面的变化特征。

　　(3)海洋热含量

　　全球气候研究的一个基本目标是分析和预报地球气候的长时期变化。而地球系统的能量中有超过 90％储存在海洋中,全球海洋热含量变化是气候变化的一个重要的"指针",所以在长时期气候变化的诸多影响因素中,最重要的同时也是难以直接测量的要素就是海洋的热含量变化。海洋热含量是表征海洋热状态的重要参量(单位为 $J/m^2$),它的计算是从某一相对深度($z$)的水体温度、盐度和压力到海面的积分来表示的,计算公式为:

$$Q = \int_z^0 C_p \rho T \, \mathrm{d}z$$

式中,$C_p$ 为海水的定压比热,随海水温度和盐度的变化而变化;$T$ 为水温;$\rho$ 为海水密度。

　　海洋由于其巨大的热含量,在气候系统的热量储存和输送方面发挥着重要作用。海洋热含量比海表温度具有更好的稳定性,对天气气候持续发展的作用也更大。海洋热含量的多少一定程度上暗示着海洋向大气放热的多少,海洋对气候影响的重要性不仅体现在海洋对大气放热以热力作用驱动大气,还在于洋流的热量输送。海洋热输送的变化通过海洋环流影响整个海域的热状况再分布,引起热含量的变化,从而引起海-气界面上热通量和水汽通量的变化,进而影响气候。为了弄清海洋在气候变化中所起的作用,有必要了解海洋热含量的变化状况及其主要影响因素。海洋对气候的影响主要是通过热量的存储与释放来进行的,其影响的主要途径有 3 个:第一,通过海水的蒸发和凝结作用,向大气释放潜热;第二,吸收大气中过多的热量,减缓大气的变暖速度;第三,利用海洋内部的环流,对气候系统内的能量进行重新分配。通过这 3 个途径,海洋与大气平衡着地球系统中的热量分布。研究表明,热带西太平洋热含量的异常变化对台风(王宗山 等,1983)、西太平洋副热带高压(蒲书箴 等,1993)和南海季风(陈永利 等,2003)等都有重要影响。因此,将海洋热含量作为一种气候变化的监测指标,对气候变化有一定的预示作用。

　　(4)海平面

　　海平面是海的平均高度,指在某一时刻假设没有潮汐、波浪、海涌或其他扰动因素引起的海面波动,海洋所能保持的水平面。

　　全球变暖的大背景下,海平面的变化也较为显著。海平面对气候变化的响应非常敏感,是全球气候变化过程中一个重要的气候响应参数。其变化不仅关系到全球环境的演变,而且与人类社会的发展有着极其密切的关系。据联合国环境规划署统计,全世界大约有一半的人口(约 30 亿)居住在距海洋 200 km 的范围内,百万以上人口的城市中 2/5 位于沿海地区(Assessing impact and vulnerability http://www.unep.org/)。如果海平面上升 1 m,全球将会有

500 万 km² 的土地被淹没,会影响世界 10 多亿人口和 1/3 的耕地。海平面上升也会导致海岸带侵蚀加剧,盐水入侵增强,并影响沿海地区红树林和珊瑚礁生态系统的正常生长。海平面的上升严重威胁着人类的生存环境。而海平面变化机理的研究,则一直是海洋领域应对气候变化积极探讨和急需解决的科学问题,可为长期气候预测和预报等奠定基础。一般认为洋盆的面(体)积海水质量(或总量)变化,以及海水温度、盐度性质的改变等因素都可以引起海平面出现不同程度的变化。但影响全球平均海平面变化主要有两个方面的原因:①由海水温盐的变化所导致的海水密度的变化(热膨胀),从而引起的体积变化;②由于海水与大气和陆地之间的水交换引起的质量变化,包括冰川和冰盖、降水、蒸发、河流径流和融冰等作用。其中海水密度的变化是海平面上升的主要影响因素。

由于海洋比热容差异可以通过密度差异的积分获得,所以可通过热比容计算出全球由于海水热膨胀而导致的海平面上升的情况(Gill,1982):

$$h_{\text{steric}}(\chi, \gamma, t) = \int_H^0 \frac{\rho^0(\chi, \gamma, z) - \rho(\chi, \gamma, z, t)}{\rho^0(\chi, \gamma, z)} dz$$

式中,$h$ 为由于海水热膨胀海平面上升的高度;$H$ 表示深度;$\rho^0(\chi, \gamma, z)$ 为海水密度参数,并与温度参数 $\chi$、盐度参数 $\gamma$、深度参数 $z$ 构成线性函数关系;$\rho(\chi, \gamma, z, t)$ 为温度和盐度的非线性函数。吴涛等(2006)发现全球平均海平面上升幅度为 2.5~3.84 mm/a,海平面变化具有时空分布差异,西太平洋和东印度洋地区上升最快,其值高出全球平均值的 10 倍以上;大西洋与太平洋 30°~40°N 地区季节变化最明显;将海平面季节高值时段与北半球热带气旋出现时间进行对比,发现每年 8—10 月,在 20°~50°N 的西北太平洋与北大西洋沿岸地区出现海平面最高值与热带气旋相叠加的全球危险海岸带,该地带包括中国大陆东部、日本沿海地区、美国东部海岸带、墨西哥湾地区和加勒比海地区。

有关海平面变化、变率、趋势及预测的研究日益得到关注和重视,世界气候研究计划(WCRP)、国际地圈-生物圈计划(IGBP)、中国《国家中长期科学和技术发展纲要(2006—2020年)》等重大国际和国内计划及文件都将海平面变化作为重点研究支持领域。尽管如此,关于海平面上升速度的预测结果还存在很多不确定性,仍然需做大量的工作来提高预测的准确性。

(5)海洋酸度

人类活动排放的 $CO_2$ 让短波辐射透过大气层到达地面,却阻碍热量从地球反射出去,从而产生温室效应。海洋是巨大的碳库,不断地从大气吸收 $CO_2$,工业革命以来,海洋吸收了人类向大气排放 $CO_2$ 的 30%~40%(Sabine,2004)。海洋吸收的 $CO_2$ 对于缓解全球变暖起着重要作用,但是它破坏了海洋自身碳酸盐的化学平衡,导致海水酸度增加。这种由于海洋吸收了大气中人为 $CO_2$ 引起的海水酸度增加过程,被称为海洋酸化。海洋酸度增加,阻碍二甲基硫的生成。二甲基硫释放到大气层中有助于反射来自太阳的辐射,降低地球表面温度。人类燃烧化石燃料产生的排放物使得地球海洋酸度增加,释放的气体减少,加剧了全球变暖。海洋吸收 $CO_2$ 的过程其实并不神秘:海水本为微碱性,但如今每年人类排放数十亿吨 $CO_2$,其中 1/3 会被海洋吸收,持续吸收的 $CO_2$ 会使代表海水中酸性强度的指标氢离子增加,随着氢离子增多,海水的微碱性状态减弱,酸度增加,海水中碳酸盐离子浓度随之降低,这导致碳酸钙钙化速率降低。酸碱度一般用 pH 为 0~14 来表示,pH=0 代表酸性最强,pH=14 代表碱性最强。海洋酸化可用 pH 的下降来度量(IPCC,2013)。海水应为弱碱性,海洋表层水的 pH 约为8.2。但全球海洋正处于 5500 万年以来海洋酸化速度最快的时期,自工业化时代初期以来,过

多的 $CO_2$ 排放已将海水表层 pH 降低了 0.1(高信度),pH 是呈对数变化,所以数字上很小的改变就会表现出很大的影响。pH 下降 0.1 表示海水的酸度已经提高了 30%。如果持续下去,到 2100 年海水表层酸度 pH 将下降 0.3~0.4,下降到 7.8,相当于氢离子浓度增加了 26%,到那时海水酸度将比 1800 年高 150%。

　　海洋吸收 $CO_2$ 导致海洋酸化,改变了海水的化学特性,使得海洋生物赖以生存的海洋化学环境发生了变化,从而影响到海洋生物的生理、生长、繁殖和代谢过程,破坏海洋生物多样性和生态系统平衡。由此可见,海洋酸化是一个全球性的、人类历史上前所未遇的挑战。自从 2003 年国际上首次提出海洋酸化的科学问题以来,海洋酸化成为当今国际海洋科学研究前沿领域的重要内容,已引起国际社会广泛关注,美国和欧洲等国家纷纷启动了大型的海洋酸化研究计划。由于全球海洋酸化本身的差异性和不确定性,如何正确评估、预测海洋酸化及其对海洋生态环境的影响是国际海洋科学界面临的巨大挑战。

### 5.2.4　冰冻圈

　　冰冻圈,即水分以冻结状态(冰和雪)存在于地球表层的一部分,它是由冰盖、冰川、积雪、浮冰(河冰、湖冰和海冰)以及多年冻土(季节冻土和多年或永久冻土)组成的。积雪覆盖面积为地球陆地表面的 33%,它是冰冻圈最大的组成部分,大约 98% 的季节性积雪分布于北半球。近 10% 的地球陆地表面则由冰川覆盖,冰川是长期的积雪聚集及压实而形成的,它是具有运动特征的厚层冰体。北半球近 24% 的陆地面积则由多年冻土覆盖着,其主要在环北极陆面、青藏高原及中低纬度的高山地区发育而来。浮冰则主要包括河冰、湖冰和海冰。冬季海冰覆盖着北冰洋 $14 \times 10^6 \sim 16 \times 10^6$ $km^2$ 的海面,而冬季在南极洲周围的海冰覆盖了 $17 \times 10^6 \sim 20 \times 10^6$ $km^2$ 的海面(丁永健,2013)。

　　冰冻圈是在特定的寒冷气候下作用于水体的产物,因此,冰冻圈的变化和气候及水资源的变化有着最为密切的关系,冻土、海冰等冰冻圈的要素的变化则在气候系统中起着非常重要的作用。海冰有着极高的反照率,其时空的变化显著影响着全球能量平衡与水循环过程,从而改变了区域或全球尺度气候动力过程,影响了气候变化;另外,全球冰量变化通过改变海洋盐度与温度而引起大洋环流的逆变、改变全球气候的格局;多年冻土的变化不仅仅通过改变地-气水热交换过程而影响气候系统,同时也会通过冻土碳库的变化而影响全球碳循环与气候变化等。

　　作为一门新兴的学科,冰冻圈的科学研究涵盖了其各个组成部分的形成机理、演化规律及其与其他圈层之间的相互作用,以及它对经济社会的影响。冰冻圈与水圈、大气圈、生物圈和陆地表层共同组成了气候系统。由于对气候变化的高度敏感性及重要反馈作用,在全球变暖的背景下,冰冻圈的研究受到了前所未有的高度重视,逐渐成为气候系统研究中最为活跃的领域之一,同时,它也是当前全球变化与可持续发展最为关注的热点之一。

　　(1)冰川

　　冰川又称冰河,是指大量的冰块堆积形成的如同河川般的地理景观。在终年冰封的高山或是两极地区,多年积雪经过重力或冰层之间的压力,沿着斜坡向下滑动而形成冰川(蒲健辰,2004)。受到重力作用而移动的冰河则称为谷冰河或山岳冰河,而受到冰层之间压力作用而移动的冰川则称为冰帽或大陆冰河。两极地区的冰川又称大陆冰盖,其覆盖范围较广,是冰河时期所遗留下来的。冰川是地球上继海洋之后最大的天然水库,同时也是地球上最大的淡水资源。地球的七大洲都存在着冰川。

中国是所有中低纬度地区山岳冰川最丰富的国家(图 5.9),据中国第二次冰川编目统计:冰川共有 46377 条,总面积达 59425 km²,冰储量为 5600 km³(刘时银 等,2017)。近几十年来,中国的冰川普遍呈现出加速退缩状态。冰川的消融及积累各有其气候背景,气温和降水量及其组合则是影响冰川发育的主要的气候因子。对于亚洲内陆典型冰川的研究则表明,夏季气温每升高 1 ℃就会引起冰川平衡线的海拔高度升高 52~152 m,同时,年降水量增加 100 mm 就会引起平衡线海拔高度降低 9~85 m。然而,近年来,随着中国西部气温持续升高,降水量的变化对于冰川的影响可能远远不如气温显著升高所产生的效应来得强烈。综合考虑 21 世纪中国冰川对于全球变暖的响应,预计到 2100 年中国冰川的面积与体积的减小率应该在 30%~67%。如果升温速率保持在 0.01 ℃/a、0.03 ℃/a、0.05 ℃/a 时,那么到 21 世纪末中国的冰川面积将会分别减少 14%、40%、60%。

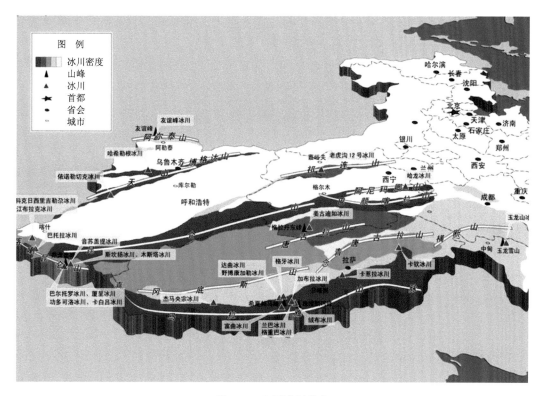

图 5.9 中国冰川分布

早期的冰川调查所使用的数据多为航空影像,航空影像的分辨率较高,但时间分辨率低,同时,其受区域地形、天气状况的影响较大,价格也较高。因此,随着卫星事业的高速发展,廉价而高效的遥感影像逐渐取代了传统的航空影像(彦立利,2013)。

冰川变化的遥感监测方法可以分为两类:计算机辅助分类法和基于目视解译的信息提取。目视解译的精度高,但却耗时费力,其主要应用于对精度要求较高的工作当中。计算机辅助分类方法也相对成熟。从遥感影像数据中所提取冰川边界经常用的方法有:非监督分类、比值阈值、监督分类、雪盖指数、基于 GIS 的模糊数学、主成分分析和数字高程模型(DEM)等。

（2）降雪量

气象观测人员用标准容器把 12 h 或者 24 h 内所采集到的雪融化成水后，通过测量得到的数值称为降雪量，以毫米（mm）为单位。降雪量是气象观测者用一定标准的容器，将所收集到的雪融化后所测量出的量度。雪与雨一样，也有降水（雪）量的等级之分。降雪量所测量的是从空中降落至地面的固态的经融化后的水，未经过蒸发、渗透、流失等过程，从而在水平面上所积聚的水层深度。实际上，有时也用降雪在平地上所累积的深度（即积雪深度）来度量。

降雪量的等级则分为以下几种：暴雪指的是 24 h 内降雪量≥10 mm；大雪是指下雪时能见度非常差，水平能见度＜500 m，地面积雪深度≥5 cm，或在 24 h 内降雪量达到 5.0～9.9 mm；中雪则是指下雪时水平能见度在 500～1000 m，地面积雪深度为 3～5 cm，或在 24 h 内降雪量达 2.5～4.9 mm；小雪（也称零星小雪）是指下雪时水平能见度≥1000 m，且地面积雪深度在 3 cm 以下，或在 24 h 内降雪量达 0.1～2.4 mm（中央气象台规定）。

中国区域南北跨越了温带、亚热带、热带和高原 4 个气候区，大部分的地区均有降雪天气发生（刘玉莲，2013）。降雪过程能在短时间内改变地表的物理属性，造成地表反射率的急剧升高，地面所吸收的太阳辐射会减少，从而产生冷却效应。气候的巨大差异，使中国北方和西南高原地区存在能够形成地表积雪的地区。另外，积雪在地-气之间的物理隔绝作用，对于北方沙尘等灾害性天气的发生也起到了一定的抑制作用；而积雪的独特消融过程对地表水平衡及区域气候的影响也是十分明显的，同时，因积雪的粗糙度远远低于其他的地表覆盖类型，从而也会对地-气之间的动力过程产生影响。而降雪对地表物理特征具有突变式的影响，因此降雪量与积雪面积分布的变化也将会改变海陆热力对比，从而引起大气异常遥响应；同时，积雪局地效应的异常，也会通过大气环流的调整以及大气响应，对更大范围乃至对全球的气候都产生影响。

美国大气海洋管理局国家环境卫星、数据和信息服务中心的北半球积雪覆盖数据显示，20世纪 70 年代至 2012 年，中国的降雪覆盖范围基本上没有出现明显的变化。而根据全国无缺测且具有连续日降雪观测的台站资料波谱分析表明，1970—2012 年，中国降雪量的年变化波谱的组成较为简单，然而却具有明显的区域性分布特征与两种截然相反的变化趋势（张佳华，2008）。从而划分出 4 个降雪量的年变化比较相似的区域：内蒙古中部至华北地区、东北少部分地区、青藏高原东缘至四川盆地及新疆的部分地区。这 4 个区域降雪量呈现持续线性与非线性的减少，而其他地区的年降雪量总体都呈增加趋势，但自 20 世纪 80 年代中后期开始减少。降雪量月变化也存在区域性的分布特征，并和区域气温与地理特征有关。

（3）积雪覆盖

积雪是地球上非常重要的水资源之一，其中，高山融雪也是很多淡水湖及河流的发源地，如唐古拉山等。与此同时，积雪也是影响气候变化的重要因子，小至海冰与大陆积雪的季节和年际变化，大到冰河时期大陆冰盖的巨大改变，这些都在不同尺度气候变化中留下了不可磨灭的痕迹（王绍武，1983）。另外，积雪对地-气系统的辐射平衡、土壤湿度、水分循环、大气环流等影响非常巨大，同时，积雪的变化又影响了区域甚至全球的天气和气候的变化。积雪作为一种重要的淡水资源，对地表辐射平衡及能量循环特别是对水循环起了很重要的作用。冰雪覆盖面积的增大使得地表反照率大大增加，因此，减少了地表对太阳辐射的吸收。明显看出，海冰可以减少海洋向大气输送的热量，因而会使得气候变冷。而气候的变冷，又常会对冰雪的维持起到有利作用。因此，气候和冰雪覆盖通常是处于互相影响及互相作用之中的。

　　对于区域性积雪变化信息的掌握利于短期气候的预测,积雪信息还可以当作水文模式的初始输入参数,用来验证气候模式的好坏和准确性;除此之外,对于积雪的监测非常利于农业生产规划与防灾减灾,因此积雪一直以来都是气象界所关注的问题。所以,常规的雪盖(雪深,雪覆盖范围和雪水当量)监测已经成为全球气候监测的高优先级的业务。

　　然而,冰雪覆盖的重要性虽然早已得到了承认,但由于观测过程的困难,人们对于地球上冰雪覆盖的全貌了解得还是非常少。直到 1966 年建立了极轨卫星观测系统,情况才大大改观。同时,随着观测资料的积累,冰雪覆盖和气候变化关系的研究也渐渐增多,特别是一些数值实验工作,已经取得了很多有意义的结果。

　　雪水当量是一个重要的表征积雪量的指标,它是指当积雪完全融化后所得到的水所形成的水层的深度。其方法是:采集一定的雪装在容器内,之后加入定量热水,从而使雪消融,最后减去所加的水的体积,就得到雪水当量了。另一种方法是测量积雪深度和密度,计算雪水当量,其公式为:雪水当量＝积雪深度×积雪密度。雪水当量的估算对融雪时可能的灾害预防与雪水资源的运用都具有十分重要的意义。目前依据遥感手段来获取雪深与雪水当量的最常用方法仍然是微波遥感,尽管它可以使得可见光遥感反射率与雪深之间建立起回归关系,或是先利用获取的雪盖参数,从而建立雪盖和雪深之间的回归关系来获取雪深与雪水当量,但是由于可见光的波长较短,并不能直接获得积雪深度的信息,造成它们间的物理关系不太明确,且可见光遥感受到天气与云的影响,不能全天候地获取积雪产品。因此,大气环流模式与气候模式以及区域水文模型等对雪深及雪水当量的输入仍旧采用被动微波遥感的积雪产品。国际上所提供的雪深及雪水当量产品的被动微波传感器主要有 AMSR-E 与 SSM/I。被动微波雪水当量的算法都采用半经验算法,是从有限实验数据中发展而来的。

　　不少学者采用地面站点资料对于积雪的长期变化进行分析,以此揭示不同地区积雪变化的强度、趋势及与降水、气温等气象要素之间的关系。但是,基于站点的观测方法通常不能较为准确获取大尺度范围积雪变化的状况。不可否认的是,遥感技术为大范围区域的实时积雪覆盖的监测提供了很好的支持。2000 年以来,伴随着升空的中分辨率成像光谱仪(MODIS)的发展,因其最高 250 m 的空间分辨率及 1 d 的重访周期,MODIS 的数据在积雪信息提取中得到了广泛应用。已有研究指出,不同区域、不同时段积雪变化趋势有所不同,有的区域积雪变化呈现出平缓增加趋势,而有的变化趋势则不太明显,但总体上均有随年际波动变化的现象。利用遥感技术获取的积雪覆盖变化信息对水资源分布状况及变化特征的合理评价有着重要的意义。

　　(4)冻土

　　冻土一般指温度在 0 ℃或以下,含有冰的各种岩土和土壤。按土的冻结的状态保持时间长短,冻土通常可分为短时冻土(数小时、数日以至半月)、季节冻土(半月至数月)及多年冻土(数年至数万年以上)。

　　冻土是地球系统的五大圈层之一——冰冻圈的重要组成部分,它覆盖全球陆地表面相当大的面积,地球上多年冻土、季节冻土和短时冻土区的面积约占陆地面积的 50％,其中,多年冻土面积约占陆地面积的 25％。在北半球,多年冻土大约占到陆地面积的 24％,季节冻土约占到陆地面积的 30％。在全球,各大洲都有季节冻土发生,在欧亚大陆,系统冻结区(每年发生)的南界一般可到 30°N,在南半球,季节冻土冻结面积则比北半球小得多。

　　由于冻土广泛分布且具有独特的水热特性,使它成为地球陆地表面过程中一个非常重要的因子。一方面是因为冻土是气候变化灵敏的感应器,气候变化将引起冻土地区的环境和冻土过程的特性显著发生变化,这点正在被冰冻圈监测所证实。另一方面,冻土的变化也会反作用于气候系统中,因为冻土影响到陆地表面热平衡,当土壤冻结或者消融时,会释放或消耗大量融化潜热,土壤的热特性也就会随之改变。同时,冻土的变化还会对建立在其上的生态环境造成极大影响。

多年冻土指地表下一定深度内的地表温度持续两年以上处于0℃以下的土层(土、土壤和岩石),是气候变迁和地质历史背景下受区域地理环境、岩性、地被特征、水文和地质构造等因素共同影响,通过地-气间物质和能量交换而发育成的客观地质实体,有其独特的自身演变规律,对环境变化也极为敏感。

中国的多年冻土主要分布于青藏高原、西部高山以及东北北部地区。以青藏高原为主体的中国多年冻土区的面积为175.39万 km²,占到中国陆地面积的18.3%。青藏高原多年冻土的地下冰储量多达9528 km³,折合成水当量约86000亿 m³,是中国冰储量的1.8倍。观测与模型模拟结果均表明,中国多年冻土有从外向内萎缩的趋势,而且随着气候持续变暖,多年冻土也将进一步退化。多年冻土退化,造成地下冰融化,一方面导致多年冻土区地面变形,严重影响区域工程地质的稳定性;另一方面也将导致多年冻土区的水文地质条件发生变化,影响生态环境和区域水循环过程。近些年来,多年冻土的显著退化引发的冻融灾害在中国已经日益显现出来,且在未来几十年内有加剧趋势。在气候持续变暖条件下,如何应对冻土变化的影响,将是现在和今后一段时间内区域生态环境建设和社会经济可持续发展所面临的重要问题之一。

冻土是由土的颗粒、未冻的水、冰以及气体组成的一种复杂的特殊土,在温度梯度和外部荷载作用下,其内部结构的变化特别复杂,包括相变、裂纹产生、物质迁移等许多过程(陈世杰,2013)。由于技术水平和实验条件制约,仍然有很多问题没有得到解决。CT 扫描技术已经广泛应用于岩土等领域,为冻土试验过程无损 CT 实时监测和其内部结构的定量描述提供了一种有效手段。

(5)海冰

海冰作为全球海-气系统中的一员,是气候系统的一个重要因子。它与海洋和大气相互作用,对全球气候变化产生了极其重大影响。全球冰雪圈的作用区约占到地球表面积的18.5%;其中,北半球海冰作用区的面积在1月平均约占到北半球总面积的23%,南半球海冰作用区的面积9月平均约占南半球面积的12%。由于南半球以海洋为主,积雪作用区很小;但是从冰雪的体积分布来看,由于南极冰盖非常厚实的冰雪沉积,在南半球冰雪的体积约为北半球的8.8倍多。一般来讲,作为气候系统中一个敏感性因子,一方面,海冰同时受大气和海洋的影响;另一方面,通过改变海洋表面反照率,大气与海洋间的热量、水汽和动量交换,以及深水层上层的海洋层结,海冰的变化反过来也会影响气候。

北极海冰作为冷源,对全球气候变化起着重要作用,直接影响着大气环流和气候变化。海冰对气候的影响主要原因是海冰的年季变化大,且由于海冰对太阳辐射的反照率远大于海水(海水平均反照率仅为0.07,海冰反照率高达0.5~0.7),能将大部分入射的太阳辐射反射回到大气中,而吸收的短波辐射少。由于海冰的存在,阻碍了风场对海水动量的直接输入,减缓了海洋和大气之间的能量交换,所以海冰可以影响海洋和大气之间的热量、能量、动力的传递,进而,影响大气和海洋的循环。

南半球海冰作用区主要位于南极。其中,陆地冰盖约占 $1.34 \times 10^7$ km²,海冰作用区面积约占 $1.827 \times 10^7$ km²。南极海冰作用区面积约占南半球总海冰作用区面积的 58%,约占地球表面积的 3.58%。

中国自 1949 年起扩充和建立了一些海洋站,逐步完善了海洋观测网,标志着海冰观测、调查和预报逐渐开展起来。1958 年进行了全国性的海洋普查,其中冬季海冰的观测是主要任务之一。20 世纪 60 年代初,相继发展了沿岸台站测量、破冰船海冰调查、沿岸冰调查、卫星遥感、航空遥感和平台定点观测等一些观测手段。从 1973 年开始,通过接收卫星图像,进行冰情分析和利用卫星遥感时空图像,对 NOAA 卫星的 AVHRR 5 个通道数据进行了分析研究,得到了海冰分布与分类,提取了在晴空天气下海冰特征参数,初步建立起渤海海冰卫星遥感监测业务化系统,实现了 NOAA/GMS 卫星数据采集自动化,遥感产品实现部门间的资源共享和网络传输。

## 5.2.5　影响平均气候态的因子

在过去 100 多年里,由于人类活动,特别是矿物等化石燃料的燃烧,释放了大量 $CO_2$ 和其他温室气体,使得更多的热量滞留在大气层低层并影响了全球气候。大气圈作为五大圈层之一,对其的基本研究是基于温、压、湿、风等基本物理量,随着全球变暖,影响平均气候态的因子越来越复杂。太阳作为离地球最近的恒星,是大气运动能量的最终来源,决定着地球气候的基本特征。通过研究太阳辐射的基本规律,不仅可以深入了解气候变化的基本规律,还可以间接地了解其他大气的基本状况。由于大气气溶胶可以直接影响到人们的身体健康和生活环境,加之随着工业化进程的发展,大气气溶胶产生的气象事件频频发生,大气气溶胶对区域及全球气候的影响也逐渐增大。本节主要从太阳辐射和气溶胶两方面入手,分别讨论它们的基本变化及其对于平均气候态的影响。从而加深人们对于影响气候态因子的认识,有助于我们更好地认识大气的平均状态,为以后的研究工作提供理论依据。

(1)太阳辐射

太阳作为离地球最近的恒星,不仅向地球提供着光和热,而且太阳辐射是地球系统主要的能量来源,同时也是驱动大气运动的主要动力,它从根本上决定着地气系统的热力收支。众所周知,虽然地球大气上界某一点的太阳辐射的长期状态是相对稳定的,但是到达地面的太阳辐射的变化则相对较大,造成这种差异的原因可能是大气层中各种因素之间的相互作用,例如云对太阳辐射的反射和散射、气溶胶的散射和吸收等。因此,通过研究到达地面的太阳辐射量的变化规律,不仅有利于我们深入地了解气候变化的规律,同时还可以通过太阳辐射的变化状况,间接推断出其他一些大气的变化状况,如大气中臭氧含量的变化趋势。

自 19 世纪法国科学家 Claude Pouillet 和英国科学家 John Herschel 分别通过有关的测量装置得到太阳常数值后,太阳辐射及太阳活动等对地球大气产生的影响已逐渐成为许多学科交叉研究的重要领域。在 20 世纪初,美国斯密逊(Smithson)天体物理观象台(高山观测)对太阳辐射的分光观测一直进行着大量长期的观测。由于受到地球大气的影响,地面观测到的太阳分光辐射光谱与大气上界的分光辐射光谱有很大差别(盛裴轩 等,2002)。中国气象部门从 20 世纪 50 年代就开始开展了相关太阳辐射的业务观测,但是由于观测项目、观测台站数和观测布局等方面进行过调整,因此在一定程度上影响了辐射观测资料在时间和空间上的连续性。尽管如此,通过分析长序列的观测资料,研究者们得到了有关中国地面太阳辐射长期变化的基本特征。

近几十年来,全球以及中国大部分区域的地面太阳辐射都经历了一个从减少到逐渐增加的过程,也就是所谓的地球由"变暗"到"变亮"。国际上公认的质量较高的地面辐射观测资料主要包含在基线地面辐射观测网/世界气候研究计划(BSRN/WCRP)、气候监测与诊断实验室(CMDL)和全球能量平衡档案/世界辐射资料中心(GEBA/WRDC)等数据集中。Wild 等(2005)通过对这些数据资料分析发现,在 1950—1990 年,全球大部分地区到达地面的太阳辐射均呈下降趋势,也就是所谓的全球"变暗"。其他的一些研究也发现了这一现象,只是下降的幅度有所不同,Gilgen 等(1998)和 Liepert(2002)给出的每 10 年平均减少幅度为 $1.3\%$ 或 $7 \mathrm{~W/m^2}$。此外,Wild 等(2005)还特别指出,从 20 世纪 80 年代中后期开始一直到 2000 年,北半球、南半球的澳大利亚以及南极等地,这种"变暗"现象不再延续,相反,到达地面的太阳辐射呈现出逐渐增加趋势(根据基线地面辐射观测网资料,平均每年增加约 $0.66 \mathrm{~W/m^2}$),即所谓的全球"变亮"。

李晓文等(1998)统计了中国从 1961—1990 年近 30 年到达地面的太阳总辐射、直接辐射以及散射辐射的变化,通过分析研究表明中国大部分地区太阳总辐射和直接辐射呈现减少的趋势。申彦波等(2008)综合前人多方面的研究成果,一方面肯定了除了很少一部分台站以外,20 世纪后半叶中国大部分地区到达地面的太阳辐射的总体变化特征在 1960—1990 年整体呈下降趋势。同时也表明,从 1990 年前后开始太阳辐射逐渐增加,也就是地球"变暖"。任国玉等(2005c)通过分析 1956—2002 年全国年日照时数,得到全国年日照时数呈现明显下降趋势,其变化速率大约为 $-37.6 \mathrm{~h/10~a}$。在 1981 年以前,一般维持在多年平均值以上,此后距平则变为负值。20 世纪 60 年代全国平均年日照时数距平值为 93 h,到 70 年代下降到 59 h,80 年代则变为 $-14$ h,90 年代下滑到 $-45$ h。1993 年是有历史记录以来的最低值,全国平均年日照时数比往年少 96 h。以后全国年平均日照时数略有回升。这些均反映了太阳辐射的长期变化过程。由 IPCC AR5 工作报告可知,由于太阳辐照度变化产生的辐射强迫估计为 0.05(0.00~0.10) $\mathrm{W/m^2}$,1978—2011 年对太阳总辐照度变化的卫星观测表明,最后一个太阳极小值低于前两个极小值。这导致最近的一次极小值(2008 年)与 1986 年极小值之间产生了 $-0.04(-0.08 \sim 0.00) \mathrm{W/m^2}$ 的辐射强迫差值。

IPCC AR5 工作报告指出,在 1880—2012 年全球地表温度升高了 0.85 ℃。在北半球,1983—2012 年可能是过去 1400 年中最暖的 30 年(中等信度)(IPCC,2013)。温度的升高无疑会对农业、建筑、交通、水资源等许多方面产生重大影响。地面太阳辐射从减少到增加的变化过程,可能会使得温室气体的增暖效应表现得更加显著,从而加速了全球变暖;同时也可能使蒸发量产生相应的变化过程。但这些结论主要来源于统计分析结果,还需要进一步定量深入地研究其物理机制,以便提供更多有利的证据(申彦波 等,2008)。

(2)大气气溶胶

对气溶胶原本的定义是指悬浮在气体中的固体和(或)液体微粒与气体载体组成的多相体系。大气中有悬浮着的各种固体和液体粒子,例如粉尘、烟雾、微生物、植物的孢子和花粉,以及由水和冰混合成的云雾滴、冰晶和雨雪等粒子,因此可以把空气看成一种气溶胶。空气中这些粒子的浓度很低,它们的存在并不影响空气动力学特征;同时,这些粒子又具有独立于空气的物理和化学特性,这些特性正是我们需要关注和研究的重要方面(盛裴轩 等,2002)。因此,习惯上把大气中分散悬浮有液体或固体微粒时的气体和悬浮物总称为大气气溶胶,直径大约

在 $10^{-3} \sim 100 \; \mu m$。

对于气溶胶的分类,方法尚不统一。根据气溶胶粒子的成分,大气气溶胶可大致分为烟雾型气溶胶、矿物型气溶胶和生物型气溶胶。

烟雾型气溶胶是指在燃烧过程中产生的,主要包括工业、民用、交通等各行业所用燃料的燃烧排放物,例如香烟烟雾、排放的汽车尾气、工业锅炉和民用煤炉的排烟等。居民烹调、取暖所使用燃料产生的燃烧物是室内空气污染的主要来源之一。在民用燃料中煤占有较大比例,煤在燃烧过程中产生的不完全燃烧物如果排放到室内将会危害人体健康。通过人工或大自然过程把无机矿物质经粉碎为极细颗粒物,比如粉煤灰,称为矿物型气溶胶,许多是来自外界的污染源,经居室门窗和通风、空调等其他设施进入室内。某些情况下,室内也存在这类污染源,这类污染物有些具有致癌的突变性。生物气溶胶主要包含植物性气溶胶,如花粉、孢子及植物纤维等;动物性气溶胶,比如动物皮屑及微生物,后者包括细菌、病毒、真菌、芽苞、霉菌等。植物花粉、孢子等在室内主要会引发人们哮喘、皮疹等过敏反应。室内的微生物主要是来自人体本身以及室外受污染的空气等。而室外空气中微生物大多都是非致病性的腐败微生物,如无色杆菌、酵母菌以及真菌等(史平,2011)。

若依据来源划分,气溶胶又可以划分为自然源气溶胶和人为源气溶胶,自然源主要是由海洋、土壤、火山爆发、岩石风化以及生物圈等自发产生的,而人为源则主要通过燃烧化学燃料、工农业生产和人类活动等产生的。由自然源产生的气溶胶在大气中的含量、分布及其光学特性在一个相对长的时间段内可以近似看作稳定的,但火山爆发产生的气溶胶也没有长期的效应。因此,在研究气候变化或气候强迫时,可以忽略这类气溶胶产生的影响。而人为源气溶胶,例如化石燃料燃烧产生的硫酸盐化合物和石油燃烧产生的烟尘、粉尘以及土地沙漠化形成的土壤尘埃等,从工业革命以来在大气中的含量持续增长,特别是 20 世纪 50 年代以来增长趋势更为迅猛。因此,人为源气溶胶产生的辐射强迫对气候变化的影响是不容忽视的(罗云峰等,1998)。

受到工业活动的影响,对流层中气溶胶含量呈现明显增加趋势。大气气溶胶作为地气系统的重要组成部分,对气候系统的辐射平衡有着重要影响。气溶胶对于气候的影响可以分为两个方面:直接影响和间接影响。直接影响是指大气中的气溶胶粒子通过吸收和散射太阳辐射和地面放出的长波辐射从而影响地-气辐射收支平衡。气溶胶对气候的间接影响则是指气溶胶浓度发生变化时,会影响云的形成,而云反过来可以对气候产生巨大的影响。

在理论上,只要知道气溶胶的化学成分、粒子大小、谱的分布及其大气含量,便可精确地计算出其所产生的直接辐射强迫的大小。但是实际上对这些量及其变化过程,我们缺乏详细的了解。所以,对气溶胶直接辐射强迫的估量只能是从现有实验结果和基于观测资料的理论模拟中得到。

云是指大气中的水汽凝结(凝华)成的水滴、过冷水滴、冰晶或它们混合组成的漂浮在空中的可见的聚合体。同时,云在全球能量和水循环过程中具有非常重要的作用。而气溶胶是云形成的前提条件,地球大气在湿暖条件下,如果没有气溶胶粒子的存在,那么不会形成云。气溶胶粒子增加的一个最直接结果就是使得云滴增加,总云量的增加使地面冷却降温,同时云的增加可能引起降水增加,进而影响到湿度和植被而改变地表反照率进一步地影响气候(王明星,2000)。但是,由于气溶胶粒子与云滴凝结核之间、云滴凝结核与云滴数密度之间、云滴数密度与云滴有效半径及云的光学特征之间关系十分复杂,这使气溶胶间接辐射强迫的研究存在很大困难。由 IPCC AR5 报告(IPCC,2013)可知,大气中气溶胶总效应(包括气溶胶造成的云调节)的辐射强迫为$-0.9$ W/m$^2$[$-1.9\sim-0.1$ W/m$^2$](中等信度),这是将大多数气溶胶产生的负强迫作用和黑碳吸收太阳辐射产生的正贡献合计得到的。具有高信度的是,气溶胶及其与云的相互作用已抵消了源于充分混合的温室气体所引起的全球平均强迫当中的很大一部分。但它们还是总辐射强迫估算中最大的不确定性来源。张小曳等(2014)总结认为,AR5中对气溶胶-云相互作用产生辐射仍具有很低的信度,较 AR4 没有明显的进展,显示这仍是未来需要研究的方向之一。同时,AR5 指出虽然已有确凿的证据表明云对吸收性气溶胶在其中的作用存在着快速的调整和相应的过程,但是因为其影响是多方面的,所以气候模式还不能够很好地模拟。

大气气溶胶产生的气候效应是复杂多变的,同时也是气候变化的重要影响因子。对全球平均而言,气溶胶产生的负辐射强迫虽然可以抵消温室气体所产生的正辐射强迫,但是二者之间并不能进行简单抵消。因此,在气候变化日益受到重视的今天,我们应当加强对大气气溶胶状况的了解,从而可以定量地估量它产生的辐射强迫的大小,研究其对区域以及全球气候变化的影响具有非常重要的意义。

# 第 6 章　单站与区域平均气候序列构建及其误差评估

在研究全球或者大尺度区域的气候变化时,首先要将离散点的气候观测资料格点化,以保证各个格点序列基本上代表相同区域面积上的气候变化特征,这样计算的区域平均气候序列更加具有代表性。由于气象观测台站空间分布不均匀,建站时间不一致,观测期间存在缺测情况,即使对历史资料序列进行了均一化和系统偏差订正处理,站点观测资料仍不能真实代表区域的气候和气候变化特征。为了将代表局部的、离散的、有限的气候要素转化成区域尺度的连续空间信息,通常利用网格化或空间插值方法,以及规范的数据处理和区域平均方法,以期得到连续有序的空间气候数据。

本章介绍常用的空间插值方法和区域气候序列的构建方法,并讨论各种方法的误差情况。

## 6.1　单站气候序列建立

气象站的观测数据通常可以代表气象站所在区域一定范围内的气候特征。中国气象台站的地理位置基本上靠近行政区域的政治经济中心,每个县级区域均建有气象站,通常用该站的气象观测资料来表示该区域的气候特征。因此,单站长时间气候资料是研究气候与气候变化的基础,台站气候资料处理得好坏直接影响大尺度区域气候变化的研究成果。

### 6.1.1　气候序列统计方法

(1)平均值

平均值是描述资料数据平均状态的量,气象统计中平均值很多,如日平均、旬平均、月平均、年平均及累年平均等。各时段的平均值刻画了该时段内气象条件的一般状况,是该时段气象要素频率分布的中心,因此是最重要的气象指标。

设 $x_1, x_2, \cdots, x_n$ 为某气象要素的 $n$ 个观测值,则:

$$\bar{x} = \frac{1}{n} \sum_{i=1}^{n} x_i \tag{6.1}$$

式中,当 $\bar{x}$ 为日平均值时,$x_i$ 为定时观测值,可取 4 次定时观测值,即 $n=4$(北京时间 02 时、08 时、14 时、20 时),也可 $n=24$,即逐小时观测值(北京时间 21 时、22 时、$\cdots$、20 时);当 $\bar{x}$ 为月(旬、候)平均值时,由于月(旬、候)平均值由日值(日平均值或日极值)平均求得,则式中 $x_i$ 为第 $i$ 日的日值,$i$ 取值为 $1, 2, \cdots, n$,$n$ 为该月(旬、候)日数;当 $\bar{x}$ 为年平均值时,由于年平均值由 12 个月平均值平均求得,式中 $x_i$ 为第 $i$ 月的月平均值,$i$ 取值为 $1, 2, \cdots, 12$。

(2)累年平均值

累年平均值是指一段连续年份的某一时段累计平均值,一般情况下资料必须具有连续 20

年以上的数据,计算公式如下:

$$\overline{x} = \frac{1}{n}\sum_{i=1}^{n}x_i \tag{6.2}$$

累年某日平均值由历年逐日平均值平均求得,式中 $x_i$ 为第 $i$ 年的日平均值,$i$ 取值为 $1,2,$ $\cdots,n$;$n$ 为资料年数,$\overline{x}$ 为累年日平均值。

累年某月(旬、候)平均值由历年该月(旬、候)平均值平均求得,式中 $x_i$ 为第 $i$ 年的月(旬、候)平均值,$i$ 取值为 $1,2,\cdots,n$;$n$ 为资料年数;$\overline{x}$ 为累年月(旬、候)平均值。

累年年平均值由累年月平均值平均求得,式中 $x_i$ 为第 $i$ 月的累年月平均值,$i$ 取值为 $1,2,$ $\cdots,12$;$\overline{x}$ 为累年年平均值。

(3)总量值

某年(月、旬、候)某气象要素总量值是指该年(月、旬、候)该气象要素日总量值的总和,计算公式如下:

$$S = \sum_{i=1}^{n}x_i \tag{6.3}$$

月(旬、候)总量值为该月(旬、候)日总量值之和,式中 $x_i$ 为第 $i$ 日的日总量值,$i$ 取值为 $1,$ $2,\cdots,n$;$n$ 为该月(旬、候)的日数;$S$ 为月(旬、候)总量值。

年总量值为 12 个月总量值之和,式中 $x_i$ 为第 $i$ 月的月总量值,$i$ 取值为 $1,2,\cdots,12$;$S$ 为年总量值。

累年平均某月(旬、候)总量值由历年该月(旬、候)总量值平均求得。

(4)距平、距平百分率

最常用的表示气候变量偏离正常状态的量是距平,即气候序列中某个数据与均值之间的差。气候序列经过距平化处理后,都可变为均值为 0 的序列,可以给分析带来很多便利,结果也直观。有些气候变量数值较大,如降水量,为了使各地区的降水量的偏差具有可比性,引进距平百分率,降水距平百分率反映了某一时段降水与同期平均状态的偏离程度。

距平: $$d_i = x_i - \overline{x} \tag{6.4}$$

距平百分率: $$dv_i = \frac{d_i}{\overline{x}} \times 100\% \tag{6.5}$$

式中,$x_i$ 为第 $i$ 年的历年值资料,$i$ 取值为 $1,2,\cdots,n$;$n$ 为资料年数;$\overline{x}$ 为累年平均值。距平值取小数一位,距平百分率取整数。

(5)极端值

极端值就是气象要素观测序列中的最大值和最小值,表示观测时期内天气气候状况曾经达到最严重的程度,随着气候的变化,原来的极端值常常会被新的极端值所代替。

(6)较差

较差是观测值中最大值与最小值的差,又称极差,如气温年较差、日较差等,表示观测时期内气象要素变化范围,较差越大变化越剧烈,它刻画了气候序列频率分布的离散特征。

(7)变率

变率也是刻画气候序列频率分布离散特征的量,包括绝对变率($V_a$)和相对变率($V_r$)两种,公式如下:

$$V_a = \frac{1}{n}\sum_{i=1}^{n}|x_i - \overline{x}| \tag{6.6}$$

$$V_r = \frac{V_a}{\overline{x}} \times 100\% \qquad (6.7)$$

（8）方差与标准差

方差与标准差是描述气候序列中数据都以 $\overline{x}$ 为中心的平均振动幅度的特征量，分别记为 $s^2$ 和 $s$，它们也可作为变量总体方差和标准差的估计，也常称标准差为均方差。

$$s^2 = \frac{1}{n} \sum_{i=1}^{n} (x_i - \overline{x})^2 \qquad (6.8)$$

$$s = \sqrt{\frac{1}{n} \sum_{i=1}^{n} (x_i - \overline{x})^2} \qquad (6.9)$$

（9）气象要素统计规定

对于平均值来说，一月中各日值缺测 7 个及以上时，月平均为缺测；一候中各日值缺测 2 个及以上时，候平均为缺测；一旬中各日值缺测 3 个及以上时，旬平均为缺测；一年中各月值缺测 1 个及以上时，年平均为缺测。

如果历年某月（旬、候）序列中数据个数不超过 10 个时，则不统计累年月（旬、候）平均值。当历年某月（旬、候）序列中数据个数超过 10 个，但连续缺测的月（旬、候）平均值有 3 个以上或者总共缺测的历年月（旬、候）平均值有 5 个以上时，累年平均值为临时气候值，加"$L$"表示临时。如果累年各月平均值有 1 个及以上缺测时，累年年平均为缺测。

如果累年各月平均值有 1 个及以上临时标记时，累年年平均也须有临时标记，加"$L$"。

在总量值中，一月中日降水量有 7 个及以上缺测时，月降水量为缺测；一年中各月降水量有 1 个及以上缺测时，年降水量为缺测。

对于极值如果不加特别说明，则只要各日值不全是缺测，则极值从实有记录中挑选，如果日值全部为缺测，则月极值也是缺测；而年极值挑选时，资料不完整年份的实有资料都参加年极值和累年极值的挑取。

## 6.1.2　气候序列建立的基本步骤

气象观测数据是气候变化分析的根本，资料的选取应遵循精确性、均一性、代表性和可比较性的原则。在研究单站气候变化时主要是分析其变化规律和气候异常的程度，主要针对月、季、年及年代 4 个尺度。因此，单站气候序列需要时间尺度足够长，一般在 50 年以上。

对于收集好的气候资料，保证资料的质量是进行下一步分析最重要的环节。根据研究问题的具体需要进行预处理。确定资料是否可靠、精确，是否存在人为因素造成的不均一性，如果有由于迁站造成前后资料不连续的，应首先对资料进行均一化处理。确定气候资料在时间上是否连续，如有不连续应进行时间上的插值处理。对于再分析资料或模式模拟资料等非观测资料的使用时，要先进行与观测资料的对比分析。

（1）气候资料的审查方法

气候资料的审查是一种复杂而细致的工作，不仅要具备一定的气象学、天气学、气候学和气象观测的知识，而且需要相当丰富的气候资料实际工作经验，才能把工作做好。气候资料审查方法可分为技术性检查和合理性检查两类。

技术性检查主要包括：

①查阅气象台站的历史沿革记载和资料说明，分析是否存在迁站、观测仪器和观测方法的

更新、观测时制的变化等引起的资料不均一性。

②根据观测规范、统计规定,检查观测记录和统计结果是否符合规定,核对统计计算是否正确。

③检查同一要素的各个统计项目之间是否协调。

合理性检查主要以气象学、天气学、气候学知识为依据,从气象要素的时、空变化规律和各要素间的相互联系规律出发,分析气候资料是否合理。合理性检查主要从以下几个方面考察:

①本站前后时期资料对比。气候变化是缓慢的、连续的,因此虽然逐年的观测值并不一样,但它们应在一个大致的水平上随机波动。如果通过前后期资料的对比,发现资料序列中存在明显的不连续变化,则可能存在非均一性,应该配合测站历史沿革情况做进一步的分析判断。

②区域资料对比。相邻测站由于受同一天气系统的影响,常常有相当好的一致性和相关性。相邻测站气象要素之间的相互联系规律,可以成为发现和订正错误记录的重要依据。

③气象要素相关。各种不同的气象要素从不同的侧面描述一地的天气气候特征,它们之间存在着各种不同程度的相关。实际中,常常用同一测站或者若干个地理环境相似测站的相关密切的两个要素的观测值做成相关图进行审查,当气候资料比较理想时,所有落点应密集地集中在一根曲线或直线附近,如果个别落点明显偏离相关线,则这个落点对应的观测值可能有明显的误差。

(2)气候资料插补订正

一些测站由于某种原因,缺少某年或某月的资料,则需要对这些残缺不全的资料进行插补,使之成为完整的资料。

①差值订正

相邻两台站的某些气象要素的差值变化比较小,如气温、气压、湿度等。

设 $x_1, x_2, \cdots, x_n, \cdots, x_N$ 为参考站气候序列,资料年代长,质量好,有 $N$ 年。$y_1, y_2, \cdots, y_n$ 为被插补订正(需要延长或者有缺测)的序列,有 $n$ 年,$n$ 年等于或包含在 $N$ 年之中。

两序列对应年的差值为:$d_i = y_i - x_i$,将逐年差值求平均,得到:

$$\overline{d} = \frac{1}{n} \sum_{i=1}^{n} d_i \qquad (6.10)$$

$n$ 年平均值的差值为:$D_n = \overline{y_n} - \overline{x_n}$,根据差值稳定性,得到 $D_n \approx \overline{d}$,那么有

$$\overline{y_n} = \overline{x_n} + D_n \qquad (6.11)$$

$$y'_i = x_i + D_n \qquad (6.12)$$

式中,$y'_i$ 为插值后的气候序列。

②比值订正

如果相邻两个台站的某个气象要素的差值不稳定,而对应比值却具有稳定性,那么就应该用比值订正法进行序列订正。降水量就是常见的对应比值比较稳定的气象要素。

如同差值订正的两个序列,逐年对应比值 $k_i = y_i/x_i$,逐年比值的平均值 $\overline{k} = \frac{1}{n} \sum_{i=1}^{n} k_i$,两序列平均值比值 $k_n = \overline{y_n}/\overline{x_n}$,根据比值稳定性,应该有:$\overline{k} \approx k_i \approx k_n$。

可得比值插补为 $y'_i = kx_i$,延长插补为 $\overline{y'_N} = k\overline{x_N}$。

(3)回归订正

　　一个气候区域内的两个测站,由于受共同大气环流的影响,它们的平均气温、降水量等气象要素存在着相关关系,如果是直线关系就可以配置一线性方程来表示它们之间的统计关系:

$$y'_i = a + bx_i \tag{6.13}$$

系数 $a$,$b$ 根据最小二乘法计算得出,即:

$$a = \bar{y} - b\bar{x} \tag{6.14}$$

$$b = r_{xy}\frac{s_y}{s_x} \tag{6.15}$$

式中,$r_{xy}$ 为两个序列的相关系数,$s_y$,$s_x$ 分别为两个序列的均方差。把参证站 $x_i$ 代入上式,即可求得待订正站的估计值 $y'_i$。当两个站的序列相关系数接近 1,而且均方差也相等,即 $s_y/s_x = 1$,那么上式就变为差值订正公式。当两个站的序列相关系数接近 1,且相对均方差相等,即 $s_y/\bar{y} = s_x/\bar{x}$,那么上式就变为比值订正公式。可见,差值订正、比值订正就是回归订正的两个特例,一般情况下,差值或比值并非常数,而是接近于某一稳定的数值,因此常用回归订正。

## 6.2　气候资料空间内插

　　基于气象台站定点持续观测积累的气象要素序列,由于站点空间分布不均、序列长短不一、观测台站环境变迁等缺陷,在气候分析和数值模拟等研究中,不能完全真实代表区域气候变化特征,在实际应用中面临诸多限制。利用空间插值技术将离散的站点资料转换成规则的网格点序列,是一种"浓缩"气象要素场信息的有效方法,可以有效地反映气象要素的空间信息,大大提高气候序列在对应网格范围的气候代表性。气象要素的观测数据,如温度、降水等一般都来自有限的气象站点观测,只是局部、离散、有限的空间点数据,要想得到区域尺度上的有关气象数据,通常利用空间插值的方法,以期获得连续有序的空间数据。空间插值的实质是通过已知样点的数据来估算未知点的数据。在全球气候变暖成为热点问题的大背景下,相关学科的研究迫切需要高时空分辨率、空间栅格化的气象要素数据。

　　随着气象业务现代化、精细化的发展,逐步建立起高时空分辨率的格点数据,并得到广泛应用。地球科学及相关学科把离散的观测台站数据通过合适的空间插值方法转变成具有较高空间分辨率的规则网格资料,不仅对农业、水利、全球及区域生态模型的发展,以及自然资源综合利用以及危机管理、决策服务提供基础信息支持,也对极端天气气候事件诊断、水文陆面过程研究和气象水文预报具有重要意义(Daly,2006)。网格化的降水资料是流域面雨量计算与预报的基础,网格化的降水资料还在气象服务、精细农业、水利和城市管理等方面有着广泛的应用前景,网格化的降水资料在数值天气预报中也有重要作用,它在资料同化中可改进模式加热场分析,进而改进模式初值的分析,在物理过程研究中对改进模式的降水预报效果和模式效果评估等方面研究中都可发挥重要作用。因此,如何充分利用现有的观测台站的资料生成网格化的气象要素数据集是国内外的一个研究重点领域(胡江林 等,2008)。将气象观测数据插值到规则的格点数据方面进行了大量的研究,中国的国家气象信息中心研制了"中国逐日格点降水量实时分析系统(V1.0)",通过实时获取全国 2419 个台站的日降水量观测数据,采用"基于气候背景场"的最优插值方法,实时生成空间分辨率为 $0.5° \times 0.5°$ 的格点化日降水量资料,并已投入业务使用(沈艳 等,2010)。Xie 等(2007)、Xu 等(2009)应用全国 700 余个站的观测资料,应用"距平逼近法"建立了 0.5°×0.5°的网格化逐日降水和气温资料,吴佳等(2013)在以上两套数据集的基础上引入全国 2400 余个台站观测资料,制作了一套分辨率为 0.25°×0.25°的格点化数据集,以满足高分辨率气候模式检验的需要,该数据集共包括日平均气温、日最高气温、日最低气温以及日降水量 4 个变量。胡江林等(2008)利用 Barnes 插值和最近观测站降水频率相结合的混合插值方案,得到 1971—2005 年中国长江流域分辨率为 0.1°×0.1°的网格化逐日降水资料;钱永兰等(2010)使用澳大利亚国立大学开发的样条函数软件包(ANUSPLIN)进行了逐日气象要素的插值试验和评估;Chen 等(2010)利用 1951—2005 年中国全国 753 个基本气象观测站的逐日降水资料,研究了包括克里金在内的 7 种插值方法的精度,并建立了中国 0.5°×0.5°空间分辨率的逐日降水数据集。这些工作为中国的格点数据研究和应用奠定了基础。

### 6.2.1　气候资料空间内插方法

　　气候资料数据的空间插值就是从一组已知气候资料中找到一个函数关系式,使该关系式最好地逼近已知的空间数据,并能根据该函数关系式推求出区域范围内其他任意点的值。

　　空间插值方法依据不同的标准有不同的分类。依据已知空间数据的类型,可将插值分为点内插和区域内插(黄杏元 等,2001);根据插值的范围分为空间内插和外推(邬伦 等,2001);依据内插方法的假设和数学本质,分为几何方法、统计方法、空间统计方法、函数方法、随机模拟方法、物理模型模拟方法和综合方法等(李新 等,2000)。按照地学统计学的观点,插值方法可分为确定性插值和地学统计学插值。前者使用数学函数进行插值,它或采用已知样点的空间分布规律来创建表面(如反距离加权插值法),或运用数学方法对已知样点进行拟合来创建表面(如趋势面插值、样条插值、径向基函数插值等);后者依赖于统计和数学两种方法,不仅可以对空间数据进行插值,而且可以量化其误差及不确定性,是一种融合了数学和统计学优点的插值方法(岳文泽 等,2005)。

　　由于插值方法的选择和运用是要考虑具体区域情况而定的,因此,首先要研究区域气候的形成和其气候因子的特点。某一区域气候的形成,主要是由太阳辐射、大气环流、地理环境状况(地理位置、地形地势、下垫面状况)等因素共同作用的结果。近年来大量的研究表明,针对稀疏站点以及地表变化较大区域的气候插值通常增加了与气候相关的辅助地理信息,除经纬度与海拔高度外,还有坡度、坡向、坡面连续性等地形地貌参数,另外还考虑大气影响因子如湿度、风向、离海岸线距离等。通过增加这些辅助信息以提高插值模型的精度(何英 等,2010)。早在 1984 年,Eleanor 等(1984)运用多元回归法对气温和降水的空间分布进行插值时,就考虑到了地形变量对气温和降水的影响。而 Marquinez 等(2003)则利用多元回归方法和地理信息系统(GIS)技术,分析了降水和一系列地形变量的关系,并指出最好的插值模型是将 5 个影响降水的地形变量(高程、坡度、坡向、离海岸线的距离和离相对西边的距离)作为影响因子来考虑。将更多的可能会影响到插值分析结果的因素考虑进去,是插值方法发展的一个主要趋势和突破点。

　　增加更多相关的辅助地理信息,首先就需要掌握更多的信息,在缺乏观测或数据的区域,特别是对地形复杂且气象观测站点稀疏的高原山地区域的插值研究越来越引起关注,并取得了一定的成效。穆振侠等(2007)通过比较分析反距离加权、克里金等插值方法在天山西部山区降雨量的空间插值的应用后,得出在地形复杂的山区降雨量空间插值中将高程、坡度、坡向等作为影响因素引入共协克里金方法（co-kriging）中能大大提高其插值结果的精度。周锁铨等（2008）利用逐步回归方法和 GIS 技术对长江中上游大流域降水进行了不同时间尺度的分析，通过把降水量从地形影响部分分离出来，显著地提高了年、季降水空间分布的计算精度，有效地解决了复杂地形条件下空间插值精度不高的问题，对不同的时间尺度都有较好的适用性。Hutchinson（1995）针对气候要素插值的特点，基于经度、纬度和海拔高度的线性相关关系，提出了薄盘光滑样条插值法，经不断改进得到了广泛的应用，之后还发展了相应的空间插值软件（如 ANUSPLIN），这一方法之后成为空间插值的主要方法之一，是一个突破。阎洪（2004）在运用薄板光滑样条插值法对中国气候空间进行模拟时发现：样条插值明显优于其他插值方法，其插值结果更能反映中国气候空间的基本特征。由于薄盘光滑样条插值法考虑到了地形对气候空间分布的影响，并结合了精确的 DEM，利用线性模型而不是一个固定的经验比值表达气候变量随位置和时间而变化的比降，使山地和边远地区气候信息的表达更加真实准确。另外，薄板光滑样条插值法利用线性模型反映地形对气候的影响，并提供了简便的误差诊断程序，具有良好的实用性（何英 等，2010）。

空间插值一般包括以下几个过程（Haining，1990）：①内插方法的选择；②空间数据的探索分析，包括对数据的均值、方差、协方差、独立性和变异函数的估计等；③内插方法评估；④内插方法的重新选择；⑤数据内插；⑥结果评估。

关于数据的空间插值方法很多，有两种分类方法：一种是归结为整体插值法和局部插值法两类；另一种是将插值方法归结为整体插值法、局部插值法、地学统计法和混合插值法。实际上地学统计法就是指克里金插值法，是局部插值法的一种，而混合插值法则是指整体插值法、局部插值法和地学统计法综合应用的一种方法。因此，空间数据插值法可归结为 3 类：整体插值法、局部插值法和混合插值法（何红艳 等，2005；朱求安 等，2004）。

（1）局部插值法

①泰森（Thiessen）多边形法

泰森多边形法是荷兰气象学家 A. H. Thiessen 提出的一种根据离散分布的气象站的降水来计算平均降水的方法（陆守一 等，1998），用泰森多边形内所包含的一个唯一气象站的降水来表示这个多边形区域内的降水。泰森多边形法按数据点位置将区域分割成子区域，每个子区域包含一个数据点，各子区域到其内数据点的距离小于任何到其他数据点的距离，并用其内数据点进行赋值。泰森多边形法的一个隐含的假设是任何地点的气象数据均使用距它最近的气象站的数据。用泰森多边形插值方法得到的结果图变化只发生在边界上，在边界内都是均质的和无变化的。在此基础上发展了一种加入权重因子的泰森多边形法，其基本原理是由加权产生未知点的最佳插值，即由邻近点的各泰森多边形属性值与它们对应未知点泰森多边形的权值（如面积百分比）的加权平均得到（胡鹏 等，2002）。

②反距离加权法（IDW）

反距离加权法是最常用的空间插值方法之一，是以待插点与实际观测样本点之间的距离为权重的插值方法，离待插点越近的样本点赋予的权重越大，其权重贡献与距离成反比，其中幂次参数控制着权重系数如何随着离开一个网格点距离的增加而下降。对于较大幂次，较近的格点被给定一个较高的权重；对于较小的幂次，权重比较均匀地分配给各格点。可以用下式表示：

$$Z = \frac{\sum\limits_{i=1}^{n} \dfrac{1}{(D_i)^p} Z_i}{\sum\limits_{i=1}^{n} \dfrac{1}{(D_i)^p}} \qquad (6.16)$$

式中，$Z$ 为待插格点的估计值；$Z_i$ 为第 $i$ 个样本；$D_i$ 为第 $i$ 个样本与待插格点之间的距离；$n$ 为参与计算的实测样本个数；$p$ 为幂指数，它会显著影响内插的结果，其选择标准是使平均绝对误差最小。当采样点与网格点重合时，该网格点被赋予和观测点一致的值，因此这是一个准确的插值。

当 $p=1$ 时，称为距离反比法，是一种常用而简便的空间插值方法。当 $p=2$ 时，称为距离平方反比法，是实际应用中经常使用的方法。当 $p$ 取值很大，接近于正无穷时，待插点的估算值等于离待插点最近的样本点的值，该方法退化为泰森多边形法。当 $p=0$ 时，所有参与计算的样本点权重相等，均为 $1/n$，该方法退化为算术平均值法。

反距离加权法的最大优点就是易于计算、便于理解，而且当站点数据相对密集且分布均匀时，可以给出一个较好的插值结果。该方法的不足之处在于没有考虑数据场的空间分布，往往会由于样本点的分布不均匀而导致插值结果产生偏差。当待插点附近的样本点数据值很大或很小时，待插点的结果容易受到极值点的影响而产生明显的"牛眼"现象。

③梯度距离平方反比法（GIDS）

对于降水、气温等气象要素均受到经纬度、高程等因素的影响，GIDS 就是在反距离加权插值法的基础上，考虑了气象要素随经纬度和海拔高度的梯度变化，由 Nalder 等（1998）提出该方法后，国内外很多学者曾用该方法对研究区的气温或降水量进行了插值。其计算公式为：

$$Z = \left[ \sum_{i=1}^{m} \frac{Z_i + (X - X_i) \times C_x + (Y - Y_i) \times C_y + (U - U_i) \times C_u}{d_i^2} \right] / \sum_{i=1}^{m} \frac{1}{d^2} \quad (6.17)$$

式中，$Z$ 为待插点的估算值；$Z_i$ 为第 $i$ 个样本点的实测值；$d_i$ 为第 $i$ 个样本点与待插点之间的距离；$m$ 为参与计算的实测样本点个数；$X, Y, U$ 分别为待插点的经度、纬度、海拔高度；$X_i$、$Y_i$、$U_i$ 分别为第 $i$ 个样本点的经度、纬度、海拔高度；$C_x$、$C_y$、$C_u$ 分别为站点气象要素值与经度、纬度、海拔高度的偏回归系数。梯度距离平方反比法将幂指数通常固定为 2。但经过实验研究发现，幂指数为 2 并不一定能得到最佳的插值效果（封志明 等，2004）。实际应用中可以根据均方根误差最小的选择标准，选择一个最优幂指数。

④薄盘光滑样条方法

薄盘光滑样条表面拟合法最早由 Wahba 在 1979 年提出，而后 Bates 等（1987）将其扩展为局部样条法，这样就可以把参数线性亚模型（或协变量）添加到插值中，而不像以前只能考虑独立样条变量（即自变量）。在没有独立样条变量的情况（软件目前不允许）下，这个模型则变成简单的多变量线性回归了。薄盘光滑样条实际上可被视作标准多变量线性回归的归纳或一般化，只是在里面参数模型被合适的光滑非参数函数代替。拟合函数的光滑程度（或反之，复杂性）常常通过广义交叉验证（GCV）得出的拟合表面预测误差自动决定。

ANUSPLIN 是基于平滑样条原理开发的一套 FORTRAN 插值程序包（Humchinson，2006），通过拟合数据序列计算并优化薄盘光滑样条函数，最终利用样条函数进行空间插值，它可以引入协变量子模型，如考虑气温随海拔高度的变化，其结果可以反映气温垂直递减率的变化、降水和海岸线之间的关系，以及水汽压随海拔高度的变化，可以反映其垂直递减率的变化等。ANUSPLIN 在地理和生态学等研究中经常被用于产生非常高分辨率的气候要素场(如 1 km 等),以满足其特定需求。ANUSPLIN 可以同时处理几个表面,因此在进行气候要素数据内插的批处理中显得更为方便。ANUSPLIN 支持输入数据的多种格式变换,提供复杂的统计分析、透明的数据诊断过程和栅格化的拟合曲面以及标准误差曲面输出,因此已被广泛使用(钱永兰 等,2010;刘正佳 等,2012)。

局部薄盘光滑样条的理论统计模型为:

$$z_i = f(x_i) + b^T y_i + e_i \quad (i = 1, 2, \cdots, N) \tag{6.18}$$

式中,$z_i$ 为位于空间 $i$ 点的因变量;$x_i$ 为 $d$ 维样条独立变量;$f(x_i)$ 为需要估算的关于 $x_i$ 的未知光滑函数;$b$ 为 $y_i$ 的 $p$ 维系数;$y_i$ 为 $p$ 维独立协变量;$e_i$ 为具有期望值为 0 且方差为 $w_i\sigma^2$ 的自变量随机误差,其中 $w_i$ 为作为权重的已知局部相对变异系数,$\sigma^2$ 为误差方差,在所有数据点上为常数,但通常未知。当式中右侧缺少第二项,即协变量维数 $p=0$ 时,模型可简化为普通薄盘光滑样条;当缺少第一项独立自变量时,模型变为多元线性回归模型,但 ANUSPLIN 中不允许这种情况出现。

函数 $f(x_i)$ 和系数 $b$ 可通过下式的最小化确定,即最小二乘估计确定:

$$\sum_{i=1}^{N} \left[ \frac{z_i - f(x_i) pb^T y_i}{w_i} \right]^2 + \rho j_m(f) \tag{6.19}$$

式中,$J_m(f)$ 为函数 $f(x_i)$ 的粗糙度测度函数,$m$ 在 ANUSPLIN 中称为样条次数,也叫粗糙度次数;$\rho$ 为正的光滑参数,在数据保真度与曲面的粗糙度之间起平衡作用。当 $\rho$ 接近于 0 时,拟合函数是一种精确插值方法;当 $\rho$ 接近于无穷时,函数接近于是最小二乘多项式,命令由粗糙次数 $m$ 决定。而光滑参数值通常由广义交叉验证(GCV)的最小化来确定,也可由最大似然估计(GML)或期望真实平方误差(MSE)的最小化来确定。

⑤克里金法

克里金法由南非地质学家克里金(D. G. Krige)于 1951 年提出,1962 年法国学者马特隆(G. Matheron)引入区域化变量概念,进一步推广和完善了克里金法(侯景儒 等,1998)。这个方法最初用于矿山勘探,并被广泛应用于地下水模拟、土壤制图等领域,成为 GIS 软件地理统计插值的重要组成部分。这种方法充分吸收了地理统计的思想,认为任何在空间连续性变化的属性是非常不规则的,不能用简单的平滑数学函数进行模拟,可以用随机表面给予较恰当的描述,这种连续性变化的空间属性称为"区域性变量",可以描述像气压、海拔高度及其他连续性变化的描述指标变量。地理统计方法为空间插值提供了一种优化策略,即在插值过程中根据某种优化准则函数动态地决定变量的数值。克里金法着重于权重系数的确定,从而使内插函数处于最佳状态,即对给定点上的变量值提供最好的线性无偏估计(朱求安 等,2005)。

对于普通克里金法,其一般公式为 $Z(x_0) = \sum_{i=1}^{n} \lambda_i Z(x_i)$,其中,$Z(x_i)(i=1,\cdots,n)$ 为 $n$ 个样本点的观测值;$Z(x_0)$ 为待定点值;$\lambda_i$ 为权重,由克里金方程组决定:

$$\begin{cases} \sum_{i=1}^{n} \lambda_i C(x_i, x_j) - \mu = C(x_i, x_0) \\ \sum_{i=1}^{n} \lambda_i = 1 \end{cases} \tag{6.20}$$

式中,$C(x_i, x_j)$ 为测站样本点之间的协方差;$C(x_i, x_0)$ 为测站样本点与插值点之间的协方差;

$\mu$ 为拉格朗日乘子。插值数据的空间结构特性由半变异函数描述,其表达式为

$$\gamma(h) = \frac{1}{2N(h)} \sum_{i=1}^{N(h)} \left[ Z(x_i) - Z(x_i + h) \right]^2 \qquad (6.21)$$

式中,$\gamma(h)$ 为半球变异函数,$h$ 为距离矢量,$N(h)$ 为被距离区段分割的试验数据对数目,根据试验变异函数的特性,选取适当的理论变异函数模型。根据试验半变异函数得到的试验变异函数图,从而确定出合理的变异函数理论模型。基本的变异函数理论模型包括有基台值的理论模型和无基台值的理论模型。有基台值的理论模型包括:球状模型,是指空间相关随距离的增长逐渐衰减,当距离达到某一值(变程)后,空间相关消失;指数模型,是指空间相关随距离的增长以指数形式衰减,相关性消失于无穷远;高斯模型,是指空间相关随距离的增长而衰减,相关性消失于无穷远;线性模型,是指空间可变性随距离的增长而呈线性地增长,不会在某一距离稳定下来。无基台值的理论模型包括幂函数模型和对数模型。

克里金法是在不断发展、完善的,对各种不同情况及目的,可采用不同的克里金法。常用的克里金法大致有以下几种:

a. 在满足二阶平稳(或本征)假设时可用普通克里金法;

b. 在非平稳(或有漂移存在)现象中可用泛克里金法;

c. 在计算可采储量时,要用非线性估计量,就可用析取克里金法;

d. 当区域化变量服从对数正态分布时,可用对数克里金法;

e. 当数据较少,分布不规则时,若对估计精度要求不太高,可用随机克里金法。

(2)整体插值法

①趋势面分析

某种地理属性在空间的连续变化,可以用一个平滑的数学平面加以描述,即用已知采样点数据拟合出一个平滑的数学平面方程,再根据该方程计算无测量值的点上的数据。这种只根据采样点的属性数据与地理坐标的关系,进行多元回归分析得到平滑数学平面方程的方法,称为趋势面分析。它适用于:能以空间的视点诠释趋势和残差;观测有限,内插也基于有限的数据趋势面是个平滑函数,很难正好通过原始数据点,除非是数据点少且趋势面次数高才能是曲面正好通过原始数据点,所以趋势面分析是一个近似插值方法。

趋势面分析用数学的方法把观测值划分为两部分:趋势部分和偏差部分。趋势部分反映区域性的总体变化特征,偏差部分反映局部范围的变化特征。趋势面分析将样本点的实测值 $Z_i$ $(i=1,2,\cdots,m)$ 变换分解为两部分,如式(6.22)所示,$\hat{Z}$ 为实际样本点的趋势值,$\xi$ 为剩余值。

$$Z_i = \hat{Z}_i + \xi \qquad (i=1,2,\cdots,m) \qquad (6.22)$$

在气象要素空间插值计算中,数据往往是二维或者多维的,在这种情况下,趋势面方程需要用二元二次或者高次多项式表示。其中二元一次趋势面、二元二次趋势面、二元三次趋势面方程分别为:

$$\hat{Z} = b_0 + b_1 X + b_2 Y$$
$$\hat{Z} = b_0 + b_1 X + b_2 Y + b_3 X^2 + b_4 XY + b_5 Y^2$$
$$\hat{Z} = b_0 + b_1 X + b_2 Y + b_3 X^2 + b_4 XY + b_5 Y^2 + b_6 X^3 + b_7 X^2 Y + b_8 XY^2 + b_9 Y^3 \qquad (6.23)$$

式中,$\hat{Z}$ 为趋势值;$b_0,b_1,b_2,b_3,b_4,b_5,b_6,b_7,b_8,b_9$ 为多项式系数;$X,Y$ 分别为经度、纬度。基于最小二乘法原理,当 $m$ 个样本点的观测值 $Z_i$ 和趋势值 $\hat{Z}$ 的误差平方和最小时,则趋势面方程与被拟合的线或面达到了最佳的拟合效果,由此计算出多项式系数,将多项式系数代入相应

的公式,就得到趋势面方程,利用该方程就可以求得趋势面中任意一点的估算值。

趋势面分析的优点是易于理解且计算简便,多数空间数据都可以用低次多项式来拟合,一般来说随着趋势面次数的增加,拟合的曲面越接近实际表面,但趋势面方程越来越复杂,计算量也越来越大。其缺点是采样设计一定要好,如果采样过程不能反映出表面变化的重要因素,如周期性和趋势,则内插一定不能取得好的效果。

②多元回归分析

多元回归在各种统计方法中,使用较多的是回归分析,其特点是不需要分布的先验知识。多元回归在数学形式上与趋势面很相似,但是它们又有着显著的不同。在多元回归中,存在多重共线性,但它并非内在的,可以通过逐步回归解决。

(3)其他插值方法

①Barnes 客观分析插值方法

Barnes 插值方法是大气科学研究和应用中常用的插值方法之一。该方法插值过程由求初估值加订正值两步组成,并使用高斯权重函数作低通滤波器,对短波和资料误差有一定的平滑作用。与最优插值方法相比,该方法的优点是计算简单快速,适用范围广(Barnes,1964,1994;胡江林 等,2008)。具体方法是:

设任一格点在影响半径 $R_a$ 内共有 $k$ 个台站观测值,根据距离的高斯权重决定每一个格点的初估值 $X_g$: $X_g = \sum_{i=1}^{k}(w_i X_i^0)/(\sum_{i=1}^{k} w_i)$ ,其中,第 $i$ 个台站观测值的权重 $w_i = \exp\left(-\dfrac{r_i^2}{4c}\right)$ , $c$ 为权重参数; $X_i^0$ 为格点附近的第 $i$ 个台站观测值; $r_i$ 为格点附近的第 $i$ 个台站到该格点的距离,球面上网格点到观测台站的距离平方由下式给定:

$$r_i^2 = \left[\frac{1}{2}(\cos\varphi_g + \cos\varphi_0)(\varphi_g + \varphi_0)\right]^2 + (\lambda_g + \lambda_0)^2 \qquad (6.24)$$

式中, $\varphi_g$ 为格点纬度, $\varphi_0$ 为站点纬度, $\lambda_g$ 为格点经度, $\lambda_0$ 为站点经度。

根据格点初估值反插出台站点的估算值,算法是根据站点周围的 4 个格点的距离倒数权重反插出站点值 $X_{g,o}$: $X_{g,o} = \sum_{j=1}^{4}(X_g/r_j)/\sum_{j=1}^{4} r_j^{-1}$ ,其中, $j$ 为站点周围的 4 个格点序号。

由站点观测值与站点的估算值的差进一步订正格点初估值。Barnes 插值算法的格点值 $X_e$ 等于初估值和订正值之和: $X_e = X_g + (\sum_{i=1}^{k} w_i^g)^{-1} \sum_{i=1}^{k}[w_i^g(X_i^0 - X_{g,0})]$ ,其中,第 $i$ 个台站观测值的权重 $w_i^g = \exp(-r_i^2/4gc)$ ,其中, $g$ 为收敛参数,取值为 0~1 的一个小数,一般取 0.2~0.4,该参数的设置使得 Barnes 插值方法较快地收敛于观测值。

运用 Barnes 插值方法插值时,对被插值的要素场,其波长为 $\lambda$ 的波的响应函数是: $R = R_0(1+R_0^{g-1}-R_0^g)$ ,其中, $R_0 = \exp(-4\pi c/\lambda^2)$ 。显然 $R<1$ ,且 $\lambda$ 越大, $g$ 越小, $R$ 越接近于 1。

②PRISM 方法

PRISM 方法是由美国气象学家 Christopher Daly 提出的一种基于地理空间特征和回归统计方法生成气候图的插值方法(Christopher et al.,2002;朱求安 等,2005),其原理基于以下几个方面:a.海拔高度对气象要素的影响。气象要素随着海拔高度的变化而发生显著变化。一般情况,温度随着海拔高度的增高而降低,而降水则随着海拔高度的增高而增加,至某一高度达到最大值后才转而逐渐向上递减,山区降水量随海拔高度分布的规律是很复杂的,一般在不同的地区有较大的差异。b. 风阻挡等因素的影响。通过将某一复杂的山地景观区分为不同的"地形趋势面"来综合考虑地形要素对降水空间格局的影响。c. 垂直分层的影响。考虑到大气逆温层和低湿条件下,气象要素并不是海拔高度程表现出一种单调的变化,坡面回归插值模型(PRISM)方法在垂直方向上将研究区分为若干层,在各层内讨论气象要素的变化梯度。d. 离海岸远近的影响。大型水体对邻近地区气象要素变化的影响强烈,濒海地区必须考虑海洋对气候的影响,以离海岸的远近来衡量其影响的强弱。

在 PRISM 方法中,认为高程是影响气象要素空间分布最重要的因素,并根据观测站点的高程值与气象要素的观测值,采取线性回归的方法,建立了高程与气象要素之间的回归方程:

$$Y = \beta_1 x + \beta_0 \qquad (\beta_{1m} \leqslant \beta_1 \leqslant \beta_{1x}) \qquad (6.25)$$

式中,$Y$ 为气象要素值,$\beta_1$ 和 $\beta_0$ 为回归方程系数,$x$ 为 DEM 栅格点上的高程值,$\beta_{1m}$ 和 $\beta_{1x}$ 分别为 $\beta_1$ 的最小值和最大值。在气象要素的回归模拟中,各观测站点数据分别赋予一个权重,根据站点观测值与对应的权重值便可计算出目标栅格点的气象要素值。其权重值受多个因素影响,是各个影响因子权重的综合反映,表示为:

$$W = [F_d W(d)^2 + F_z W(z)^2]^{1/2} W(c) W(l) W(f) W(p) W(e) \qquad (6.26)$$

式中,$W(d)$,$W(z)$,$W(c)$,$W(l)$,$W(f)$,$W(p)$,$W(e)$ 分别为观测站点相对于目标栅格点的距离权重、高程权重、类群权重、垂直分层权重、地形趋势面权重、离海远近权重和有效地形权重。对于目标栅格点而言,当观测站点较远或其海拔高度相差较大或该站点归属于其他类群时,其权重变小。在考虑大气的逆温层和低湿条件时采用垂直分层权重,在同一层时,权重为 1;不同层时,其权重变小。地形趋势面权重用来模拟因地形阻挡造成的雨影区和其他急剧变化的异常气候。采用离海远近权重可以重复定义目标栅格点距离某一确定的海岸线的远近。有效地形权重反映不同地貌特征影响降水分配的变异特征。表 6.1 给出参数的取值。

**表 6.1　PRISM 在区域尺度气候建模相关参数的描述和取值范围及默认值**

| 名称 | 参数 | 描述 | | 典型最小/默认/最大值 | |
|---|---|---|---|---|---|
| 相关函数(此类参数可根据交叉验证自动优化) | $r$ | 影响半径 | | 30/50/100 km | |
| | $S_f$ | 趋势面回归所需最少台站数 | | 3/5/8 个 | |
| | $S_t$ | 回归所需最少总站数 | | 10/15/30 个 | |
| | | | | 降水(mm/km) | 气温(℃/km) |
| | $\beta_{1m}$ | 回归斜率最小值 | 第一层 | 0.0 | −10 |
| | | | 第二层 | −0.5 | −10 |
| | $\beta_{1x}$ | 回归斜率最大值 | 第一层 | 3.0 | 0/10/20 |
| | | | 第二层 | 0.0 | 0 |
| | $\beta_{1d}$ | 回归斜率默认值 | 第一层 | 0.8 | −6 |
| | | | 第二层 | −0.2 | −6 |
| | | 降水量高程回归斜率是经标准化处理的,例如(100 mm/km 斜率)/(1000 mm 平均降水量)= 0.1 mm/km 标准化斜率 | | | |
| 距离权重 | $a$ | 距离权重系数 | | 2.0 | |
| | $F_d$ | 距离权重的影响因子 | | 0.8 | |

续表

| 名称 | 参数 | 描述 | 典型最小/默认/最大值 |
|---|---|---|---|
| 高程权重 | $b$ | 高程权重系数 | 1.0 |
| | $F_z$ | 高程权重的影响因子 | 0.2 |
| | $\Delta z_m$ | 最小站网格单元高程差，低于此值,高程权重最大 | 100/200/300 m |
| | $\Delta z_x$ | 最大站网格单元高程差，高于此值,高程权重为 0 | 500/1500/2500 m |
| 地形趋势面权重 | $c$ | 趋势面权重系数 | 0.0/1.5/2.0 |
| | $g_m$ | 网格内高程梯度最小值，低于此值该网格是平的 | 每个网格取值 1 m（该参数可根据模式动态调整） |
| | $\lambda_x$ | 确定地形趋势面最大 DEM 滤波波长 | 60/80/100 km |
| 离海远近权重 | $P_x$ | 最大离海距离,大于此值权重为 0 | 视情况而定 |
| | $v$ | 离海远近权重系数 | 0.0/1.0/1.0 |
| 垂直分层权重 | | | 该参数可根据模式动态调整 |
| | $Y$ | 垂直分层权重系数 | 0.0/1.0/1.0 |

距离权重 $W(d)$ 可由下式给出：

$$W(d)=\begin{cases} 1 & (d=0) \\ \dfrac{1}{d^a} & (d>0) \end{cases} \tag{6.27}$$

式中,$d$ 为站点到目标网格单元的水平距离,$a$ 为距离加权指数,通常设置为 2,这相当于是反距离平方加权函数。

高程权重 $W(z)$

$$W(z)=\begin{cases} \dfrac{1}{\Delta z_m^b} & (\Delta z \leqslant \Delta z_m) \\ \dfrac{1}{\Delta z^b} & (\Delta z_m < \Delta z < \Delta z_x) \\ 0 & (\Delta z \geqslant \Delta z_x) \end{cases} \tag{6.28}$$

式中,$\Delta z$ 为台站与目标网格点绝对高程差,$b$ 为高程权重系数,通常取值为 1,这相当于一维反距离加权函数,$\Delta z_m$ 为小高程差,$\Delta z_x$ 为大高程差,这些参数取值见表 6.1。

③Cressman 客观分析方法

Cressman 客观分析方法采用的是逐步订正的方法,已被广泛应用于各种气候诊断分析和数值模拟研究中(冯锦明 等,2004)。逐步订正法最主要的根据是 Cressman 客观分析函数,这种方法是 Cressman 在 1959 年提出的。先给定第一猜测场,然后用实际观测场逐步订正第一猜测场,直至订正后的场逼近观测记录为止(Cressman,1959)。计算公式为:

$$a'=a_0-\Delta a_{ij} \tag{6.29}$$

$$\Delta a_{ij} = \frac{\sum_{k=1}^{K} (W_{ijk}^2 \Delta a_k)}{\sum_{k=1}^{K} W_{ijk}} \tag{6.30}$$

式中,$a$ 为任一气象要素;$a_0$ 为变量 $a$ 在格点 $(i,j)$ 上的第一猜测值;$a'$ 为变量 $a$ 在格点 $(i,j)$ 上的订正值;$\Delta a_k$ 为观测点 $k$ 上的观测值与第一猜测值之差;$W_{ij}$ 为权重因子,在 $0.0 \sim 1.0$;$K$ 为影响半径 $R$ 内的台站数。Cressman 客观分析方法最重要的就是权重函数 $W_{ijk}$ 的确定,它的一般形式为

$$W_{ijk} = \begin{cases} \dfrac{R^2 - d_{ijk}^2}{R^2 + d_{ijk}^2} & (d_{ijk} < R) \\ 0 & (d_{ijk} \geqslant R) \end{cases} \tag{6.31}$$

式中,影响半径 $R$ 的选取具有一定的人为因素,一般取一常数,$R$ 选取的原则是由近向远进行扫描,常用的几个影响半径为 $1,2,4,7,10$;$d_{ijk}$ 为格点 $(i,j)$ 到观测点 $k$ 的距离。

Cressman 客观分析方法的缺点是统计平滑功能差,在采样点稀疏、观测资料贫乏的区域进行空间数据内插时会出现很多"空值"点。

## 6.2.2 空间插值精度评估方法

气象要素空间数据的精确估计和反演对于全球气候变化研究及相关学科的发展具有重要的意义。气象观测资料作为一种空间数据,除了具有一般空间数据特性外,还蕴含着复杂的非线性动力学机制,在时空分布上具有复杂多变的特征。因而把这种离散的、不规则的观测资料转换成规则的、可以利用的规则网格点资料,对于气候变化模拟预测和诊断至关重要。因此,将气象观测台站观测数据作为已知的特定区域离散观测数据,使空间内插为规则格点上的非观测数据的插值方法研究得到高度重视。根据空间数据的特征,不同插值方法其结果之间的精确性存在很大的变化。空间内插对于观测台站十分稀少而台站分布又非常不合理的地区具有十分重要的实际意义(李新 等,2000;冯锦明 等,2004)。

对于空间数据的内插究竟是否存在一种最优的内插法或者说对于某一特定空间变量是否存在某种最优的内插法?国内外学者做了大量的研究,研究认为在不同的时空尺度内,每个方法对不同气象要素估计的误差是不一样的。对于空间数据的内插不存在一种针对各种要素内插的最优空间内插法,对于不同的空间变量,在不同的地域和不同的时空尺度内所谓的"最优"内插法是相对的,这就需要采用合理的方法来评估内插的精度和误差。

由于观测不可能得到格点数据的真值,格点数据的精度和误差评估分析是格点数据资料研究应用的关键问题,如果没有详细的误差分析,格点数据的应用效果将无法保证,进而影响到建立的格点数据的推广使用。一般地,空间网格降水数据精度不仅依赖于插值方法,更与观测站密度、地理位置、气候特点以及降水的影响系统密切相关,并随季节变化而变化。此外,地形、地貌及下垫面特征等也是影响格点数据精度的重要因素。由于网格数据的格点值是网格平均值,其真值难以直接观测,因而没有公认满意的格点数据误差估计方法。但现阶段使用最广泛的评估分析方法是利用交叉检验的方法,通过分析各个交叉检验统计量,来分析评估数据的误差。当然,交叉检验方法得到的误差也不是完全真实的误差,因为通常使用的交叉检验方法由于没有使用全部观测数据来估计误差,因而存在一定程度的误差高估,而当有高度相关的

两个观测数据对存在时又可能低估网格数据的误差,即便如此交叉检验方法仍然是现阶段分析格点数据误差的最主要方法(熊秋芬 等,2011)。交叉检验方法是依次选定某一观测台站,进行网格化插值时不使用其降水观测记录,并将网格化后的资料反插出该观测台站的降水序列,反插出的观测台站降水序列与台站观测降水序列之间的误差即为该观测站的插值误差。逐一依次替换观测台站,就可分别得到各个台站的交叉检验序列,统计分析两者之间的误差,即可评估该数据集的精度(胡江林 等,2008)。

为分析交叉检验中的误差,进而评估格点数据的误差特点,通常还同时使用线性相关系数、平均偏差(MBE)、平均绝对误差、平均相对误差、均方根误差、观测均方根、复合相对误差、插值均方根、方差比率等统计量来描述该测站交叉检验的误差特点,以便从不同角度来量化插值得到的格点数据的误差及其分布特点。各统计量公式如下:

(1)观测均方差: $\sigma(o) = \sqrt{\dfrac{1}{N}\sum\limits_{t=1}^{N}\big[X_0(t) - \overline{X}_0(t)\big]^2}$

(2)插值估计均方差: $\sigma(I) = \sqrt{\dfrac{1}{N}\sum\limits_{t=1}^{N}\big[X_e(t) - \overline{X}_e(t)\big]^2}$

(3)均方根误差: $\text{RSME} = \sqrt{\dfrac{1}{N}\sum\limits_{t=1}^{N}\big[X_0(t) - X_e(t)\big]^2}$

(4)平均偏差: $\text{MBE} = \dfrac{1}{N}\sum\limits_{t=1}^{N}\big[X_0(t) - X_e(t)\big]$

(5)平均绝对误差: $\text{MAE} = \dfrac{1}{N}\sum\limits_{t=1}^{N}\big|X_0(t) - X_e(t)\big|$

(6)平均相对误差: $\text{RMAE} = \dfrac{\sum\limits_{t=1}^{N}\big|X_e(t) - X_0(t)\big|}{\sum\limits_{t=1}^{N}X_0(t)} \times 100\%$

(7)相关系数: $\text{cor} = \dfrac{\sum\limits_{t=1}^{N}\big[X_0(t) - \overline{X}_0(t)\big]\big[X_e(t) - \overline{X}_e(t)\big]}{\sqrt{\sum\limits_{t=1}^{N}\big[X_0(t) - \overline{X}_0(t)\big]^2}\sqrt{\sum\limits_{t=1}^{N}\big[X_e(t) - \overline{X}_e(t)\big]^2}}$

(8)方差比率: $r = \sigma(I)/\sigma(o) = \sqrt{\dfrac{1}{N}\sum\limits_{t=1}^{N}\big[X_e(t) - \overline{X}_e(t)\big]^2} \Big/ \sqrt{\dfrac{1}{N}\sum\limits_{t=1}^{N}\big[X_0(t) - \overline{X}_0(t)\big]^2}$

(9)插值效率: $E = 1 - \sigma^2(I)/\sigma^2(O) = 1 - \sum\limits_{t=1}^{N}\big[X_e(t) - \overline{X}_e(t)\big]^2 \Big/ \sum\limits_{t=1}^{N}\big[X_0(t) - \overline{X}_0(t)\big]^2$

以上检验统计量中,插值估计方差和观测均方差两者越接近越好;均方根误差、平均绝对误差和平均偏差越接近于 0 越好;相关系数、标准差比率和插值效率越接近于 1 越好。

平均偏差反映了插值与观测值之间偏差的平均情况,正偏差表示插值估计高于实际观测值,反之亦然。一般情况下平均偏差应接近于 0。平均绝对误差则是将正偏差和负偏差统一考虑的误差,是意义清晰和自然的误差度量,其值越小越好。而平均相对误差是平均绝对误差与观测平均值的比率。均方根误差是最常用的统计指标,它反映了插值与实际观测值误差的方差平均情况,与绝对误差相比,该指标更多地考虑了大误差数据的影响。观测均方根一般用于描述观测站气象要素序列的变化特征。插值估计均方根则用于反映插值序列的变化特征，主要用于与观测均方根对比。而方差比率定义为插值方差与观测方差的比率，因此，该统计量越接近于 1 越好。相关系数则是除去偏差和方差的影响而考虑两序列变化的同步性，该统计参数可认为它代表了插值估计序列替代实际观测序列的潜在能力。

## 6.2.3 空间插值方法精度分析

（1）全国范围插值

中国大陆位于东亚季风区，地形复杂，气候多变，关于如何把中国区域内台站观测气温、降水等气象要素资料内插为气候研究所需要的规则网格点数据，做了大量的探索，应用各种密度的台站资料，利用各种空间插值方法，对气温、降水进行插值实验，评估各种插值方法的优劣。

影响气温空间分布的因素很多，其中以海拔高度和地形条件的影响最显著。一般情况下，随着海拔高度的增加，气温下降，但其变化速率因山地性质和气候条件而不同。在对气温要素进行空间插值时，由于海拔高度的影响非常显著，海拔高度的误差产生的对气温空间插值精度的影响不能忽略。为了对比和分析海拔高度对中国气温空间分布的影响，李军等（2006）利用样条插值法（SPLINE）、反距离加权法（IDW）、普通克里金法（OK）等方法对中国 623 个气象站点的气温进行空间插值，并利用交叉检验法对结果的精度进行了评估。一种情况是在不考虑海拔高度的影响下，直接对气温进行空间插值；另一种情况是首先根据各月的气温垂直递减率和各气象站的海拔高度将各气象站的月平均气温订正到虚拟海平面上，再进行插值。交叉验证结果见表 6.2。

**表 6.2 月平均气温的交叉检验结果** 单位：℃

| | | | 1月 | 2月 | 3月 | 4月 | 5月 | 6月 | 7月 | 8月 | 9月 | 10月 | 11月 | 12月 | 平均 |
|---|---|---|---|---|---|---|---|---|---|---|---|---|---|---|---|
| 没有考虑海拔高度影响 | IDW | MAE | 1.49 | 1.54 | 1.54 | 1.58 | 1.61 | 1.6 | 1.56 | 1.53 | 1.48 | 1.44 | 1.41 | 1.41 | 1.52 |
| | | RSME | 2.26 | 2.39 | 2.45 | 2.52 | 2.58 | 2.56 | 2.5 | 2.43 | 2.31 | 2.23 | 2.18 | 2.13 | 2.38 |
| | OK | MAE | 1.42 | 1.47 | 1.46 | 1.5 | 1.51 | 1.50 | 1.47 | 1.44 | 1.42 | 1.37 | 1.34 | 1.35 | 1.44 |
| | | RSME | 2.22 | 2.35 | 2.40 | 2.47 | 2.45 | 2.42 | 2.37 | 2.33 | 2.3 | 2.21 | 2.13 | 2.08 | 2.31 |
| | SPLINE | MAE | 1.57 | 1.62 | 1.59 | 1.57 | 1.57 | 1.53 | 1.53 | 1.53 | 1.49 | 1.51 | 1.48 | 1.48 | 1.54 |
| | | RSME | 2.44 | 2.56 | 2.59 | 2.59 | 2.59 | 2.55 | 2.54 | 2.54 | 2.44 | 2.43 | 2.34 | 2.27 | 2.49 |
| 考虑海拔高度影响 | IDW | MAE | 1.11 | 1.14 | 1.03 | 0.91 | 0.88 | 0.83 | 0.74 | 0.70 | 0.72 | 0.72 | 0.81 | 0.98 | 0.88 |
| | | RSME | 1.65 | 1.74 | 1.62 | 1.43 | 1.37 | 1.30 | 1.15 | 1.08 | 1.08 | 1.06 | 1.17 | 1.43 | 1.34 |
| | OK | MAE | 1.01 | 1.04 | 0.96 | 0.85 | 0.82 | 0.77 | 0.68 | 0.67 | 0.70 | 0.69 | 0.73 | 0.89 | 0.82 |
| | | RSME | 1.56 | 1.65 | 1.55 | 1.38 | 1.34 | 1.23 | 1.09 | 1.05 | 1.06 | 1.02 | 1.06 | 1.32 | 1.28 |
| | SPLINE | MAE | 1.11 | 1.14 | 1.04 | 0.90 | 0.83 | 0.78 | 0.70 | 0.68 | 0.76 | 0.76 | 0.80 | 0.96 | 0.87 |
| | | RSME | 1.70 | 1.79 | 1.65 | 1.45 | 1.34 | 1.25 | 1.11 | 1.07 | 1.14 | 1.1 | 1.14 | 1.42 | 1.35 |

对于年平均气温而言，不论在有没有考虑海拔高度的影响下，普通克里金法的平均绝对误差（MAE）和均方根误差（RSME）都最小，表明普通克里金法的插值效果优于其他两种方法。考虑了海拔高度影响的 MAE 和 RMSE 明显比没有考虑海拔高度影响的 MAE 和 RMSE 要低，因此，在对气温进行空间插值时，考虑海拔高度的影响是非常重要的。

3 种方法在两种条件下的插值结果表明，平均绝对误差（MAE）和均方根误差（RMSE）具有明显的季节变化,规律趋势明显一致:冬季高,夏季低。

彭思岭(2010)采用中国 187 个气象站 49 年(1960—2008 年)的年平均气温、年平均降水量、经度、纬度、海拔高度数据以及中国 90 m 分辨率 DEM 数据。利用泰森多边形法、反距离加权法、梯度距离平方反比法、样条函数法、趋势面法、面积插值法、普通克里金法 7 种插值算法对年平均气温和降水量进行插值,并采用交叉验证的方法比较插值结果。插值时设定周围 15 个样本点进行插值,幂指数取值 2,样条函数采用薄盘样条函数,趋势面采用三次趋势面方程,普通克里金法的拟合半方差模型采用球状模型。结果见表 6.3。

**表 6.3 7 种插值方法的交叉验证结果**

| | | Thiessen | IDW | GIDW | Spline | Trend | Area-based | OK |
|---|---|---|---|---|---|---|---|---|
| 年平均气温 | MAE | 1.8134 | 1.4377 | 0.9683 | 1.6216 | 1.9396 | 1.5291 | 1.3782 |
| | RMSIE | 2.8608 | 2.1155 | 1.9547 | 2.6189 | 2.8396 | 2.4065 | 2.1316 |
| 年平均降水量 | MAE | 135.47 | 101.22 | 112.16 | 103.09 | 117.09 | 101.40 | 102.71 |
| | RMSIE | 206.41 | 138.08 | 170.51 | 175.64 | 175.29 | 159.23 | 158.61 |

7 种插值方法中,年平均气温插值的平均绝对误差(MAE)和均方根误差(RMSE)都最小的是梯度距离反比法(GIDW),梯度距离反比法是在反距离加权法的基础上改进的,在采用梯度距离反比法插值之前,需要对气象要素值与经纬度和海拔高度值进行相关性分析,相关系数大于 0.6,才可以获得比反距离加权法更好的插值效果。气温与经纬度、海拔高度具有很强的相关性,将这些因子引入插值极大地提高了精度。对于年平均降水量,7 插值方法的平均绝对误差(MAE)和均方根误差(RMSE)都最小的是反距离加权法(IDW),比面积插值法(Area-based)和普通克里金法(OK),优势并不明显。而考虑经纬度和海拔高度的 GIDW 插值效果较差,因为降水除了受经纬度等地带性因素的影响,还受到坡度、坡向等非地带性因素的影响,因此,GIDW 可能不适合降水量插值。

冯锦明等(2004)利用反距离加权法、克里金插值法、双谐样条插值法、三角化线性插值法及 Barnes 客观分析法 5 种常见的空间内插法对中国区域内 160 个常用台站的降水观测资料进行内插,并利用 730 个台站观测资料对插值结果进行系统的比较分析和检验。首先把离散的 160 个台站资料以一定的空间分辨率内插到规则网格点,与规则网格点的 CRU 资料进行比较;其次再把内插到网格点的值利用双线性插值法反插到 160 个原始台站和 730 个台站,分别与原始观测资料进行对比。

利用上述 5 种插值方法将年降水量插到空间分辨率为 0.5°×0.5° 的网格上,从插值后降水空间分布情况看,各种插值方法所得到的结果都比较客观地反映出中国年降水量的空间分布形态,但不同的插值方法所得到的结果在曲线平滑程度和局部空间分布上存在着一定的差异,观测数据的疏密程度对于各种插值方法的结果影响很大。克里金插值法、双谐样条插值法及 Barnes 客观分析法插值场与 CRU 资料插值格点场比较接近,插值结果能够覆盖全部区域;反距离加权法的等值线平滑程度比较差,而且在西北地区及中国北部地区 35°~53°N,75°~120°E 出现很多小的"靶心";三角化线性插值法的等值线平滑程度比反距离加权法更差一些,在转折地区出现明显的折角,在东北的北部及西南地区大面积区域内没有插值。

从原始 160 个台站与 5 种内插方法的结果反插到原始台站后的统计结果中可以看出:反距离加权法、克里金插值法和三角化线性插值法最小值均出现负值,这对于实际降水是不合理的。5 种插值方法最大值都比原始台站资料最大值要小,双谐样条插值法和 Barnes 客观分析法的最大值在 5 种方法中与原始数据的差最小;5 种方法计算出的平均值,三角化线性插值法最大,比原始数据大 91.85 mm,这是由于该方法在西南大部分地区及东北地区等降水量小的地区缺少插值结果,因此均值明显偏大;克里金插值法最小,只比原始数据大 0.02 mm,是 5 种方法中最接近原始数据的;双谐样条插值法及 Barnes 客观分析法的插值结果与原始数据也分别只有 0.07 mm 和 0.09 mm 的差异。平均偏差和标准偏差统计中,双谐样条插值法及 Barnes 客观分析法的值均远远小于其他 3 种方法。

利用双线性插值方法,把 5 种插值结果反插到 730 个台站,并与 730 个台站原始数据进行分析,得到:5 种插值方法所得的台站年平均降水量均比实际台站观测值要小,最大值与均方根误差都比观测值要小,这表明由于原始台站的限制,空间内插对于实际降水分布的一些峰值与谷值不能很好地表现出来。平均值中,除了三角化线性插值法比原始数据值大以外,其他 4 种均小于原始数据值,且以双谐样条插值法及 Barnes 客观分析法更接近原始数值。在整个区域内,所有插值方法与原始数据的偏差百分比均为负值,且以反距离加权法百分比最大;降水偏差不但与降水量的大小有关,而且还与站点疏密程度有关,在降水量较大且站点密集区,所得插值与原始观测值之间的差值较小,在站点稀疏且降水量比较小的区域,所得插值与原始观测数据之间的差值较大。

综上,在不同区域内,反距离加权法由于算法简单,容易造成较大的插值误差;三角化线性插值法由于受限于数据空间分布情况,往往会出现空值情况;克里金插值法由于地质学第一定律,是建立在一定的空间假设基础上的,在内插过程中往往平滑掉了很多能够反映局地空间变化的峰值、谷值信息;双谐样条插值法及 Barnes 客观分析法无论是在降水量较大、站点密集的区域,还是降水量偏小、站点稀疏的区域,都能够对降水量的空间分布有较好的表现。

(2)省或区域范围插值

随着计算机技术和 GIS 的发展,为研究气象要素的空间分布提供了许多空间插值方法,针对省或区域范围的气象要素插值研究取得了大量的成果。该小节通过整理这些成果,对各种插值方法在省或区域范围的插值效果进行简要的评估分析。

孟庆香等(2009)利用黄土高原的 102 个气象站的年平均气温资料,其中,83 个站用于插值,19 个站用于验证。采用克里金法和协克里金法进行插值(选用 Spherical 模型),每种方法分别采用简单插值和普通插值。为了与常规插值方法进行比较,同时运用了反距离加权法(IDW)、全局多项式插值法(GPI)、局部多项式插值法(LPI)和径向基函数插值法(RBF)进行插值。运用 Cross-Validation 进行交叉验证,并对各参数进行修正。从不同插值方法检验结果来看(表 6.4),从误差均值来看,常规方法和地学统计学方法各有千秋,但是从误差均方根来看,地学统计学方法优于常规插值法。进一步从预测误差的均值、预测误差的均方根、平均预测标准差(ASE)、平均标准差(MS)和均方根误差(RMSE)5 个指标比较地学统计学方法的插值效果(表 6.5),从标准均方根预测误差来看,普通克里金插值法较好;从平均预测标准差来看,普通协克里金插值法较好;但是从预测误差的均值、预测误差的均方根和平均标准差看,简单协克里金插值法较好,尤其是简单协克里金插值法的预测误差的均方根最小,综合看来对于选用对黄土高原年平均气温进行插值,简单协克里金插值法效果最好。其原因主要是简单协克里金法将海拔高度作为第二影响因素引入到对年平均气温的空间插值中来,利用地理位置、海拔高度和气温等空间变量的相关性,对温度进行空间估计,大大提高了插值精度和合理性。

表 6.4　基于 83 个气象站点不同插值方法检验比较的结果

| 插值方法 | | 参数模型 | 误差均值 | 误差均方根 |
|---|---|---|---|---|
| 常规方法 | 反距离加权法 | 指数为 2 | 0.10170 | 2.395 |
| | 全局多项式插值法 | 指数为 2 | −0.01083 | 2.483 |
| | 局部多项式插值法 | 指数为 2 | 0.05313 | 2.406 |
| | 径向基函数插值法 | 函数参数为 0.000064824 | 0.02199 | 2.373 |
| 地学统计学方法 | 克里金法 | 普通克里金 | −0.04253 | 2.381 |
| | | 简单克里金 | 0.05914 | 2.453 |
| | 协克里金法 | 普通协克里金 | −0.03999 | 2.330 |
| | | 简单协克里金 | 0.03329 | 2.298 |

表 6.5　基于 83 个气象站点不同克里金插值方法检验比较的结果

| 项目 | | MEAN | RMS | ASE | MS | RMSS |
|---|---|---|---|---|---|---|
| 克里金法 | 普通克里金 | −0.0425 | 2.3810 | 1.9350 | −0.0138 | 1.1840 |
| | 简单克里金 | 0.0591 | 2.4530 | 2.8280 | 0.0202 | 0.8489 |
| 协克里金法 | 普通协克里金 | −0.0400 | 2.3030 | 1.9320 | −0.0129 | 1.1480 |
| | 简单协克里金 | 0.0333 | 2.2980 | 2.8510 | 0.0117 | 0.7957 |

　　钞振华等(2011)针对中国 112°E 以西的西部地区的 177 个气象站 2000 年逐日气温资料,应用简单克里金法、普通克里金法、协克里金法和综合方法进行空间插值。该地区气象台站十分稀少且分布不均:在青藏高原,大部分台站位于东部的青海境内和西藏南部,高原西部和西北地区仅有狮泉河、改则、皮山和普兰 4 个站,而气象站大都分布在海拔较低的河谷地区;新疆维吾尔自治区内气象站点分布相对均匀,但南疆大部分站点位于地形起伏较大的边缘,广袤的塔克拉玛干沙漠内无站点;在甘肃、宁夏、陕西及阿拉善盟站点相对较多,且布局均匀。

　　从气温空间分布图看,普通克里金插值结果与简单克里金插值结果相比,气温的空间分布有一定的改进,1 月和 7 月普通克里金法表现的空间分布更为细化,而简单克里金法更多地表现为团状,普通克里金插值结果表现出了较强的纬向地带性。这是因为简单克里金法估计的前提是平稳平均值的使用,其估计值接近于平均值,相比之下,邻域平均值局部估计产生的普通克里金插值能很好地反映数据的浮动,从而比简单克里金法的性能更为优越。协克里金插值结果在空间结构上与普通克里金插值的结果很相似,由于协克里金法考虑了气温与海拔高度间的相互关系,利用高程信息对气温变量进行局部估计,并且充分利用了变量的空间连续性,其结果有明显改进,表现在藏西北低值区面积略有增长,并且较好地反映了温度的渐变过程。但是由于藏西北与新疆接壤的区域地势陡变,在 7 月的气温空间分布中出现了非常大的奇异值,这可能与藏西北地区没有气象站点的控制以及塔里木盆地的边缘效应有关。综合方法利用了每个区域的气温直减率把气温订正到同一海拔高度上,不包含有关海拔高度的结构化信息,进而利用普通克里金法插值。1 月综合插值方法的气温空间分布与中国西部地区地形的起伏非常吻合,也没有出现协克里金插值中的奇异现象。从交叉验证结果来看(表 6.6):简单克里金法(SK)、普通克里金法(OK)和协同克里金法(CoK)3 种方法的平均误差(ME)比综合方法小,而 RMSE 都高于综合方法,相关系数都低于综合方法。虽然协克里金法考虑了高程信息,能够比简单克里金法、普通克里金法提供更多细节,但其各项指标表明了其在中国西部地区仍有很多局限,相比之下,综合方法所表现的性能最优。

表 6.6 插值方法交叉验证结果的几种指标比较

| 指标<br>插值方法 | MBE | | RMSE | | 相关系数 | |
|---|---|---|---|---|---|---|
| | 1月 | 7月 | 1月 | 7月 | 1月 | 7月 |
| SK | 0.12 | 0.30 | 3.45 | 4.02 | 0.77 | 0.78 |
| OK | 0.11 | 0.19 | 4.22 | 3.93 | 0.70 | 0.80 |
| 协同克里金法 | 0.09 | 0.61 | 4.19 | 5.22 | 0.71 | 0.67 |
| 综合方法 | 0.32 | 0.92 | 2.06 | 2.85 | 0.93 | 0.92 |

徐超等(2008)利用增加模拟站点的方法来提高空间插值的精确度。在山东省选取 17 个资料完整的气象站生成 40 km 为半径的影响范围区,在无观测站点影响范围覆盖区域,增设以 40 km 为半径的圆形影响区,尽量将山东省内空白区域覆盖完全,取其圆心作为模拟站点的位置,以提高站点分布的均匀度,进而改进局部估计的精度。模拟站点的年平均气温和年降水量应用经纬度、海拔高度和归一化差值植被指数(NDVI)最大值来拟合生成。然后利用反距离加权法(IDW)、径向基函数法(RBF)、普通克里金法(OK)进行插值,交叉验证结果见表 6.7,可以看出这 3 种插值结果均表现出加入模拟站点的模拟精度优于基于原始台站的插值。从温度上来看,OK 方法的 MAE 和 RMSIE 均为最低,插值效果最好。对于降水插值,OK 的 MAE 虽然不是最低值,但其值与 RBF 方法的 MAE 值极为接近,仅相差 0.16 mm;而 OK 的 RMSIE 值最低,并且要比 RBF 低 1.04 mm。对空间进行插值,最重要的是在保证插值精度的前提下,最大可能地捕获插值变量的空间变化特征,在 MAE 相差不大的情况下,OK 插值的 RMSIE 明显优于 RBF 方法,说明 OK 方法在一定程度上优于 RBF 方法。

表 6.7 插值方法的交叉验证结果

| 插值方法 | 年降水量(mm) | | 年平均气温(℃) | |
|---|---|---|---|---|
| | MAE | RMSE | MAE | RMSE |
| IDW-R | 49.31 | 68.53 | 0.4806 | 0.577 |
| IDW-S | 33.72 | 46.90 | 0.3154 | 0.392 |
| RBF-R | 50.27 | 65.26 | 0.4683 | 0.571 |
| RBF-S | 32.81 | 45.05 | 0.3153 | 0.396 |
| OK-R | 52.50 | 64.75 | 0.4263 | 0.503 |
| OK-S | 32.97 | 44.01 | 0.3032 | 0.384 |

注:IDW-R、RBF-R、OK-R 表示基于真实站点的插值方法,IDW-S、RBF-S、OK-S 表示基于真实站点加模拟站点的插值方法。

刘劲松等(2009)以河北省及邻近区域 120 个气象观测站点 1971—2000 年平均降水量数据为基础,选择其中的 40 个站作为检验站点,其余站点分别取 80 个、40 个、20 个作为插值站点,利用 ArcGIS 提供的软件包,采用 IDW(反向距离加权法,权重值分别为 1,2,4,分别记作 IDW1、IDW2、IDW4)、样条函数插值(Spline,权重值为 1)、克里金(Kridging,选择 spherical、circular、exponential、gaussian、linear 等半方差模型)、趋势面分析(Trend,分别采用 1 次、2 次线性趋势面模型,分别记作 Trend_1、Trend_2)等方法进行插值。统计模型为降水与经度、纬度、海拔高度的多元线性回归。综合模型选取插值模型中较好的一种与回归模型建立线性回归进行模拟。模型检验方法采用平均绝对误差百分比(MAE)、平均相对误差百分比(MRE)。

采用 ArcGIS 软件默认的搜索站点数 12 进行插值,插值误差检验结果显示(表 6.8):MAE 值表现出随插值站点数减少而增大的规律。不同模型的插值精度总体表现为局部插值模型 IDW、Kridging、Spline 插值精度明显高于整体模型 Trend。局部插值模型中 80 个和 40 个插值站点的 Spline、IDW4 插值精度较高,20 个站点的 Kridging_exponential、IDW2 插值精度较高。Spline 是通过 2 个样本点之间的曲线变形达到最佳拟合的插值效果,这种方法比较稳健,并且不怎么依赖潜在的统计模型,在站点比较密集的区域插值效果比较好。IDW 估算降水量时是根据距离衰减规律,对样本点的空间距离进行加权,当权重等于 1 时,是线性距离衰减插值;当权重>1 时,是非线性距离衰减插值。这种方法的优点是可以通过权重调整空间插值等值线的结构,在降水站点不是很密集的区域有助于提高插值精度。Kridging 从数学角度抽象来说,它是一种对空间分布数据求最优、线性、无偏内插的估计方法,它的优点是考虑了各已知数据点的空间相关性,站点较稀的区域选择此方法插值效果可能更好。从表 6.8 的插值结果看,也印证了上述插值方法的特点。另外,除整体插值模型 Trend_1、Trend_2 外,80 个站点的插值精度普遍高于 40 个站点的,40 个站点的插值精度普遍高于 20 个站点的,说明插值站点的数量是影响模型插值精度的主要因素。

**表 6.8 不同插值站点数插值误差比较**

| 插值方法 | 搜索站点数 | MRE_80[①] | MAE_80[②] | MRE_40 | MAE_40 | MRE_20 | MAE_20 |
|---|---|---|---|---|---|---|---|
| 反距离加权法(指数 1)IDW1 | 12 | 0.00 | 6.86 | 1.13 | 7.67 | −1.12 | 8.59 |
| 反距离加权法(指数 2)IDW2 | 12 | −0.01 | 6.14 | 0.39 | 6.91 | −2.50 | 7.41 |
| 反距离加权法(指数 4)IDW4 | 12 | −1.50 | 5.44 | −0.12 | 6.77 | −3.57 | 7.95 |
| 环形克里金法 | 12 | −1.91 | 5.56 | −0.73 | 7.02 | −4.78 | 7.76 |
| 指数克里金法 | 12 | −1.85 | 5.56 | −0.69 | 7.03 | −4.55 | 7.60 |
| 高斯克里金法 | 12 | −1.69 | 6.07 | 0.06 | 7.74 | −5.20 | 8.08 |
| 线性克里金法 | 12 | −1.88 | 5.58 | −0.73 | 7.00 | −4.74 | 7.63 |
| 球形克里金法 | 12 | −1.91 | 5.58 | −0.73 | 7.03 | −4.81 | 7.78 |
| 样条法 | 12 | −2.81 | 5.50 | −1.29 | 6.42 | −4.79 | 8.87 |
| 一次趋势面法(Trend_1) | | −0.03 | 9.26 | 0.13 | 9.83 | −2.01 | 9.76 |
| 二次趋势面法(Trend_2) | | −0.67 | 8.25 | 0.58 | 9.06 | −3.82 | 9.21 |

注:①平均相对误差(80 个站点);②平均绝对误差(80 个站点),余同。

上述插值方法有的考虑与插值点的位置关系,有的考虑参考站点的降水值,但都没有考虑影响降水的环境因子。影响降水的因素很多,其中海拔高度是降水的重要影响因子,很多降水模拟方法都引入了这一因子。本书引入经度、纬度、海拔高度这 3 个影响因子,利用多元线性回归进行区域整体插值,分别得到依据 80 个、40 个、20 个站点的多元线性回归方程:

$$Y_{80} = -2815.744 + 39.320a - 31.579b + 0.011c$$

$$Y_{40} = -1564.997 + 27.639a - 28.531b - 0.029c$$

$$Y_{20} = -2893.750 + 47.391a - 54.464b + 0.075c$$

式中,$Y$ 为多元线性回归模拟的年平均降水量,$a$ 为经度,$b$ 为纬度,$c$ 为海拔高度。

另外,选择误差较小的插值结果(80 个插值站点的选择样条法和 IDW4 法,40 个插值站点的选择样条法,20 个插值站点的选择 IDW2_6 和 IDW2_12 法)与回归模拟结果分别作为两个影响因子,做二者与降水实测值的多元线性回归,建立多元线性回归方程:

$$Y_{80} = 114.055 + 1.156S - 0.346P$$
$$Y_{80} = 106.508 + 1.452I_4 - 0.636P$$
$$Y_{40} = 131.980 + 1.183S - 0.421P$$
$$Y_{20} = -78.123 + 0.767I_{2\_12} + 0.433P$$
$$Y_{20} = -34.372 + 0.718I_{2\_6} + 0.396P$$

式中,$S$ 为样条法插值结果,$I_4$ 为 IDW4 法插值结果,$I_{2\_12}$ 为 12 个搜索站点的 IDW2 法插值结果,$I_{2\_6}$ 为 6 个搜索站点的 IDW2 法插值结果,$P$ 为降水回归模拟结果。

综合插值结果显示:80 个和 40 个站点的绝对误差 MAE 有所减小,增加了插值精度,但 20 个站点综合插值没有增加插值精度(表 6.9)。80 个站点的综合模拟结果降低了高值区和低值区的误差幅度,使整体插值结果主要分布在降水的正常波动范围内(5%),是对样条法插值的一个很好的修正。40 个站点的综合模拟使样条法插值中的中低降水区域误差偏小转变成中高降水区域误差偏小。出现上述结果的主要原因是空间插值与回归模拟方法均存在误差,两者相结合能在一定程度上降低误差(两者误差方向相反,即一个为正一个为负,则可以降低误差;两者误差方向相同则会增大误差),同时还可能改变插值误差沿降水梯度的分布规律,因此,综合插值方法提供了可能降低插值误差、满足较高精度降水特征区域(如降水高值区、低值区)插值的方法。

表 6.9　不同插值站点最优插值方法精选

| 插值方法 | MRE_80 | MAE_80 | MRE_40 | MAE_40 | MRE_20 | MAE_20 |
|---|---|---|---|---|---|---|
| 样条法(搜索站点 12) | −2.81 | 5.50 | −1.29 | 6.42 | | |
| 反距离加权法(指数 4,搜索站点 12)IDW4_12 | −1.50 | 5.44 | | | | |
| 反距离加权法(指数 2,搜索站点 12)IDW2_12 | | | | | −2.50 | 7.41 |
| 反距离加权法(指数 2,搜索站点 6)IDW2_6 | | | | | −3.05 | 7.18 |
| 多元线性回归法 | 0.04 | 9.25 | 0.43 | 10.29 | −2.89 | 9.73 |
| 综合方法 | 0.42(Spline_12) 0.58(IDW4_12) | 5.34(Spline_12) 5.58(IDW4_12) | 0.75 | 6.47 | 1.66(IDW2_12) 1.64(IDW2_6) | 10.27(IDW2_12) 10.72(IDW2_6) |

# 6.3　区域平均气候序列构建方法

## 6.3.1　方法简介

在研究全球或区域大尺度气候变化序列时,往往将气候序列首先格点化,以确保各个格点序列基本代表相同的局域面积上的气候变化,这样计算的区域平均序列更加有代表性。数据网格化方法很多,除了上节介绍的一些空间插值方法外,区域平均气候序列构建方法常用的还有:直接算术平均法、气候距平法(CAM)、参考站法(RSM)、一级差分法(FDM)等。

(1)一级差分法(FDM)

对气象要素序列 $x_t$,$t=1,2,\cdots,n$,应用 $\Delta x_t = x_t - x_{t-1}$ 计算得到一级差分序列,计算网格中逐个气象要素序列后,将网格中所有站点气象要素一级差分序列按照算术平均方法得到。然后再根据 $x_t = x_{t-1} + \Delta x_t$ 反算,得到网格的平均序列。这个方法的优点:一是对站点数据的时间序列长度要求较低,时间序列较短的数据仍能参与计算,这样可以减少网格内序列长度不一致对平均序列的影响;二是降低网格内个别序列出现奇异值对平均序列的影响;三是可以利用尽可能多的站点数据。利用该方法在反算网格点序列时,需要首先得出第一年的格点值,然后利用第一年的格点值依次算出逐年的值。如果第一年站点稀少、缺测多,将会影响整个序列的精准度。因此,李庆祥等(2007)提出了后向差分的思路,解决了 20 世纪 60 年代以前站点少的缺陷。

(2)气候距平法(CAM)

气候距平法是由 Jones 等(1996a)提出的计算区域平均序列的方法,该方法在中国区域平均气候序列的研究中应用最为广泛。具体步骤如下:

首先,计算各站距平值,参考气候值一般取 30 年平均,也可采用整个研究时间范围内的平均值;其次,按照经纬度划分网格,根据区域范围大小和台站疏密程度可分为 5°×5°、2.5°×2.5°、2°×2°、1°×1°等大小的网格,将缺测年剔除后,分别计算各网格内所有站点距平的平均值,得到各网格的平均距平值;最后,以各网格中心纬度的余弦作为权重系数,计算所有网格的面积加权平均值,得到研究区域的平均距平序列。计算网格面积加权平均值的公式如下:

$$\bar{x}_k = \frac{\sum\limits_{i=1}^{N} w_i \bar{x}_{ik}}{\sum\limits_{i=1}^{N} w_i} \tag{6.32}$$

式中,$\bar{x}_k$ 为第 $k$ 年的区域平均值;$N$ 为网格数;$\bar{x}_{ik}$ 为第 $i$ 个网格中第 $k$ 年的平均值;$w_i$ 为第 $i$ 个网格的权重系数,以各个网格中心纬度的余弦来表示,即 $w_i = \cos\theta_i$。在处理日照时数、平均风速、相对湿度、平均气温等要素时,采用距平的方法。在计算蒸发量和降水量时,采用标准化的方法滤去影响因子,得到量纲为 1 的序列。标准化公式为:

$$\Delta P_{ik} = \frac{P_{ik} - \bar{P}_i}{\sigma_i} \tag{6.33}$$

式中,$\Delta P_{ik}$ 为第 $i$ 个站第 $k$ 年的标准化值;$\bar{P}_i$ 为第 $i$ 个站的 30 年平均值;$\sigma_i$ 为第 $i$ 个站的标准差。通过面积加权平均计算的区域标准化序列,可根据下式转换回原来单位的序列:

$$\bar{\bar{P}}_k = (\Delta \hat{P}_k)\bar{\sigma} + \bar{\bar{P}} \tag{6.34}$$

式中,$\bar{\sigma}$ 和 $\bar{\bar{P}}$ 分别为区域平均序列 30 年的标准差和均值,$\Delta \hat{P}_k$ 为第 $k$ 年通过面积加权得到的区域平均值。

(3)参考站法(RSM)

参证站法是由 Hansen 等(1987)提出的,具体思路就是在一个网格中选择一个观测记录最长的站作为参考站,这个网格中其他观测时间较短序列的平均值订正为同期参考站的平均值,然后应用反距离加权法计算该网格的平均值。该方法有效地使用了不具备共同 30 年基准期的台站,但是与参考站重叠的年份不能太少。虽然这个方法比 CAM 法使用了更多的台站数据,但是参考站的数据质量对序列质量影响很大。如果参考站受到非气候要素偏差影响(如迁站、观测仪器的变更、观测时次的变化等)而造成的非均一性,就会影响到该网格中所有数据。

### 6.3.2 气候要素区域平均序列建立

(1)全球气候变化序列

CRU 的 Jones 等(1996)完成了一系列工作并建立了当时资料最完整的全球及半球平均气温序列。NOAA 的气候资料中心 Peterson 等(1998)研制的全球历史气候网数据集,以及Hansen 等(1987)也建立了全球平均气温序列。他们的结果也已经被 IPCC 作为主要的参考依据,为人们和科学界认识气候变化提供了很好的数据基础来源。摘自 2014 年中国气候变化监测公报的 1850—2014 年全球年平均温度距平变化如图 6.1 所示。

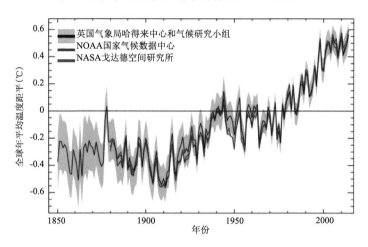

图 6.1　1850—2014 年全球年平均温度距平变化(相对于 1961—1990 年平均值)

(2)中国百年气候序列

中国学者对全国近百年来的气候变化进行了大量的研究。张先恭等(1982)利用中国温度等级序列,首先给出了 20 世纪初以来全国地面气温变化曲线;屠其璞(1984)对中国 20 世纪初以来的地面气温变化趋势和周期进行了分析。王绍武等(1998)、林学椿等(1995)、唐国利等(2005)、李庆祥等(2007)应用收集的资料先后建立了中国近百年来的气温序列。现有序列采用的资料主要有气温等级,定时观测平均气温,以及最高气温、最低气温平均 3 种。当然,其中也用到了史料、冰芯和树轮等代用资料。不过这些代用资料主要是用在序列早期的西部地区个别站点,在平均序列中所占比例相对较小。区域平均方法主要有 4 种,分别是:算术平均;先分区域平均,再按等权重平均;先分区域平均,再按各区域面积加权平均;按网格区面积加权平均。从上述情况看,基于当时的条件,针对存在的问题,通过不断积累和改进,中国近百年温度序列从最初建立到后来的不断完善,已取得了明显进展。还有部分学者以及国家气象信息中心应用各种插值方法建立了 1951 年以来的中国气温格点数据集,以及流域或者区域的气温、降水数据集。

唐国利等(1992)用 716 个站的月平均气温资料采用算术平均给出了 1921—1990 年中国年和各月的平均气温序列。由于 1950 年以前的气温资料除空间覆盖不完整和许多测站资料不连续外,还缺乏统一观测规范,使多种观测时间混杂,导致平均气温资料序列存在严重的非均一性。唐国利等(2005)对 1950 年前后两个时段均采用最高、最低气温平均代表月平均气温,并利用总共 616 个测站的观测资料,计算 5°×5°经纬度网格的温度距平,然后按面积加权得到 1905—2001 年的全国平均气温序列(图 6.2)。这在一定程度上克服了上述非均一性问题。之后,唐国利(2006)又对 1950 年以前的气温记录进行了更为严格的质量控制,订正了其中的错误数据,同时为了充分利用那一时期宝贵的观测记录信息并提高资料序列的连续性,利用能够得到的 630 个站的资料对缺测数据进行了尽可能的插补。考虑资料序列两段时期的衔接情况和空间分布的均匀性,选取 291 个分布相对均匀的台站,采用上述方法生成了新的全国平均温度序列。根据这两条序列,1906—2005 年的增温速率为 0.86~0.95 ℃/100 a。

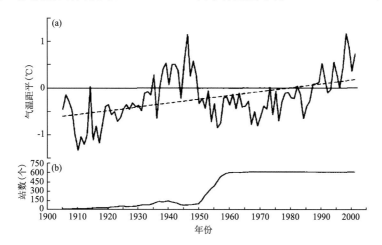

图 6.2  1905—2001 年中国年平均地面气温距平(a)及台站数量变化(b)

(唐国利 等,2005)

王绍武等(1998)根据气温观测,并利用敦德及古里雅冰芯资料及有关史料、树木年轮资料(表 6.11),得到了东北、华北、华东、华南、台湾、华中、西南、西北、新疆、西藏 10 个区 1880—1996 年的年平均气温序列,然后根据每个区的面积加权平均得到代表中国的气温序列(图 6.3)。根据这个序列,1880—1996 年增温为 0.44 ℃/100 a,显著高于过去对中国气候变暖的估计值 0.09 ℃/100 a。

表 6.11  各区气温序列资料来源

| | 1880—1910 年 | 1911—1950 年 | 1951—1996 年 |
|---|---|---|---|
| 东北 | 哈尔滨、根室气温观测 | 气温等级图 | 代表站气温观测 |
| 华北 | 北京气温观测 | 气温等级图 | 代表站气温观测 |
| 华东 | 上海气温观测 | 气温等级图 | 代表站气温观测 |
| 华南 | 广州、香港气温观测 | 气温等级图 | 代表站气温观测 |
| 台湾 | 代表站气温观测、1897 年前用史料 | 代表站气温观测 | 代表站气温观测 |
| 华中 | 史料 | 气温等级图 | 代表站气温观测 |
| 西南 | 史料 | 气温等级图 | 代表站气温观测 |
| 西北 | 敦德冰芯 | 气温等级图 | 代表站气温观测 |
| 新疆 | 古里雅冰芯 | 古里雅冰芯 | 代表站气温观测 |
| 西藏 | 树木年轮 | 拉萨气温观测、树木年轮 | 代表站气温观测 |

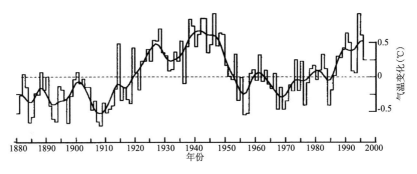

图 6.3　1880—1996 年中国气温变化曲线(王绍武 等,1998)

林学椿等(1995)收集了中国 711 个站温度记录,其中 165 个站 1951 年前后均有资料,165 个站 1951 年以后有资料,381 个站 1951 年以前有资料。将全国分成 10 个区。分区原则为:①每个区以 2~3 个资料年代较长的测站为代表站;②计算各代表站 1951—1990 年年平均温度与全国其他各站的同期相关系数,当两个站相关系数超过 5% 信度则认为其中一个站的变化可以代表另一个站的变化,一般要求相关系数大于 1% 信度才考虑为同一区;③考虑测站分布密度。先计算出每区的平均温度,然后再得到全国 1873—1990 年温度序列(图 6.4)。中国近百年温度变化与北半球的变化很相似,都有两个增暖时段,即 20 世纪 40 年代和 80 年代的增温。北半球平均温度 20 世纪 80 年代要比 40 年代高,而中国平均温度 20 世纪 80 年代要比 40 年代低。

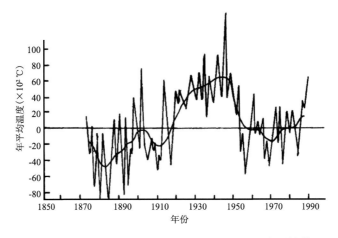

图 6.4　中国年平均温度曲线(基于 1951—1990 年平均值)
(林学椿 等,1995)

王绍武等(2000)根据降水量观测记录及史料,建立了中国 110°E 以东 35 个站 1880—1998 年完整的四季及年降水量序列(图 6.5)。1880—1899 年主要依靠史料及少数站降水量观测;1900—1950 年根据降水量等级图,并用史料插补;1951 年以后完全是降水量观测资料。3 段时间降水量观测记录分别占 22.6%、69.0% 及 100%。该序列年降水量与全国 160 个站 1951—1990 年相关系数达到 0.95,能够较好地反映中国降水量的变化。1880—1998 年中国年降水量并没有明显的趋势,只有约 0.1%/100a。

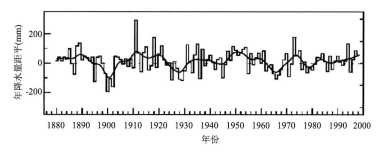

图 6.5　中国东部年降水量距平(基于 1961—1990 年平均值)

(王绍武 等,2000)

国家气象信息中心收集整理了中国大陆地区 1900 年 1 月—2009 年 12 月的所有气象观测站(1951 年以后为国家基本、基准站点)的逐月降水量数据,并引入 NOAA 研制的全球历史气候网(GHCN)以充实原有降水资料。1930 年之前台站数量在 100 个以下,20 世纪 30 年代至 40 年代中期台站数量在 100~200 个,40 年代中期至 50 年代初期台站数量又回落至 100 个以下,此后台站数量激增,1960 年之后台站数量基本维持在 700 个左右。采用 SNHT 方法,对台站序列进行了均一性检验,利用反距离插值法建立了一套 5°×5°经纬度网格的逐月降水量数据集。李庆祥等(2012)在此基础上,利用反距离加权平均的方法将站点降水距平资料插值为 5°×5°、2°×2°的网格资料。然后应用经验正交展开对缺测格点进行插补。最后应用 5°×5°插补、5°×5°、2°×2° 3 种资料计算中国区域逐年降水量,形成了中国近百年降水序列(图 6.6)。从变化趋势上看,3 条序列 1900—2009 年的线性趋势分别为:-6.48 mm/100 a,-7.48 mm/100 a 和-4.80 mm/100 a,近百年略呈下降的趋势。从 5°×5°网格降水量序列趋势分布来看中国大部分地区降水趋势变化不明显,超过 86%的格点降水变化趋势在-5~5 mm/10 a。降水增加的区域主要位于西北、华北以及内蒙古东北部。

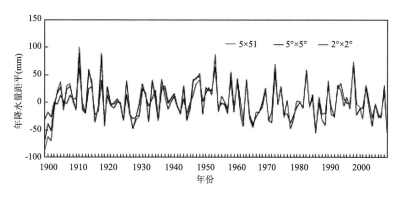

图 6.6　中国近百年年降水距平序列(基于 1971—2000 年平均值)

(李庆祥 等,2012)

(3)中国 1951 年以来气候要素序列

任国玉等(2005c)首次采用中国国家基准气候和基本气象站的均一化气温资料(约 730 个站),以及降水和其他气候要素资料,利用国际气候变化分析标准的气候资料网格化方法,建立了 1951 年以来全国平均气温、降水、日照时间、地面风速和水面蒸发等气候要素时间序列。分析表明,1951—2002 年平均地表气温变暖幅度约为 1.1 ℃,增温速率为 0.22 ℃/10 a,比全球或半球同期平均增温速率明显偏高。降水量变化趋势对所取时间段和区域范围敏感,1951 年以后全国平均降水量变化趋势不明显,但降水变化的空间特征明显而相对稳定,东北北部、包括长江中下游的东南部地区和西部广大地区降水增加,而华北地区以及东北东南部和西北东部地区降水明显减少。分析还发现,全国平均的日照时数、平均风速、水面蒸发等气候要素同时呈显著下降趋势,但积雪地带的最大积雪深度却有所增加。东部大部分地区日照时间和水面蒸发量减少可能均起源于人为排放的气溶胶影响,平均风速减弱也有利于水面蒸发量下降,而在西部地区云量和降水量的变化可能更重要。

李庆祥等(2007)分别采用修改后的一级差分方法和普通克里金方法,把中国大陆(共约 728 个站,不含港、澳、台地区)气象台站 1951 年 1 月—2004 年 12 月经过质量控制和均一化的历史气温数据转化为 2.5°×2.5°经纬度网格化数据集。然后分别采取距平平均方法和一级差分法,分析了 1951—2004 年中国气温变化趋势,结果表明全国平均的年平均气温增暖速率约为 0.23~0.25 ℃/10 a。

张强等(2009)在普通克里金插值方法的基础上,引入高程因子并充分考虑插值的边界效应,对 1951—2007 年中国气温站点资料进行空间结构分析和插值,得到中国地面气温日、月、年平均值 1°×1°格点数据集(图 6.7)。数据集的质量评估结果表明:高程在中国区域气温空间结构分析和插值中起着重要作用,高程资料的引入有效提高了大部分高山地区的插值效果;相比站点资料,所建立的格点数据集在描述中国年平均气温以及季节平均气温分布时更为合理,突出了温度场的大尺度特征;数据集反映出了中国年平均气温变化趋势主要的空间差异;数据集较好地反映了中国年平均气温变化状况,1951—2007 年气温变暖幅度约为 1.6 ℃,增温速率为 0.28 ℃/10 a,比全球或半球同期平均增温速率明显偏高,且气温增暖主要发生在最近的 20 余年之内。

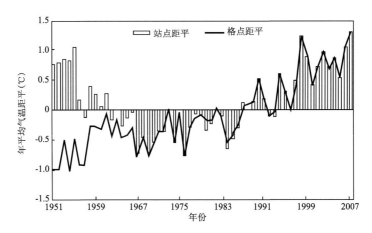

图 6.7　1951—2007 年全国年平均气温距平时间序列(张强 等,2009)

(4)省或区域的气候序列

华北区域气候变化评估报告利用华北区域内较长年代的 8 个站资料来分析华北区域近百年气温和降水变化情况,这 8 个气象站分别是海拉尔(50527)、通辽(54135)、多伦(54208)、呼和浩特(53463)、北京(54511)、天津(54527)、太原(53772)、石家庄(53698)。图 6.8a 和

图 6.8b 分别是该 8 个台站近百年来的年平均气温距平序列和经过滤波的年代际序列(＞10
年),距平参考时段为 1910—2009 年。可以看出,8 个站近百年来的气温逐年变化尽管存在差
异,但总体上各个站之间不管在年际还是在年代际时间尺度上,都有着较好的一致性变化。8
个站气温逐年变化序列两两之间的相关系数最大、最小值分别为 0.90、0.40,平均值为 0.66;
在年代际尺度上(＞10 年),8 个站气温序列两两之间相关系数的最大、最小值分别为 0.94、
0.33,平均值为 0.72,均达到 99%显著性水平。各站气温序列之间较高的相关性,表明尽管站
点稀少且分布很不均匀,但各站近百年来的气温变化具有相对较高的一致性,因此,这 8 个长年
代资料的气温序列能大体上反映华北区域过去 100 多年的气温变化情况。

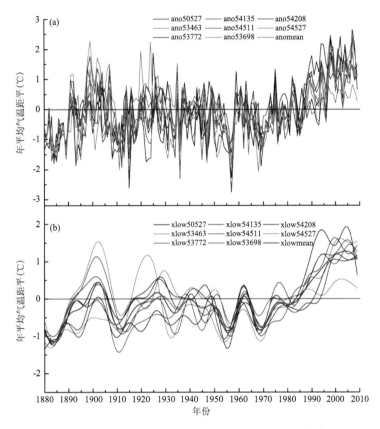

图 6.8　华北 8 个台站近百年来的年平均气温距平序列(a)和经过滤波的年代际序列(b)(基于 1910—
2009 年平均值)

(华北区域气候变化评估编写委员会,2013)

从图 6.8 可以看出,华北区域各站年平均气温总体上表现出在波动中呈增温趋势,且有着
很强的年际和年代际变化特征。1880s、1910s、1930s、1950s、1970s 等时段华北区域各站气温
以偏冷位相为主,而在 1900s、1940s、1960s 等时段气温以偏暖位相为主,自 1980s 以来气温增
暖现象明显,整体上都处于偏暖状态。华北区域 8 个站气温序列在 1940s 的偏暖幅度要明显
弱于该时段全国平均气温的偏暖幅度(王绍武 等,1998;气候变化国家评估报告编委会,
2007),另外,1980s 以来的增温速率也高于全国平均水平(翟盘茂 等,2003),这些都反映了华
北区域气温变化与全国气温变化有主体一致性的同时,也表现了强烈的区域变化特性。

申倩倩等(2011)分析了上海百年气候变化特征,指出上海徐家汇气象观测站自1873年建站至2007年已积累了135年连续资料,是中国有最长连续观测资料的气象站。随着城市的发展,现在已位于徐家汇商业圈内,是一个典型的城市观测站。图6.9a为徐家汇1873—2007年年平均气温变化趋势。总体来看,135年来上海年平均气温的升温率为1.43 ℃/100 a,显著高于全球年平均气温升温率的0.74 ℃/100 a;并且,不同时段的升温率差别很大,以1905—1945年和1980—2007年两个时段增温最为明显,特别是1994年以来,上海连续14年年平均气温距平为正(相对于135年平均气温),其中2007年偏高2.26 ℃,年均气温达20.76 ℃,是有器测记录以来最热的一年。相对于总体线性增温趋势,20世纪后上海年平均气温可进一步分为4个阶段(图6.9b):20世纪30年代中期以前为低温期,20世纪30年代中期至50年代后期为高温期,20世纪60年代初期至80年代中后期为低温期,20世纪80年代后期起为新一轮的高温期。第一次增暖期的增温主要在白天,以最高气温的升高为主;第二次增暖期的增温则主要在夜间,以最低气温的升高为主。

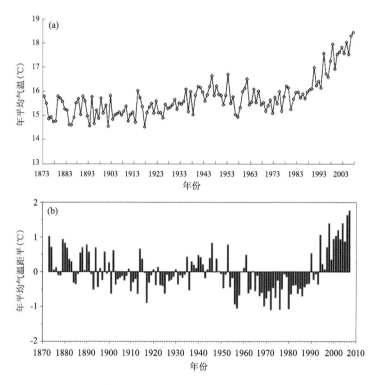

图6.9　1873—2007年徐家汇年平均气温(a)及去线性变化趋势后的距平(b)
(华东区域气候变化评估报告编写委员会,2013)

## 6.4　区域平均气候序列误差评估方法

由于长年代的观测过程中常常存在许多因素可能会导致数据集包含一些未知的错误、偏差,但这种偏差却很难量化,因此区域平均气候序列的不确定性水平实际上很难严格地进行评估。Brohan等(2006)和Folland等(2001)做了大量的研究,综合采用了前人的误差估计成果来较为系统地对区域平均序列中的不确定性水平进行了分析。在这个模型中,陆面资料的不确定性产生原因分成 3 类:a. 台站误差,包括单个站点距平的不确定性;b. 抽样误差,在进行网格化时由于站点分布(特别是那些站点非常少的格点)等带来的不确定性;c. 偏差误差,大尺度系统性的偏差带来的不确定性。3 种误差的平方根和开二次方根,得到总的不确定性水平。

## 6.4.1　台站误差

对台站月平均气温中的不确定性可以进行细分。假定台站月平均气温 $T_{actual}$:

$$T_{actual} = T_{ob} + \varepsilon_{ob} + C_H + \varepsilon_H + \varepsilon_{RC} \tag{6.35}$$

式中,$T_{ob}$ 为实际报告气温,$\varepsilon_{ob}$ 为观测误差,$C_H$ 为均一性订正值,$\varepsilon_H$ 为该订正带来的不确定性,$\varepsilon_{RC}$ 为由于计算不准确或缺报导致的不确定性,转化为距平值:

$$A_{actual} = T_{ob} - T_N + \varepsilon_{ob} + C_H + \varepsilon_H + \varepsilon_{RC} \tag{6.36}$$

式中,$T_N$ 为站点标准值(气候值)。这样,台站误差导致的不确定性转化为对 $\varepsilon_{ob}$,$\varepsilon_H$,$\varepsilon_{RC}$ 的估计。

Folland 等(2001)指出,单个气温计的随机误差约为 0.2 ℃,月平均气温由每天两次观测(最高、最低)计算,以每月 30 d 计算,为 60 次。这样,由观测误差带来的不确定性最大为 0.2/60＝0.03 ℃,这个值与具体台站和年(月)份无关。

均一性订正误差是在对台站序列进行均一性订正时引入的,由于订正值和真实值肯定有一定的差异,因此出现了这部分不确定性。Brohan 等(2006)和 Jones 等(2008)分别指出:全球、中国部分气温资料均一性订正的概率分布基本一致,为一个双峰值分布。Brohan 等(2006)假设大尺度区域内所有均一性订正的理论值服从正态分布(0,0.75),扣除实际订正后得到另一个正态分布(0,0.4)。根据中国资料的实际订正值计算,二者差异很小,我们也借鉴其估计值,取 0.4 ℃ 作为单站均一性订正误差的估计值。这样,所有站点的均一性误差为 $0.4/\sqrt{N}$。

标准值误差是由于所取的时间范围差异带来的。类似于 WMO 的一般做法,我们取1971—2000 年 30 年作为气候基本时期,基本时期内每个月的气温值可以看成是一个气候标准值常数和随机天气值($W_j$,其标准差为 $\delta_j$)之和。每个月的气候标准值由 30 年或较少年份(至少 15 年)计算,其不确定性估计分别为 $\delta_j/\sqrt{30}$ 和 $\delta_j/\sqrt{N}$,另外其他一些站点资料长度有限,不确定性估计值为 $0.3\delta_j$。

计算和报告不确定性,这方面的误差主要来源于数字化、数据录入等,它可能出现一些非常大的奇异值,但在质量控制、均一性检查等过程中往往得到处理,另外,由于它的随机性,在大范围区域平均时一般可以忽略不计。

以上几种不确定性估计值合并,得到总的台站误差导致的不确定性水平估计。

## 6.4.2　抽样误差

网格内站点距平值的平均并不一定精确等于网格内真实温度距平值的空间平均,这个误差就是抽样误差,它依赖于网格内台站的个数、台站的位置和网格内真实的气候变化。根据前人的研究,区域内($n$ 个台站)平均序列的标准差($\hat{S}$)不仅与单个台站序列的标准差($s_i$)有关,而且与区域内平均的站点间相关系数($\bar{r}$)有关。

$$\hat{S}^2 = \bar{s}^2 \left[ \frac{1 + (n-1)\bar{r}}{n} \right] \tag{6.37}$$

真正的区域平均标准差(S)只能是无数个抽样点标准差的平均。当 $n{\to}\infty$ 时,方程(6.37)变为

$$\hat{S}^2 = \overline{s^2}\,\overline{r} \tag{6.38}$$

随后的研究发现区域平均序列的抽样误差(SE)与它的标准差(S)有关:

$$\mathrm{SE}^2 = \hat{S}^2 \left[ \frac{1-\overline{r}}{1+(n-1)\overline{r}} \right] \tag{6.39}$$

把式(6.38)代入式(6.39)有

$$\mathrm{SE}^2 = \frac{\overline{s^2}\,\overline{r}(1-\overline{r})}{1+(n-1)\overline{r}} \tag{6.40}$$

对网格温度序列的抽样误差进行估计,需要对站点方差 $s_i$ 和 $n$ 进行估计,对于陆面区域 $n$ 为台站数,是参考气候期内所有台站温度序列方差的平均,由于台站数并不是一个常量,只是参考气候期内的平均值,比较可取的方法是用格点温度序列的方差来估计网格内站点方差的平均值,这样就忽略了站点密度和位置随时间变化产生的误差。

对于有多个站点的网格,$r$ 通过站点数据估算;但网格内站点较少时,这样得到的 $r$ 值不可信,对只有一个台站的陆面格点或洋面网格更不能采用这种方法,而且网格内不同的站点分布会产生偏差。因此利用温度相关性衰减长度理论来估计 $r$。

$$r = \mathrm{e}^{-x/x_0} \tag{6.41}$$

式中,$r$ 为相邻格点的相关系数,$x$ 为网格中心点之间的距离,$X$ 为一个网格两个相对角之间的距离,$x_0$ 为相关性衰减长度特征量,对式(6.41)逐步迭代直至均方根误差最小,计算出 $x_0$ 值。利用式(6.41)对距离 $X$ 求积分就可以估计逐个网格的相邻格点的相关系数平均值:

$$\overline{r} = \frac{x_0}{X}(1-\mathrm{e}^{-x/x_0}) \tag{6.42}$$

### 6.4.3　偏差误差

偏差误差包括两个方面:城市化影响和温度计暴露度。对于城市化影响,Yan 等(2010)以北京局地为例,得出序列中 30% 以上的贡献要归因于城市化;Ren 等(2008,2014)则认为,全国近 50 年气温增暖中城市化的贡献达到了近 30%。多数研究尚没有考虑评估城市化对气温趋势影响的不确定性水平。城市化影响偏差评价和订正方法,在第 4 章进行了详细介绍。至于温度计暴露度,20 世纪 50 年代以来,温度计均放置于百叶箱内,因此不存在这个问题,1900—1950 年不可考证,采用 Folland 等(2001)和 Brohan 等(2006)的做法:热带地区(20°S～20°N),1930 年以前 $1\delta$[①] 约取 0.2 ℃,此后从 1930—1950 年,线性减为 0;其他地区,1900 年 $1\delta$ 约取 0.2 ℃,此后从 1900—1930 年线性减为 0。

### 6.4.4　应用案例

在研究区域大尺度气候变化时,气候序列长度的不一致、台站的稀疏不均以及由此导致的空间抽样误差在气候变化研究中常常产生影响,因此首先需要将气候序列格点化,以确保各个格点序列基本代表相同局域面积上的气候变化,这样计算的区域平均序列可以更加准确地反映实际的气候变化。当今全球、半球尺度的气温变化研究中,以 Jones 等(1990)的全球历史气

---

① $\delta$ 表示误差。

候数据集、NCDC 的 Peterson 等(1999)的 GHCN 数据集和 Hansen 等(1999)的全球数据集为最有代表性的几个成果。他们的结果也已经被 IPCC 作为主要的参考依据,为人们和科学界认识气候变化提供了很好的数据基础来源。中国是一个大国,其地理位置又处于东亚季风气候区,其气候变化对全球变化的贡献和影响是相当大的。但在研究中国气候变化时,由于资料本身的质量问题和空间抽样误差所导致的随机性和科学不确定性问题,则讨论得还很不够。

(1)中国近百年气温变化序列不确定性水平估计

在研究全球或区域大尺度气候变化序列时,往往将气候序列首先格点化,以确保各个格点序列基本代表相同的区域面积上的气候变化,这样计算的区域平均序列更加有代表性。上述提到的 3 个数据集也不例外,不过各人采取的数学方法各有不同,Jones 等(1990)采取的方法为气候距平法(CAM),其基本思想为计算气候距平的平均;Hansen 等(1999)的方法参考站法(RSM)是在较大的格点内选择一个时间最长的台站,作为参考站,然后计算每个时次计算所有站的距离权重平均,形成该格点的序列;而 Peterson 等(1999)则提出一个尽可能利用所有台站信息的一级差分方法(FDM)。

以 Jones 等(1990)的 CAM 方法为例,以每个网格内可能获取的站点距平序列的平均作为该网格的距平序列,但剔除那些超过 5 倍标准差的数据点。这样,形成了整个区域的网格历史数据集。但对于每个网格,网格序列构成的站点数目、站点分布、站点序列长度等不同,导致网格序列存在一定的抽样误差。

Jones 等(1990)把大尺度抽样误差表述为

$$\mathrm{SE}^2_{\mathrm{global}} = \mathrm{S\bar{E}}^2 / N_{\mathrm{eff}} \tag{6.43}$$

式中,$N_{\mathrm{eff}}$ 为有效站点数。

$$\mathrm{S\bar{E}}^2 = \sum_{i=1}^{N_{\mathrm{g}}} \mathrm{SE}_i^2 \cos(\mathrm{lat}_i) / \sum_{i=1}^{N_{\mathrm{g}}} \cos(\mathrm{lat}_i) \tag{6.44}$$

式中,$N_{\mathrm{g}}$ 为全部网格数。

$$N_{\mathrm{eff}} = 2R/F \tag{6.45}$$

式中,$R$ 为地球半径。

这里

$$F = \left( \frac{\mathrm{e}^{-\pi R/x_0}}{R} + \frac{1}{R} \right) \Big/ \left( \frac{1}{x_0^2} + \frac{1}{R^2} \right) \tag{6.46}$$

第一步计算逐个网格的年平均气温距平序列的方差和 1960—1990 年参考气候期内的平均站点数 $n$,这样网格内站点的平均方差 $\bar{s_i^2}$ 在 $\hat{S}^2, n, \bar{r}$ 已知的条件下由式(6.37)计算出,而 $r$ 由式(6.38)依据相关性衰减长度 $x_0$ 计算。

由于中国大陆区域的东西跨度为 65 个经度,南北跨度为 40 个纬度,为了计算简便,用气温序列的中国大陆区域平均 $x_0$ 取代逐个网格的 $x_0$。相关性衰减区域统一取 70°～135°E,15°～55°N,利用指数函数的最小二乘法拟合出中国大陆区域的相关性衰减长度 $x_0$(图 6.10),然后用式(6.40)可以计算出逐个网格的抽样误差。通过式(6.45)和式(6.46)利用 $x_0$ 求出有效样本数 $N_{\mathrm{eff}}$,利用式(6.43)和式(6.44)计算出区域平均气温序列的抽样误差。

图 6.11 分别给出了中国大陆地区气温序列的抽样误差变化曲线及参与样条函数插值的站点数变化曲线,可以看出抽样误差随着时间(站点数增加)而迅速减小。20 世纪 60 年代以前年平均气温的抽样误差明显小于年最高气温的抽样误差,这主要是因为记录早期年平均气

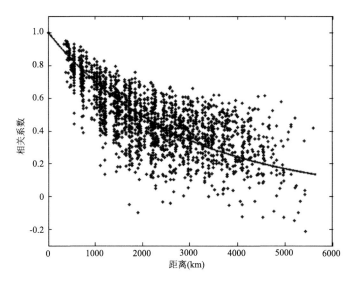

图 6.10 逐个格点年平均气温距平序列与相关性衰减区域
（70°～135°E,15°～55°N）内格点间距离与相关系数的分布

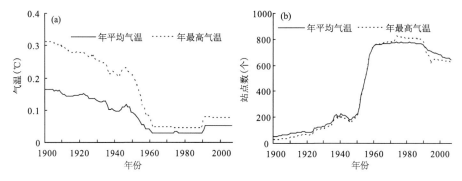

图 6.11 中国大陆地区气温序列的抽样误差变化曲线(a)及参与样条函数插值的站点数变化曲线(b)

温参与插值的站点数要多于年最高气温参与插值的站点数,说明在站点数比较少的时期,抽样误差随站点数的增加明显减小。20 世纪 60—90 年代站点数基本不变(站点密度达到一定程度),抽样误差也基本保持在 0.05 ℃以下。

赵宗慈等(2005)收集了 4 组相关研究:第 1 个序列(根据 IPCC 报告经常采用的 Jones 等全球站点转换成网格点资料取出中国区域计算的序列),第 2 个序列是王绍武等根据仪器观测资料和代用资料计算的序列,第 3 个序列是根据唐国利等(2005)根据仪器观测的最高、最低气温计算的温度序列,第 4 个序列是根据林学春等建立的器测资料建立的序列。几个中国气温序列之间的相关系数在 0.76～0.90,说明一致性还是比较高的。从 4 条曲线计算得到的 20世纪 100 年(1900—1999 年)气温变化的线性趋势分别为 0.35,0.39,0.72 和 0.19 ℃/100 a;20 世纪后 50 年(1950—1999 年)分别为 0.73,0.77,0.92 和 0.64 ℃/50 a。根据王绍武(1990)的补充资料,以及"十五"科技攻关课题建立的序列,近百年气温线性变化趋势在 0.2～0.8 ℃/100 a。1950—1999 年气温线性变化趋势更高一些,达到 0.6～1.1 ℃/50 a。4 个序列的主要差异是在前 50 年。Jones 等(1996b)的数据集考虑到了气温资料的非均一性带来的误差,并对非均一的序列进行了订正,唐国利等(2005)避免了由于平均气温观测和求平均次数带来的非均一性影响而采用了平均最高、最低气温进行算数平均,王绍武(1990)则对 1950s 以前一些站点缺测的部分用代用资料进行了插补。

根据上述模型,计算了中国区域气温变化序列的不确定性水平。图 6.12 给出了中国区域台站误差、抽样误差、偏差误差和空间覆盖误差的范围以及和最优估计的比较。红色线代表由于抽样误差、台站误差导致的 95% 不确定性范围,绿色线代表有限覆盖范围导致的 95% 不确定性范围,蓝色线代表抽样误差、台站误差以及有限覆盖范围共同导致的 95% 不确定性范围。很明显,抽样误差和台站误差随着时间推移不断变小,到 20 世纪 50 年代基本稳定不变;除去偏差误差之外,导致前 50 年序列不确定性的最为主要因素是数据覆盖不足,前 50 年由于资料覆盖不足导致的不确定性水平接近最优估计的序列变化水平。随着站点数的增加,这种误差也趋于稳定,但还是略大于抽样误差和观测误差的水平。

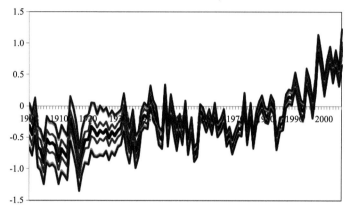

图 6.12　采用 CHHT1.0 和 CRUTEM3 构建的中国区域 1900—2006 年气温距平
序列及 95% 不确定性范围

(黑色线代表最优估计值,红色线代表由于抽样误差、台站误差导致的 95% 不确定性范围,绿色线代表有限覆盖范围导致的 95% 不确定性范围,蓝色线代表抽样误差、台站误差以及有限覆盖范围共同导致的 95% 不确定性范围)

(2)中国近百年降水变化序列不确定性水平估计

为了计算近百年中国降水变化序列,首先将站点数据插值转化为网格点数据,本节选用了反距离加权法(IDW)(Dai et al.,1997)对站点数据进行插值。插值分为两部分:气候值的插值及降水距平数据的插值;气候值和距平值的总和得到该网格的降水值。相关性往往用来表征序列之间的相似程度,从 5°×5° 网格来看,相关系数超过 0.5 的地区几乎覆盖了全国,相关系数相对小的区域出现在西南地区,但一般也在 0.3~0.5。因此,可以看出,利用反距离加权平均法得到的格点数据是比较忠实于站点数据集的。全国平均的相关系数为 0.67,考虑到降水局地性较强,该格点数据场还是很好地解释了站点降水场的方差比重。2°×2° 网格点和台站序列的相关性明显好于 5°×5° 网格,这是因为 2°×2° 网格插值时每个网格中参与插值的台站较少,因此每个台站对网格序列的贡献也就较大,相关自然也就较高。

常常存在许多因素可能会导致数据集包含一些未知的错误、偏差。本节采用上述 Brohan 等(2006)的误差估计模型来较为精确地对数据集中不确定性水平进行分析。图 6.13 给出了用指数函数的最小二乘法拟合出的中国大陆区域的相关性衰减长度 $x_0$,然后用式(6.40)可以计算出逐个网格的抽样误差。图 6.14 给出了中国大陆地区降水序列的抽样误差变化曲线,可以看出抽样误差随着时间(站点数增加)而迅速减小。1960 年之后站点数基本不变,抽样误差也基本保持在 0.5% 以下。

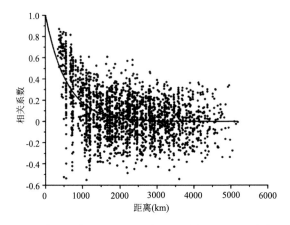

图 6.13　逐个格点年降水量序列与相关性衰减区域内格点间距离与相关系数的分布

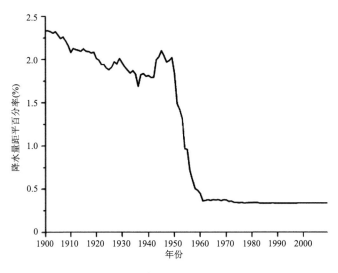

图 6.14　降水序列的抽样误差

# 第 7 章　气候序列时间变化规律分析

本章主要介绍气候变化监测和研究中的时间序列分析方法,主要包括气候趋势分析及显著性检验、气候跃变分析及周期分析。气候趋势分析方法包括趋势系数、线性倾向估计、Mann-Kendell 检验、滑动平均、五点/七点/九点二次平滑、三次样条函数、累积距平法等;显著性检验方法有相关系数的显著性检验、$t$ 检验、$F$ 检验、蒙特卡洛(Monte Carlo)检验、非参数 $Z$ 统计量检验。气候跃变分析中主要有滑动 $t$ 检验(MTT)、山本法(YAMA)和勒帕热方法(LP)、克拉默法(CRA)和曼-肯德尔(MK)法。周期分析主要有功率谱分析、最大熵谱分析和小波分析。本章各节分别对气候趋势分析方法、气候跃变方法及周期分析方法进行了对比分析,给出各种不同方法的适用条件。

## 7.1　气候序列的统计特征

气候系统是多圈层耦合的复杂巨大系统。作为描述气候系统某一方面特征的各要素时间序列具有非线性、非平稳性和复杂性等各类统计特征。气候要素序列的研究,有利于从更长、更广的时空尺度角度检测和分析气候变化的特征;另一方面,数据的多样性及其分辨率的差异,以及数据本身的非线性、非平稳性特征等也对气候变化的检测方法和技术提出了新的要求。魏凤英(2007)整理编辑了气候变化的检测与预测技术,封国林等(2006)整理了数学和物理科学领域出现的新的非线性理论和方法,提出将这些新的方法应用于气候变化检测的可能性。传统的时间序列的统计特征包括均值、方差、变率、中值、极大值、极小值、相关系数等。然而,考虑到这些统计量已经是一些常识性的概念,本节不再展开介绍。随着时间序列研究的发展,近年出现了一些新成果,如:①气候序列中的多尺度信息特征;②时间序列中的复杂性统计特征;③时间序列中动力学结构统计特征等。本节就相关的研究进展,做一个扼要的介绍。

### 7.1.1　气候序列中的多尺度信息特征

(1)气候序列中的多尺度特征研究介绍

在全球变暖的背景下,气候系统受自然变率作用的同时又增加了人为变化的影响,这就必然导致气候系统具有多层次性和多尺度性。代用资料和观测资料等作为气候系统复杂性的外在表现形式,必然也包含了多层次性、多尺度性信息。因此,气候资料信息分离和提取的作用也就显而易见了。气候信息的提取主要有 4 个用途(魏凤英,2007):①从假定的人为因素或外部作用中将自然变率的类型识别出来;②利用检测出的气候信息推断物理概念模型,建立气候模式;③利用识别出的气候信息,比较模式模拟与观测资料的基本特征,以此验证气候模式的有效性;④利用气候信息本身的变化规律预测系统未来的演变趋势。

传统的信息识别技术主要有:①功率谱方法;②最大熵谱法;③交差谱方法;④多位最大熵

谱法;⑤小波分析等。其中,功率谱方法、交叉谱方法和小波分析以傅里叶变化为基础,而最大熵谱法则以自回归模型为基础。这些方法主要用于气候资料的周期识别,在以往气候资料的检测和分析中发挥了重要的作用,并取得了一系列重要的成果。如黄荣辉等(2006)应用熵谱分析方法,分析了中国夏季降水和东亚水汽输送通量,发现夏季降水都具有准两年周期的振荡特征,这种周期振荡与东亚上空夏季风水汽输送通量的准两年周期振荡密切相关;张勤等(2001)通过多时间尺度分析,将与 ENSO 有关的变化分为 3 个主要的分量:2~7 年的 ENSO 循环尺度,8~20 年的年代际尺度,20 年以上的平均气候态变化;朱锦红等(2003)利用相关分析、功率谱分析和小波分析对中国华北地区降水的年代际振荡及其与东亚夏季风的关系进行了研究。

气候资料是高维的观测资料,其中必然包含"噪声"和"信号"两部分,这里的"信号"即代表气候变化特征的主要分量,因此如何从原始观测资料中剔除"噪声"、提取"信号"对于气候变化的研究则尤为重要。一般而言,混沌信号降噪方法(Sugihara et al.,1990;Thomas,1993)都采用了相似的技术路线,包含 3 个方面的内容:首先从观测序列中重构吸引子,选择一类模型估计原系统的局部动力学行为并从统计角度拟合出模型参数,然后修正观测数据,使修正后的数据和模型更一致。1991 年,Sauer 等(1991)提出了搜索平均法(SAM),侯威等(2007)对该方法做了一定的修正以后通过 Henon 映射数值试验验证了 SAM 算法的有效性,并应用于1960—2000 年逐日温度观测资料的降噪,这一处理能够有效降低数据中的噪声成分,增强了实际温度资料的可预报性。此外,自 1984 年法国物理学家 J. Morlet 提出小波概念并应用于分析地震数据以来,小波变换作为一种信号处理方法,不仅可以作为周期分析的工具,还可以通过小波分解分离观测数据中的"噪声",提取包含原序列主要信息的不同尺度分量,即通过基函数的伸缩、平移运算,达到对观测序列的多分辨率分析(Grossmann et al.,1984;Mallat,1989)。但由于小波分解的实质是带通滤波器,所以不同分量一般与固定频带相对应,小波基和分解层次的选择带有很强的主观性,因此分解精度有待进一步提高。

针对小波分解存在的一些问题,美国国家宇航局 Huang 等(1998)提出了一种新时间序列分析方法——希尔伯特-黄变换(HHT)。这一方法主要包含了两部分内容:经验模态分解(EMD)和希尔伯特变换(HT)。杨培才等(2005)应用 EMD 方法对 Niño 3 区海表温度进行分解,通过不同尺度 IMF 分量之间的关系讨论了气候系统的非平稳行为。万仕全等(2005)利用EMD 方法将气候序列作平稳化处理,在得到一系列平稳分量 IMF 的基础上,再利用均生函数(MGF)模型获得各分量的初次预测值,结合最优子集回归(OSR)模型构建了一种新的预测模型。显然,通过 EMD 分解得到的 IMF 分量对原序列的贡献是不同的,不同的气候要素之间相互作用的强弱也是有差异的,如何通过数理的方法来衡量这种差异也是科研工作者迫切关心的问题之一。封国林等(2006)将该方法应用于分析气候变化的不同尺度系统对中国降水的可能影响。

EMD 方法是用波动上、下包络的平均值去确定"瞬时平衡位置",进而分解出各 IMF 分量,故能够将原序列中的各种不同频率和振幅的信息逐一分解,而且其主要分量首先分解出来,但各 IMF 分量之间的正交性较差。小波分解(WD)虽然也能够将原序列分解成各个不同频率和振幅的细节分量,但因为 WD 的实质是带通滤波器,所以不同的分量一般与固定频带相对应,故而分解的结果不如 EMD 精确,原序列的最主要的信息也不是首先分离。在用 WD进行分解时采用不同的小波基和分解层次对结果的影响较大,如何选择小波基和分解层次是

WD 一个很难解决的问题,但用 WD 可以解决 EMD 的各个 IMF 分量正交性较差的问题。基于 EMD 的 HT 的分析方法,既适合于线性序列的分析,又适合于非线性序列的分析,能够将原序列中的不同频率和振幅的信息很好地分解出来,从而得到瞬时频率和瞬时振幅随时间变化的比较准确、清晰的图像。小波变换(WT)能得到等值线图、小波系数方差图以及某一尺度上小波系数的变化图像,也能够在一定程度上分析原序列的时频特性,并得到主周期,对线性序列的分析效果较好,但对非线性序列分析的效果一般。由于利用 WT 进行处理时,某一尺度对应的窗口宽度范围内的能量只占总能量的一部分,所以这个窗口内的能量必然扩展到其他频段,同时其他频段的能量也会渗透到这一频段内,各尺度之间因存在频域混叠现象而产生误差,故其分析结果不如 EMD 清晰和准确。EMD 和 HHT 的具体方法将在 7.4 节给出。

### 7.1.2　时间序列中的复杂性和动力学结构统计特征

(1)时间序列中的复杂性研究介绍

讨论非线性和复杂性的方法很多,已有的研究将它们大致分为 3 种:对描述气候变化的非线性微分方程的研究、对连续的气候观测资料的研究及对离散的历史气候等级序列的研究。从物理学角度看,定量刻画非线性动力系统复杂性的两个最常用的量就是分维数和李雅普诺夫(Lyapunov)指数,它们分别度量了非线性动力系统相空间几何结构的规则性和复杂性程度;也有利用熵理论和方法来研究资料序列的统计复杂性和 Kolmogorov 复杂性(David,1998;Zebrowski et al.,2000)。但上述方法大都基于观测数据足够长的基本假设,才能保证计算出来的结果具有可靠性。有学者提出可以通过符号动力学建立运动轨道和形式语言的联系,然后借助语法复杂性理论来刻画复杂性,其核心的内容就是粗粒化。不同程度的粗粒化,舍去更小层次上的细节,使它们在所关注的层次中表现为某些特征量,有利于突出本质的特征。Sebastien 等(1999)指出,首先要判定什么样的函数能够作为序列的符号复杂性函数,其次要弄清序列复杂性和与之相关联的动力系统之间的关系,如果给出一个不一定是符号的拓扑动力系统或测度理论的动力系统,都可以建立与之相对应的符号系统,在适当的条件下,可以讨论该系统的复杂性函数。

在对气候及环境演变的复杂性认识上,陈述彭(1991)对地球科学的复杂性与系统性进行了评述;丑纪范(1997)从众多自由度系统的特定时空尺度大气现象与观测事实密切结合的角度,对大气中的非线性及复杂性的研究进行了评述,揭示了天气尺度的可预测时段不超过 2~3 周,大气中除了有天气尺度的混沌分量外,还有行星尺度的稳定分量,大气复杂性就表现在混沌分量与稳定分量之间的非线性相互作用上。近几年来,Kaspar 等(1987)提出了能够衡量任意有限长度符号序列复杂性的研究方法——Lemper-Ziv 复杂度。侯威等(2005)应用该方法衡量了 Logistic 映射和 Lorenz 模型产生的时间序列以及古里雅冰芯和石笋代用资料的复杂度,进而从理想混沌模型数值试验和代用资料分析两个方面分析气候系统的复杂性。

气候系统的无标度性是复杂性研究的又一重要成果,这一方面的研究可以说是方兴未艾,具有较强的生命力。国内外在物理学报等多家期刊已经有了一些类似的研究,如 Király 等(2002)利用去趋势涨落法(DFA)对 Hungary 16 个站 1951—1989 年逐日温度资料滤除趋势项后,对衡量温度涨落的物理量进行统计分析发现,逐日温度资料中存在着较好的尺度律特征;Peter(2002)定义了降水率,并从该角度对各种不同降水的出现概率进行统计,同样发现其中存在尺度律特征;郑祚芳等(2007)运用 DFA 方法分析温度和降水序列发现,北京年平均气温和降水量均可划分为多个标度不变区域,在特定的标度域内,它们都表现出长程相关的性质。支蓉等(2006)基于中国740个站点近40年逐日降水资料,揭示了降水的无标度性质(图7.1),通过幂律指数讨论了降水无标度性质的时空演化特征以及不同尺度系统对这一性质的可能影响等。这些研究在一定程度上揭示了气候系统也存在无标度特征这一非线性复杂系统的共同属性,从而为制作年际与年代际气候预测提供了理论基础。

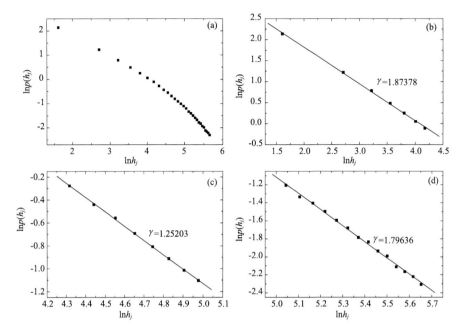

图7.1　中国435个站点1960—1969年的降水无标度性质
(a)0~29 mm;(b)0~7 mm;(c)7.1~15 mm;(d)15.1~29 mm

(2)时间序列中动力学结构特征

Taken(1981)指出,系统中的任一分量的演化都是由与之相互作用着的其他分量所决定,因此,这些相关分量的信息就隐含在任一分量的发展过程之中。Packard等(1980)提出的时间延迟的思想,可重构出动力学系统的相空间。这对于不能直接测量深层的自变量而仅仅知道一组单变量时间序列的研究人员来说,也有了研究系统的动力行为的可能。例如,已知地面气压观测数据,可通过重构反演出部分高空信息,弥补高空观测资料的不足。它的基本思想是:系统中的相关分量的信息隐含在任一分量的发展过程中,为了重构一个"等价"的状态空间,只需考察一个分量,并将它在某些固定的时间延迟点(比如1 s前、2 s前等)上的测量作为新维处理,即延迟值被看成是新的坐标,它们确定了某个多维状态空间中的一点。重复这一过程并测量相对于不同时间的各延迟量,就可以产生出许多这样的点,然后再运用其他方法来检验这些点是否存在于一个混沌吸引子上。经过相空间重构,如分数维、Lyapunov指数等一些不变量得到保留。相空间重构可把具有混沌特性的时间序列重建为一种低阶非线性动力学系统,它是非线性时间序列分析的重要步骤,重构的质量直接影响到模型的建立和预测。延迟时间 $\tau$ 和嵌入维数 $m$ 的选择是相空间重构的两个重要参数。选择适当的 $\tau$ 的方法很多,主要有:自关联函数法、互信息函数法和周期轨道法等。

李建平等(1997)探讨了用一维时间序列重构相空间确定吸引子维数的理论,揭示其中存在的本质问题,从相空间理论等角度出发,验证了大气中吸引子的存在性。气候动力学研究表明,较长时间尺度的气候行为,往往由较少的自由度来描述,由于不同尺度的相互作用,导致运动方程难以简化。即使对于大尺度的低阶气候系统,也难以从基本的 Navier-Stokes 方程简化出气候长期演变方程。因此,对于长时间尺度的气候动力学,纯粹的动力方程和经典统计手段将无法达到分析目的。近几年来,在应用动力学结构思想分析观测序列方面,Bezruchko 等(2001)研究了对一个给定的时间序列,如何应用相空间重构的思想恢复其动力学方程及参数。刘式适等(1991)将热带气旋分为内外 2 个区,2 个区的时间、空间及物理量有不同的尺度,应用尺度分析和摄动法到热带气旋的 2 个区域,分别求得在 2 个区域的控制方程,其中内区受旋转风和一个演变方程制约,外区受梯度风和另一个演变方程制约。为了有效地诊断混沌时间序列动力结构,封国林等(2005)介绍了一种能识别随机或混沌序列的非线性动力学结构,同时具有较高区分能力和比较能力,并能较好地适用于较短时间序列和小尺度情况的新的分析方法:动力学自相关因子指数 $Q$($Q$ 指数)。

$Q$ 指数作为一种能识别随机或混沌序列的非线性动力学结构,同时具有较高区分能力和比较能力,并能较好地适用于较短时间序列和小尺度情况。

一般地,对一个长度为 $N$ 的时间序列 $\{x(t_i), t_i = 1, 2, \cdots, N\}$,基于 Takens 相空间重构理论,对其进行嵌入空间上动力学轨线的重构,其表达式为

$$X_i = \{x(t_i), x(t_i + \tau), \cdots, x(t_i + (m-1)\tau)\} \qquad (7.1)$$

式中,时间延迟 $\tau = \alpha \Delta t$,$\alpha$ 为延迟参数,$\Delta t$ 为采样时间,$m$ 为嵌入空间维数。这样构成了一个 $[N - \alpha(m-1)] \times m$ 维的向量矩阵

$$X = \{X_i, i = 1, \cdots, N - \alpha(m-1)\} \qquad (7.2)$$

它的自相关和定义为

$$C_{xx}(\varepsilon) = P(\|X_i - X_j\| < \varepsilon) = \frac{2}{(N - \alpha m)[N - \alpha(m-1)]} \times$$
$$\sum_{i=1}^{N-\alpha m} \sum_{j=i+1}^{N-\alpha(m-1)} \Theta(\varepsilon - \|X_i - X_j\|) \qquad (7.3)$$

式(7.3)表示在重构空间里 $\varepsilon$ 距离内找到邻近点 $X_i$ 的概率,$\Theta(h)$ 为 Heaviside 阶跃函数。在描述混沌信号时,自关联和具有一定区分潜在动力学的能力,但它还远不能作为识别混沌时间序列间相近性最重要的标准。那么,怎样才能更好地识别混沌时间序列的动力异同性呢?假设 $x(i)$ 和 $x(j)$ 是离散序列 $x(n)$($n$ 为样本长度)上的两点,$|x(i) - x(j) \leqslant \varepsilon|$ 时,$|x(i+1) - x(j+1) \leqslant \varepsilon|$ 的概率 $s_m = C_{xx}^{m+1}(\varepsilon)/C_{xx}^m(\varepsilon)$ 比自关联和具有更强的预见性,可用于两个时间序列动力异同性的识别。同样,对于两个时间序列 $\{x_i\}$、$\{y_i\}$,动力学自相关因子指数定义为

$$Q_{xy} = \lim_{\varepsilon \to 0} \left| \ln \frac{C_{xx}(\varepsilon)}{C_{yy}(\varepsilon)} \right| \qquad (7.4)$$

式(7.4)的物理意义是当 $Q_{xy}$ 统计上足够小时,序列集 $\{x_i\}$、$\{y_i\}$ 至少具有相近的动力学结构,否则就不具有相近的动力学特征。它能起到直接测量混沌时间序列之间"距离"的作用,也就是当 $Q = 0$ 时,代表两个序列源具有相近的动力学,换而言之,具有相同的控制方程组。

基于上述方法,应用 $Q$ 指数分析了中国 20 世纪 70 年代末夏季气候异常的动力学机制及其与印度-东亚型(IEA)等遥相关波列的关系,以及中国夏季风区降水的区域动力学特征及其

对外部物理因子的响应。此外,万仕全等(2005)利用 $Q$ 指数方法研究了北半球树木年轮距平宽度序列、北京石花洞石笋微层厚度等气候代用资料的动力学特征(图 7.2),发现它们具有相似的动力学演化结构,即无论是区域还是全球范围的气候,均在 700～900 年和1300～1700 年发生了动力学结构上的突变,它们所对应的环境变化可能是中世纪暖期和现代小冰期事件。

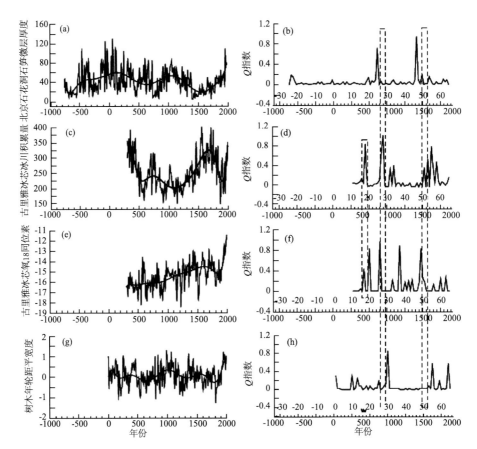

图 7.2　中世纪暖期和现代小冰期重大事件 $Q$ 指数

(a),(b):北京石花洞石笋微层厚度(B.C.768～1980)及其 $Q$ 指数随时间的变化

(c),(d):古里雅冰芯冰川积累量(301～1990)及其 $Q$ 指数随时间的变化

(e),(f):古里雅冰芯氧 18 同位素(δ18)(301～1990)及其 $Q$ 指数随时间的变化

(g),(h):树木年轮距平宽度序列(1～1995)及其 $Q$ 指数随时间的变化

# 7.2　气候序列趋势分析及检验

　　气象数据作为一种典型的时间序列数据,在气候变化中一直处于基础性地位。通过分析历史时间序列,在很大程度上可以发现气候变量发展变化的内在规律,从而可以为决策者制定决策提供重要的参考信息和知识。所谓趋势是指气候变量大体的变化情况,即描述很长时间尺度的演变过程,因而它能反映大尺度气候因子的影响(黄嘉佑,1995b)。常见的趋势分析方法有多种,包括趋势系数、线性倾向估计、Mann-Kendell 检验、滑动平均、多项式拟合、累积距

平法等。气候要素的变化趋势是否显著,需要进行显著性检验,包括相关系数检验、t 检验、F 检验、蒙特卡洛(Monte Carlo)检验及非参数 Z 统计量检验等方法。本节各方法原理说明参照《现代气候统计诊断与预测技术》(魏凤英,2007)。

## 7.2.1　气候要素趋势分析

(1)线性变化趋势

①趋势系数

趋势系数 r 能定量给出某种气候要素时间序列的升降程度,它定义为 n 年气候要素序列与自然数列的相关系数,表示变量 x 与时间 t 之间线性相关的密切程度:

$$r_{xt} = \frac{\sum_{i=1}^{n}(x_i - \overline{x})(i - \overline{t})}{\sqrt{\sum_{i=1}^{n}(x_i - \overline{x})^2 \sum_{i=1}^{n}(i - \overline{t})^2}} \tag{7.5}$$

式中,$x_i$ 为第 i 年要素值;$\overline{x}$ 为样本均值;$\overline{t}=(n+1)/2$;r 的正负反映了要素在 n 年内的线性升降趋势,用于定量描述气候趋势变化强弱的时间分布特征。|r| 越接近 0,x 与 t 之间的线性相关就越小。趋势系数无量纲,变化在 −1~1,可以证明它就是标准化的一元线性回归系数,它消去了气象要素的均方差和单位对线性回归系数数值大小的影响,从而可以在不同的地理位置、不同的气象要素之间比较趋势变化的大小,特别适合于研究和揭示大范围气象场长期变化的空间变化特征。这个值为正(负)值时,表示该要素在所计算的 n 年内有线性增(降)的趋势。

②线性倾向估计

直线最常用来表征气候变化的最大时间尺度的演变趋势,直线的波长为无穷大,它能反映最大的气候因素对局地气候变化的作用(即反映大型气候因子的综合作用)。用 $x_i$ 表示样本量为 n 的某一气候变量,用 $t_i$ 表示 $x_i$ 所对应的时间,建立 $x_i$ 与 $t_i$ 之间的一元线性回归方程:

$$x_i = at_i + b \qquad (i=1,2,\cdots,n) \tag{7.6}$$

式(7.6)可以看作一种特殊的、最简单的线性回归形式。它的含义是用一条合理的直线表示 x 与其时间 t 之间的关系。其中 b 为回归常数,a 为回归系数。a 和 b 可以用最小二乘法进行估计。回归系数 a 的符号表示气候变量 x 的趋势倾向,正为上升,负为下降。a 的大小反映了上升或下降的速率,即表示上升或下降的倾向程度。将 a 称为倾向值,用于定量描述气候序列的趋势变化特征。通常用 $a \times 10$ 来表示 x 的变化速率,单位为:$(10\ a)^{-1}$。

线性倾向估计方法优点在于计算简单,可以定量地反映气候序列的气候变化趋势。但是线性倾向估计方法的回归系数有单位,在不同的气象要素之间及同一要素的不同时间、地点之间不能互相比较。

根据回归理论,a 与 $r_{xt}$ 有下面的关系(施能 等,1995)。设 $\sigma_x$ 为要素 x 的均方差,$\sigma_t$ 为自然数列 $1,2,\cdots,n$ 的均方差,可以从趋势系数 r 求出气候倾向率 a:

$$a = r_{xt}\frac{\sigma_x}{\sigma_t} \tag{7.7}$$

表 7.1 为 1961—2012 年辽宁省不同级别降水量的气候倾向率及趋势系数。对于不同级别的年降水量,除暴雨降水量略增加,小雨、中雨及大雨降水量均呈减少趋势,其中大雨降水量减少最明显,减少速率达 2.73 mm/10 a,各级别降水量变化均未通过显著性检验。从大雨降

水量的四季变化来看,春季呈增加趋势,夏季、秋季和冬季均呈减少趋势,以夏季减少最为明显。对于四季总降水量的变化来说,冬季和春季降水量呈增加趋势,夏季和秋季降水量呈减少趋势。春季降水量的增加主要体现为暴雨降水量的增加,夏季降水量的减少主要体现为小雨降水量的减少,秋季降水量的减少主要体现为暴雨降水量的减少,而冬季降水量的增加则主要体现为小雨降水量的增加。

由 1961—2012 年东北地区极端最高气温气候倾向率及趋势系数的空间分布(图略)可知,黑龙江西南部和东南部部分地区、吉林西北部、辽宁西部和中部地区极端最高气温呈降温趋势,其余地区均呈增温趋势,尤以黑龙江西北部、吉林长白山地区、辽宁东部及南部地区增温最为显著,增温速率均在 0.4 ℃/10 a 以上,增温中心位于黑龙江孙吴站,趋势系数最大为 0.44。对比东北地区极端最高气温趋势系数和极端最低气温趋势系数,在极端最高气温升温显著的黑龙江西北部、吉林长白山地区、辽宁东部及南部地区,极端最低气温的升温速率要高于极端最低气温,趋势系数均超过了 0.44,这些地区的气温日较差在缩小。根据极端最高气温和极端最低气温趋势系数的空间分布,可以进行二者的增温趋势对比,这是线性倾向估计无法做到的,也是趋势系数在分析空间变化趋势时的一大优势。

表 7.1　1961—2012 年辽宁省不同级别降水量的气候倾向率及趋势系数

| 时间 | 项目 | 总降水量 | 小雨 | 中雨 | 大雨 | 暴雨 |
|------|------|---------|------|------|------|------|
| 春季 | 气候倾向率(mm/10 a) | 3.39 | 0.42 | 1.06 | 0.51 | 1.40 |
| | 趋势系数 | 0.16 | 0.07 | 0.13 | 0.06 | 0.21 |
| 夏季 | 气候倾向率(mm/10 a) | −5.29 | −2.69** | −1.74 | −2.07 | 1.21 |
| | 趋势系数 | −0.09 | −0.36** | −0.14 | −0.11 | 0.03 |
| 秋季 | 气候倾向率(mm/10 a) | −1.81 | 0.004 | 0.19 | −0.89 | −1.13 |
| | 趋势系数 | −0.08 | 0.0008 | 0.02 | −0.09 | −0.15 |
| 冬季 | 气候倾向率(mm/10 a) | 0.23 | 0.62 | −0.10 | −0.30 | — |
| | 趋势系数 | 0.04 | 0.16 | −0.04 | −0.20 | — |
| 年 | 气候倾向率(mm/10 a) | −3.47 | −1.71 | −0.53 | −2.73 | 1.50 |
| | 趋势系数 | −0.05 | −0.15 | −0.03 | −0.12 | 0.03 |

注:** 为通过 99% 的信度检验。

③Mann-Kendell 非参数统计检验法

Mann-Kendall 方法是由世界气象组织(WMO)推荐的应用于环境数据时间序列趋势分析的方法,从 1945 年以来已经被广泛用于检验水文气象资料的趋势成分,包括水质、流量、温度和降水序列等。最初由曼(H. B. Mann)和肯德尔(M. G. Kendall)提出原理并发展了这一方法,故称其为曼-肯德尔(Mann-Kendall)法。它是一种简便有效的非参数统计检验方法,非参数检验亦称无分布检验,其优点是样本不需要遵从一定的分布,也不受少数异常值的干扰,检测范围宽、定量化程度高。

假定 $x_1, x_2, \cdots, x_n$ 为时间序列变量,$n$ 为时间序列的长度,Mann-Kendall 法定义了统计量 $S$:

$$S = \sum_{j=1}^{n-1} \sum_{k=j+1}^{n} \mathrm{sgn}(x_k - x_j) \tag{7.8}$$

式中,

$$\text{sgn}(x_k-x_j)=\begin{cases}1 & (x_k-x_j>0)\\0 & (x_k-x_j=0)\\-1 & (x_k-x_j<0)\end{cases} \qquad (7.9)$$

式中,$x_j$,$x_k$ 分别为 $j$,$k$ 年的相应观测(测量)值,且 $k>j$。

$$Z=\begin{cases}\dfrac{s-1}{\sqrt{\text{Var}(s)}} & (s<0)\\0 & (s=0)\\\dfrac{s+1}{\sqrt{\text{Var}(s)}} & (s<0)\end{cases} \qquad (7.10)$$

$$\text{Var}(s)=\frac{n(n-1)(2n+5)}{18} \qquad (7.11)$$

在给定的 $\alpha$ 置信水平上,如果 $|Z|\geqslant Z_{1-\alpha/2}$,则拒绝原假设,即在 $\alpha$ 置信水平上,时间序列数据存在明显的上升或下降趋势。$Z$ 的绝对值 $\geqslant1.28$,$\geqslant1.64$ 和 $\geqslant2.32$ 时,分别表示通过了 $90\%$、$95\%$ 和 $99\%$ 的显著性检验。其变化趋势的大小用 $\beta$ 表示。$\beta$ 是时间序列当中所有记录组合的中位数,$\beta>0$,表示上升的趋势,即气候要素随时间增大;$\beta<0$,表示下降的趋势,即气候要素随时间减小。

$$\beta=\text{Median}\left(\frac{x_k-x_j}{k-j}\right) \qquad (\forall j<k) \qquad (7.12)$$

Mann-Kendell 方法是一种被广泛用于分析趋势变化特征的方法(朱良燕,2010),它可以检验时间序列趋势是上升还是下降,不需要气候变量服从正态分布,适用范围广、人为干扰少,而且可以定量地说明趋势变化的程度,适用于水文、气象等非正态分布的数据,计算简便。但是 Mann-Kendell 方法给出的是一个定量的数值,但是无法进行时间序列的绘图,与线性倾向估计方法相比,不够形象化。

(2)低频变异特征

分析时间序列的线性趋势是气候变化研究中经常使用的方法,它可以使人们了解某一段时间内气候的总体变化趋势。但对于一个时间尺度较长的气候序列,整个时间段上的线性趋势往往并不能描述出气候变化的波动特征。气候存在明显的年代际变化,年代际气候变化是年际气候变化的重要背景,同时也是叠加在更长期气候变化趋势上的波动(施晓晖 等,2008)。

①滑动平均

滑动平均法,又称移动平均法。它相当于一个低通滤波器,是把序列高频分量滤去以便突出长期或气候变化趋势的一种方法,用确定时间序列的平滑值来显示变化趋势,是以一连串部分重叠的序列的平均值组成新序列的一种方法,其表达式为:

$$x_j=\frac{1}{k}\sum_{i=1}^{k}x_{i+j-1} \qquad (j=1,2,\cdots,n-k+1) \qquad (7.13)$$

式中,$k$ 为滑动长度。作为一种规则,$k$ 最好取奇数,以使平均值可以加到时间序列中项的时间坐标上;若 $k$ 取偶数,可以对滑动平均后的新序列取每两项的平均值,以使滑动平均对准中间排列。平均的过程实际是压低小波动(即短周期振动)的影响,同时突出长周期波动的作用,因而也起到反映长周期气候因子的综合影响的作用(黄嘉佑,1995b)。经过滑动平均后,序列中短于滑动长度的周期大大削弱,显现出变化趋势。在进行计算时,当数据变化较大时,采用较小的阶数,当数据变化较小时,可采用较大的阶数。可根据实际选择不同滑动长度。分析时主要从滑动平均序列曲线图来诊断其变化趋势,例如,看其演变趋势有几次明显的波动,是呈上升趋势还是呈下降趋势。

滑动平均法的最主要特点在于简捷性,算法很简便,计算量较小,但存在一定的主观性和任意性,因为其应用效果很大程度上取决于各种算法参数的选定,通常靠经验来尽量合理地选定滑动平均算法的参数。平滑方法会造成缺少序列两端的平滑值,大多使用序列的平均值来填补,这样处理很难反映出序列两端的真实趋势。滑动平均也无法定量地给出气候变化趋势并且不能进行显著性检验。

②多项式拟合

多项式拟合包括五点二次平滑、七点二次平滑、九点二次平滑和五点三次平滑。同滑动平均一样,也是起到了低通滤波器的作用,可以反映出年代际的变化趋势,但是同滑动平均相比,可以克服削弱过多波幅的特点。

对时间序列 $x$,用二次多项式拟合:$\hat{x}=a_0+a_1x+a_2x^2$,根据最小二乘法原理确定系数 $a_0$,$a_1$ 和 $a_2$,可以得到五点二次、七点二次和九点二次平滑公式。对时间序列 $x$,用三次多项式拟合:$\hat{x}=a_0+a_1x+a_2x^2+a_3x^3$,根据最小二乘法原理确定系数 $a_0$,$a_1$,$a_2$ 和 $a_3$,可以得到五点三次平滑公式。它并没有两端数值缺失的情况,可以反映序列变化的实际趋势,适合做相对短时期的变化趋势的分析。同滑动平均一样,多项式拟合也无法定量地给出气候变化趋势并且不能进行显著性检验。

图 7.3 为 1961—2012 年北京地区年降水量及 11 年滑动平均曲线、九点二次平滑曲线和五点三次平滑曲线。11 年滑动平均曲线,滤掉了 11 年以下的波动,从滑动曲线可以看到,北京地区年降水量有明显的年代际变化,20 世纪 60 年代到 70 年代降水处于偏多的时段,此后降水有一个减少的过程,80 年代中期开始到 90 年代中期降水再次进入偏多时段,90 年代末期至今降水进入偏少期。九点二次平滑曲线与 11 年滑动平均曲线相比,不像 11 年滑动平均曲线那么光滑,除了反映出 20 世纪 60 年代到 70 年代降水量偏多这一特征,还反映出 1972—1975 年降水量短暂的波动过程。五点三次平滑曲线与 11 年滑动平均曲线和九点二次平滑曲线相比,可以大致看出 20 世纪 60 年代到 70 年代、80 年代中期开始到 90 年代中期这两个降水量偏多的时段和 90 年代末期以后的降水偏少期,但是五点三次平滑曲线更多地保留了短时期的波动,从图 7.5 可以看到 20 世纪 60 年代到 70 年代经历了 4 次几年时间的波动,所以五点三次平滑曲线更适合相对短时间序列的分析,在实际使用时,可根据实际情况进行选择。

③三次样条函数

三次样条函数以对给定的时间序列进行分段曲线拟合的方式,来反映其本身真实的变化趋势。

对样本量为 $n$ 的序列 $x_i$,其对应的时刻为 $t_i$。欲将 $t_1,t_2,\cdots,t_n$ 分成 $m$ 段,需在 $t_i$ 中插入 $m-1$ 个分点,即有:$t_1<\eta_1<\eta_2<\cdots<\eta_{m-1}<t_n$。为方便起见,两端各引入一个新分点 $\eta_0,\eta_m$,并令 $\eta_0<t_1,t_n\leqslant\eta_m$。这样,就可以在每个新分点上构造拟合函数:

$$F(t)=\begin{cases}\hat{x}_1(t) & (\eta_0<t\leqslant\eta_1)\\ \hat{x}_2(t) & (\eta_1<t\leqslant\eta_2)\\ \vdots \\ \hat{x}_m(t) & (\eta_{m-1}<t\leqslant\eta_m)\end{cases} \tag{7.14}$$

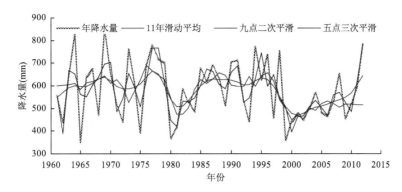

图 7.3　1961—2012 年北京地区年降水量及 11 年滑动平均、九点二次平滑、五点三次平滑曲线

$\hat{x}_k(t)$ 在 $m-1$ 个分点上相邻的两个多项式满足函数 $\hat{x}_k(t)$ 及其二阶导数在 $\eta_k$ 处均连续，分段多项式 $F(t)$ 即为三次样条函数。用最小二乘法原理确定出 $v_{kj}$，就可以得到分段拟合曲线。三次样条函数可以对给定的时间序列进行分段曲线拟合，并且可以给出分段趋势函数，但是这种方法操作比较复杂，需要求解方程组。

其中，

$$\hat{x}_k(t) = \sum_{j=0}^{3} v_{kj} a_{kj}(S)(k=1,2,\cdots,m)$$

$$S = \frac{2t - \eta_{k-1} - \eta_1}{\eta_k - \eta_{k-1}} = 2\frac{t - \eta_{k-1}}{\eta_k - \eta_{k-1}} - 1$$

④累积距平

在进行气候趋势分析时，累积距平也是一种常用的、由曲线直观判断变化趋势的方法，可以很好地给出气候要素变化的阶段性变化趋势。累积距平曲线呈上升趋势，表示距平值增加；呈下降趋势，表示距平值减小。从曲线明显的上下起伏，可以判断其长期显著的演变趋势及持续性变化。从曲线小的波动变化可以考察其短期的距平值变化，而长时期的曲线演变则可反映出气候要素的长期演变趋势。

对于序列 $x$，其某一时刻 $t$ 的累积距平 $x_t$ 表示为：

$$x_t = \sum_{i=1}^{n}(x_i - \overline{x}) \qquad (t=1,2,\cdots,n) \tag{7.15}$$

式中，$x$ 为气象要素值，$\overline{x}$ 为气象要素多年平均值，$\overline{x} = \dfrac{1}{n}\sum_{i=1}^{n}x_i$。将 $n$ 个时刻的累积距平值全部算出，即可绘出累积距平曲线进行趋势分析。

累积距平法在进行趋势分析的同时还可以进行突变分析，大致给出突变的时间，但是累积距平法只能定性地给出变化趋势而无法进行定量分析，也无法进行变化趋势的显著性检验。

⑤标准化累积距平

在式(7.15)中也可使用标准化距平值来代替距平值，相应的称为标准化累积距平曲线（黄嘉佑）。

图 7.4 为 1908—2012 年沈阳站年降水量累积距平曲线，由图 7.4 可以看出，沈阳站在 20 世纪 50 年代之前累积距平一直小于 0，50 年代初期到 90 年代，累积距平持续大于 0，说明这段时间沈阳站降水量呈一个增加的趋势。

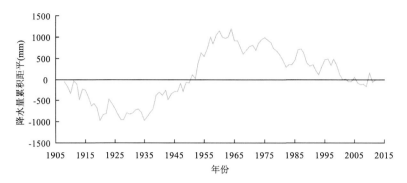

图 7.4　1908—2012 年沈阳站年降水量累积距平曲线

图 7.5 为 1961—2012 年中国年平均气温累积距平曲线,由图 7.5 可见,中国年平均气温自 20 世纪 80 年代末期开始累积距平持续增加,这与前人研究的中国年平均气温自 80 年代末期开始增温是一致的。

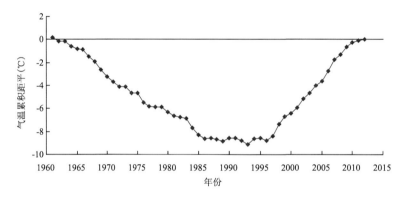

图 7.5　1961—2012 年中国年平均气温累积距平曲线

(3)方法对比

①在进行年际变化趋势分析时,线性倾向估计方法可以定量地给出气候要素的长期变化趋势,优点在于计算及其显著性检验都相对比较简单。但是线性倾向估计方法的回归系数有单位,在不同的气象要素之间及同一要素的不同时间、地点之间不能互相比较。趋势系数方法的优点在于趋势系数是一个无量纲的量,可以在不同的地理位置、不同的气象要素之间比较趋势变化的大小。但是趋势系数给出的只是一个定量的值,对于时间变化趋势来说不适合进行绘图分析。Mann-Kendell 方法不需要气候变量服从正态分布,而且可以定量地说明趋势变化的程度,计算简便,但是无法进行时间序列的绘图,与线性倾向估计方法相比,不够形象化。

②在年代际变化趋势分析时,滑动平均法算法很简便,计算量较小,但是不足之处在于会造成缺少序列两端的平滑值,大多使用序列的平均值来填补,这样处理很难反映出序列两端的真实趋势。对于多项式拟合,五点二次平滑、五点三次平滑、九点二次平滑和滑动平均方法一样,数据有所缺失,影响数据结果的可靠性。五点三次平滑更多地保留了短期波动部分,更适用于短序列的变化趋势分析。三次样条函数可以进行分段趋势拟合,但是计算较为复杂。年代际变化趋势无法进行定量的趋势分析,无法进行显著性检验。对于表示气候要素年代际变化趋势的这几种方法,均可以反映出气候要素的波动特征,即年代际的变化特征,分析不同阶

段气候要素的具体变化特征。但是不能定量给出变化趋势且不能进行显著性检验,需要搭配其他趋势分析方法共同进行趋势分析。

③累积距平法给出的是阶段性的变化趋势,从曲线小的波动变化可以考察其短期的距平值变化,但是无法定量地给出变化的大小,也无法进行显著性检验。

④对单站或区域气候要素进行时间序列趋势分析,可采用线性倾向估计方法,结合多项式拟合方法,综合体现其长期的年际变化趋势及年代际变化趋势。对于气候要素空间的趋势变化分析,既可采用线性倾向估计,也可以采用趋势系数,前者体现的是单站趋势变化的数值大小,后者可进行整个空间的一个整体趋势变化对比。

## 7.2.2　线性趋势的显著性检验

在使用趋势系数和线性倾向估计方法进行趋势分析时,其变化趋势是否显著可以通过相关系数的显著性检验、$t$ 检验、$F$ 检验、蒙特卡洛检验和非参数 $Z$ 统计量检验等方法。

(1)相关系数检验

在实际的统计分析工作中为检验方便,已构造出不同自由度、不同显著性水平的相关系数检验表完成相关系数检验。在实际检验过程中,已知样本数量 $n$,给定显著性水平,一般在实际分析中用到的是 99% 和 95% 的显著性水平,就可以直接查表对相关系数进行显著性检验。只有当计算的线性倾向估计系数、趋势系数达到或超过统计的显著性标准时,这种长期变化才可能认为是有意义的。这个是实际工作中经常用到的方法。

给出辽宁省 1961—2012 年年降水量的变化速率为 $-3.47$ mm/10 a,计算得到年降水量与时间序列的相关系数 $r=-0.045$,给定显著性水平 $\alpha=95\%$,用查相关系数表的方法对 $r$ 进行检验。自由度 $n=52-2=50$,查相关系数表自由度 50 对应 $\alpha=95\%$ 时,$r_\alpha=0.274$。由于 $|r|=0.045 < r_\alpha$,因此,认为在 $\alpha=95\%$ 的显著性水平上,相关系数是不显著的,也就是辽宁省近 52 年年降水量的减少是并不显著的。

(2)$t$ 检验

当方差未知,且遵从正态分布时,可以用 $t$ 检验进行均值检验,当样本量很小时也适用于小样本。构造 $t$ 统计量

$$t = \frac{|\bar{x} - \mu_0|}{s}\sqrt{n} \tag{7.16}$$

式中,$\bar{x}$ 和 $s$ 分别为样本均值和标准差,$\mu_0$ 为总体均值,$n$ 为样本量。在确定显著性水平 $\alpha$ 后,根据自由度 $\upsilon = n-1$ 查 $t$ 分布表,若 $|t| \geqslant t_\alpha$,则拒绝原假设。

(3)$F$ 检验

检验两个总体的方差是否存在显著差异,可以使用 $F$ 检验。在总体方差未知的情况下,假定 $s_1^2$ 和 $s_2^2$ 是分别来自两个相互独立的正态总体的样本方差,统计量

$$F = \frac{\dfrac{n_1}{n_1-1}s_1^2}{\dfrac{n_2}{n_2-1}s_2^2} \tag{7.17}$$

遵从自由度 $\upsilon_1 = n_1-1$,$\upsilon_2 = n_2-1$ 的 $F$ 分布。给定显著性水平 $\alpha$ 后,查 $F$ 分布表,若 $|F| \geqslant F_{\alpha/2}$,则拒绝原假设。

(4)蒙特卡洛(Monte Carlo)检验

对趋势系数,也就是相关系数的检验,如果使用 $t$ 检验方法,就要求变量服从正态分布,而在相关系数检验时,往往不对是否服从正态分布进行检验。蒙特卡洛检验提供了一个相关系数的非参数检验方法。

假定有任意概率分布的气象变量 $x$ 的 $n$ 次观测($n$ 为样本容量),与 $x$ 的相关系数(绝对值)至少多大才能认为与变量 $x$ 有相关呢?蒙特卡洛方法是用随机数序列与 $x$ 变量序列求相关系数,长度为 $n$ 的随机数序列由机器程序大量产生(例如,1000~10000 次)。假如计算了 1000 个模拟的相关系数,则将 1000 个模拟的相关系数的绝对值从大到小排序,最大的序号为 1。称序号为 2,11,51 的模拟相关系数分别为 $r_{99.9\%}$,$r_{99\%}$,$r_{95\%}$。当实际计算的与变量 $x$ 的相关系数 $r$ 大于上述模拟值时,才能认为有相关关系存在(信度分别为 99.9%,99%,95%)(施能 等,1997)。

$r$ 的取值范围为 $|r| \leqslant 1$,查相关系数的检验表得到相关系数绝对值的临界值,一般地,当 $|r|$ 大于表中 $\alpha = 0.05$ 相应值,但小于 $\alpha = 0.01$ 相应值时,称 $x$ 与 $y$ 有显著的线性关系;当 $|r|$ 大于表中 $\alpha = 0.01$ 相应值时,称 $x$ 与 $y$ 有高度显著的线性关系;当 $|r|$ 小于表中 $\alpha = 0.05$ 相应值时,称 $x$ 与 $y$ 无明显的线性关系。

(5)非参数 $Z$ 统计量检验

非参数统计是一种不要求变量值为某种指定分布和不依赖某种特定理论的统计方法,或者是在不了解总体分布及其全部参数的情况下的统计方法。在实际工作中,有许多资料常不能确定或假设其总体变量值的分布,因此参数统计不宜使用,不知道总分布,就不能比较参数,而只能比较非参数。所谓非参数,即指数据的正负符号、大小顺序号等,利用直接说明或比较两个或几个样本的非参数的方法均属于非参数统计法。这种方法得到的统计量为非线性的,可以较好地表示非线性的变化趋势,避免了用线性统计量表示非线性趋势所带来的较大误差。

$Z$ 统计量检验属于一种非参数统计检验方法,具体如下:

对于气候序列 $x_i$,在 $i$ 时刻($i = 1, 2, \cdots, n-1$),有

$$r_i = \begin{cases} 1 & (x_j > x_i) \\ 0 & (x_j \leqslant x_i) \end{cases} \tag{7.18}$$

可见,$r_i$ 是 $i$ 时刻以后的数值 $x_j$($j = i+1, \cdots, n$)大于该时刻值 $x_i$ 的样本个数。

计算统计量

$$Z = \frac{4}{n(n-1)} \sum_{i=1}^{n-1} r_i - 1 \tag{7.19}$$

可见,对于递增直线,$r_i$ 序列为 $n-1, n-2, \cdots, 1$,这时 $Z=1$;对于递减直线 $Z=-1$。$Z$ 值在 $-1 \sim 1$ 变化。

给定显著性水平 $\alpha$,假定 $\alpha = 0.05$,则根据

$$Z_{0.05} = 1.96 \left[ \frac{4n+10}{9n(n-1)} \right]^{1/2} \tag{7.20}$$

判断 $Z_{0.05}$ 和 $|Z|$ 的大小,若 $|Z| > Z_{0.05}$,则认为变化趋势在 $\alpha = 95\%$ 显著性水平下是显著的;反之,则认为这种变化趋势在统计上是没有意义的。这种方法得到的统计量为非线性的,可以较好地表示非线性的变化趋势,避免了用线性统计量表示非线性趋势所带来的较大误差(刘兆飞 等,2007)。

对辽宁省 1961—2012 年年降水量进行趋势分析。用 $Z$ 统计量检验方法对变化趋势做显著性检验,根据公式(7.18)计算得到秩统计量(表 7.2)。$Z = -0.078$,$Z_{0.05} = 0.19$,$|Z| <$

$Z_{0.05}$,因此认为,在 $\alpha=0.05$ 显著性水平下,辽宁省年降水量的变化趋势并不显著。这与前面由相关系数的检验得到的结果是一致的。

表 7.2　辽宁省年降水量序列的秩

| | | | | | | | | | |
|---|---|---|---|---|---|---|---|---|---|
| 29 | 11 | 19 | 1 | 44 | 16 | 18 | 38 | 7 | 19 |
| 8 | 31 | 7 | 10 | 12 | 15 | 10 | 24 | 13 | 27 |
| 22 | 26 | 14 | 11 | 2 | 4 | 8 | 13 | 21 | 7 |
| 5 | 17 | 14 | 2 | 2 | 4 | 12 | 2 | 13 | 12 |
| 9 | 10 | 4 | 3 | 2 | 5 | 2 | 2 | 3 | 0 |
| 1 | | | | | | | | | |

(6)小结

①对于趋势系数或线性倾向估计,时间序列的显著性分析可以采用相关系数的显著性检验。

②$t$ 检验或 $F$ 检验可以适合于正态分布的检验。

③蒙特卡洛和非参数 $Z$ 统计量检验不需要气候变量符合正态分布,适用的范围更广。一般在实际业务中更多地推荐使用相关系数的显著性检验和蒙特卡洛检验。

### 7.2.3　应用案例

(1)中国地区气温变化趋势分析

图 7.6 为使用线性倾向估计方法对 1961—2012 年中国地区年平均气温进行趋势分析。中国地区年平均气温以 0.22 ℃/10 a 的速率呈增温趋势,相关系数 $r=0.694$,$r_{95\%}=0.274$,$r_{99\%}=0.351$,所以年平均气温增加趋势通过了 99% 的信度检验。从 11 年滑动平均曲线来看,20 世纪 60 年代到 90 年代初期,年平均气温一致处于一个相对较偏低的时段,90 年代中期开始持续增温,进入一个偏暖的时段,但是最近几年气温增温有所放缓。

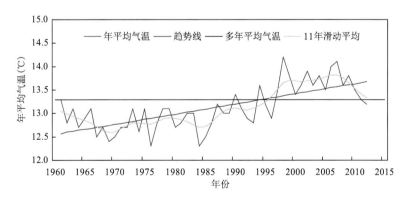

图 7.6　1961—2012 年中国地区年平均气温年际变化

(2)中国地区降水量变化趋势分析

利用 Mann-Kendall 方法分析中国地区 1961—2012 年年降水量的变化趋势,得到 $\beta=0.1$ mm/a,可见中国地区近 52 年降水量呈增加趋势。计算统计量 $Z=0.126$ 小于 $Z_{0.05}=$

1.64,可见在 $\alpha=0.05$ 的显著性水平下,中国地区近52年年降水量的增加趋势并不显著。

(3)中国东北地区年降水量变化趋势

降水量变化分析对所关注的时间区段和所用的统计方法比较敏感。采用标准化距平、降水量或降水量距平百分率方法得到的区域平均结果也有差别。一般情况下,降水量距平在不同的站点或地区之间可以直接比较量的大小,但不能体现变化的相对程度。降水量距平百分率反映了某一时段降水与同期平均状态的偏离程度,计算时用(观测值－常年值)/常年值×100%求算。标准化距平是将降水量值进行标准化,即求距平值与标准差的比值,可以在不同单位、不同量级数据之间进行比较。

选用降水量距平百分率,利用线性倾向估计方法进行东北地区年降水量的趋势分析。趋势系数 $r=0.04$,$r_{95\%}=0.274$,$r<r_{95\%}$,所以近52年来东北地区年降水量无明显的变化趋势。从多项式拟合曲线上可以看到,东北地区年降水量有明显的年代际变化趋势,20世纪60年代初期处于相对偏多时段,60年代末期到80年代呈波动变化,90年代处于相对偏多时段,此后降水有一个减少的过程,2008年开始,年降水量又有所增加(图7.7)。

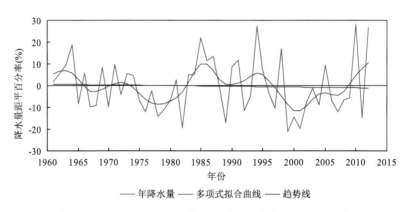

图 7.7　1961—2012 年东北地区平均年降水量距平百分率

计算东北地区162个气象站点的趋势系数,在 ArcGIS 中利用空间插值得到的东北地区年降水量变化趋势的空间分布(图7.8)。近52年东北地区有55.6%的站点年降水量呈减少趋势,辽宁中部及北部、吉林东部、黑龙江西部和东部部分地区年降水量呈增加趋势(图7.8),尤以黑龙江西北部地区降水量趋势系数最大,利用蒙特卡洛法进行空间变化的检验,其变化趋势并没有通过0.05的信度检验,在全省162个站中只有黑龙江五营一个站通过了0.05的信度检验。

## 7.3　气候序列跃变检测方法

本节通过人为构造具有不同跃变特征的时间序列来评估不同跃变方法的优劣,可以发现,滑动 $t$ 检验(MTT)、山本法(YAMA)和勒帕热法(LP)3种跃变方法的检测有效性和准确率较高,克拉默法(CRA)和曼-肯德尔(MK)检验方法则相对较低;当时间序列足够长,跃变特征足够明显时,MTT、YAMA 和 LP 可以非常准确地检测出序列的均值、趋势和动力学结构跃变特征,但对方差跃变却都不能检测出来。使用 MTT、YAMA 和 LP 这3种方法时,检测结果

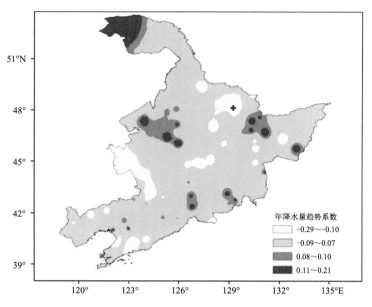

图 7.8　1961—2012 年东北地区年降水量趋势系数的空间分布
（蓝色"＋"为通过 0.05 信度检验的站点）

对方法选择的敏感性低于其对子序列长度的敏感性，而 CRA 对动力学跃变和方差跃变没有检测能力，对均值和趋势跃变检测结果相对较好，但也存在明显误差和漂移。MK 方法对跃变的检测效果相对来说最差，检测有效性也比较低。当时间序列比较短时，MTT、YAMA 和 LP 的检测效果较长时间序列有所减弱，误差增多，漂移也比较明显，对均值跃变检测结果相对较好，仍未能检测出方差跃变，LP 和 YAMA 的动力学检测结果略优于 MTT。

利用不同跃变检测方法对单一时间序列（沈阳站气温）的原始序列、不同后处理序列以及不同研究时段进行对比分析，结果表明，时间序列趋势变化对 MTT 方法影响最小，对 CRA 方法影响最大，YAMA 和 LP 虽然对去趋势后的序列依然检测出峰值，但却未通过显著性检验，MK 方法对去趋势序列的检测结果优于原始序列，但检测出的跃变点却略晚于其他方法，因此，采用 CRA、YAMA 和 LP 时建议使用原始序列，而采用 MK 方法时建议使用去趋势序列；时间序列距平化和标准化对跃变检测结果没有影响；不同研究时段对 MK 方法检测结果影响严重，但对 MTT、YAMA 和 LP 方法却没有影响。

### 7.3.1　气候跃变

跃变理论最早是由法国数学家 Thom 在 20 世纪 60 年代中期创立的，1972 年 Thom 在《结构稳定性和形态发生学》一书中系统阐述了他的跃变理论，指出系统的跃变类型取决于控制变量的数目，同时总结了 4 种控制变量下的 7 种跃变类型：折迭跃变、尖顶跃变、燕尾跃变、蝴蝶跃变、双曲型脐跃变、椭圆型脐跃变以及抛物型脐跃变。近几十年来跃变理论已经在自然科学中得到了相当广泛的应用，而把跃变概念和跃变理论应用于气候变化的研究是近代气候学的一个年轻方向（Feng et al.，2003；Gao et al.，2005），已成为引起广大科学工作者和社会公众关注的重要科学问题。

气候系统是一个由多个子系统组成的非线性、多层次的复杂系统，气候跃变现象，又称气候变化的不连续性、气候的跳跃，是普遍存在于气候系统中的一个重要现象。所谓"气候跃变"，是指气候从一种稳定态（或稳定持续的变化趋势）跳跃式地转变到另一种稳定态（或稳定持续的变化趋势）的现象，它表现为气候在时空上从一个统计特性到另一个统计特性的急剧变化（符淙斌，1992）。常见的气候跃变类型有均值跃变、变率跃变（Maasch，1988）、跷跷板跃变（符淙斌 等，1986）和转折跃变（Goossens et al.，1987）。上述 4 种跃变是从时间演变角度考虑某一气候变量的特性，事实上气候要素场空间结构也存在着跃变现象，如 19 世纪 60 年代末期到 70 年代中期从长江流域涝、其南北为旱型突然变成长江流域旱、其南北为涝型，持续 4 年后又突然变回长江流域涝、其南北为旱型。现实中气候跃变不仅具有多尺度特征，甚至有时候还有可能是两种或者以上跃变类型的复合形式，因此如何严格客观地检测出气候跃变仍需要长期的研究。

　　传统的跃变检测方法有：滑动 $t$ 检验法（MTT）、克拉默法（CRA）、山本法（YAMA）、曼-肯德尔法（MK）、Spearman 法、Cucconi 法、勒帕热法（LP）、低通滤波法等。这几种方法中，前 3 种原理基本相同，方法以直观、简便而著称，但是由于在检测中需要设定滑动窗口，因此检测结果存在不同程度的跃变漂移问题，为了避免这种情况发生，需要适当变化滑动窗口进行重复计算，以提高计算结果的可靠性；同时由于基准点前后两段子序列的长度选择没有明确的标准，因此子序列长度选择带有主观随意性（封国林 等，2008；符淙斌，1992；张文，2007）。MK 方法和 Spearman 法两种方法结果非常一致（Goossens et al.，1983），Spearman 法似乎更加简单，这两种方法同时具有检测范围宽、人为性少、定量化程度高的特点，同时由于这两种方法属于非参数统计检验方法，因此在检测时不需要样本遵从一定的分布，也不受少数异常值的干扰，更适用于类型变量和顺序变量的检验，计算也比较简便（张文，2007）。

　　传统的统计方法大都建立在平稳性的假设之上，检测结果严重依赖于分析过程中所选取的时间尺度，若时间尺度不同，所检测到的跃变点并不一致，也无法判断该跃变点附近系统的动力系统是否发生变化，动力学方程是否发生了结构性变化。针对这种系统的复杂性问题，最近几年有些新的动力学结构跃变检测方法研究成果，例如，封国林等（2005）将启发式分割算法（BG 算法）引入气候跃变检测中，表明 BG 算法是一种跃变检测的有效方法，该方法可以将非平稳序列分割为多尺度的自平稳子序列，检测的尺度和精度具有可变性，能够检测不同尺度和不同幅度的跃变，白噪声和尖峰噪声的影响也较小，特别适合于处理类似气候资料的时间序列。此外，龚志强（2006）在动力学相关因子指数的基础上提出了一种新的检测动力学结构跃变方法——动力学指数分割算法（Q 算法），该方法能够有效检测序列在某一区域内动力结构是否发生了变化，与 MTT 和 YAMA 法相比，Q 算法具有虚报跃变点少、检测到的跃变区域较明显、物理意义较明确等特点，但 Q 算法只能在一定程度上检测出发生动力结构跃变的区域，最终检测得到的跃变点也存在一定的检测偏差，另外还涉及如何选择相空间重构的最优维数以及最优窗口宽度的问题。何文平（2008）基于标度理论先后发展了滑动去趋势波动分析方法、滑动移除去趋势波动分析方法以及滑动移除重标极差方法，这些方法能够很好地对大量实际观测资料进行动力学结构跃变检测，但是应用这 3 种方法的前提是待分析时间序列具有分形特征，这一条件并不是所有时间序列都能满足的。王启光等（2008）将滑动近似熵方法引入气候系统的动力学结构跃变检测中，结果表明，滑动近似熵在分析理想时间序列时具有很好的区分不同动力学结构和显示跃变的能力，并具有良好的抗噪性能，应用于实际气候资料的检验也得到了较好的结果，但是该方法的检测结果依赖于子序列长度，并且不能准确定位跃变点的位置,因此何文平等(2011)又对该方法进行改进,形成了滑动移除近似熵方法,分析表明,滑动移除近似熵方法适合线性和非线性时间序列的动力学结构跃变检测,其检测结果对滑动移除窗口尺度依赖性较小,能更为精确地检测跃变开始的时间。

此外,非线性理想时间序列中的周期趋势、线性趋势、二阶多项式趋势以及更高阶多项式趋势信号对于滑动移除近似熵方法的检测结果影响较小(金红梅 等,2012a),尖峰噪声和高斯白噪声对检测结果的影响也较小(金红梅 等,2012b)。滑动移除近似熵方法在中国西北降水量的检验结果表明,该方法能够有效检测实测资料中的气候突变信息(金红梅,2013)。

虽然已经有更多更新的气候跃变检测方法,但在气候学领域实际应用中使用最多的仍然是传统的几种检测方法,研究中多直接选择某种方法进行跃变检测,但是却缺乏对检测方法检测性能方面的研究,因此本章对常用的跃变检测方法进行比较,希望能为未来气候研究中选择合适的方法提供依据,本章使用的气候跃变检测方法主要有滑动 $t$ 检验(MTT)、克拉默法(CRA)、山本法(YAMA)、勒帕热法(LP)以及曼-肯德尔法(MK),各种方法的详细说明和原理请参照《现代气候统计诊断与预测技术》(魏凤英,2007)一书,本章不做详细介绍。

### 7.3.2　气候跃变检测方法适应性比较

(1)不同跃变检测方法对理想序列的检测

为了了解各种检测方法对跃变的检测能力,人为构造了一个时间序列,该时间序列有1000 个数据,前 100 个数据由 Logistic 模型产生,第 100~800 个数据由正态分布的随机数模型产生,第 800~1000 个数据再次由 Logistic 模型产生,可见在 $t=100$ 处,序列由确定性模型 Logistic 方程转变成随机行为,而在 $t=800$ 处由随机模型转为确定性模型,系统在该两点发生了动力学结构跃变,在 100~800,分别构造均值为 0、方差为 1(100~200),均值为 2、方差为 1(200~300),均值为 2、方差为 4(300~400),均值为 0、方差为 1(400~500),正态分布叠加线性趋势为 0.2/10 a 的序列(500~600),以及正态分布叠加线性趋势为 $-0.14/10$ a 的序列(600~700),可以看出,构造的序列在 $t=200$ 处发生了均值跃变,$t=300$ 处发生了方差跃变,$t=400$ 处同时发生了均值和方差跃变,$t=500$、$t=600$ 和 $t=700$ 处发生了趋势跃变,$t=500$ 处从无趋势变为增加趋势,$t=600$ 处从增加趋势变为减少趋势,$t=700$ 处从减少趋势变为无趋势(图 7.9)。

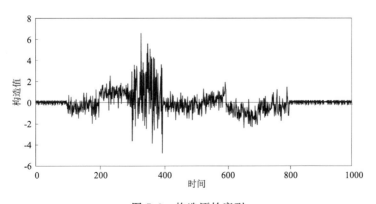

图 7.9　构造原始序列

图 7.10 给出了 MTT 对构造序列跃变特征的检测结果，可以看出：当 $N=10$ 时，MTT 仅能检测出 $t=200$ 处的均值跃变和 $t=600$ 处的趋势跃变，而不能检测出其他点的跃变特征；当 $N=50$ 时，MTT 除了 $t=300$ 处的方差跃变没有检测出来外，其他跃变点均可以检测出来，在 $t=300$ 处，虽然出现了一个低值区，但并未通过检验，而对 $t=500$ 处的趋势跃变，检测到的跃变点出现了漂移；当 $N=100$ 时，MTT 可以检测出 $t=200$ 和 $t=400$ 处的均值跃变，$t=500$ 和 $t=600$ 处的趋势跃变，对 $t=700$ 左右的趋势跃变出现明显漂移，不能检测出 $t=800$ 处的动力学结构跃变和 $t=300$ 处的方差跃变；当 $N=200$ 时，仅检测出了 $t=400$ 和 $t=700$ 处的跃变，对其他跃变点均未能检测。综上所述，可以看出，当 $N=50$ 时，MTT 对构造序列的跃变特征检测最好，其次为 $N=100$ 时，子序列长度过短和过长检测效果都不理想，MTT 可以检测出动力学结构跃变、均值跃变和趋势跃变，但对方差跃变检测结果不理想。

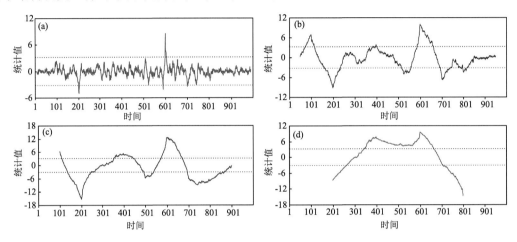

图 7.10  MTT 不同子序列长度 $N=10$(a)、$N=50$(b)、$N=100$(c)、$N=200$(d)对构造序列跃变特征的检测

图 7.11 给出了 LP 对构造序列跃变特征的检测结果，可以看出：当 $N=10$ 时，LP 成功检测出了 $t=200$ 和 $t=600$ 处的跃变，其他跃变点未能检测出来；当 $N=50$ 时，除了 $t=300$ 处的方差跃变外，其他跃变点均能检测出来，但 $t=500$ 处的跃变点出现漂移，$t=300$ 处虽有一小波峰，但并未通过显著性检验，而同时发生均值和方差跃变的 $t=400$ 处，LP 可以检测出来但统

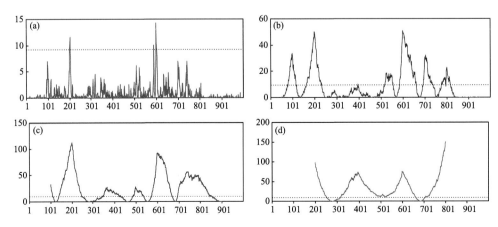

图 7.11  LP 不同子序列长度 $N=10$(a)、$N=50$(b)、$N=100$(c)、$N=200$(d)对构造序列跃变特征的检测

计量强度较小,刚刚通过显著性检验,这说明 LP 对方差跃变检测能力有限,对均值方差跃变检测能力也较弱;当 $N=100$ 时,LP 可以检测出 $t=200$、$t=500$ 和 $t=600$ 处的跃变,这 3 处跃变类型分别为均值跃变和趋势跃变,$t=400$ 和 $t=700$ 处的趋势跃变点出现了明显漂移,$t=800$ 处的动力结构跃变虽可以检测出来,但却没有 $N=50$ 时得到的结果明显;当 $N=200$ 时,仅检测出了 $t=400$ 和 $t=600$ 处的跃变特征,对其他跃变点的特征均未能检测出来。

图 7.12 给出了 YAMA 对构造序列跃变特征的检测结果,可以看出,该结果与 LP 结果一致性较好,当 $N=10$ 时仅能检测出 $t=200$ 和 $t=600$ 处的均值跃变和趋势跃变,而对其他跃变点未能检测出来;当 $N=50$ 时检测出的跃变点最多,但与 LP 一样未能检测出 $t=300$ 处的方差跃变;当 $N=100$ 时,与 LP 一样,可以检测出 $t=200$、$t=500$ 和 $t=600$ 处的跃变;与 LP 在 $t=400$ 处检测到的跃变点出现漂移不同,YAMA 在 $t=400$ 处并没有出现明显漂移,同时在 $t=500$ 处也没有出现漂移,这一结果优于 $N=50$ 时的结果,但是对于 $t=700$ 和 $t=800$ 处的跃变点检测结果却不如 $N=50$;当 $N=200$ 时,YAMA 仅能检测出 $t=400$ 和 $t=600$ 处的跃变。综合来看,YAMA 在 $N=50$ 时的检测结果最好,但与 LP 一样,不能检测出方差跃变。

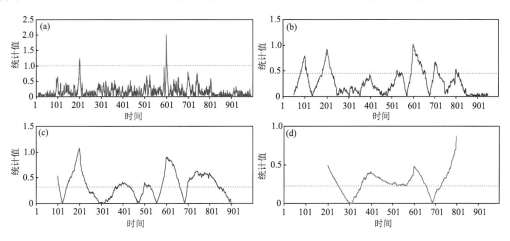

图 7.12　YAMA 不同子序列长度 $N=10$(a)、$N=50$(b)、$N=100$(c)、$N=200$(d)对构造序列跃变特征的检测

图 7.13 给出了 CRA 对构造序列跃变特征的检测结果,可以看出:CRA 对动力学结构跃变基本没有检测能力,对均值和方差跃变检测能力也有限,出现明显漂移。当 $N=10$ 时,CRA 能够准确检测出的跃变点为 $t=600$ 和 $t=700$ 处的趋势跃变,$t=300$ 处的跃变点出现大范围漂移,$t=100$ 和 $t=800$ 处的动力学结构跃变完全不能检测,$t=200$ 处的均值跃变勉强能够检测出来,$t=400$ 和 $t=500$ 处的均值方差跃变和趋势跃变也未能检测出来;当 $N=50$ 时,CRA 也仅能准确检测出 $t=600$ 和 $t=700$ 处的跃变,$t=200$ 和 $t=400$ 处的跃变点明显漂移,$t=300$ 和 $t=500$ 处的跃变点也未能检测出来;当 $N=100$ 时,CRA 可以检测出 $t=200$ 和 $t=700$ 处的跃变,$t=600$ 处的跃变未能通过显著性检验,$t=400$ 处的跃变出现明显漂移;而当 $N=200$ 时,CRA 仅能检测出 $t=400$ 和 $t=800$ 处的跃变。综合来看,与 MTT、YAMA 和 LP 跃变检测方法相比,CRA 的跃变检测能力较差,检测出的跃变点的漂移也比较严重,检测结果不太准确。

图 7.14 给出了 MK 检测方法对构造序列跃变特征的检测结果,可以看出,MK 对跃变的检测结果并不理想,UF 和 UB 在置信区间内并不存在交点,MK 未能检测出构造序列的任何跃变信息,因此,在 5 种跃变检测方法中,MK 的检测结果最差。

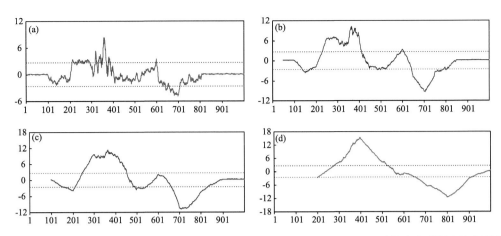

图 7.13　CRA 不同子序列长度 $N=10$(a)、$N=50$(b)、$N=100$(c)、$N=200$(d)对构造序列跃变特征的检测

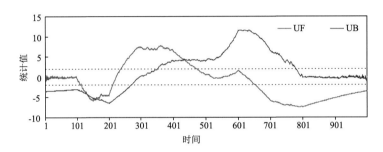

图 7.14　MK 方法对构造序列跃变特征的检测

综上所述,当 $N=50$ 时,MTT、YAMA 和 LP 的检测结果基本一致,3 种方法均能检测出动力学结构跃变、均值跃变和趋势跃变,但是对方差跃变均不能检测出来,对 $t=500$ 左右的趋势跃变检测的跃变点均存在漂移,这有可能是因为在 $t=500$ 前后趋势跃变不太明显,对混合均值方差跃变,三者的检测能力都比纯均值跃变弱,而 CRA 和 MK 对跃变的检测能力较其他3 种较弱,CRA 检测有效率低,检测出的跃变点漂移严重,对动力学结构跃变基本检测不出来,MK 检测方法的跃变检测效果最差,基本上不能检测出构造序列的跃变特征。对于 MTT、YAMA 和 LP 这 3 种方法而言,子序列长度的选择对跃变结果的影响要大于方法的选择,当序列长度为 1000 时,子序列长度为 50(总长度的 1/20)和 100(总长度的 1/10)得到的结果比较理想,子序列过短和过长都会导致检测能力变弱。

(2)资料前处理对跃变检测结果影响分析

上节分析了不同跃变检测方法对理想序列跃变特征的检测结果,但是气候本身是一个复杂的系统,气候资料也包括多种信息,为了解对气候资料进行必要的处理是否会对跃变检测结果产生影响,本节以建站序列比较长的沈阳站为例,采用多种资料处理方法进行研究。

①沈阳站和站点信息

沈阳站(站号:54342)于 1905 年 7 月 1 日建站,新中国成立后已迁站 4 次,1970 年 10 月迁至沈阳市东陵区马官桥,1976 年 10 月迁至沈阳市沈河区文化路 2 段 2 号,1989 年 1 月迁至沈阳市东陵区五三乡营盘路 12 号,2006 年迁至沈阳市浑南新区南屏东路。

②趋势变化对不同跃变检测方法的影响

图 7.15 分别给出了不同跃变检测方法对沈阳站原始气温序列和去除趋势后的气温序列跃变特征的检测结果。可以看出,对于原始序列,MTT、CRA、YAMA 和 LP 方法检测出在 1917 年左右发生了温度跃变,而 MK 方法并未检测出 1917 年左右的跃变点。CRA 方法除检

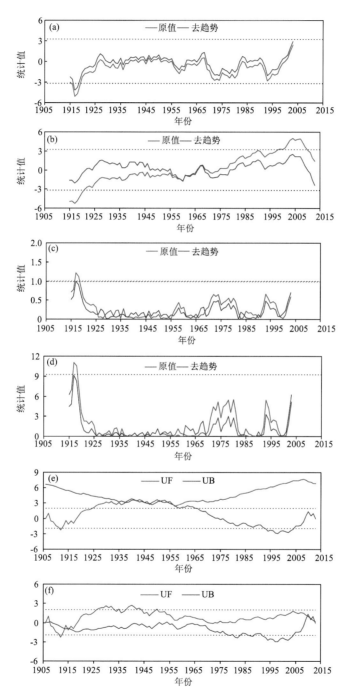

图 7.15 趋势变化对不同气候跃变检测方法 MTT(a)、CRA(b)、YAMA(c)、LP(d)、
MK 原始序列(e)、MK 去趋势序列(f)检测结果对比(以沈阳站气温为例)

测出在 1917 年左右存在一个明显跃变外,在 2004 年到 2007 年之间也出现一次跃变,但由于子序列的选择,MTT、YAMA、LP 在 2004 年到 2013 年是缺失的,因此并未检测出该时段的跃变,MK 检测方法虽然可以检测整个时段,但是也未能检测出该时段的跃变,因此,2005 年左右是否发生跃变还需进一步研究。而对于去趋势序列,MTT 仍然可以很清楚地检测出 1917 年左右沈阳站的气候跃变,YAMA 和 LAPAGE 虽然在 1917 年左右仍然存在一个峰值,但峰值却并未通过显著性检验,趋势变化对 CRA 方法的影响较 YAMA 和 LAPAGE 更大,整个检测时段 CRA 均未检测出跃变点。MK 方法对原始序列未检测出跃变点;但是对于去趋势序列,MK 方法在 1915 年左右检测出了跃变点,但时间较其他跃变方法有所提前,除此以外,UF 和 UB 在 1908 年和 2010 年左右各存在一个交点,但由于这两个交点前后时间段过短,因此不能确定为跃变点。趋势变化对 MTT 方法影响最小,对 CRA 方法影响最大,YAMA 和 LAPAGE 虽然对去趋势后的序列依然检测出峰值,但却未通过显著性检验,MK 方法对去趋势序列的检测结果优于原始序列,但检测出的跃变点却略晚于其他方法,因此,采用 CRA、YAMA 和 LAPAGE 时建议使用原始序列,而采用 MK 方法时建议使用去趋势序列,而对 MTT 两种序列均可以。

③子序列长度对不同跃变检测方法的影响

在上节 5 种跃变检测方法中,除 MK 方法外,其他 4 种方法均需要人为确定子序列长度,为了分析子序列长度对检测结果的影响,通过设定不同子序列长度对结果进行分析,表 7.3 给出了 4 种跃变检测方法的检测时段,可以看出 MTT、YAMA 和 LP 的检测时段完全一致,当子序列长度为 5 时,三者的检测时段均为 1910—2008 年;子序列长度为 10 时,检测时段为 1915—2003 年;子序列长度为 15 时,检测时段为 1920—1998 年;子序列长度为 20 时,检测时段为 1925—1993 年,子序列越长,检测时段越短。CRA 的检测时段为资料时段减去子序列长度。

表 7.3　不同跃变检测方法在不同子序列长度下的检测时段

| 子序列长度 | MTT | CRA | YAMA | LP |
|---|---|---|---|---|
| | 1906—2013 年 | 1906—2013 年 | 1906—2013 年 | 1906—2013 年 |
| $N=5$ | 1910—2008 年 | 1910—2013 年 | 1910—2008 年 | 1910—2008 年 |
| $N=10$ | 1915—2003 年 | 1915—2013 年 | 1915—2003 年 | 1915—2003 年 |
| $N=15$ | 1920—1998 年 | 1920—2013 年 | 1920—1998 年 | 1920—1998 年 |
| $N=20$ | 1925—1993 年 | 1925—2013 年 | 1925—1993 年 | 1925—1993 年 |

在上节的分析中发现 MTT 对趋势变化敏感性较低,CRA 则相对较高,因此,为方便比较,本节均采用原始序列进行分析。由于 $N=15$ 和 $N=20$ 时,检测时段均是从 1920 年和 1925 年开始,因此以上 4 种方法在这两种子序列长度设定下均未能检测出 1917 年的跃变点,而 $N=5$ 时,尽管 MTT、YAMA 和 LP 方法在 1917 年左右出现了一个小小的峰值,但是均未通过显著性检验。

从另外一个角度讲,子序列的选择其实反映了不同时间尺度上的跃变特征,当 $N=10$ 时,4 种方法均检测出了 1917 年左右的跃变,这说明在 10 年尺度上 1917 年发生了跃变,而当 $N=15$ 和 $N=20$ 时,4 种方法均未能检测出跃变点,也反映出在 15 年和 20 年尺度上,沈阳站气温不存在跃变,而当 $N=5$ 时,YAMA 检测出在 1958 年左右出现跃变,但跃变强度很弱,而 MTT、LP 和 CRA 虽然也在 1958 年左右存在小的峰值(LP)和谷值(MTT 和 CRA),但未能通过显著性检验(图 7.16)。

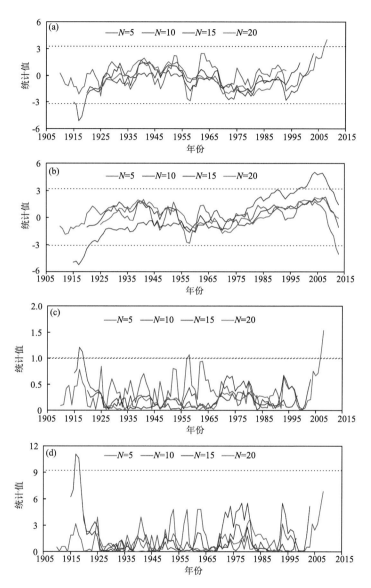

图 7.16　不同气候跃变检测方法 MTT(a)、CRA(b)、YAMA(c)、LP(d)对不同子序列长度
沈阳站跃变特征的检测

综上所述,子序列长度越长,检测时段越短,越容易漏掉时间序列前后几年的跃变,跃变结果对检测方法选择的敏感性低于对子序列长度的选择,即子序列对跃变结果的影响高于检测方法的影响。

④标准化对跃变检测结果的影响

为了分析不同数据处理方法对气候跃变检测结果的影响,分别对沈阳站气温原始序列,以

1961—1990 年、1971—2000 年和 1981—2010 年为标准期的气温距平,以及对原始序列进行标准化处理之后的气温序列进行跃变特征检测,结果表明,不管是原始序列、标准化序列还是不同标准期(1961—1990 年、1971—2000 年和 1981—2010 年)的距平序列,几种跃变检测方法的跃变检测结果完全一致,说明是否对序列进行标准化处理对跃变结果没有影响(图 7.17)。

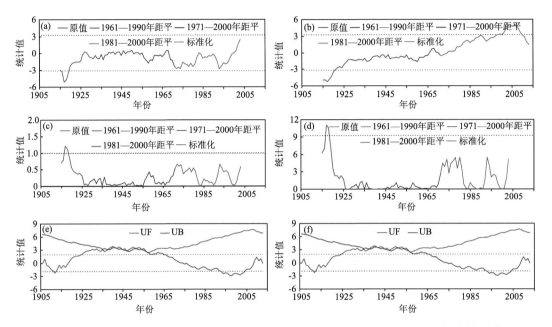

图 7.17　沈阳站不同气候跃变检测方法 MTT(a)、CRA(b)、YAMA(c)、LP(d)对不同标准期
气温距平 MK 以及对原序列(e)和标准化序列(f)的跃变检测

⑤时间序列研究时段对不同跃变方法检测结果的影响

为了了解同一时间序列,选择不同的研究时段时,其跃变特征是否会因为时段不同发生变化,本节分别选择了沈阳站 1906—2013 年和 1961—2013 年两个时段进行分析,从图 7.18 结果可以看出,MTT、YAMA 和 LP 3 种方法对研究时段不敏感,跃变检测结果完全一致,两个时段得到的跃变检测统计量数值完全一致;对于 CRA,不同研究时段得到的 CRA 曲线走向基本一致,但得到的统计量数值存在差异;不同研究时段对 MK 方法的跃变检测结果影响严重,研究时段为 1906—2013 年时,MK 方法并未检测出沈阳站气温的跃变点,而当研究时段为 1961—2013 年时,MK 检测出沈阳站气温在 1977 年左右发生了跃变,但这一跃变点在其他几种方法中却并未检测到,由此可见,研究时段对 MK 方法检测结果影响严重,有可能检测出虚假跃变点。

通过分析趋势变化、子序列长度、不同序列处理方法以及不同研究时段对跃变特征检测的影响,可以看出,趋势变化对 MTT 方法影响最小,对 CRA 方法影响最大;对于 MTT、CRA、YAMA 和 LP 子序列长度越长,有效检测时段越短;跃变结果对检测方法选择的敏感性低于对子序列长度的选择,MK 检测方法可以检测整个时段,但检测结果与其他方法差异较大,MTT、CRA、YAMA 和 LP 方法可以检测不同时间尺度的跃变特征,MK 却无法检测,只能检测出整个时段的跃变点;距平序列和标准化序列对跃变检测结果没有任何影响,检测结果与原序列完全一致;对于同一序列的不同研究时段,MTT、YAMA 以及 LP 方法的跃变检测统计

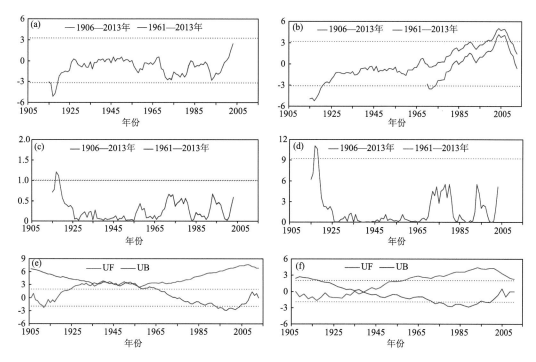

图 7.18　沈阳站不同气候跃变检测方法 MTT(a)、CRA(b)、YAMA(c)、LP(d)、MK100 年序列(e)和
MK50 年序列(f)对不同研究时段的跃变检测

量数值没有变化,而 CRA 曲线走向基本一致,但统计量绝对数值有所变化,而 MK 方法对不同研究时段的依赖性较强,选择不同的研究时段则可能得到完全不同的跃变点。综合来看,MTT 方法简单易用,对序列是否存在趋势无要求,一致性和可靠性也较好,可以通过选择不同子序列长度来检测不同时间尺度的气候跃变特征;YAMA 和 LP 一致性也较好,但趋势变化对其结果略有影响;子序列和趋势对 CRA 影响较大;MK 方法容易造成跃变点的漂移,与其他方法的一致性较差。

（3）小结

①通过人为构造具有不同跃变特征的时间序列来评估不同跃变检测方法的优劣,可以发现,滑动 T 检验(MTT)、山本法(YAMA)和勒帕热法(LP)3 种方法的检测有效性和准确率较高,克拉默法(CRA)和曼-肯德尔(MK)检验方法则相对较低,当时间序列足够长,跃变特征足够明显时,MTT、YAMA 和 LP 可以非常准确地检测出序列的均值、趋势和动力学结构跃变特征,但对方差跃变却都不能检测出来,使用这 3 种方法时,检测结果对方法选择的敏感性低于其对子序列长度的敏感性;而 CRA 对动力学跃变和方差跃变没有检测能力,对均值和趋势跃变检测结果相对较好,但也存在明显误差和漂移;MK 方法对跃变的检测效果相对来说最差,检测有效性也比较低。当时间序列比较短时,MTT、YAMA 和 LP 的检测效果较长时间序列有所减弱,误差增多,漂移也比较明显,对均值跃变检测结果相对较好,仍未能检测出方差跃变,LP 和 YAMA 的动力学检测结果略优于 MTT。

②利用不同跃变检测方法对单一时间序列(沈阳站气温)原始序列、不同方法处理序列以及不同研究时段进行对比分析,结果表明,时间序列趋势变化对 MTT 方法影响最小,对 CRA

方法影响最大,YAMA 和 LP 虽然对去趋势后的序列依然检测出峰值,但却未通过显著性检验,MK 方法对去趋势序列的检测结果优于原始序列,但检测出的跃变点却略晚于其他方法,因此,采用 CRA、YAMA 和 LP 时建议使用原始序列,而采用 MK 方法时建议使用去趋势序列;时间序列距平化和标准化对跃变检测结果没有影响;不同研究时段对 MK 方法检测结果影响严重,但对 MTT、YAMA 和 LP 方法却没有影响。

### 7.3.3 应用案例

(1)中国地区气温跃变检测

从中国地区年平均气温的跃变检测结果可以看出(图 7.19),当 $N=10$ 时,MTT 和 YAMA 均在 1996 年左右检测出了跃变点;当 $N=5$ 时,除 1996 年外,MTT 和 YAMA 还检测出了 1966 年和 1986 年两个跃变点。

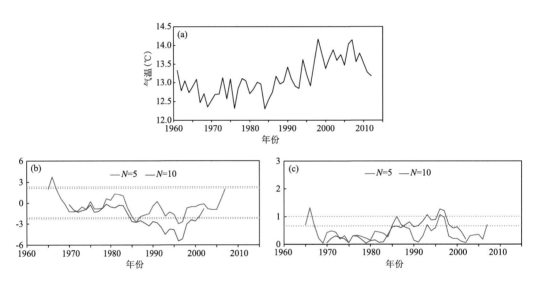

图 7.19 中国地区年平均气温变化(a)以及 MTT(b)和 YAMA(c)对年平均气温的跃变检测

(2)中国不同地区代表站气温跃变检测

为了研究中国不同地区年平均气温的跃变特征,本节选择了西北、华北、西南、华南、华中和东北地区共 10 个代表站进行分析,这 10 个站点分别为乌鲁木齐、拉萨、兰州、九寨沟、北京、长春、郑州、南京、广州和昆明,采用的跃变方法为 YAMA,子序列长度选择为 $N=10$,从跃变检测结果可以看出(图 7.20),华北和东北年平均气温跃变在全国相对较早,北京在 1980 年和 1987 年左右出现了显著跃变,长春在 1987 年出现了跃变;昆明、南京和郑州在 1993 年和 1996 年出现了显著跃变,最强跃变为 1993 年;兰州在 1986 年和 1996 年出现了显著跃变,最强跃变年份为 1996 年;九寨沟的最强跃变年份出现在 1997 年;乌鲁木齐在 1996 年左右发生了弱跃变;拉萨分别在 1986 年、1993 年和 1997 年发生了弱跃变;广州分别在 1985 年和 1997 年发生了跃变。相比较而言,乌鲁木齐、拉萨和广州的气温跃变较其他站点偏弱,跃变年份均通过了显著性检验。

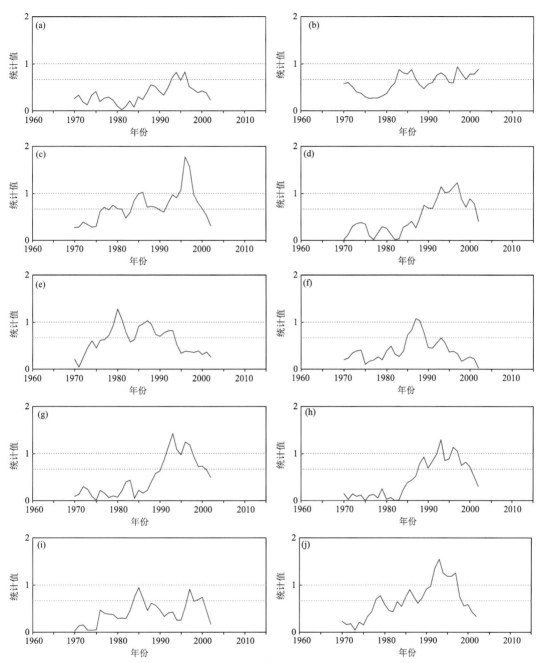

图 7.20　中国不同地区代表站点(a)乌鲁木齐、(b)拉萨、(c)兰州、(d)九寨沟、(e)北京、
(f)长春、(g)郑州、(h)南京、(i)广州和(j)昆明年平均气温跃变检测

## 7.4　气候序列的周期分析和检验方法

气候变化与异常已成为当今科学研究的重大课题,受到世界各国前所未有的重视,与此同时气候周期统计诊断方法和技术也有了长足的进展,正在不断推出富有成效的新方法给统计

诊断带来了生机。许多人曾基于过去气候变化的周期性研究过国内气温和降水的变化,通过外延气候变化序列进行预估未来的气候变化,但是不同人研究气候周期变化所使用的统计方法不同,得出的结果也有所差异。近年来,提取时间序列的振荡周期的统计方法发展十分迅速,从离散的周期图、方差分析过渡到连续谱分析,同时新引入最大熵谱估计和小波分析,使得气候序列周期的研究有了新的飞跃。

20世纪80年代以来,国内外在气象要素时间序列分析上,功率谱分析方法愈来愈受到重视,甚至应用到日常周期预报中并作为常用工具,而且这一方法在应用过程中也不断得到补充完善。功率谱估计是以傅里叶变换为基础的频域分析方法,其意义为将时间序列的总能量分解到不同频率上的分量,根据不同频率波的方差贡献诊断出序列的主要周期,从而确定周期的主要频率,也就是序列隐含的显著周期,亦称为(频)谱分析方法。

同时,在进行连续功率谱周期估计中,自相关函数估计与样本量大小有关,这也会造成谱估计误差,影响分辨率。可见,功率谱存在分辨率不高和有可能产生虚假频率分量等缺点。1967年Burg提出了最大熵方法。熵是随机过程的单位时间的平均信息,最大熵方法没有上述的假定,而是根据现有资料,使得平稳过程的熵最大推得无限个滞后的自相关函数,从而得到谱的估计。这实际上改变了通常谱分析方法的固定窗即不随着资料的真实谱的特性而变化的缺点。当估计某一频率的功率时,调整窗的特性使得其他频率功率影响最小,这样就有利于得到真实谱。因而,具有比通常的谱方法显著的分辨能力,对于资料长度比较短的情况尤为明显。正因为有这样突出的长处,适用于短序列,因此受到人们的广泛重视。

进入20世纪90年代以后,最常用的周期分析方法是小波分析,它也是多分辨率分析,也被认为是傅里叶分析方法的一个突破进展。小波分析因对周期信号的特殊优势,已得到气象学家们的重视,并应用于气象和气候序列的时频结构分析中,取得了不少引人注目的研究成果,在气候周期分析中,广泛使用的傅里叶变换可以显示出气候序列不同尺度的相对贡献,而小波变换不仅可以给出气候序列变化的尺度,还可以显示出周期变化的时间位置,也是近几年来国内外最热门的一个周期分析方法。

## 7.4.1　常用气候周期分析方法

(1)功率谱分析

功率谱分析方法的基本原理是常用的傅里叶分析,即把复杂的气象要素时间变化曲线分解成为若干个正弦波或余弦波的叠加。这一方法不但广泛地应用到气象要素的时间序列周期分析上,而且还应用到气象中各高度场的波动结构分析上。

对于一个离散性时间序列 $x_1, x_2, \cdots, x_n$,可以使用下面两种完全等价的方法进行功率谱估计。

①直接使用傅里叶变换。序列 $x_t$ 可以展成傅里叶级数

$$x_t = a_0 + \sum_{k=1}^{\infty} (a_k \cos\omega kt + b_k \sin\omega kt) \tag{7.21}$$

式中,$a_0, a_k, b_k$ 为傅里叶系数,$T$ 为周期,$\omega = \dfrac{2\pi}{T}$,它们可以由式(7.22)求得:

$$\begin{cases} a_0 = \dfrac{1}{n}\sum_{t=1}^{n} x_t \\[2mm] a_k = \dfrac{2}{n}\sum_{t=1}^{n} x_t \cos\dfrac{2\pi k}{n}(t-1) \\[2mm] b_k = \dfrac{2}{n}\sum_{t=1}^{n} x_t \sin\dfrac{2\pi k}{n}(t-1) \end{cases} \tag{7.22}$$

式中，$k$ 为波数，$k=1,2,\cdots,\left[\dfrac{n}{2}\right]$，$[\,]$ 表示取整数，$n$ 为样本长度，$s$ 为功率谱值。不同波数 $k$ 的功率谱值为

$$\hat{s}_{\frac{2}{k}} = \frac{1}{2}(a_k^2 + b_k^2) \tag{7.23}$$

②通过自相关函数间接做出连续功率谱估计。对一时间序列 $x_t$，最大滞后时间长度为 $m$ 的自相关系数 $r(j)(j=0,1,2,\cdots,m)$ 为：

$$r(j) = \frac{1}{n-j}\sum_{t=1}^{n-j}\left(\frac{x_t - \overline{x}}{s}\right)\left(\frac{x_{t+j} - \overline{x}}{s}\right) \tag{7.24}$$

式中，$\overline{x}$ 为序列均值，$s$ 为序列标准差。

由下列得到不同波数 $k$ 的粗谱估计值：

$$\hat{s}_k = \frac{1}{m}\left[r(0) + 2\sum_{j=1}^{m-1} r(j)\cos\frac{k\pi j}{m} + r(m)\cos k\pi\right] \qquad (k = 0,1,\cdots,m) \tag{7.25}$$

式中，$r(j)$ 为第 $j$ 个时间间隔上的相关系数。在实际计算中考虑端点特性，常用下列形式：

$$\begin{cases} \hat{s}_0 = \dfrac{1}{2m}\big[r(0) + r(m)\big] + \dfrac{1}{m}\sum_{j=1}^{m-1} r(j) \\[3mm] \hat{s}_k = \dfrac{1}{m}\left[r(0) + 2\sum_{j=1}^{m-1} r(j)\cos\dfrac{k\pi j}{m} + r(m)\cos k\pi\right] \\[3mm] \hat{s}_m = \dfrac{1}{2m}\big[r(0) + (-1)^m r(m)\big] + \dfrac{1}{m}\sum_{j=1}^{m-1}(-1)^j r(j) \end{cases} \tag{7.26}$$

最大滞后时间长度 $m$ 是给定的。在已知序列样本量为 $n$ 的情况下，功率谱估计随着 $m$ 的不同而变化。当 $m$ 取较大值时，谱的峰值就多，但这些峰值并不表明有对应的周期现象，而可能是对真实谱的估计偏差造成的虚假现象。当 $m$ 取太小值时，谱估计过于平滑，不容易出现峰值，难以确定主要周期。因此最大滞后长度的选取十分重要，一般 $m$ 取 $\dfrac{n}{10}\sim\dfrac{n}{3}$ 为宜。

(2)最大熵谱分析

连续功率谱估计需要借助于谱窗函数对粗谱加以平滑而求得，所以其统计稳定性和分辨率都与选择的窗函数有关。

Burg(1967)将"熵"的概念引入到谱估计中，提出了最大熵谱估计，在统计学中用"熵"作为各种随机事件不确定程度的度量。假定研究的随机事件只有 $n$ 个相互独立的结果，它们相应的概率为 $P_i(i=1,2,\cdots,n)$，且满足 $\sum_{i=1}^{n}P_i=1$。已经证明，可以用熵 $H$ 来度量随机事件不确定性的程度：

$$H = -\sum_{i=1}^{n} P_i \lg P_i \tag{7.27}$$

对均值为 0、方差为 $\sigma^2$ 的正态分布序列 $x$ 有：

$$f(x) = \frac{1}{\sqrt{2\pi}\sigma} \mathrm{e}^{-x^2/2\sigma^2} \tag{7.28}$$

则有：

$$H = \ln\sigma\sqrt{2\pi\mathrm{e}} \tag{7.29}$$

由信息论可知，随机事件以等概率可能性出现时，熵值达到最大。由式(7.29)可知，熵谱越大，对应的方差 $\sigma^2$ 越大。将式(7.29)推广，且考虑方差与功率谱的关系，则有：

$$H = \int_{-\infty}^{\infty} \ln s(\omega)\,\mathrm{d}\omega \tag{7.30}$$

功率谱与自相关函数间有下列关系：

$$r(j) = \int_{-\infty}^{\infty} s(\omega)\mathrm{e}^{i\omega j}\,\mathrm{d}\omega \tag{7.31}$$

式(7.31)表明，自相关函数 $r(j)$ 与谱密度 $s(\omega)$ 按傅里叶变换一一对应。然而对有限的样本序列，只有有限个 $r(j)$ 估计值来代替 $r(j)$。因此，关键问题在于如何利用 $r(j)$ 提供信息去估计谱密度 $s(\omega)$。利用泛函分析中拉格朗日乘子法可以证明，欲使谱估计满足式(7.31)，且使熵谱为最大，则其谱密度：

$$s_H(\omega) = \frac{\sigma_{k_0}^2}{\left| 1 - \sum\limits_{k=1}^{k_0} a_k^{(k_0)}\mathrm{e}^{-i\omega k} \right|^2} \tag{7.32}$$

式中，$k_0$ 为自回归的阶数，$a_k^{(k_0)}$ 为自回归系数，$\sigma_{k_0}^2$ 为预报误差方差的估计。由式(7.32)可见，最大熵估计实质是自回归模型的谱。

最大熵谱最流行的算法是由伯格设计的算法。伯格算法的思路是：建立适当阶数的自回归模型，并利用式(7.32)计算出最大熵谱，在建立自回归模型的过程中，必须根据某种准则截取阶数 $k_0$，并递推算出各阶自回归系数。

变量 $x$ 的自回归模型为：

$$x_t = a_1 x_{t-1} + a_2 x_{t-2} + \cdots + a_k x_{t-k} + \varepsilon_t \tag{7.33}$$

式中，$a_1, a_2, \cdots, a_k$ 为自回归系数；$\varepsilon_t$ 为白噪声。在线性系统中，将自回归模型看作预报误差滤波器，输入为 $x_t$，输出为 $\varepsilon_t$，式(7.33)可以写为：

$$\varepsilon_t = x_t - a_1 x_{t-1} - a_2 x_{t-2} - \cdots - a_k x_{t-k} \tag{7.34}$$

假设均值为 0，$k$ 阶预报误差滤波器输出方差为 $\sigma_k^2$，则相应的系数为 $a_{k_1}, a_{k_2}, \cdots, a_{k_3}$。那么，零阶($k=0$)预报误差滤波器输出方差的估计值为：

$$\sigma_0^2 = \frac{1}{n}\sum_{t=1}^{n} x_t^2 = r(0) > 0 \tag{7.35}$$

根据尤尔-沃克方程可以推出 $k=1$ 时预报误差滤波器输出方差的估计值为：

$$\begin{cases} r(1) = a_{11}\sigma_0^2 \\ \sigma_1^2 = (1 - a_{11}^2)\sigma_0^2 \\ a_{11} = 2\sum\limits_{t=2}^{n} x_t x_{t-1} \Big/ \sum\limits_{t=2}^{n}(x_t^2 + x_{t-1}^2) \end{cases} \tag{7.36a}$$

当 $k=2$ 时，

$$\begin{cases} r(2) = a_{11}r(1) + a_{11}\sigma_1^2 \\ \sigma_2^2 = \sigma_1^2 - a_{22}[r(2) - a_{11}r(1)] = (1 - a_{22}^2)\sigma_1^2 \\ a_{21} = a_{11} - a_{22}a_{11} \\ a_{22} = \dfrac{\displaystyle\sum_{t=3}^{n}(x_t - a_{11}x_{t-1})(x_{t-2} - a_{11}x_{t-1})}{\displaystyle\sum_{t=3}^{n}\left[(x_t - a_{11}x_{t-1})^2 + (x_{t-2} - a_{11}x_{t-1})^2\right]} \end{cases} \tag{7.36b}$$

由归纳法可以导出递推公式,求 $a_{k+1,k+1}$。

$$\begin{cases} r(k+1) = \displaystyle\sum_{j=1}^{k}a_{kj}\cdot r(k+1-j) + a_{k+1,k+1}\sigma_k^2 \\ \sigma_{k+1}^2 = (1 - a_{k+1,k+1}^2)\sigma_k^2 \\ a_{k+1,j} = a_{kj} - a_{k+1,k+1}a_{k,k+1-j} \\ a_{k+1,k+1} = \dfrac{2\displaystyle\sum_{t=k+2}^{n}\left(x_t - \displaystyle\sum_{j=1}^{k}a_{kj}x_{t-j}\right)\left(x_{t-k-1} - \displaystyle\sum_{j=1}^{k}a_{kj}x_{t-k-1+j}\right)}{\displaystyle\sum_{t=k+2}^{n}\left[\left(x_t - \displaystyle\sum_{j=1}^{k}a_{kj}x_{t-j}\right)^2 + \left(x_{t-k-1} - \displaystyle\sum_{j=1}^{k}a_{kj}x_{t-k-1+j}\right)\right]} \end{cases} \tag{7.37}$$

由上面递推过程可以看出,伯格算法巧妙之处在于直接从序列来计算谱密度中的参数,不必提前算出自相关函数。

确定自回归模型的阶数 $k_0$ 可以采用下面几种准则:

①最终预测误差(FPE)准则。当过程的均值为 0 时,$k$ 阶自回归模型的 FPE 定义为:

$$\text{FPE}(k) = \frac{n+k}{n-k}\sigma_k^2 \qquad (k = 1, 2, \cdots, n-1) \tag{7.38}$$

由于 $\sigma_k^2$ 随 $k$ 的增加而减少,而 $\dfrac{n+k}{n-k}$ 项随 $k$ 的增加而增大,所以在某一个 $k$ 值时,FPE($k$) 将出现最小值。根据最终预测误差准则,这个 $k$ 值就定义为自回归模型的最佳阶数。

②信息论准则(AIC)。AIC 定义为:

$$\text{AIC}(k) = \ln\sigma_k^2 + \frac{2k}{n} \tag{7.39}$$

由式(7.39)可以看出,AIC 是通过预测均值与模型阶数的权衡来确定模型的。显而易见,以 AIC 达到最小为准则确定自回归模型的阶数。从数学上可以证明,在一定条件下 FPE 与 AIC 是等价的。

③自回归传输(CAT)准则。CAT 准则是由帕森提出的,按照这个准则,当自回归模型与估计自回归模型二者均方差之差的估计值为最小时,自回归的阶数就是最佳阶数。CAT 准则定义为:

$$\text{CAT}(k) = \frac{1}{n}\sum_{j=1}^{k}\frac{n-j}{n\sigma_j^2} - \frac{n-k}{n\sigma_k^2} \tag{7.40}$$

(3)小波分析

1982 年法国地质学家 J. Morlet 在分析地震波的局部性质时,将小波概念引入信号分析中。Grossman 等(1970)和 Meyer(1990)均对小波进行了一系列深入研究,使小波理论有了坚实的数学基础。在气候诊断中,广泛使用的傅里叶变换可以显示出气候序列不同尺度的相对贡献,而小波变换不仅可以给出气候序列变化的尺度,还可以显示出变化的时间位置。

经典傅里叶分析的本质是将任意一个关于时间 $t$ 的函数 $f(t)$ 变换到频域上:

$$F(\omega) = \int_R f(t) e^{i\omega t} dt \tag{7.41}$$

式中,$\omega$ 为频域,$R$ 为实数域。$F(\omega)$ 确定了 $f(t)$ 在整个时间域上的频率特征。可见,经典的傅里叶分析是一种频域分析。对时间域上分辨率不清的信号,通过频域分析便可以清晰地描述信号的频率特征。因此,从 1822 年傅里叶分析方法问世以来,已得到十分广泛的应用。上面讲到的谱分析就是傅里叶分析方法。但是,经典的傅里叶变换有其固有缺陷,它几乎不能获取信号在任一时刻的频率特征。这里就存在时域与频域的局部化矛盾。在实际问题中,人们恰恰十分关心信号在局部范围内的特征。这就引入了窗口傅里叶变换:

$$F(\omega, b) = \frac{1}{\sqrt{2\pi}} \int_R f(t) \overline{\Psi}(t-b) e^{-i\omega t} dt \tag{7.42}$$

式中,函数 $\Psi(t)$ 是固定的,称为我窗函数,$\overline{\Psi}(t)$ 是 $\Psi(t)$ 的复数共轭,$b$ 为时间参数。由式(7.42)可知,为了达到时间域上的局部化,在基本变换函数之前乘以一个时间上有限的时限函数 $\Psi(t)$,这样 $e^{-i\omega t}$ 起到频限作用,$\Psi(t)$ 起到时限作用。随着时间 $b$ 的变换,$\Psi$ 确定的时间窗在 $t$ 轴上移动,逐步对 $f(t)$ 进行变换。式(7.42)中看出,窗口傅里叶变换是一种窗口大小及形状均固定的时频局部分析,它能够提供整体上和任一局部时间内信号变化的强弱程度,如带通滤波就属于这类方法。由于窗口傅里叶变换的窗口大小及形状固定不变,因此局部化只是一次性的,不可能灵敏反映信号的突变。事实上,反映信号高频成分需要用窄的时间窗,低频成分则用宽的时间窗。在窗口傅里叶变换局部化思想上产生了窗口大小固定、形状可以改变的时频局部分析——小波分析。

小波变换。弱函数为满足下列条件的任意函数:

$$\begin{cases} \int_R \Psi(t) dt = 0 \\ \int_R \frac{|\overset{\wedge}{\Psi}(\omega)|^2}{|\omega|} d\omega < \infty \end{cases} \tag{7.43}$$

式中,$\overset{\wedge}{\Psi}(\omega)$ 为 $\Psi(t)$ 的频谱。令

$$\Psi_{a,b}(t) = |a|^{-\frac{1}{2}} \Psi\left(\frac{t-b}{a}\right) \tag{7.44}$$

为连续小波,$\Psi$ 叫基本小波或母小波,它是双窗函数,一个是时间窗,一个是频率谱。$\Psi_{a,b}(t)$ 的振荡随 $\frac{1}{|a|}$ 的增大而增大。因此,$a$ 是频率参数,$b$ 是时间参数,表示波动在时间上的平移。那么,函数 $f(t)$ 小波变换的连续形式为:

$$\omega_f(a, b) = |a|^{-\frac{1}{2}} \int_R f(t) \overline{\Psi}\left(\frac{t-b}{a}\right) dt \tag{7.45}$$

由式(7.46)看到,小波变换函数是通过对母小波的伸缩和平移得到的。小波变换的离散形式为:

$$\omega_f(a, b) = |a|^{-\frac{1}{2}} \Delta t \sum_{i=1}^{n} f(i\Delta t) \Psi\left(\frac{i\Delta t - b}{a}\right) \tag{7.46}$$

式中,$\Delta t$ 为取样间隔,$n$ 为样本量。离散化的小波变换构成标准正交系,从而扩充了实际应用

的领域。

小波方差为:

$$\mathrm{Var}(a) = \sum \left[\omega_f(a,b)\right]^2 \tag{7.47}$$

由连续小波变换下信号的基本特征证明,下面两个函数是母函数。

①哈尔小波:

$$\boldsymbol{\Psi}(t) = \begin{cases} 1 & \left(0 \leqslant t < \dfrac{1}{2}\right) \\ -1 & \left(\dfrac{1}{2} \leqslant t < 1\right) \\ 0 & \text{(其他)} \end{cases} \tag{7.48}$$

②墨西哥帽状小波

$$\boldsymbol{\Psi}(t) = (1-t^2)\,\frac{1}{\sqrt{2\pi}}\mathrm{e}^{-\frac{t^2}{2}} \qquad (-\infty < t < \infty) \tag{7.49}$$

(4)EMD 和 HHT 方法

EMD 方法主要是将一个复杂信号进行平稳化处理,其结果是将不同尺度或层次的波动或趋势分量从原序列提取出来,得到若干具有不同尺度特征的本征模态函数(IMF)分量;HHT 主要是将 EMD 分解得到的 IMF 分量进行希尔伯特变换,得到 IMF 随时间变化的瞬时频率和振幅,最终可以得到振幅-频率-时间的三维谱图。EMD 方法的原理主要如下:

在处理观测数据的过程中遇到的时间序列往往都是非平稳、非线性的,而 EMD 方法能够把原始信号分解成一组稳态和线性的序列,即本征模函数(IMF)分量,每个 IMF 分量经过 Hilbert 变换后得到的结果能够反映真实的物理过程。

假如一时间序列 $S(t)$ 的极大值(或极小值)数目比上跨零点(或下跨零点)的数目多 2 个(或 2 个以上),该时间序列就是非平稳的,则需要进行平稳化处理。具体处理过程:找出 $S(t)$ 所有的极大值点并将其用三次样条函数拟合成原始数据的上包络线;类似的找出极小值点拟合成下包络线;上下包络线的均值为原序列的平均包络线 $m_1(t)$;将原序列 $S(t)$ 减去该平均包络后即得到一个去掉低频的新序列 $h_1(t)$:

$$h_1(t) = S(t) - m_1(t) \tag{7.50}$$

重复上述过程 $k$ 次,直到所得平均包络趋于 0 为止,这样得到了第 1 个 IMF 分量 $x_1(t)$:

$$\begin{aligned} h_{1(k-1)}(t) - m_{1k}(t) &= h_{1k}(t) \\ x_1(t) &= h_{1k}(t) \end{aligned} \tag{7.51}$$

第 1 个 IMF 分量代表原序列中的高频成分。将原序列 $S(t)$ 减去第 1 个 IMF 分量 $x_1(t)$,可以得到第 1 个去掉高频成分的差值序列 $r_1(t)$;对 $r_1(t)$ 进行上述平稳化过程就可以得到第 2 个 IMF 分量 $x_2(t)$,继续上述操作,直到不能分解为止,那么 $r_n(t)$ 就代表原序列的均值或趋势:

$$r_1(t) - x_2(t) = r_2(t), \cdots, r_{n-1}(t) - x_n(t) = r_n(t) \tag{7.52}$$

而原序列就可以由这些 IMF 分量及均值之和表示:

$$S(t) = \sum_j x_j(t) + r_n(t) \tag{7.53}$$

EMD 方法最终把原序列分解成有限个 IMF 分量,不同层次的 IMF 分量有可能对应某一物理背景。因此对于一个混沌序列,找出其主要特征量,即反映动力系统具有的主要物理背景的特征层次,对混沌序列的分析研究和预测具有重要意义。

如前所述,进行 EMD 分解的主要目的是进行 Hilbert 变换(Huang et al., 1998),进而得到时频谱图和时幅谱图。Hilbert 变换的方法简单叙述如下:

对于任意一个 IMF 分量 $x(t)$,能得到它的 Hilbert 变换结果 $y(t)$,即

$$y(t) = \frac{1}{\pi} P \int \frac{x(\tau)}{t - \tau} \mathrm{d}\tau \tag{7.54}$$

式中,$P$ 为 Cauchy 主分量。通过这个变换,$x(t)$ 和 $y(t)$ 可组成一个复数信号 $z(t)$,即

$$z(t) = x(t) + iy(t) = a(t)\mathrm{e}^{i\theta(t)} \tag{7.55}$$

其中

$$a(t) = [x(t)^2 + y(t)^2]^{1/2}$$

$$\theta(t) = \arctan\left[\frac{y(t)}{x(t)}\right] \tag{7.56}$$

定义瞬时频率 $\omega(t)$ 为

$$\omega(t) = \frac{\mathrm{d}\theta(t)}{\mathrm{d}t} \tag{7.57}$$

由式(7.57)可以看出,$\omega(t)$ 是时间 $t$ 的单值函数,即某一时间对应某一频率。因此,为了使瞬时频率有意义,作 Hilbert 变换的时间序列必须是单组分的,而经验模态分解后得到的本征模函数分量恰好满足这一要求。把式(7.51)~式(7.54)所表示的变换用于每个本征模函数分量,$x(t)$ 便可表示为

$$x(t) = \mathrm{Re} \sum_{j=1}^{\infty} a_j \exp(i\omega_j t) \tag{7.58}$$

由式(7.57)和式(7.58)的比较可看出,式(7.55)是式(7.56)的广义傅里叶表达式。$\omega_j(t)$ 和 $a_j(t)$ 是时间的变量,可构成时频谱图和时幅谱图。

HHT 方法克服了小波变换的一些局限性,具有比小波分解更高的分解精度,受到人们的广泛关注,已经在气象等领域得到一定的应用。

### 7.4.2 主要周期研究方法应用情况

近几十年,功率谱分析方法得到普遍应用,国内有许多气象专家利用其对气候趋势进行周期分析研究。张如一等(1991)研究中国逐月降水资料序列各主优势型对应的时间系数的功率谱分析结果有 6 个周期带,分别为 2~4 个月、5~7 个月、9~11 个月、准 2 年、3.5 年左右和 11年左右。唐蕴等(2005)对中国东北地区降水的周期分析显示:东北地区降水有显著的周期性,东部区和西部区的降水周期均为 11 年,中部为 32 年。黄雪松(1992)运用该方法分析桂北地区 4 站年降水量振荡得出:近 40 年(1948—1988 年)桂北地区降水量具有明显的周期性,以7~9 年周期最显著,2~3 年周期次之。王善华等(1987)分析赤道东太平洋海温变化存在 3.4年的振动周期,南方涛动指数的变化存在 3.4 年和 1 年的振动周期。

由于功率谱估计中,自相关函数估计与样本量大小有关,这也会造成谱估计误差,影响分辨率,所以使功率谱存在分辨率不高和有可能产生虚假频率分量等缺点。最大熵谱分析方法较通常的谱分析方法有显著的分辨能力,对于资料样本长度比较短的情况更为明显。正因为最大熵谱分析法有这样突出的长处,适用于短序列,因此,得到气象人士的广泛重视。李占杰等(2010)利用最大熵谱分析法分析黄河流域 1951—2003 年的月降水周期特征,得出降水序列明显存在着 60 年的代际尺度,14 年、25 年的年代际尺度和 3 年、9 年左右的年际尺度变化周

期。高峰等(2012)利用丰满流域水文站 1936—2008 年降水资料的最大熵谱分析和 Morlet 小波分析结果表明,丰满流域汛期降水量的周期变化存在着一个 8~9 年的降水相对短周期和一个 28 年的降水长周期。费亮等(1993)采用最大熵谱分析法揭示了赤道东太平洋海温和长江下游地区降水均存在 3~4 年和准 2 年的周期性振荡特征。朱业玉等(2009)采用最大熵谱分析法,分析河南近 46 年汛期极端降水事件发生频次的时间序列周期特征,显示全省一致分布型以 2~8 年和 10 年左右的年代际变化最为普遍。

　　小波分析是多分辨率分析,是近几年来国内和国际上十分热门的一个前沿领域,被认为是傅里叶分析方法的突破性进展。严华生等(2004)利用正交小波和非正交小波分析研究,得出近百年中国降水的变化趋势具有显著的小于 3.5 年、3.5~7 年、7~14 年的周期活动特征。李永华等(2010)从 Morlet 小波分析出中国西南地区东部夏季降水具有 15 年周期的年代际变化特征是整个时间域内部较显著,20 世纪 70 年代中期到 80 年代中期具有 3 年周期振荡显著;20 世纪 80 年代中期以后至 21 世纪初期具有 2 年左右的周期特征。吕少宁等(2010)用小波分析方法分析青藏高原地区气温周期变化中得出:1960 年以前,最强振荡周期是在 3 年和 5 年,同时 8 年周期也在加强;1960—1989 年,主要振荡周期为 8 年,从 20 世纪 70 年代初期 17 年周期振荡也开始明显了,3 年和 8 年周期显著衰减;1990 年后,振荡最强信号是 15~17 年并继续增强,相对于 20 世纪 60 年代,3 年和 5 年周期已经明显衰弱了。刘扬等(2012)对中国北方降水资料采用小波分析和奇异谱分析(SSA)方法,显示出北方降水普遍存在准 2~3 年周期和准 5 年周期。岑思弦等(2012)用小波分析方法分析金沙江流域径流量在不同时间段的周期特征,得出:金沙江流域源头径流量变化趋势以 2~4 年时间尺度为主;干流中下游以及支流的径流量变化趋势则有很大的相似性,在 1970 年前后存在一显著的突变,大约 1970 年以前的 50 年代初到 60 年代末,振荡周期以 2~4 年时间尺度为主,而在之后 70 年代初以来,振荡周期转变为以 8~16 年时间尺度为主。邵晓梅等(2006)对黄河流域降水序列变化的小波分析显示出:黄河流域年降水和各季节降水均存在 8~12 年时间尺度的多少交替,表现出明显的周期特征,其次 4~6 年时间尺度的周期特征也较明显。卢路等(2011)在分析海河流域历史水旱序列变化规律研究中得出:小波分析不仅能识别旱涝等级隐含的主要周期,还能很好地给出局部时频变化的结构,很好地识别对应尺度下的突变点;利用小波分析还得出:海河流域水旱灾害在历史上分别存在 10 年、23 年和 37 年左右的主导周期。刘毅等(2005)用小波分析方法分析重庆地区夏季降水显示其存在 22 年、14 年和 2~4 年的周期变化特征。

## 7.4.3　不同周期分析方法对理想序列的检测

　　为了了解各种检测方法对周期的检测能力,人为构造了一个时间序列,该时间序列有 200 个样本,构建数据的公式为:$Y = \sin(x/2\pi) + \sin(x/\pi) + \sin(2x/\pi) + \sin(4x/\pi) + \sin(6x/\pi)$,$x = 1, 2, \cdots, 200$;由公式可以看出,该构建的数据存在 3 年、5 年、10 年、20 年、40 年的周期振荡活动(图 7.21)。

　　(1)功率谱分析

　　功率谱统计分析,结果表明:构建数据功率谱分析可以检验出 3~5 年、9~11 年显著周期振荡,不能显著检验出 20 年、40 年左右的周期活动(图 7.22)。

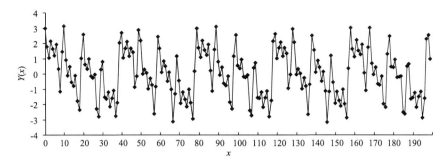

图 7.21 构建数据曲线

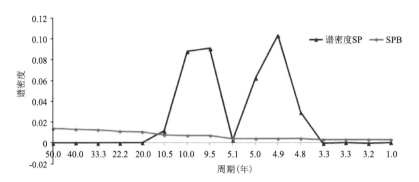

图 7.22 构建数据功率谱分析

（2）最大熵谱分析

最大熵谱统计分析，结果表明：构建数据的最大熵谱分析法可以检验出 8～10 年、20～40 年显著周期振荡，不能显著检验出 3～5 年的显著周期变化（图 7.23）。

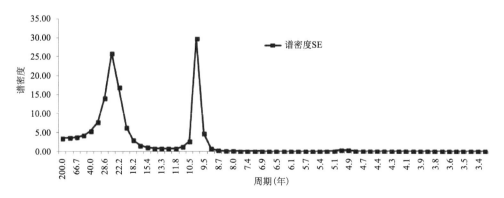

图 7.23 构建数据最大熵谱分析

（3）小波分析

小波分析得出：构建数据周期为 3 年、5 年、10 年、20 年和 40 年左右周期振荡，在功率谱分析中，3 年、5 年、10 年是显著周期振荡。结果表明：小波分析能显著检验出构建序列显著周期变化（图 7.24）。

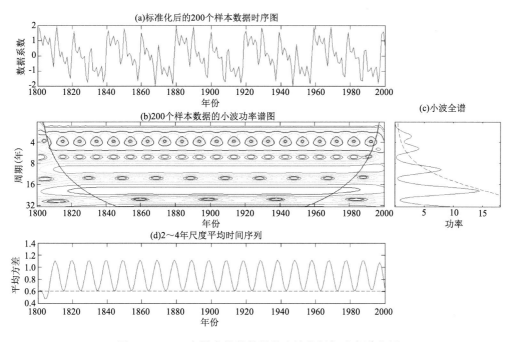

图 7.24　200 个样本构件数据的小波分析与功率谱分析

（4）EMD 和 HHT 方法

龚志强等（2005）进一步分析了 EMD 方法的实用性。基于理想试验和实际资料，结合与传统小波分析相联系的对比试验来介绍 EMD 和 HHT 变换的具体使用方法。

理想时间序列为 $x(t)$，$(t=1,2,\cdots,1000)$。

$$x(t)=3\sin(2\pi\times0.2t)+\cos(2\pi\times0.8t) \tag{7.59}$$

$x(t)$ 由频率为 0.2 Hz 的正弦函数 $S_1$ 和 0.8 Hz 的余弦函数 $S_2$ 叠加而成，式（7.59）以 0.2 Hz 为基频，采集 10 个周期，每个周期 100 个点，共计 1000 个点，构建理想时间序列，见图 7.25。

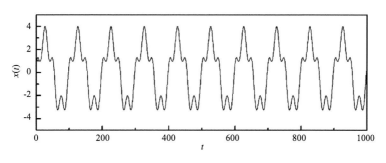

图 7.25　理想时间序列

图 7.26 为 $x(t)$ 基于 EMD 得到的 IMF 分量的时域图。IMF1 是从原序列中分解出的振幅最小、频率最高的 IMF 分量，其余各 IMF 分量的振幅依次逐渐增大、频率逐渐降低，直到频率很低的 IMF6。IMF 分量的这种分布状况是由其本身的特性决定的，EMD 总是把最主要的信息先提取出来，即最先由 EMD 方法分解出的几个 IMF 分量，包含了原序列最主要的信息，所以 EMD 方法也是一种新的主成分分析法。图 7.28 中 IMF1、IMF2 即为原序列最主要的

IMF 分量。IMF1 频率最高,振幅较小,对应原序列 0.8 Hz 的余弦部分;IMF2 频率略低于 IMF1,振幅较大,对应原序列 0.2 Hz 的正弦部分。IMF2 的振幅和频率有微小的波动,主要 原因是在分解中采用了三次样条拟合近似,分解得到的分量并不是真正的原序列波形,但这些 小的波动不会影响对原序列总体性质的分析。IMF6 是一个近似单调变化的序列,表征原序 列的整体趋势,即平常所说的线性趋势项,它具有非常明确的物理含义。

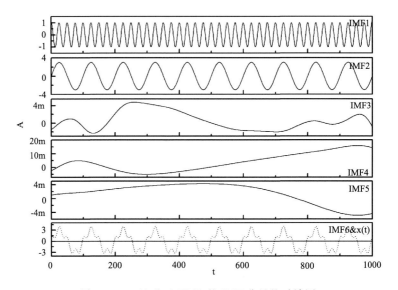

图 7.26　$x(t)$ 基于 EMD 的 IMF 分量的时域图
(IMF1~IMF6 依次为 EMD 的 6 个 IMF 分量,IMF6,$x(t)$ 中实线为 IMF6,虚线为 $x(t)$)

图 7.27 为 $x(t)$ 基于 EMD 的主要 IMF 分量 HHT 的时频和时幅谱图。图 7.27a 中, IMF1 的频率谱线在 0.8 Hz 附近做微小波动,其均值为 0.796 Hz;图 7.27b 中,IMF1 的振幅 谱线在 1.0 附近做微小波动,其均值为 1.003,这与原序列中振幅为 1.0 的高频信号相符。图 7.27a 中,IMF2 的频率谱线在 0.2 Hz 附近做微小波动,其均值为 0.199 Hz;图 7.27b 中 IMF2 的振幅谱线的均值为 3.056,这又与原序列中振幅为 3 的低频信号相符。通过 EMD 和 HHT,能够很好地将原序列中所包含的各种频率和振幅的信息分解出来,得到清晰的时频和 时幅谱图。

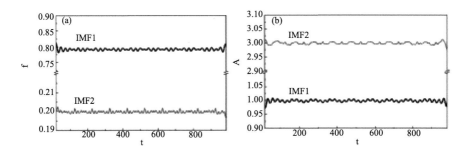

图 7.27　$x(t)$ 基于 EMD 的主要 IMF 分量 HHT 的时频和时幅谱图
(a)时频谱图;(b)时幅谱图

(5)各种气候周期统计方法特征小结

功率谱分析是以傅里叶变换为基础的频域分析方法,功率谱存在分辨率不高和有可能产生虚假频率分量等缺点。

最大熵谱分析法没有普通谱分析的假定,而是根据现有资料,使得平稳过程的熵最大推得无限个滞后的自相关函数,从而得到谱的估计。这实际上改变了通常谱分析方法的固定窗即不随着资料的真实谱的特性而变化的缺点。具有比通常的谱方法显著的分辨能力,对于资料长度比较短的情况尤为明显。

小波分析是多分辨率分析,因小波理论对信号处理具有特殊优势而很快得到气象学家们的重视,并应用于气象和气候序列的时频结构分析中,取得不少引人注目的研究成果;广泛使用的傅里叶变换可以显示出气候序列不同尺度的相对贡献,而小波变换不仅可以给出气候序列变化的尺度,还可以显示出变化的时间位置。

上述各种气候周期检验方法各有自己的特点,可以应用到不同领域,但是小波特有的周期分析优势,得到更多的关注和应用。通过长周期理想数据检测,功率谱和小波分析在长周期气候分析中,更具有可靠性。

### 7.4.4 应用案例

(1)百年尺度太平洋年代际振荡(PDO)的周期分析

研究表明太平洋海气系统存在着明显的年代际变率,主要表现为太平洋年代际振荡。有研究表明,PDO冷、暖不同位相,处于不同阶段的ENSO事件和中国降水、气温异常相关关系都发生了变化。

功率谱统计分析得出:近百年PDO冷、暖位相功率谱周期为2~5年、40年左右周期振荡。其中,2~5年为显著性周期振荡。

小波分析方法可以显著检验出百年尺度PDO冷、暖位相2~5年周期,主要在20世纪30年代到60年代、20世纪80年代到21世纪初为显著周期变化。

由图7.28可以清楚地看出PDO冷、暖位相的年际变化情况和多时间尺度的频率结构,不同时间尺度上PDO冷、暖位相交替变化过程等也很容易分辨出来。显然,PDO冷、暖位相所对应的小波系数绝对值在2~6年尺度上都比较大,最大值出现在5年尺度。上述PDO异常位相年际变化的发生时间与图中小波系数正值和负值区域都具有较好的一一对应关系。对PDO的小波总体功率谱做统计假设检验,可以得出各海区不同尺度周期振荡的显著性水平。采用置信水平95%的红噪声检验,结果表明,PDO的周期振荡有2~5年、10~11年、22年左右,都以准2~5年尺度最为显著。可见,PDO异常存在着高频、中频和低频多种时间尺度的频率结构。

(2)近300年尺度黄淮海流域降水序列的周期检验

功率谱统计分析得出:近300年尺度黄淮海流域降水序列为2~6年、30年、60年左右周期振荡(图7.29)。其中,2~6年、30年左右为显著性周期振荡。

小波分析方法可以显著检验出近300年尺度黄淮海流域降水序列年际周期振荡有2~5年、11年左右、28~30年,以准2~5年尺度最为显著。可见,黄淮海流域降水序列年际周期振荡也存在着高频、中频和低频多种时间尺度的频率结构。近300年尺度黄淮海流域降水序列的2~5年尺度周期振荡,主要在20世纪90年代之后到21世纪为振幅最大的显著周期变化。

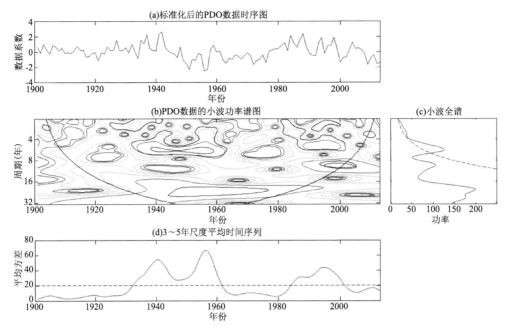

图 7.28　1990—2013 年 PDO 数据的小波分析与功率谱分析图

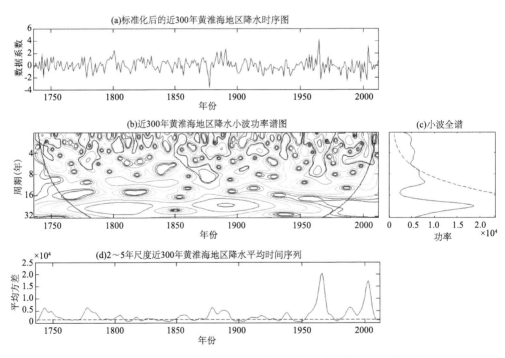

图 7.29　近 300 年尺度黄淮海流域降水序列的小波分析与功率谱分析图

Ren 等(2011)从 1470—2000 年中国东部干燥化指数(DWI)的数据集中,选出(25.8°~40.8°N,106.58°~121.58°E)数据区,以淮河主支为分界线分为南北分区,研究南北区域的 DWI 周期变化。在小波分析中显示出:DWI 在北区有较长的占主导地位的周期性比南区。

在南区明显的周期性发生在 9.5 年和 20 年,而在北区 10.5 年和 25 年的周期性更为重要;过去的两个世纪,在北区 25 年的振荡信号已减弱,而前两世纪南方涛动也在减弱。用小波分析方法分析过去 500 年资料,也揭示了在北区有 160~170 年和 70~80 年的周期振荡,在南区有 100~150 年的周期振荡(图 7.30)。

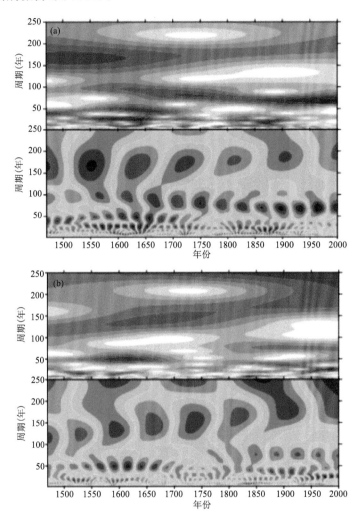

图 7.30　近 500 年中国东部(25.8°~40.8°N,106.58°~121.58°E)DWI

数据南、北分区的小波分析图

(a)北区;(b)南区

# 第8章　气候变化检测与归因

　　气候变化的检测与归因是气候变化研究中的一个热点问题,对于认识观测到的全球和区域气候变化趋势中不同因子的相对作用,提高对气候变化基本科学问题的认识,具有重要科学和实际意义。本章对常用的气候变化检测与归因方法做简要介绍。

　　20世纪80年代以来,由于对全球气候变暖原因的争议不断,气候变暖的归因研究一直是国际上的热点和焦点问题,代表国际主流思想的5次政府间气候变化专门委员会(IPCC)评估报告认为是人类活动的影响造成了变暖,其中包括温室效应加剧使气候变暖,而气溶胶的直接和间接影响则抵消了一部分变暖。气候变化的检测与归因是识别人为和自然因子对气候变化相对贡献的核心研究内容,是回答"气候变化在多大程度上是由人类活动引起的"这一科学问题的重要科学基础。

　　自20世纪90年代以来,检测与归因研究迅速成为气候变化研究的一个热点问题,相关研究在不断发展和深化。研究对象从全球平均气温发展到降水、极端事件以及一些中小尺度的现象等。研究的空间尺度从全球平均发展到大陆和洋盆尺度,乃至区域尺度。研究方法从最初的简洁直观的单步归因发展到多步归因。

　　同时随着研究的不断深入、观测资料的不断完善和气候模式的快速发展,对引起气候变化原因的科学认识也在不断深化。越来越多的证据表明,尽管观测资料和气候模式仍然存在不确定性,但是对20世纪50年代以来的气候变化,人类活动对全球变暖的影响是很明显的。

　　近年来,气候变化检测与归因也从对气候变化基本观测事实的归因扩展到气候变化影响领域的归因。这使得传统的检测归因从定义到方法学的研究均有很大的扩展。

　　气候变化的检测与归因研究在国外开展得比较多,国内相关工作开展较少,本章从检测与归因的定义、方法和国内外近年来的主要研究进展进行归纳和总结。

## 8.1　气候变化检测与归因相关定义

　　过去科学界经常把对气候变暖的检测与归因并提,有时也把对成因的分析称为检测,例如检测温室效应的影响。但是,这样也造成一定的概念混乱,因此,从IPCC TAR开始,对检测与归因的定义进行明确区分,即"气候有各种时间尺度的变化。气候变化的检测是一个过程,是要证实气候在某种统计意义上发生了变化,但是并不涉及气候变化的成因。气候变化的归因研究要在一定置信度水平上确认检测到的气候变化的最可能成因,首先是观测到的变化必须能够检测到"。在后续的IPCC AR4和AR5中仍然保持了类似的表述,同时,IPCC评估报告也指出,检测有时也指对外部强迫影响的检测,因此检测与归因紧密相连,外部强迫因子有很多,可以是人类活动(包括温室气体、气溶胶、臭氧前体物和土地利用)和自然强迫(火山爆发、太阳活动等)。

气候变化的检测和归因包含 4 个核心的要素:①观测到的气候要素的变化;②对外部强迫的估计;③有一个基于物理基础的对某种外部强迫可能影响已经发生的气候变化的理解(通常使用气候模式);④基于气候模式对气候内部变率进行估计。此外,重要的是关键的外部强迫已经被认识到,且不同强迫信号是可加的,噪声也是可加的,气候模式在不同外部强迫下对气候大尺度分布的模拟是正确的。气候变化检测与归因的主导思想是利用不同工具分辨各种因子的作用,然后给出影响明显的因子的贡献。

## 8.2　气候变化检测与归因主要方法

IPCC 历次评估报告都得出了关于过去气候变化原因的结论,IPCC 是如何得出这些结论的呢? 一是看变暖的观测证据,二是看气候模式模拟的变暖与观测结果的一致性。需要说明的是,观测资料序列的长度只有 100 多年,而且包括了一系列的误差;从观测数据的获取到整理同化,形成全球平均气温,有很大的不确定性。外强迫因素的数值化也有很大问题,如对太阳活动产生的辐射强迫就有不同的见解。模式的模拟,从完全的气候系统模式、中等复杂程度模式到简化的能量平衡模式,包含的不确定性更大。因此,要"证明"人类活动的影响是近 50 年气候变暖的主要原因,并不是一件容易的事,也不是简单地对比模拟与观测的全球平均气温就能得到的。因此,科学家们建立了一套详细的检测与归因方法。

2009 年 9 月,IPCC 第一和第二工作组联合召开"气候变化检测与归因"专家研讨会,讨论了检测和归因的定义、评估方法、资料与要求等,在此基础上形成了覆盖检测与归因不同研究领域,包括气候变化观测事实和影响等的指导性文件(Hergerl et al.,2010),并综合了 4 种检测归因方法,包括对外强迫的单步归因、多步归因、联合归因以及对观测到的气候条件变化的归因,囊括了研究这一因果链采用的不同途径。并指出,不管采用哪一领域的哪种方法,作者都要明确所研究的问题是归因于气候或环境条件变化还是其他外强迫或外驱动因素的变化,对于研究结果要从使用的数据、模式、方法、混淆因子等方面存在的问题给出可信度评估。

总结而言,主要通过 3 种统计方法用来做归因研究:最优指纹法、推理法和格兰杰因果检验法。

### 8.2.1　最优指纹法

最早是 Hasselmann(1998)在 20 世纪 70 年代末提出一种定量化鉴别人为气候变化信号并做归因分析的方法——最优指纹法,也是一种广义的多元线性回归方法(Allen et al.,1999,2003)。在这种最优指纹法中,增强人为气候变化信号特征使之排除低频自然变率噪声干扰,一般用在定量化鉴别人为气候变化的研究中,同时也要求气候变化的信噪比较大。这种方法不仅对早期的外部强迫检测有用,而且也可用于区分不同的强迫机制来进行归因分析。研究表明,最优指纹法是与其他一些最佳平均或滤波方法十分接近的方法,在噪声背景下它可以最佳地估计出气候变化振幅(孙颖 等,2013)。

在最优指纹法中,假定观测到的变化是期望的变化(信号)和内部变率(残差)的总和,由方程 $Y = \beta X + \varepsilon$ 来表示:向量 $Y$ 是指观测到的气候要素的变化,向量 $X$ 代表模式模拟的不同强迫下该要素的变化(可以是一维的也可以是二维的),矩阵 $X$ 的信号来自气候模式。向量 $\varepsilon$ 代表不能被信号解释的自然变率(或者残差),拟合多元回归模式,需要估计自然内部变率,一般用气候模式的控制试验的结果来计算内部变率。尺度因子 **β** 是一个一维或者二维的向量,可以调整信号的幅度来与观测值相匹配。

用最优指纹法,可以对于不同强迫信号进行检测。信号的检测给出观测到的某个要素的变化对一种强迫或者多个强迫组合的响应。单信号检测是指一次只包括 1 个信号,但由于观测的结果可以被多种强迫因子影响,用多个预测因子的回归模型将提供最佳的拟合,因此,使用有两个信号向量的 **X** 可以构造双信号分析,双信号分析可以允许对不同强迫的影响进行分离,进而获得单个强迫的归因结果。

## 8.2.2 推理法

推理法是将演绎与对标量因子的假设估计相结合,也可以分为标准最高频率法(SFM,以下简称标准法)(Hasselmann,1997)及贝叶斯法(Hasselmann,1998)。采用标准法首先要检测假定的气候变化信号显著不等于零,其次比较观测结果与模式模拟对强迫的响应。一个完善的归因,不仅要有这方面的证据,还要考虑是否符合气候变化的机制。采用贝叶斯方法需要有从多方面集合信息的能力,以及综合分析独立信息的能力。这种观点的特点是基于后验分布,把观测的证据与独立的先验信息结合。这种结合先验信息及对强迫的响应是贝叶斯方法的优点所在。另一个优点是这种演绎是概率性的,可以更容易地为决策者采用,因为它包含了风险与获利两个方面。具体做法有两种:一是建立了一个滤波技术,与最优指纹法类似,选取最高信噪比(Hasselmann,1998);另一个则并不对影响最优化,而是用贝叶斯法对归因的估计做演绎(Beliner et al.,2000)。

## 8.2.3 格兰杰因果检验法

该方法既考察变量间的相互关系又考虑其自身变化。两个时序变量之间的因果关系检验是由 Clive WJ. Granger 提出的,称为格兰杰因果性分析法(曹永福,2005)。格兰杰的基本着眼点是两个变量 $X$ 与 $Y$ 呈高度相关,并不能说明两者之间一定存在因果关系,须对相关变量进行因果关系检验。利用概率或分布函数来表示:在所有其他事件固定不变的条件下,如果一个事件 $A$ 的发生或不发生对于另一个事件 $B$ 的发生概率有影响,并且两个事件在时间上又有先后顺序($A$ 前 $B$ 后),则可说 $A$ 是 $B$ 的原因。格兰杰因果检验法主要适用于时间序列数据模型的因果性检验,其结论只是统计意义上的因果性,需要从物理学角度加以审慎考察,必要时需要用数值模拟加以验证。

在格兰杰检验方法中,设两个时间序列为 $X=\{x_t\}$ 与 $Y=\{y_t\}$,$t=1,2,\cdots,N$($N$ 为样本量)。这个方法可以判断变量 $X$ 是否能预测变量 $Y$,若不能,则认为 $X$ 不能导致 $Y$,反之亦然。检验方法还需要判断 $F$ 统计量的临界值是否大于 $F$ 分布的标准值,若临界值概率 $p<\alpha$,则 $X$ 不能导致 $Y$ 的零假设不成立,即 $X$ 能导致 $Y$。要严格确定因果关系,必须考虑到完整的信息集,也就是说要得出结论:$A$ 是 $B$ 的原因,必须全面考虑论域中所有的事件。因此,格兰杰早期提出的因果关系定义是建立在完整信息集以及发生时间先后顺序基础上的,根据条件分布函数来判断。由于用量测样本来估计分布函数是否相等是相当困难的,于是退而求其次,只验证变量的数学期望 $E$ 是否相等。

# 8.3　国内外主要进展

从 1990 年 IPCC 第一次评估报告发布,到 2013 年 AR5,对全球气候变暖的归因研究有了巨大的进步;尤其是最新发布的 IPCC AR5,已经从对气候变化基本观测事实温度和降水变化的归因扩展到了气候的其他方面,包括海洋变暖、大陆尺度的平均温度、温度极值以及风场。研究对象从全球平均气温发展到降水、极端事件以及一些中小尺度的现象等。研究的空间尺度从全球平均发展到大陆和洋盆尺度,乃至区域尺度。

## 8.3.1　对温度变化的检测与归因

(1)20 世纪全球尺度平均温度变化的检测与归因

对全球平均温度变化的归因分析主要是将全球平均温度归因为人为外部强迫(主要包括 $CO_2$ 等温室气体和气溶胶辐射强迫)、自然强迫(如火山活动和太阳活动)和内部变率(如 ENSO、NAO、PDO 等)3 个部分的影响。20 世纪有较完整的温度观测及外强迫因子的数据,因此,是研究气候变暖成因的最佳时段(王绍武 等,2012)。

对全球平均温度变化的归因研究较多。IPCC 第一次评估报告(IPCC,1990)表明,人类活动产生的各种排放正在使大气中的温室气体浓度显著增加,这将增强温室效应,从而使地表升温。IPCC SAR(IPCC,1996)表明,人类活动已经对全球气候系统造成了"可以辨别"的影响。IPCC TAR(IPCC,2001)表明,20 世纪 50 年代以来观测到的大部分增暖"可能"(≥66%)归因于人类活动造成的温室气体浓度上升。IPCC AR4(IPCC,2007)表明,近半个世纪以来的全球变暖"很可能"(≥90%)是由人为温室气体浓度增加导致。IPCC AR5(IPCC,2013)的结论则进一步表明,自工业化时代以来,人为温室气体排放上升,与其他人为驱动因素一起发挥的影响已经可以在气候系统的所有组成部分中被检测出来,而且极有可能是自 20 世纪中叶以来观测到变暖的主要原因(图 8.1)。

自 IPCC AR4 以来,一些新的研究进一步深化了对温度变化的归因认识。新一代气候模式(CMIP5)的结果进一步支持了温室气体强迫对温度变化的影响,关于模式不确定性对归因结果的影响有了更深入的研究,对其他因子的贡献有了进一步的认识。

Hegerl 等(2007a)汇集了不同作者利用海气耦合模式所做的模拟的结果,共包括 14 个海气耦合模式的 58 个模拟。模拟考虑了平均人类活动影响及自然因素的影响。人类活动包括温室效应及直接与间接气溶胶的影响,个别模式只有直接影响。自然因素主要是太阳活动和火山活动。虽然不同模式对气候敏感度、海洋吸收的热量及外强迫的处理均有差异,但是综合结果还是相当成功地模拟了 20 世纪的温度变化。但是只考虑自然因素的模拟共包括 5 个模式的 19 个模拟,则没有模拟出近 30 年的温度上升。当然,这并不是说同时考虑人类活动及自然因素模拟就十全十美。大约以 1960 年为界,在此后的 40 多年中,不仅温度变化趋势模拟得较好,3 次火山爆发之后的温度下降及随后的温度回升,基本上均能模拟出来。但是 20 世纪前 60 年则模拟得不够理想。虽然温度上升趋势的模拟与观测接近,但是观测到的年代际变化则基本上没有模拟出来,如 1910 年、1920 年、1950 年的低点与 20 世纪 40 年代的变暖在模拟中均没有反映。这说明强迫因子表达不好甚或有遗漏,当然也可能由于温度观测覆盖面不够,温度序列本身也有不确定性。不过,这并不影响近 50 年(1951—2000 年)的变暖主要受人类

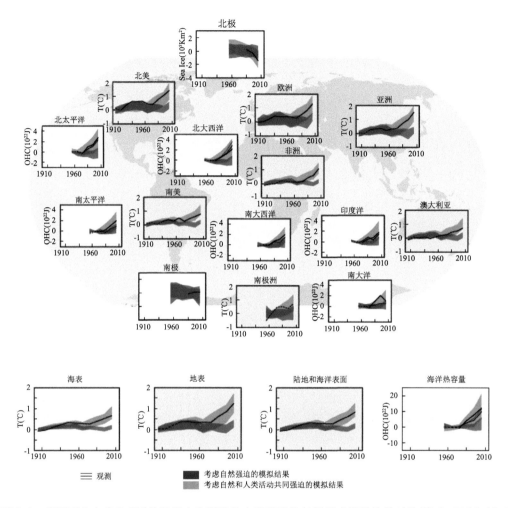

图 8.1　观测到的全球地表平均温度人为强迫和自然强迫的气候模式模拟结果对比(取自:IPCC AR5)

活动影响的结论。

　　Huber 等(2012)基于全球能量方法对观测到的全球表面温度变化的贡献因子进行估计,结果表明 20 世纪中叶以来由温室气体增加导致的全球气候变暖约为 0.85 ℃,其中大约一半被气溶胶的冷却作用抵消后,与全球观测到的变暖相当,因此观测到的温度变化趋势极不可能单独由自然变率引起。Stott 等(2012)用 HadGEM2—ES 全球气候模式检测出了温室气体强迫的影响,但是,他们发现有些模式和观测振幅存在不一致的现象,如 CanESM 模式可能高估了温室气体的影响。Santer 等(2013)通过 CMIP5 的 20 个全球气候模式与卫星数据的分析发现了人类影响大气上层温度的明显证据。Jones 等(2011a)基于 HadGEM1 模式对 1957—2006 年温度记录的分析表明,黑碳气溶胶(化石燃料和生物燃料)的影响可以被检测出来,但黑碳气溶胶的影响比温室气体作用小。Jones 等(2011b)利用 1900—1999 年 HadCM3 模式和5 个不同观测数据得出的最优检测分析结果表明,温室气体和气溶胶的检测结论对数据的选择不敏感,回归系数是广泛一致的。

（2）近千年温度变化的检测与归因

把研究范围扩大到近千年对归因分析有重要意义。首先，人类活动对气候的影响从理论上讲是从工业化（大体上可采用 1750 年）才开始的。而温度观测资料从 1850 年开始才有一定的数量。因此，只用近 150 年或 20 世纪的记录不利于分解人类活动与自然因素的影响。其次，1850 年或 1750 年之前不仅外强迫主要是自然因素，而且有大量的证据表明存在两个典型的气候时段：中世纪暖期（900—1300 年）及小冰期（1300—1900 年）。现在大多数科学家都同意，自然因素是这两个气候时段形成的原因。所以，把研究范围扩大到近千年，也有利于认识自然因素对气候的影响（王绍武 等，2012）。

然而，研究近千年的温度变化，建立温度序列是一个难题。过去用单个代用资料序列重建北半球气温时往往用最小二乘法，这样就减小了温度的振幅。Hegerl 等（2007b）设计了一种新的合成方法，建立了近 1500 年的北半球平均温度序列，与能量平衡模式模拟的结果比较，20 世纪的变暖是近 1270 年以来最强的，这个变暖主要是人类活动影响的结果。甚至 20 世纪上半叶的变暖也大约有 1/3 可以用人类活动来解释。同时 17 世纪到 18 世纪初的低温则可能主要受火山活动影响。对太阳活动影响的估计不确定性较大，这主要是因为对太阳活动可能带来的辐射强迫数值的估计有分歧。

Shakun 等（2012）收集了分布于全球 80°N～80°S 的 80 个代用资料温度序列，计算了全球平均温度，认为温室气体浓度的上升加速了冰期向间冰期的转变。一旦温度上升，气温与 $CO_2$ 之间正反馈作用必然加强，也不能认为温度上升完全依赖于 $CO_2$ 变化。这种观点，与过去的主流观点认为在更新温度变化导致了 $CO_2$ 变化是不同的，这是一个新的发展。

总之，人类活动是现代气候变暖的主要原因这一命题，得到了越来越多的证据。因此，尽管其他自然因素如太阳活动、火山活动对气候的影响也不可忽视，气温在年际到年代际尺度也可能有一定波动，但是全球变暖的趋势看来仍将继续。

（3）极端地面气温的检测与归因

相对于对平均温度的检测与归因的研究，确定极端气候变化的原因更为复杂，对极端温度的检测与归因具有更大的挑战。主要是因为观测资料的数量和质量都有限，使得对过去变化的估算结果具有不确定性，许多变量的信噪比较低，无法检测这类微弱的信号。此外，局限于全球气候模式（CCM）的物理过程及其较粗的分辨率，在模拟气候的极端值方面也还存在较大的偏差。但近年来，随着全球变暖，极端事件发生的频率和强度也发生了变化，对于极端事件的检测与归因分析更加重要。因此，近年来对极端温度变化的检测与归因研究大幅增加，很多研究显示，近几十年极端温度的变化中可以检测到人类活动的信号。

基于全球多个极端温度资料集，Hegerl 等（2007a）指出极端地面气温有可能受到人为强迫的影响，且人为强迫可能已使发生极端温度的风险大大增加，如 2003 年的欧洲热浪。Stott 等（2011）利用单步归因理论得出，已经观测到的夏季高温频率增加的趋势在北半球以外的较多地区也均可被直接归因于人类活动的影响。

Christidis 等（2011）通过最优指纹法对比了观测和模拟的极端温度的时空分布，将外部驱动因子和自然因子对观测到的极端暖日变化的归因进行分离，并对观测到的可能引起极端温度变化的因子变化进行部分的归因，结果表明：人为因子对极端暖夜强度增加和极端冷日、冷夜强度减小存在显著影响。Zwiers 等（2011）也对全球尺度、大陆和次大陆尺度上极端温度的变化进行了人类活动强迫及自然强迫影响分离研究，都指出了人类活动对极端温度的变化有影响。

IPCC AR5（IPCC，2013）指出，虽然在不同的研究中使用了不同的数据和处理方法，但温度极端指数的逐日资料变化与全球变暖是一致的。要研究人类活动对逐日温度极值的影响，应该定性和定量地比对暖昼、暖夜（每年日最高气温大于基准期内 90％分位值的天数百分率和每年日最低气温大于基准期内 90％分位值的天数百分率，即 TX90p 和 TN90p）和冷昼、冷夜（每年日最高气温小于基准期内 10％分位值的天数百分率和每年日最低气温小于基准期内 10％分位值的天数百分率，即 TX10p 和 TN10p）之间的观测结果和 CMIP3 的模拟结果。利用观测资料和 9 个包含人类活动强迫和自然强迫的全球模式的 20 世纪模拟结果分别计算温度极端指数发现，澳大利亚（Alexander et al.，2009b）和美国（Meehl et al.，2007）的温度极端指数的变化趋势是一致的。观测资料和模式模拟结果都表明在 20 世纪后半叶，霜冻日数减少，生长季长度、热浪持续时间和 TN90p 均增加。其中两个模式（PCM 和 CCSM3）的只包含人类活动强迫或者只包含自然强迫的模拟试验结果表明观测到的变化与只包含人类活动强迫的模拟结果接近，但与只包含自然强迫的模拟结果不一致（模式间强迫的相关细节不同时结果也是这样）。Morak 等（2011）发现在很多小区域，暖夜（TN90p）数在 20 世纪后半叶发生了可以检测出的变化，并且这些变化与包含了历史时期外部强迫的模式模拟出来的变化相一致。他们还发现，当全球数据作为一个整体来分析的时候，温度极端指数也有可以检测出的变化。基于 TN90p 和平均温度的年际相关，TN90p 的长期变化可以被预测，Morak 等（2013）研究表明在一种多步逼近的方法中，这些可以检测出的变化可以部分归因于温室气体的增加。通过在 HadGEM1 中使用指纹法，并且在全球尺度和很多区域尺度上寻找可以检测的变化，Morak 等（2013）进一步将研究从 TN90p 拓展到 TX10p、TN10p 和 TX90p（图 8.2）。

在对逐日极端温度强度的研究中，人类的影响也被检测出来了。Zwiers 等（2011）对比了观测资料和 7 个包含了人类活动强迫或者人类活动强迫和自然强迫同时包含的全球模式模拟结果计算出的日最高气温最高值、日最低气温最高值（即每月日最高气温的最大值 TXx、每月日最低气温的最大值 TNx）和日最高气温最低值、日最低气温最低值（即每月日最高气温的最小值 TXn、每月日最低气温的最小值 TNn）。他们考虑这些逐日极端温度遵从与地点、形状和尺度参数有关的广义极值分布（GEV）。他们利用 GEV 拟合，将观测到的极端温度值和地点参数相结合，其中地点参数是从模式模拟结果中获得的线性函数。他们发现在全球尺度的陆地范围内，以及很多陆地范围的小区域内，人类活动影响及人类活动和自然强迫的共同影响都能在 4 个温度极值中检测出来。Christidis 等（2011）通过运用最优指纹法来对比观测到的和模式模拟出的极端温度分布的时间变化的位置参数。他们在单一指纹分析中检测出了人类活动对逐日最高气温的影响，并且发现在双指纹分析中自然强迫的影响能够和人类活动的影响相分离。

在全球尺度（Christidis et al.，2011）和大陆尺度、次大陆尺度上（Min et al.，2013），人类活动对逐日温度的年际极值的影响可以在自然强迫之外被单独检测出来。

在中国，Wen 等（2013）的研究表明，虽然自然强迫的影响检测不出来，人类活动的影响对逐日温度极值（TNn、TNx、TXn 和 TXx）的影响可以被单独检测出来，而且温室气体的影响可以被单独检测出来，但其他的人类活动强迫却不能被检测出来。Christidis 等（2013）研究发现在准全球尺度上，地球系统模拟器模拟的工业化之后，由于树木覆盖率下降和草地覆盖率上升造成的制冷效应能在观测到的暖极值变化中被检测出来。在一些区域中，城市化也影响了城市台站极端温度变化趋势。例如,Zhou 等(2011)发现在中国华北地区,城市站和国家级台站极端温度的升高幅度明显大于乡村站的升高幅度。但是,研究表明区域土地利用变化、城市热岛效应对全球平均地面气温的影响可能很小。

这些新的研究表明,对比 SREX 报告(IPCC,2012),有更多的证据表明人类活动对极端温度变化存在影响。这些证据包括,在全球尺度和一些更小的区域上,人类活动强迫和自然强迫对逐日极端温度的影响的分离。这些新的研究结果更加清楚地显示了人类活动对极端温度的影响。因此,认为在 20 世纪中期之后,在全球尺度上,观测到的逐日极端温度的频率、强度的变化非常可能是由于人类活动影响造成的(图 8.2)。

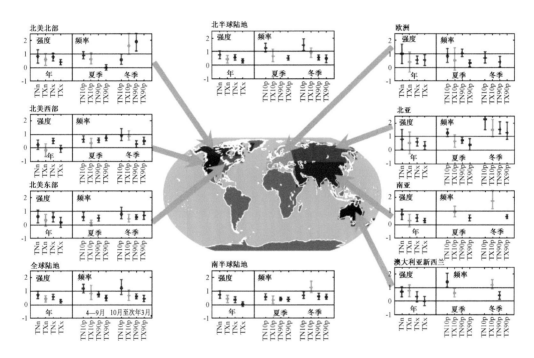

图 8.2　极端温度强度和频率变化的检测结果,左面是 1951—2000 年年平均极端温度强度对不同强迫响应的尺度因子及其 90%置信区间,右面是极端温度频率变化对不同强迫因子的响应
(Zwiers et al.,2011)

## 8.3.2　对降水变化的检测与归因

相对于地面气温的检测与归因,降水的归因要困难得多。因为降水仅在陆地区域有长期的观测值,而在覆盖范围以及均一性方面,降水数据存在很大的问题。因此,由于数据问题、模式模拟结果的不一致以及降水的低信噪比,无法进行有意义的对比分析。国际检测和归因研究小组(IDAG)在 2005 年指出,由于缺少充足的证据以及模式的不确定性,因此难以检测出人类影响下降水的变化。尽管大部分大气模式在外强迫驱动下能够较好地模拟出全球和区域的地面气温变化,但是却难以合理再现全球及区域降水变化,特别是亚洲季风区的陆地降水变化。近年来,虽然大量的多模式集合较大地提高了对温度的检测归因结论的信度,但对于降水而言,仍然难以区分各模式结果中常见的系统误差与降水变化信号,对降水的检测归因仍然是

很大的挑战(Allen et al.,2002;Hergerl et al.,2004)。

早期对于降水的检测归因,不同研究结论间的一致性较低,甚至互相矛盾。例如,Allen等(2008)的研究显示,考虑了人类强迫和自然强迫的全球平均降水的模式模拟值与观测数据较为一致,但是 Lambert 等(2004)认为该一致性很可能是由于降水对自然强迫的响应。Wentz 等(2007)基于 1987—2006 年观测数据的研究结果认为全球降水是依据 Clausius-Clapeyron 方程增加的,但是有研究显示,20 年的研究时段不足以判断降水对全球变暖的响应的模式模拟与观测值是否一致。相比于仅有长波强迫的模拟结果,人类影响和自然强迫叠加作用下的模拟值更加接近全球平均的陆地降水观测值(Lambert et al.,2009)。模拟结果显示,人为强迫可能导致全球平均降水量的增加以及降水型的经向变化,即高纬度地区降水增加,而亚热带地区降水减少,并可能通过改变热带辐合带或太平洋上沃克环流的位置从而改变热带地区的降水分布。Zhang 等(2007)和 Stott 等(2010)的研究均表明,人为强迫对于北半球中纬度地区的降水增加、北半球亚热带和热带地区的降水减少,以及南半球亚热带和热带地区的降水略增影响显著,也是指出人类活动导致了全球平均降水的小幅度减少及纬度上的重新分配,即高纬度地区降水量增加、副热带地区降水减少。

对极端降水的检测归因研究相对较少,一方面是由于日平均降水观测资料较缺乏,另一方面是由于气候模式对降水模拟的不确定性很大,特别是在热带等受对流参数化影响较显著的地区。但是,由于极端降水事件可能产生极为严重的影响,近几年在极端降水的检测与归因方面有了一些新进展。在做此方面研究工作时,一般首先选定几种极端降水指数,在检验模式模拟性能的基础上,基于气候模式不同强迫模拟试验下的模拟结果,对极端降水进行检测并做归因分析。

全球气候模式集合平均的分析结果显示,在全球和半球尺度上,可以检测到人类活动对极端降水的影响。Hegerl 等(2007b)指出,人类活动很可能对全球 20 世纪前 50 年的强降水发生频率的增长趋势是有贡献的,但是外部强迫与极端降水之间直接的影响和反馈还很难建立。Allan 等(2008)使用卫星观测数据和模式模拟结果检测了热带地区在自然因子驱动下,降水与地面气温和大气含水量的反馈关系,结果表明,降水一般在暖位相期间将增加,冷位相期间将减少,且观测的极端降水幅度比模式预估结果大。Stott 等(2010)指出,人类活动的影响在全球水循环的不同方面都已经被检测到,而水循环与极端降水的变化直接相关。Min 等(2011)基于 CMIP3 中模式的模拟结果,使用最优指纹法对最大日降水量(RX1day)和连续 5天最大降水量(RX5day)进行了分析,结果表明人类活动导致的全球变暖对北半球 20 世纪下半叶 2/3 的陆地区域上强降水事件的增加是有贡献的(图 8.3)。

由于噪声的增加和不确定性以及其他一些因子的影响,在小的空间尺度上人类活动的检测是比较困难的。Fowler 等(2010)的研究表明,人类活动对英国冬季极端降水的影响仅可以检测出 50%,而在其他季节检测出人类活动影响的可能性更小。Pall 等(2007)基于 HadAM3-N144 季节预测模式在两种不同排放情景(实际排放和假定 20 世纪人为温室气体排放没有发生)下的结果,使用多步归因方法对英格兰和威尔士 2000 年秋季洪水进行了分析,结果表明全球人为温室气体的排放对 2000 年秋季洪水的发生是有贡献的。

IPCC AR5(IPCC,2013)也指出极端降水的增加和全球变暖有关。一些有关极端降水的不确定性和时间尺度上变化的研究可以得到这一结论。观测结果和模式模拟预估的结果都表明将来极端降水的增加与全球变暖有关。通过分析全球陆地地区观测到的每年最大的日降水

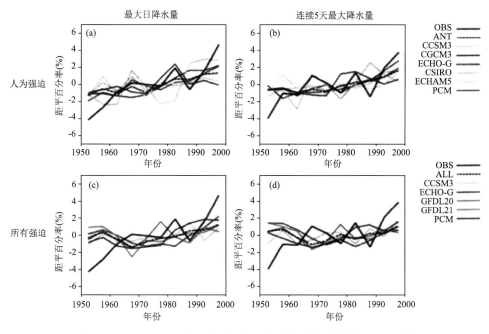

图 8.3　1951—1999 年北半球区域平均的极端降水指数距平百分率
（OBS：观测；ANT：人为强迫；ALL：所有强迫）

量（RX1day），结果表明全球的极端降水有显著的增加，且全球平均地面气温每增加 1 ℃，极端降水增加的中位数达到 7%（Westra et al.，2013）。CMIP3 和 CMIP5 的模拟结果表明，全球平均气温每升高 1 ℃时，重现期为每年 24 h 最大降水量的累计值将会增加 6%～7%，而大多数模式模拟的结果在 4%·℃$^{-1}$到 10%·℃$^{-1}$范围内（Kharin et al.，2007，2013）。人类活动影响已在全球水循环的各方面被检测了出来（Stott et al.，2010），而全球水循环与极端降水的变化有直接的关系。人类活动将会造成大气中湿度的增加，大气中湿度的增加将导致极端降水量的增加，因为如果环流不发生变化的话，极端降水量和大气中总体的湿度有直接的对应关系。对观测资料的分析表明，北美冬季最大日降水量与当地大气湿度有显著的正相关关系（Wang，2008）。

　　虽然平均降水量（Balan et al.，2012）和极端降水显著增加，但是很少有直接证据表明自然强迫或人为强迫会影响全球的平均降水。但是，由于能量的约束，平均降水的增加被认为会少于极端降水的增加（Allen et al.，2002）。一个全球模式模拟的集合结果表明，在 20 世纪后半叶、半球尺度上，人类活动对极端降水的影响可以被检测出来；在大陆尺度上也可以被检测出来，只是影响没有那么显著（Min et al.，2008；Hegerl et al.，2004）。一项研究利用有限的气候模式和观测资料，将观测到的北半球降水极值强度增加（包括 RX1day 和每年最大的连续 5 d 降水量 RX5day）与人类活动相联系。然而，如果将同时结合了人类活动影响和自然影响的指纹法与只考虑人类活动影响的指纹法对比，可以发现结合了两种影响的显著性更弱，这可能是由于包括弱的 S/N 比在内的一系列因素的影响以及观测和模式结果的不确定性。同时，与观测站点的资料对比，发现模式对于模拟日极端降水量还有一定的偏差，这被 Min 等（2011）的研究在一定程度上证实了，他们将模式模拟出的逐年降水极值和观测的逐年降水极值转化成无量纲量对两者进行了对比。由于区域尺度上噪声、不确定性增加以及复杂的因子影响,在更小的空间尺度上检测人类活动的影响会更加困难。

证据表明,人类活动对全球水循环各个方面的影响显示出极端降水将会增加,同时,有限的直接证据表明人类活动将直接影响极端降水。然而,我们认为通过气候模式和有限的观测范围,模拟极端降水方面存在一定的困难,这一结论和 SREX(Seneviratne et al.,2012)相一致。SREX 认为 20 世纪后半叶人类活动强迫对全球尺度的陆地区域强降水有影响这一说法只有中等可信度。

还有研究估算出人类活动影响对于北半球年最大日降水量增加的平均贡献为 3.3%,且人类活动影响下,年最大日降水量的重现期由 20 世纪 50 年代早期的 20 年一遇变为 21 世纪初的 15 年一遇,即人类活动使得极端降水事件发生频率加大。

## 8.4　中国区域气候变化的检测与归因

在全球范围内,人类活动影响气候变化已经得到大量的检测结果。然而,对陆地和更小尺度气候变化的检测和归因的研究要比全球尺度的研究更困难(Stott et al.,2010;Hegerl et al.,2007a,2007b)。首先,对于小尺度的变化,内部变率比强迫响应的相对贡献要大,因为在大尺度范围内部变率的空间差异被平均掉了。其次,气候强迫响应的模式往往是大尺度的,当我们的注意力集中在全球区域范围内时,有较少的空间信息帮助区分不同强迫响应之间的差别。再次,在一些全球气候模式模拟中忽略的强迫或许在区域尺度上是重要的,例如土地利用变化或者黑碳气溶胶等。最后,模拟的内部变化和强迫响应的可靠性在小尺度比全球尺度要低,虽然网格单元格变化通常在模式中没有被低估。

鉴于上述原因,区域尺度检测归因的研究起步相对要晚。而在中国,这一领域的研究相对也比较少。针对中国区域的气温变化,一些研究利用简单或复杂的气候模式,考虑自然强迫(如太阳活动、火山活动)以及人类活动(如温室气体排放、硫酸盐气溶胶的直接和间接效应等)研究了气温变化的原因。也有试验考虑全球气候系统中圈层之间的相互作用,如考虑海温或 ENSO 的作用,以检测东亚温度和降水变化的原因。大多数气候模式模拟 20 世纪的全球气候变化,也有些模式模拟 1000 年中国的气候变化。下面将从地面气温、降水和极端事件 3 个方面回顾在该领域的研究成果。

### 8.4.1　对中国平均温度变化的检测与归因

在气候变暖的检测归因方面,中国学者从观测分析到数值模拟开展了大量工作,而对降水的检测归因则多与季风的变化联系在一起。在对气温的归因方面,利用全球和区域气候模式,多数研究的共识是,20 世纪东亚和中国变暖,除了气候的自然变化,人类活动可能起了一定作用,尤以 20 世纪 50 年代以来最明显(气候变化国家评估报告编委会,2007;周天军 等,2006)。Zhou 等(2006)检验了参加 IPCC AR4 的 19 个耦合模式对 20 世纪全球和中国气温变化的模拟,其中对全球地面平均气温的模拟效果较好,但是对 20 世纪中国气温演变的耦合模式模拟效果要差。外强迫解释了 20 世纪中国年平均气温变化的 32.5%,而内部变率(噪音)的贡献则高达 67.5%,信噪比仅为 0.69。这意味着对区域尺度的气温变化而言,强迫机制较之全球平均情况要复杂得多。Duan 等(2006)利用海气耦合模式对青藏高原 20 世纪气候的模拟发现,全球温室气体浓度增加对青藏高原变暖有贡献,而且由于高原上空臭氧浓度下降,温室气体浓度的增加对青藏高原的影响可能比其他地区更重要。

满文敏等(2012)基于气候系统模式 FGOALs_g1 对 20 世纪气温变化的模拟表明,对中国地区而言,20 世纪早期的气温变化受自然变率影响,但 20 世纪后期的变暖主要是温室气体增加的结果。在自然和人为因子共同作用下,模式能够再现 20 世纪 50 年代以来中国东部气温变化冬、春两季变暖的特征,但没有模拟出夏季长江中下游地区及淮河流域的降温趋势。Menon等(2002)研究认为中国黑碳气溶胶对区域气候变冷作用具有显著影响;另外,硫酸盐气溶胶的辐射影响具有明显的季节变化和地理分布特征,大量的模拟研究显示,夏季硫酸盐气溶胶对中国东部区域气温变冷具有显著贡献(Huang et al.,2007)。上述研究工作对中国地区的温度变化的原因进行了分析,但基于最优指纹法的对外强迫影响的研究还比较少。

Xu 等(2015)利用 CMIP5 的多个全球气候模式的模拟结果对中国地区 1961—2005 年 45 年的平均温度变化进行了检测与归因分析,结果表明,与全球平均温度的变化一致,近 45 年中国地区的平均温度的变化主要由人类活动引起。温室气体和气溶胶强迫对于观测到的中国地区平均温度变化的影响能够很清楚地被检测到,人类活动的影响也能与自然强迫的影响区分开,只有人类活动的影响能够解释最近几十年的中国地区平均温度的变化,但土地利用的影响没有被检测到(图 8.4)。研究还对不同人为强迫因子和自然因子对中国地区平均温度变化的相对贡献进行了分析(图 8.5)。

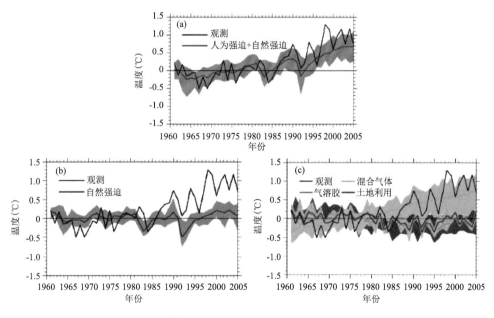

图 8.4　观测和模拟的中国地区 1961—2005 年平均温度的变化
(阴影部分为多模式的范围)(Xu et al.,2015)

## 8.4.2　对中国地区极端温度变化的检测与归因

在极端事件的归因方面,中国的研究相对较少。龚道溢等(2003)指出北极涛动对中国大部分地区冬季气温有一定影响,通过最高和最低气温计算得来的冬季极端温度指数(暖日、冷

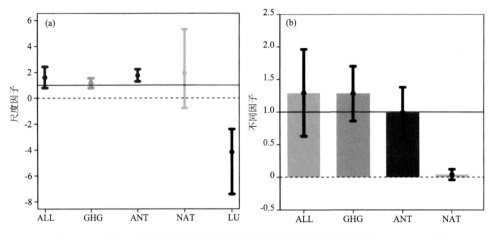

图 8.5　中国地区平均温度变化的尺度因子(a)和相对贡献(b)(Xu et al.,2015)

日、暖夜和冷夜)也必将受到同期 AO 的影响。冬季 AO 对这些地区的冬季极端温度指数有显著的影响。龚志强等(2009)研究表明,中国温度升高及极端温度出现频数变化的原因可能在于 3 个方面:①全球范围内的温室效应的增强;②经济发达地区、人口密集地区的城市热岛效应乃至区域热岛效应的加强;③火山活动等各种外强迫的加强。杨萍等(2011)的研究表明,20世纪 90 年代以来夏季显著的热岛效应,是城区极端高温事件发生频次明显高于其他地区的重要原因;但城区极端低温事件的发生频次有可能发生了与热岛效应无关的突变过程。中国科学家利用近百年资料和分辨率较高的区域气候模式对极端天气事件进行的分析和模拟表明,温室效应将使中国区域的日最高和日最低气温明显升高,而气温日较差减小。模拟得到的年平均日最高气温的显著增加区基本位于中国南部,而最低气温在黄河以北和长江以南的增加更显著。

Sun 等(2014)利用多源气候观测资料,结合国际上最新一代气候模式比较计划(CMIP5)的结果,在最优检测和总体最小二乘分析等数理统计方法的基础上,对中国东部地区 2013 年极端温度事件的归因进行了研究,分析了人为强迫因子以及自然变率对中国东部地区 2013 年夏季极端高温变化的相对贡献。结果清楚地表明人类活动对中国东部地区极端高温事件的影响,同时对人类活动对像 2013 年这样的高温事件的影响给出了量化的数据结果。数据分析显示,中国东部 2013 年夏季的高温比 1955—1984 年的平均值高出了 1.1 ℃,其中,0.8 ℃的增温可以归因于人类活动的影响,而另外的 0.3 ℃是由于气温的年际变率引起,气候变暖会增加发生极端高温事件的风险(图 8.6 和图 8.7)。

### 8.4.3　人类活动对长江流域降水变化的影响

前面已有研究的空间尺度都仅是全球或半球尺度,对于区域尺度的研究很少,主要原因是空间尺度较小时,降水变化信号存在彼此抵消的现象(信噪比较低),且模式的分辨率和模拟结果的准确度还不足以得出可靠的结论。但随着计算机技术的发展,模式的分辨率已得到大大提高,具备了开展较小区域尺度相关分析工作的条件。沙祎等(2019)利用 1961—2016 年CN05.1 逐日降水数据和 20 世纪气候检测归因计划(C20C+D&A Project)中 CAM5.1-1degree 模式的逐日降水结果,分析了人类活动对长江流域年降水量及 3 个极端降水指数时空

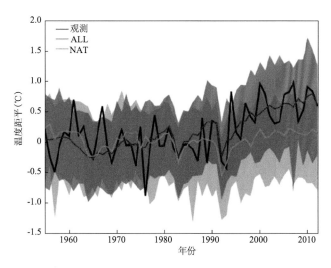

图 8.6　观测和模拟的中国地区平均温度的变化

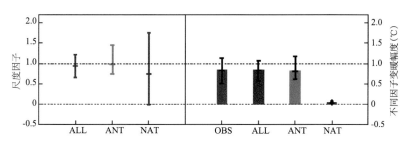

图 8.7　不同强迫的尺度因子和对 2013 年夏季高温的贡献

变化的影响。结果表明：包含人类活动及自然强迫因素的现实情景（All-Hist）的模拟结果与观测结果较为相近。All-Hist 情景下的多试验集合平均结果对长江流域降水的模拟能力较为可靠。通过对比 All-Hist 和 Nat-Hist 两种情景下模拟的长江流域降水量时空变化特征发现：考虑人类活动影响后，长江流域平均降水相对于仅考虑自然强迫情景下时呈现减少趋势，且减少趋势随时间推移加剧（图 8.8 和图 8.9）；极端降水受人类活动的影响随时间呈现出的增加趋势有所削弱；对平均降水及极端降水变化趋势的影响存在空间差异性，其中受人类活动影响最严重的是上游中部、东南部及中下游东南部地区，均呈现减少趋势（图 8.10）；但在长江上游西南部极端降水受人类活动影响显著增加，需要加强该区域洪涝预防工作。另外，人类活动对平均降水的减少贡献最大的时段为 2000—2009 年，影响最明显季节为秋冬两季；人类活动对极端降水的影响与降水的极端程度呈正相关，降水极端性越强，受人类活动影响的变化程度更大，且空间分布上的差异性也更加显著。

　　需要指出的是，与气候变化监测、检测研究一样，气候变化的归因研究也存在一定不确定性。除了资料和方法本身带来的不确定性外，归因研究结论还强烈依仗某些假设。例如，一个假设就是当前的气候模式能够完好地模拟气候多年代以上尺度的气候变化或变率。但是，由于模式仍处于不断发展和完善中，当前耦合气候模式中的海洋模式在模拟海洋慢过程和反馈时还存在较大缺陷，往往不能够完好地再现已经发生的多年代尺度海表温度变化。此外，关于

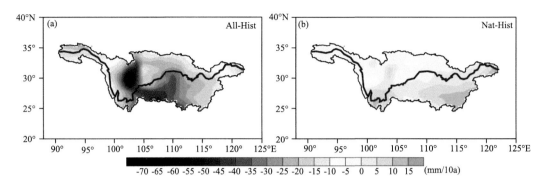

图 8.8　长江流域年降水量年代际变化趋势的空间分布

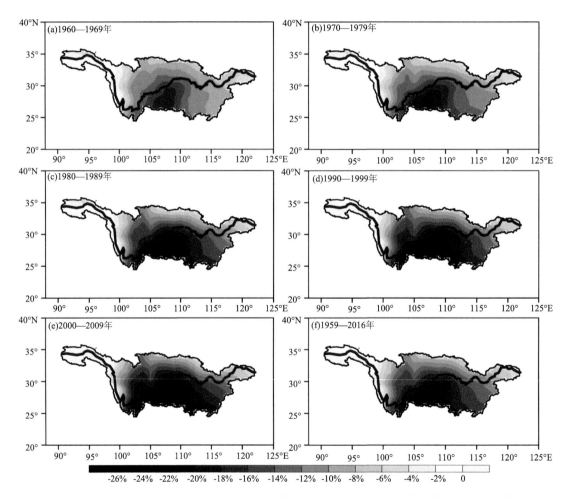

图 8.9　长江流域 All-Hist 相对于 Nat-Hist 情景不同时段年降水量变化百分率的空间分布

地球气候系统对不同外强迫的敏感性，当前的科学认识还存在较大分歧。这些问题需要在未来的研究中加以解决。

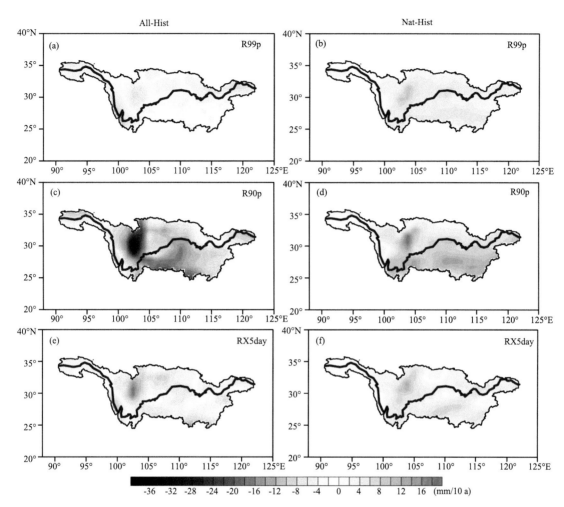

图 8.10　长江流域极端降水指数(a、b)R99p、(c、d)R90p 和(e、f)RX5day 的年代际变化趋势
的空间分布(All-Hist(左列);Nat-Hist(右列))

# 第9章　大数据在气候变化监测与检测中的应用

　　大数据研究正发展为科技、经济、社会等各个领域的关注焦点，科学大数据在推动全球气候变化监测中发挥着重要作用。本章论述了气候变化监测、检测的科学大数据的构成，指出为推动气候变化大数据的应用，需要进一步发展集成融合、存储共享、数字模拟和数据挖掘等新的科学大数据处理技术方法，并分析了气候变化监测中的大数据关键技术以及气候变化监测信息系统的建设。

　　"大数据"开始主要用于描述更新网络搜索索引需要同时进行批量处理或分析的大量数据集，后来发展到专门用于描述无法在一定时间内用传统数据库软件工具对其内容进行抓取、管理和处理的数据集合。大数据主要表现为数据体量巨大（PB级）、数据类别繁多（半结构化和非结构化数据）、价值密度低、处理速度快等特征（Schonberger，2013）。与传统的逻辑推理研究不同，大数据研究是对数量巨大的数据做统计性的搜索、比较、聚类和分类等分析归纳，进行"相关分析"，重点关注所谓"相关性"，即2个或以上变量的取值之间存在某种规律性，目的在于找出数据集里隐藏的相互关系网（李国杰 等，2012）。把与科学相关的大数据称之为科学大数据，科学大数据将复杂性、综合性、全球性和信息与通信技术高度集成性等诸多特点融于一身，其研究方法也正在从单一学科向多学科、跨学科方向转变，从自然科学向自然科学与社会科学的充分融合方向过渡，从个人或者小型科研团体向国际科学组织方向发展。科学家不仅通过对广泛的数据实时、动态地监测与分析来解决难以解决或不可触及的科学问题，更是把数据作为科学研究的对象和工具，基于数据来思考、设计和实施科学研究（Hey，2012）。

　　作为科学大数据之一的全球气候变化监测科学大数据，拥有科学大数据的高维（high dimension）、高度计算复杂性（high complexity）和高度不确定性（high uncertainty）的"3H科学内涵"（郭华东 等，2014）。气候变化科学大数据反映和表征着复杂的地球系统和经济社会现象与关系，具有超高数据维度。气候变化科学大数据应用的场景大多属于非线性复杂系统，具有高度复杂的数据模型。由于气候变化科学大数据来源于气候系统的观测和数值模拟，从而导致数据的高度不确定性。

　　国际上，全球气象部门正积极应对大数据技术带来的影响和变革。英国气象局积极探索利用大数据技术，处理多维动态时空数据及不确定性问题；德国气象局正研究气象部门面临的大数据问题，尤其是数值预报模式分辨率不断提高下的数据应用与服务技术；韩国气象局与IBM合作利用大数据构建极端天气事件预报系统。对于气候服务而言，可利用大数据技术，深度分析气象与农业、能源、航空、商业、制造业、医疗、甚至社会活动等数据，以获得新的相互关联信息，提供更大价值的服务。美国国家海洋和大气管理局正在谋划将大量的气象数据移到云平台中，以提供给公众更快捷的服务；欧洲中期天气预报中心计划未来利用云服务等提供多开放、多方式的数据与产品服务。2015年奥巴马政府公布了"气候数据项目"，这项计划旨在利用当前积累到的庞大气候变化相关数据,建立工具帮助美国各行业更好地适应气候变化。全球气候变化研究是一门涉及多时空尺度、多学科交叉融合的复杂科学。它不仅包括观测、模拟、预估的科学研究,还涉及海量科学数据存储、分析和决策服务等多种信息技术要求,其发展依赖于地球观测系统与科学大数据。目前中国国内在气候变化领域研究科学大数据的学者较少,吴国雄等(2014)提出了气候变化研究应该重视对科学数据的需求,指出了观测资料和数据再分析产品在全球变化研究中的重要性。

# 9.1　气候变化监测、检测科学大数据来源

全球气候变化研究对象是气候系统和人类活动,气候变化科学大数据涵盖气候系统和人类活动的方方面面(图 9.1)。气候系统是由大气圈、水圈、冰冻圈、岩石圈和生物圈五个圈层及其相互作用组成的高度复杂系统,它涉及太阳加热过程的年周期、缓慢运动的海洋、复杂而快速变化的大气,以及大陆、高山、冰盖和其他地表特征的各种影响。基于地基、空基、天基观测等获取的高质量、大容量的观测资料为认识气候系统的物理、化学、生物过程奠定了基础。1992 年,由世界气象组织(WMO)、联合国教科文组织(UNESCO)的政府间海洋学委员会、联合国环境规划署(UNEP)和国际科学理事会(ICSU)共同发起了国际合作的组网观测系统——全球气候观测系统(GCOS),开展多圈层综合观测,提供气候系统的综合信息,包括各种物理、化学和生物学过程以及大气、海洋、水文、冰雪圈和陆面过程,以满足各国对气候变化的数据和信息需求。经过 20 多年发展,GCOS 为各界提供了体量巨大、数据类别繁多的数据。在大气观测系统方面,GCOS 地面网络有 1028 个站,高空网络有 169 个站。空基观测系统(卫星)还为许多基本气候变量的实地观测提供了必要补充。在海洋观测系统方面,组建了海面和水下实地观测网络以及卫星遥感进行系统观测,海面以下 1500 m 无冰区域的温度和盐度在历史上首次得到了系统观测。在陆地观测系统方面,建立了全球陆地冰川网络。GCOS 针对

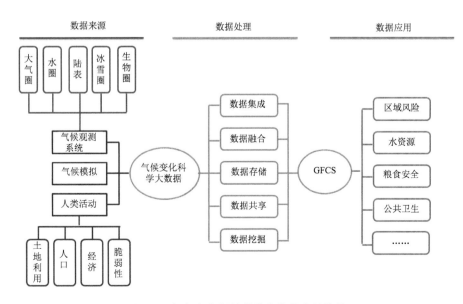

图 9.1　气候变化领域科学大数据应用结构

适应与减缓气候变化的国际社会需求,在充分考虑现有技术发展水平基础上,修订 2010 年之后的实施计划(IP-10),将基本气候变量增加到 54 项(表 9.1)。可以说,GCOS 的发展为认识和理解气候系统变化及其机制提供了重要的大数据支撑。

**表 9.1　IP-10 基本气候变量**

| 大气 | 地面 | 气温、风速和风向、水汽、气压、降水、地表辐射收支 |
|---|---|---|
| | 高空大气 | 温度、风速和风向、水汽、云特征、地球辐射收支(包括太阳辐照度) |
| | 大气成分 | 二氧化碳、甲烷、其他长生命期温室气体、臭氧和气溶胶及其前体物 |
| 海洋 | 表面 | 海表温度、海表盐度、海平面高度、海况、海冰、海表洋流、海色(反映生物活动)、二氧化碳分压、海洋酸度(pH) |
| | 次表层 | 温度、盐度、洋流、营养物、二氧化碳分压、海洋酸度、氧、海洋示踪物、浮游植物、海洋的生物多样性及其生活习性 |
| 陆地 | | 河流入海量、水利用、土壤水、湖泊、雪盖、冰川和冰帽、冰盖、永久冻土、反照率、地表覆盖(包括植被类型)、光合吸收有效辐射、叶面积指数、地上生物量、土壤碳、火干扰、土壤湿度、陆地的生物多样性及其生活习性 |

除观测数据外,气候变化模拟也会产生海量大数据。CMIP5 是 WCRP 支持下的第 5 阶段耦合模式比较计划,全球有 28 个机构 68 个模式参加了模式比较试验,CMIP5 计划一共有 36 组试验(Taylor et al.,2012),包含工业革命前控制试验、从 1850 年以来的历史试验、未来不同 RCP 情景气候变化预估试验、气候模式的灵敏度试验、碳循环气候模拟试验等。为了便于用户分析使用,各模式组提供的试验数据主要包含每 3 h、每 6 h、逐日、逐月的大气层的温度、降水、风速、高度、湿度、辐射,地面及土壤的温度、湿度和地表通量交换,海洋的温度、盐度、洋流、海冰密集度等要素。CMIP5 试验数据量大,据初步估算,有 2~3 PB 的数据。CMIP5 已为国内外专家开展模式评估、气候变化研究、人类活动对全球和区域气候变化的影响等研究提供了非常重要的科学基础数据。据统计,截至 2015 年 11 月 30 日,分析各模式的 CMIP5 模拟数据所发表的科学论文多达 519 篇,为科学应对气候变化提供了强有力的支撑。而且通过对这些数据的应用和挖掘分析,又会生成新的数据产品,形成一种正循环。

人类活动是全球气候变化研究的另一个着眼点,分析气候变化影响、归因、适应和减缓,需要大量的人类活动数据。在 IPCC AR5 中,土地利用数据、人口和经济数据、温室气体清单和脆弱性信息得到了大量应用。土地利用数据包括城市面积、林业面积、森林面积、草原面积、湿地面积、山地丘陵面积、平原面积和农作物播种面积。人口数据包括总人口、农业人口、城市人口、城市不同行业人口及比重、城市不同年龄人口及比重、家庭数、劳动力数量、年龄结构、各种文化程度人口比重等。经济数据包括国内生产总值及指数、三次产业生产总值及比重、农林牧渔业总产值及指数、人均国内生产总值、不同商品消费总量、居民消费价格分类指数、人均总收入、机动车保有量、用电量、发电量、各种能源类型供应及消耗量、人均燃煤消耗量等。温室气体排放与吸收数据更是达到上百种,从大的方面可以分为能源、工业过程与产品使用、土地利用、废弃物等类型(表 9.2)。在研究气候变化风险和适应中,需要收集整理大量的气象灾情资料及承灾体暴露度和脆弱性数据。例如,中国气象局组织了精细化暴雨洪涝灾害风险普查,普查了全国 2190 个县的暴雨洪涝灾害风险,覆盖 5860 条中小河流、17759 条山洪沟、12438 个泥石流点和 53589 个滑坡点,收集记录总计 116 万多条。信息包括历史灾害起止时间、受灾面积、受灾人口、转移安置人口、死亡人口、倒塌和损毁房屋、经济损失等。此外还调查了气象与水文监测能力、防治措施、预警指标与发布方式、水库和其他防汛设施防汛调度方案、应急救灾预案、救灾社会团体、政策法规等防灾减灾能力。

**表 9.2 温室气体排放与吸收简表**

| 活动类型 | 代码 | 简述 | 排放气体 |
|---|---|---|---|
| 能源 | 1 | 化石燃料燃烧的排放量,燃料在开采、加工、储存、运输到最终使用地的溢散排放量,主要包括化石燃料燃烧活动(1A)、燃料生产的溢散性排放(1B)、二氧化碳运输与储存(1C)等 | $CO_2$、$CH_4$、$N_2O$、$NO_x$、$CO$、$NMVOC$、$SO_2$ |
| 工业过程和产品使用 | 2 | 各类工业过程与工业产品使用所导致的温室气体排放量,主要包括矿石工业(2A)、化学工业(2B)、金属工业(2C)、源于燃料的非能源产品和溶剂用途(2D)、电子工业(2E)、作为臭氧损耗物质的替代物的产品使用(2F)、其他产品的制造和使用(2G)等 | $CO_2$、$CH_4$、$N_2O$、$HFCs$、$PFCs$、$SF_6$、其他卤化气体、$NO_x$、$CO$、$NMVOC$、$SO_2$ |
| 农业、林业和其他土地利用 | 3 | 从林地、农田、草地、湿地、聚居地和其他管理土地的温室气体排放与吸收,也包括饲养家畜、粪便管理以及石灰与尿素的施用,收获林产品等的排放,主要包括家畜(3A)、土地(3B)、土地上的累积源和非 $CO_2$ 源的排放(3C)、其他排放(3D)等 | $CO_2$、$CH_4$、$N_2O$、$NO_x$、$CO$、$NMVOC$、$SO_2$ |
| 废弃物 | 4 | 废弃物处理与排放产生的温室气体排放量,主要包括固体废弃物处理场处理(4A)、固体废弃物的生物处理(4B)、废弃物的设施焚烧或露天焚烧(4C)、废水的处理和排放(4D)、其他废弃物(4E)等 | $CO_2$、$CH_4$、$N_2O$、$NO_x$、$CO$、$NMVOC$、$SO_2$ |
| 其他 | 5 | 大气氮沉降的 $N_2O$ 间接排放,以及无法计入上述任何类别的温室气体排放与吸收量,主要包括以 $NO_x$ 和 $NH_3$ 形式的大气氮沉降的 $N_2O$ 间接排放 | $CO_2$、$CH_4$、$N_2O$、$NO_x$、$CO$、$NMVOC$ |

随着世界气象组织(WMO)的世界天气监视网(WWW)、全球气候观测系统(GCOS)、全球海洋观测系统(WOOS)、全球大气监测系统(GAW)、全球陆地观测系统(GTOS)等全球综合观测系统(WIGOS)的建立与不断完善,大量与气候系统相关的观测资料在全球气候变化研究中得以应用,使得人们进一步认识了气候系统演变规律,有力推动了全球气候变化研究的发展。与此同时,在近年来气候变化及其造成的极端天气气候事件导致社会脆弱性增加、经济社会迅速发展对气候服务需求日益增加的全球大背景下,2009 年 8 月,第三次世界气候大会决定建立全球气候服务框架体系(GFCS),以加强观测数据和模拟产品等信息在世界范围内的服务。

## 9.2 气候变化监测、检测科学大数据处理方法

科学大数据应用对象大多属于非线性复杂系统,具有高度复杂的数据模型(郭华东 等,2014)。因而,科学大数据不仅仅是一个数据处理与分析的问题,还是一个复杂系统与数据共同建模与计算的问题,需要复杂系统理论、估计理论与本学科的机理模型相结合来解决(Cressie et al.,2011)。全球气候变化科学正体现了这种特性,是大数据应用的典型实例。高

精度和高稳定度的观测资料是认识气候系统演变及机理、评估气候系统模式、探寻极端事件变化成因、开展气候变化检测与归因、提高气候预测准确率和预估未来气候变化的基础,也为适应和减缓气候变化,开展气候服务提供了科学支撑。

　　21世纪以来,随着科技进步和地球观测技术的飞速发展,针对气候系统的科学数据在时空分辨率、多样性、数据量等方面以前所未有的速度增长,推动了气候变化研究的发展,扩展了人类对气候及其变化机制的理解与认识。正是基于这些大容量观测数据,IPCC AR5从大气圈、海洋圈、冰冻圈等多圈层多视角证实近百年全球气候系统变暖的事实,并结合数值模拟数据提出人类活动导致了20世纪50年代以来一半以上的全球气候变暖(概率大于95%)(IPCC,2013),深化了对全球变化的科学认知。具体来说,针对气候变化科学大数据的"3H科学内涵"(高维、高度计算复杂性和高度不确定性),为推进大数据的应用,面临着新的数据融合与集成、海量数据存储与共享、数值模拟和数据挖掘等处理技术的发现需求。

### 9.2.1　数据融合与集成

　　如何从海量的大数据中提取气候变化信息? 数据的融合十分重要。数据融合是指利用不同气象观测平台的观测数据及模式模拟数据,通过一定的融合方法,发展出质量和时空分辨率均比单一资料更高的数据。有两种数据融合方法较为常见:一种是基于统计估计理论,如最优插值(OI)、卡尔曼滤波(KF)、扩展卡尔曼滤波(EKF)、集合卡尔曼滤波(EnKF)等;另一种是基于最优控制(又称变分法),如三维变分(3D-Var)、四维变分(4D-Var)等。20世纪80年代初,国外降水资料融合用于在区域尺度上对地面观测降水、数字化天气雷达资料和WSR-88D雷达的综合分析。采用了最优系数方法作为融合方法,并利用数值预报产品弥补没有观测资料的网格,利用多种观测资料形成了月降水分布。20世纪90年代,开始实施全球降水气候计划(GPCP),其目的之一就是要发展充分利用各种数据优点形成高质量的降水融合产品。中国气象局采用概率密度和最优插值相结合的两步数据融合方法,研制出了0.25°逐日和0.10°×0.10°逐小时的降水量融合产品,为气候变化检测极端强降水事件提供了数据保障。NOAA使用4个不同的陆面模式进行模拟,能实时输出1 h、1/8°分辨率的土壤温湿度等陆面要素融合产品。为研究全球平均气候变化状况,需要使用数据集成技术。以全球陆地平均气温计算为例,英国东英吉利大学气候研究所从观测站点中挑选4349个站点的长时间观测资料,再将站点资料插值成5°×5°格点数据集,分别计算北半球(NH)和南半球(SH)陆地年平均气温,再按照陆地面积加权求和(0.68NH+0.32SH),从而得到全球陆地平均气温变化的时间序列(Brohan et al.,2006)。

### 9.2.2　海量数据存储与共享

　　随着气候系统观测种类的增多以及气候变化数据产品的丰富,如何做好海量数据的存储管理、共享服务已成为面临的首要问题。气象数据管理是利用信息技术对数据进行有效的收集、处理、存储和应用的过程,其目的在于规范、安全、有效地管理数据,充分发挥数据的作用。其中,数据存储是气象数据管理的重要一环,也是数据处理的关键技术。气象数据存储技术是建立在存储设备之上的气象数据安全保护、数据存储管理和检索服务的系统级应用技术。基于这些技术,存储设备的存储能力与气象数据存储管理应用组合成存储集,提供满足气象数据业务和科研应用的高性能、可扩展以及数据安全等需求的服务。在全国综合气象信息共享平台(CIMISS)建设中,采用了数据分级存储、缓存、数据库等技术,实现海量气象数据的可靠高效存储,使各种软硬件资源达到最佳匹配,在集约化硬件资源的同时,提升气象资料的应用效力。采用磁盘镜像、数据复制等技术实现气象数据主中心和异地备份中心间的数据同步,当数据主中心出现严重灾难时,数据备份中心能不间断地提供数据服务。采用虚拟存储、分布式数据存储等技术,为云计算、大数据处理提供一个分布式的数据存储和处理环境。云计算、大数据和移动互联网技术的蓬勃发展将加速气象数据存储管理技术的创新融合发展。数据的存储管理是大数据的核心,云计算、大数据和移动互联网所面临的有效存储、高效检索、实时分析等挑战,必将对气象数据存储管理技术产生重要影响。同时,大数据应用所面临的数据安全保护问题也日益突出,只有数据与适合的存储管理系统相匹配,制定出管理数据的战略,才能低成本、高可靠、高效益地应对海量气象数据。

气候变化监测、检测大数据本身包含着不同来源、不同属性的海量数据信息,其服务的用户包含科研、政府、公众等各阶层用户,因此共享服务具有不同层次、地域分布众多的特点,按照数据服务的层次,气象资料共享服务技术分为数据服务技术和延伸服务技术两类。数据服务技术可实现对已发布的气象资料共享资源进行查询、下载、在线交互等功能。数据服务技术包括信息获取技术、数据访问技术以及中间件技术。其中,信息获取技术是指能够对信息进行定位和下载的技术。数据定位可根据数据的空间范围、时间尺度以及要素种类等条件定位到用户需要的数据。数据下载根据下载方式可分为数据直接下载、数据定制和数据订阅等。中间件是建立在操作系统之上,支持网络应用的有效开发、部署、运行和管理的支撑软件。数据访问技术是基于中间件技术,向用户提供实时获取数据的编程接口、服务协议和获取方法。延伸服务技术主要是在基础目录服务、数据服务的基础上,为了扩展数据的可用性,充分展示气候变化数据深层次的内容,运用通用数据服务原理所形成的数据服务技术。气象资料共享领域遍布中国科学研究和国民经济的各行各业,涉及气象、农业、林业、水利、建筑、交通、军事、医药、卫生、海洋、铁道、公安、媒体、环保等多种行业。未来,中国气象局将综合应用大数据、云计算、移动互联等现代信息技术,集约整合气象部门的 IT 资源、数据资源,建立以大数据管理与应用为核心,支撑气候变化研究、业务和服务的"气象云"。

## 9.2.3　数值模拟

气候系统模式是根据一套描述气候系统中存在的各种物理、化学和生物过程及其相互作用的数学方程组而建立的,气候系统模式的发展也得益于科学大数据。近几十年来,随着观测对象的增多、观测资料分辨率的提高以及观测资料的累积,对气候系统中各种物理、化学、生态过程以及它们之间相互作用的认识与理解程度不断深化,极大推进了气候系统模式的发展。气候系统模式已从 20 世纪 70 年代简单的大气环流模式发展到耦合了大气、海洋、陆面、海冰、气溶胶、碳循环等多个模块的复杂气候系统模式。动态植被和大气化学过程也陆续被耦合到气候系统模式中。这些模式无论在物理过程还是在模式的分辨率上都较以前的模式有了显著的提高,改善了模式的模拟性能。利用这些模式预估未来气候变化,减小了预估的不确定性。

## 9.2.4　数据挖掘

数据挖掘技术是随着数据仓库的兴起而发展起来的,是支持用户从浩如烟海的数据中提取有价值信息的一项数据管理与服务技术。气候变化数据具有数据量大、数据种类多以及分布范围广的特点，远远超出了人脑分析解释这些数据的能力。大数据挖掘是对数量巨大的数据进行统计性的搜索、比较、聚类和分类等分析，即统计上的"相关分析"。基于相关分析的预测是大数据的核心之一，这在大气遥相关、气候预测和预估、极端天气气候事件检测归因等领域中有很好的体现。

20世纪80年代以来，随着观测资料的增多和大气环流研究的发展，在大气遥相关领域取得显著进展。气象学家们揭示出若干大气遥相关型，包括地面气压场上的北大西洋涛动、北太平洋涛动、南极涛动、北极涛动、南方涛动等，对流层大气中的太平洋-北美型、欧亚型，西太平洋型、西大西洋型、东大西洋型等。大气遥相关变化在全球气候变化中起着重要作用。如研究揭示，春季南极涛动与中国夏季长江流域降水具有显著的正相关（高辉 等，2003；Sun et al.，2009），与华北降水间具有反相关关系（Wang et al.，2005）；北极涛动与东亚冬季风强度具有反相关关系（Gong et al.，2001），其变化还可影响到长江流域夏季降水异常（Gong et al.，2003）。利用大数据技术，监测和挖掘两极地区涛动变化信息，就可提前预测中国气候的变化。

极端天气气候事件因其对社会广泛而严重的影响日益受到科学界的关注，对极端事件的检测归因需要使用大数据挖掘技术。极端事件的检测是建立在长序列气候资料基础之上的统计分析。归因定义为"以某种给定的信度，估算多种因子对某种变化或某个事件变化的相对贡献的过程"。人类活动对极端事件的归因研究主要包括两类：一类是人类活动对某种极端变量长期变化影响的归因研究，如人类活动对过去50年极端温度长期变化影响的归因研究；第二类是人类活动对某种重大气候极端事件影响的归因研究，如研究人类活动对2013年中国东部极端高温热浪事件的归因研究（Sun et al.，2014）。虽然这两类研究的对象不同，但是都需要使用大量的气候模式资料和观测资料以确定人类活动和极端事件之间可能存在的因果关系。而确定这些数据之间关系的数据挖掘方法主要为最优指纹法。这是一种增强人为气候变化信号特征使之排除低频自然变率噪声干扰的技术方法，一般用在定量化鉴别人为气候变化的研究中。最优指纹法可以用多元回归来实现，即把观察的气候变化 $y$ 看作是外部气候强迫 $X$ 的线性结合，再加上内部气候变化 $u$，公式为：

$$y = Xa + u$$

式中，$y$ 为经过滤波的观测资料，其能够充分反映观测气候的时空变化；矩阵 $X$ 包括对外部强迫响应模态，$a$ 为对应这些模态的标量因子矢量；$u$ 为内部气候变率。矩阵 $X$ 的信号来自耦合模式（CGCM）、大气模式（AGCM）或简化气候模式如能量平衡模式（EBM）。与此同时，还需要估计自然内部变率。在实际计算中，一次完整的归因计算一般需要处理几万年的气候模式资料，而且这样的计算需要重复很多次，甚至上万次，因此计算中所涉及的数据量非常大。

## 9.3　基于大数据的气候变化监测系统建设

为适应气候变化带来的风险，世界气象组织建立了全球气候服务框架体系（GFCS），旨在通过一个端到端的系统提供有效气候服务，并广泛应用于社会各阶层的决策，从而减小和管理气候风险。全球气候服务框架由用户界面平台、气候服务信息系统、观测和监测、研究模拟和预测、能力建设5个部分组成，并优先发展农业与粮食安全、灾害风险管理、水资源、公共卫生

4 个领域的服务能力。在全球气候服务框架的实施中,数据是基础,涉及过去、现在和未来气候系统变化的信息以及气候变化对自然生态系统影响的信息和社会经济信息。因此,大数据的应用,特别是社会经济信息数据在此领域大有可为。为此,正在建设的中国气候服务系统(宋连春 等,2013),围绕农业与粮食安全、灾害风险管理、水资源、能源、城镇化、人体健康等领域,充分利用气候变化大数据,提供了东北水稻种植气候区划、福建山洪灾害风险评估、长江三峡水库气候风险、中国风能资源开发利用、北京城市供暖气候阈值、广州城市内涝风险预警、上海健康气象预警等服务。

中国气象局国家气候中心的新一代气候与气候变化监测预测系统(如 CIPAS 2.0)在对多源数据分析的基础上,对 700 多个算法进行规范化处理,从而为进一步发展中国气候变化服务产品打下基础。

### 9.3.1　系统特点

(1)集约化

系统采用算法库统一管理和业务流程引擎技术,建立了全国气候业务众创平台;通过气候监测、预测、产品检验、预测产品制作、诊断分析等业务的整合,并基于大数据技术和 CIMISS 的数据支撑环境,实现了业务平台发展的"真正"集约化,解决了气候业务发展后系统的可扩展性和科研成果快速转化推广问题。

(2)扁平化设计

分离"业务"和"技术",简化系统结构,整合为数据文件库、运行平台和算法库管理平台(图 9.2),实现了全国气候业务的数据统一、算法统一和产品统一。CIPAS 2.0 实现了全国统一部署和统一运维,为国家级和省级业务平台建设节约了大量研发成本和运维成本。

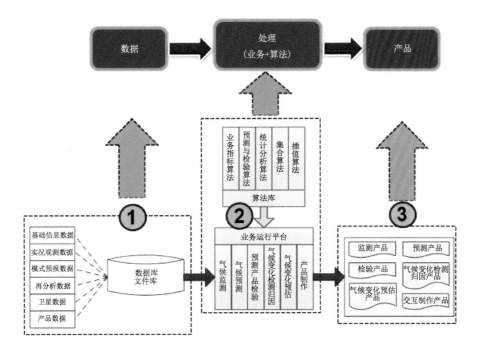

图 9.2　气候与气候变化监测预测系统扁平化设计

（3）新的业务运行模式

根据业务运行需要，设计自动和手动这两种运行方式：

自动运行方式是由产品定时器触发，产品定时器根据自动作业配置，定时启动相应的产品处理，业务运行平台根据自动作业配置调用相应的业务功能，业务功能根据处理需要，调用数据处理功能获取需要的业务数据，并在数据的基础上，调用相应的业务指标或者算法进行处理，生成相应的业务结果数据，并根据自动作业配置的产品展示类型，调用相应的产品生成功能，生成相应的图表产品，最后将生成的产品入产品库进行存储。

手动运行方式包括产品浏览与交互制作这两种方式。

产品浏览是由用户从 UI 界面触发的快速浏览产品的方式，用户通过 UI 界面输入需要查看的产品信息，产品浏览平台根据信息获取到已经生成的产品，并快速显示给用户。

交互制作是由用户从 UI 界面触发的实时交互生成产品的方式，产品制作功能根据界面输入的条件调用相应的业务功能，业务功能根据处理需要，调用数据处理功能获取需要的业务数据或者产品，并在数据和产品的基础上，调用相应的业务指标、算法和交互工具对数据进行高交互处理，生成需要的交互结果数据，并根据交互结果数据生成指定类型的交互产品，最后将生成的交互产品展示给用户查看与分析。

（4）统一运维管理

CIPAS 2.0（包括国家级系统和省级系统）统一部署在国家气象信息中心的 CIMISS 虚拟化运行平台之上。国—省—地—县通过中国气象局业务网统一访问 CIPAS 2.0，实现了气候算法统一、数据统一、产品统一和运维统一，从而实现了集约化发展。

## 9.3.2　系统建设原则

要立足集成集约，注重创新，体现信息化、集约化、标准化、智能化特色。主要有以下几方面的原则性要求：

（1）坚持信息化原则

系统建设的核心是信息化的问题，在数据信息采集、数据处理、业务处理以及数据展现过程中充分体现信息化原则。

（2）坚持集约化原则

强化系统的顶层设计和综合统筹，对气候监测预测业务进行集约化建设，避免因为功能缺陷导致重复建设。

（3）坚持标准化原则

系统平台建设要坚持标准化原则，在气候业务产品制作过程中，充分体现标准化的业务流程和技术规范，每类产品制作都要体现哪些监测和预测产品必须分析以及分析的先后顺序。

（4）坚持安全高效原则

从系统选型到系统设计开发阶段，充分考虑系统数据的特殊性、敏感性，选择代码可控的系统为基础平台，增加必要的用户认证控制技术以保障系统安全性。

而另一方面，系统在建设过程中将始终考虑到用户的应用感受，在数据库设计、数据构建、系统开发与部署等各个环节减少冗余和通信环节，强化数据传输与渲染速度，以保障系统的应用效率。

（5）坚持先进实用原则

　　加强用户与设计开发人员的沟通,坚持先进性与实用性统一。在选用技术路线中,采用当前国际领先的技术解决方案作为系统建设方案,在技术实现中,紧扣工程管理人员对工程进度、质量、成本、安全生产的关注以及管理人员对信息的获取和判读习惯,开发具有国际领先水平以及符合建设实际情况的气候业务系统。

### 9.3.3　系统架构设计

　　为了达到气候系统的要求,同时考虑硬件资源统一管理,软件系统低耦合、高内聚的建设原则,架构共分为 5 层,从下往上依次是基础设施层、数据存储层、支撑层、应用功能层和人机交互层(图 9.3)。

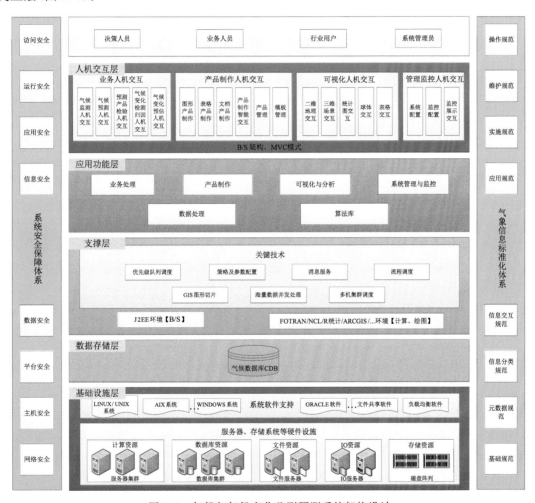

图 9.3　气候与气候变化监测预测系统架构设计

（1）人机交互层

　　人机交互层位于系统架构的最上层,最接近用户,用于显示数据和接收用户输入的数据,为用户提供一种交互式操作的界面来使用系统的业务功能,系统的功能通过用户界面作为统一入口。该层分为 4 个部分:业务人机交互、产品制作人机交互、可视化人机交互和管理监控人机交互。

（2）应用功能层

应用功能层反映了气候与气候变化监测预测系统各个功能模块之间的层次关系，该层又可以分为 3 层：基础服务层、业务处理层和交互处理层。

①基础服务层

基础服务层主要包括数据处理和算法库，该层为上层提供数据的统一访问和算法的统一访问。

②业务处理层

业务处理层是应用功能层的核心，它通过基础服务层提供的各种气象数据和算法完成对各种气候业务的处理以及系统的管理监控，包括气候监测处理、气候预测处理、预测产品检验处理、气候变化检测归因处理、气候变化预估处理和系统管理与监控，同时将业务处理的结果交由人机交互层进行相应产品的生成和可视化分析或者将管理监控信息交由人机交互层进行展示。

③交互处理层

交互处理层主要实现对气候产品的可视化分析以及服务产品的生成，它获取业务处理层的处理结果并进行可视化分析，通过人机交互生成相应的服务产品。该层主要为人机交互提供后台的逻辑处理，如：多维数据引擎、图形化引擎、可视化分析以及产品的自动生成。

应用功能层采用基于组件化架构思想进行设计，即将系统的业务功能单元，封装成各个相对独立又互相联系的功能组件，通过支撑层的调度控制，各功能组件相互配合，协作完成系统的各项任务。根据功能层次的不同，可将应用功能层的组件划分为 3 类：交互处理组件库、业务处理组件库和基础服务组件库。

（3）支撑层

支撑层描述了实现气候与气候变化监测预测系统所使用的技术架构和所采用的关键技术，为应用功能层的各个功能模块、业务组件起支撑和组织的作用。

根据气候与气候变化监测预测系统的运行特点，该系统所采用的技术架构是浏览器/服务器（B/S）架构（业务的展示、查询检索和信息发布等采用基于 HTML 和 CSS 的 B/S 架构，而对于高交互的业务以及对制图要求较高的部分业务则采用 FLEX 的 B/S 架构，具体业务的划分在概要设计阶段视用户的需求而定），如图 9.3 所示。其中，支撑层位于 B/S 架构的 Server 端，通过远程调用接口为 B/S 交互端提供业务处理单元。

支撑层采用面向服务思想的体系结构（图 9.3），将业务功能组件封装成为提供相关服务的可执行代码单元，并发布为服务，作为单个实例存在，并且通过远程调用接口与 B/S 端 WEB 服务交互。

（4）数据存储层

数据存储层主要实现气候与气候变化监测预测系统所有气象资料数据的存储管理，提供访问位于持久化容器中数据的功能，所有有关从持久化介质中读取数据或向其写入数据的工作都属于这一层的工作。

数据存储层对外提供统一的数据访问资源，同时考虑数据访问效率等非功能性需求所进行的事务处理、并行处理等工作。

（5）基础设施层

基础设施层为气候与气候变化监测预测系统提供基础的软件和硬件支撑平台，包括系统软件以及服务器、存储系统等硬件设施。其中,系统软件分为操作系统软件(AIX 操作系统、Linux 操作系统、Windows 操作系统)、数据库软件、共享文件系统软件等;硬件设施分为各种服务器资源(如:计算资源、数据库资源、文件资源、IO 资源)以及存储资源(如:磁盘阵列)。同时,从可靠性上考虑,采用集群与双机热备技术,避免单点故障。

### 9.3.4　部署架构设计

气候与气候变化监测预测系统物理部署架构设计如图 9.4 所示。

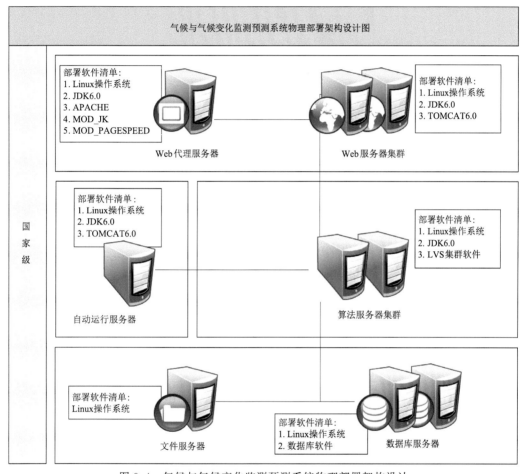

图 9.4　气候与气候变化监测预测系统物理部署架构设计

为了适应系统高并发的需求及提升系统网站的响应速度,以给用户更好的体验,系统网站采用动静分离、负载均衡等技术实现。在 Web 服务端使用 Web 代理服务器与 Web 服务器集群相结合的方式,前端由一台(或多台,可根据实际运行情况增加)Web 代理服务器进行负载均衡以及静态文件的部署,后端由多台 Web 服务器组成集群,负责动态页面的请求以及完成系统的业务逻辑调用。前端的 Web 代理服务器作为一个负载均衡器,将请求分发给后端的多台 Web 服务器,负载均衡器优化了访问请求在服务器组之间的分配,消除了服务器之间的负载不平衡,从而提高了系统的反应速度与总体性能,同时对后端应用服务器的运行状况进行监控,及时发现运行异常的服务器,将访问请求转移到其他可以正常工作的服务器上,从而提高服务器组的可靠性,还可以根据业务量的发展情况灵活增加应用服务器,提高系统的扩展能力。

系统存在着大量的自动制图、定时采集等自动定时作业,自动作业对计算机性能及资源要求较高,容易成为计算瓶颈,因此将自动运行业务独立部署。

系统采用面向服务思想的体系结构,将业务功能组件和算法库组件封装成为提供相关服务的可执行代码单元,并发布为服务,作为单个实例存在,并且通过远程调用接口供自动运行服务器和 Web 应用服务器调用,这些可执行代码单元部署在算法服务器上,因系统业务功能与算法众多且复杂、对服务器计算资源的要求较高,算法服务器采用集群的方式增加服务器的处理能力。

气候数据分为格点数据和站点,格点数据保存在文件服务器中,站点数据保存在数据库服务器中。为了确保数据库的稳定性,采用双机热备与读写分离的方式:第一台数据库服务器作为数据存储的主服务器,提供对数据的增删改操作;第二台数据库服务器作为从服务器,接收来自第一台服务器的备份数据,并承担对数据的查询操作。

### 9.3.5　运行方式

气候与气候变化监测预测系统业务运行方式如图 9.5 所示。

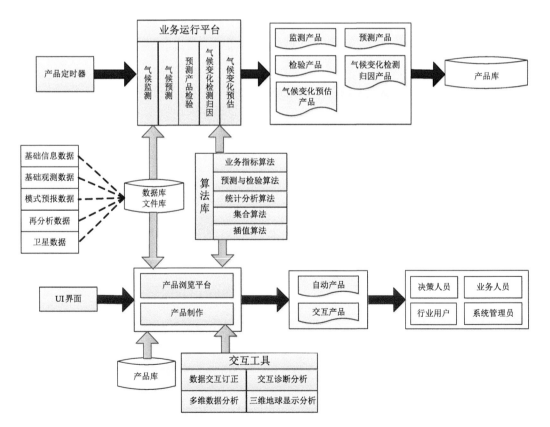

图 9.5　气候与气候变化监测预测系统业务运行方式

　　自动运行方式是由产品定时器触发,产品定时器根据自动作业配置,定时启动相应的产品处理,业务运行平台根据自动作业配置调用相应的业务功能,业务功能根据处理需要,调用数据处理功能获取需要的业务数据,并在数据的基础上,调用相应的业务指标或者算法进行处理,生成相应的业务结果数据,并根据自动作业配置的产品展示类型,调用相应的产品生成功能,生成相应的图表产品,最后将生成的产品入产品库进行存储。

　　手动运行方式包括产品浏览与交互制作这两种方式。

　　产品浏览是由用户从 UI 界面触发的快速浏览产品的方式,用户通过 UI 界面输入需要查看的产品信息,产品浏览平台根据信息获取到已经生成的产品,并快速显示给用户。

　　交互制作是用户从 UI 界面触发的实时交互生成产品的方式,产品制作功能根据界面输入的条件调用相应的业务功能,业务功能根据处理需要,调用数据处理功能获取需要的业务数据或者产品,并在数据和产品的基础上,调用相应的业务指标、算法和交互工具对数据进行高交互处理,生成需要的交互结果数据,并根据交互结果数据生成指定类型的交互产品,最后将生成的交互产品展示给用户查看与分析。

### 9.3.6　关键技术

(1)算法库技术

　　如图 9.6 所示,CIPAS 2.0 的建设构造了一个开放开源的众创型业务发展平台,该系统应用现代信息技术,搭建了一个支持人人创新、人人分享的发展平台,利用这个平台汇集众智,能够真正打造激励众创和成果共享的业务循环发展的良好生态。

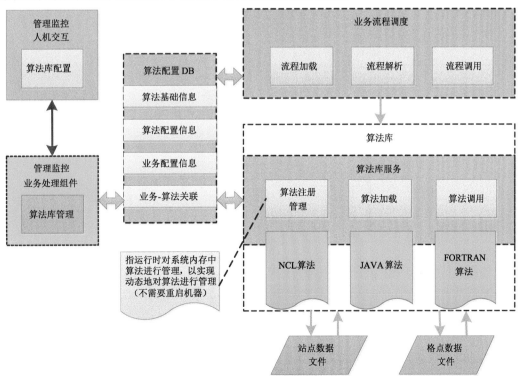

图 9.6　气候与气候变化监测预测算法库技术

算法的众创:针对现有的算法支持上传、下载、还原等功能,目前支持 NCL、可执行程序(Fortran、C、C++等);支持业务流程与算法库自动关联功能;实现业务集成和扩展,科研向业务的快速转化。

算法采用组件化方式进行开发,通过算法库服务可对算法组件进行修改、替换等管理,因此可以根据需要动态扩展算法。

(2)流程引擎技术

如图 9.7 所示,系统采用基于组件的开发技术,系统组件调度引擎(流程引擎)是组件框架的核心功能,负责根据业务流程组装、调度需要的组件。系统基于组件调度引擎对业务流程调度的各个阶段运行状况(包括运行状态和产品生成状态等)进行实时监视,并将监视信息保存至监控库中。业务管理基于监控信息,实现业务状态监视与管理,以及相关产品信息的统计功能。

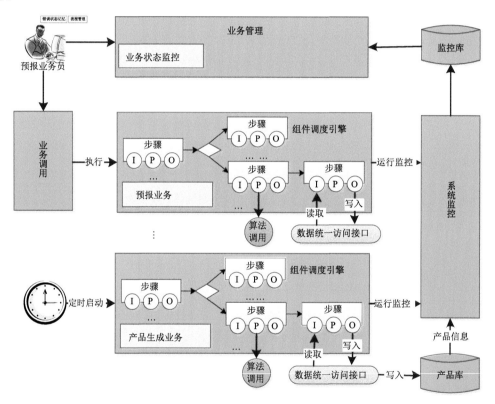

图 9.7 气候与气候变化监测预测流程引擎技术

流程调度技术主要解决系统中业务产品生成流程以及业务管理流程的在线配置问题,实现业务流程的可配置性,提高业务流程的柔性与业务过程控制的灵活性,满足业务流程的可配置性和可扩展性需求。

(3)自动调度技术

如图 9.8 所示,系统存在大量自动作业任务,需要定时方式或者消息驱动方式按照用户需求生成大量的图形和数据产品,从而使产品能够快速地提供给用户使用。由于部分气候业务产品的计算过程复杂,计算量大,并且产品数据较多,为了更好地满足需求,需要考虑的非功能性包括时效性和稳定性,综合分析后采用优先级消息队列方式进行自动作业的负载均衡技术方向。

如图 9.8 所示,自动作业负载均衡技术路线采用 ActiveMQ 消息队列,自动任务调度和自动任务手动管理这两个功能将需要执行的自动任务相关参数信息组装成字符串等方式放到基于 ActiveMQ 的自定义的优先级消息队列,等待算法库主动获取任务并执行。算法库集群为自动出图执行部分,算法库集群中的各个算法库都具有负载检测模块,每个算法库在自身负载允许的情况下主动从优先级任务队列中获取任务并执行。

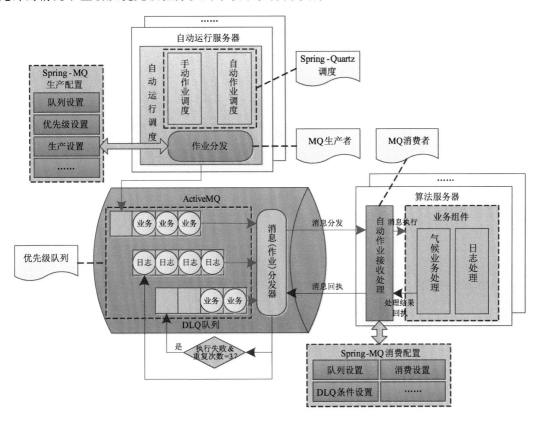

图 9.8　气候与气候变化监测预测自动调度技术

由于采用的基于消息队列的算法库集群方式,当算法库集群中的一个算法库出现问题,也不会影响到其他算法库工作,因此较好地提供了自动任务的稳定性,并且可以根据自动出图任务量情况,添加或者删除算法库集群中的算法库数量,从而很好地保证了自动作业的时效性要求。

## 9.3.7　功能与应用

CIPAS 2.0 是中国气象局国家气候中心核心业务系统,是一个基于大数据技术的集约化众创型业务平台。系统以国家级气候业务为基础,打造出由国家级至区域、省、地、县级的气候信息辐射,实现了气候监测、预测、预测产品检验、业务产品在线分析制作与产品展示等业务功能。CIPAS 2.0 国家级和省级系统统一运行部署在云共享平台之上,实现了真正意义上的集约。

系统在业务应用以及在制作决策服务材料上发挥了巨大的作用。

## 9.4　结束语

科学大数据是气象科学发展的基础,是地球科学创新的重要源泉之一。这些多维度、高质量的科学大数据对全球变化研究具有不可低估的重要作用。随着先进观测技术的发展,科学数据的急速增加,加深了对气候系统的物理、化学、生物过程的认识,扩展了对气候及其变化机制的理解,促进了气候系统模式的发展,提高了气候预测的准确率,揭示了人类活动对气候的影响程度等。同时,现代气候服务也越来越多地需要地球信息数据服务,这些大数据为实施GFCS奠定了基础。

近两年在大气科学领域,科学大数据的研究越来越深入。与以往相比,气象大数据研究呈现如下特征:①固化的需求关注越来越少,探索性需求关注越来越多;②概念性分析越来越少,实施层面的总结性分析越来越多;③传统的数据加工处理越来越少,数据挖掘的分析越来越多;④单一的气象数据分析越来越少,跨领域综合数据分析越来越多;⑤大数据平台越来越集中,但应用覆盖面却越来越广。

与此同时,如何管理和挖掘这些大数据是面对的一个挑战。大数据管理需要巨大的存储空间、快速的传输网络以及完善的网站建设服务体系,需要加强地基、空基和天基多种观测资料融合处理,促进资料应用研发,发挥综合效益。需要协同地球科学各个分支共同研究大数据的理论体系和技术框架,推动大数据在各个领域的应用,以推动地球科学的跨越式发展。

# 参考文献

白虎志,任国玉,张爱英,等,2006. 城市热岛效应对甘肃省温度序列的影响[J]. 高原气象,25(1):90-94.

白文广,2010. 温室气体 CH4 卫星遥感监测初步研究[D]. 北京:中国气象科学研究院.

曹永福,2005. 格兰杰因果性检验评述[J]. 世界经济统计研究,52:16-21.

岑思弦,秦宁生,李媛媛,2012. 金沙江流域汛期径流量变化的气候特征分析[J]. 资源科学,34(8):1538-1545.

钞振华,杨永顺,2011. 基于地统计方法的中国西部气温空间插值研究[J]. 湖北大学学报(自然科学版),33(2):209-213.

陈世杰,2013. 利用 CT 扫描技术进行冻土研究的现状和展望[J]. 冰川冻土,35(1):193-202.

陈述彭,1991. 地球科学的复杂性与系统性[J]. 地理科学,11(4):297-305.

陈莹,尹义星,陈兴伟,等,2011.19 世纪末以来中国洪涝灾害变化及影响因素研究[J]. 自然资源学报,26(12):2110-2120.

陈永利,胡敦欣,2003. 南海夏季风爆发与西太平洋暖池区热含量及对流异常[J]. 海洋学报,25(3):20-31.

陈月娟,周任君,王雨,等,2009. 大气—海洋学概论[M]. 合肥:中国科学技术大学出版社.

陈正洪,王海军,任国玉,等,2005. 湖北省城市热岛强度变化对区域气温序列的影响[J]. 气候与环境研究,10(4):771-779.

丑纪范,1997. 大气科学中非线性与复杂性研究的进展[J]. 中国科学院院刊,5:325-329.

初子莹,任国玉,2005. 北京地区城市热岛强度变化对区域温度序列的影响[J]. 气象学报,63(4):534-540.

丁一汇,任国玉,2008. 中国气候变化科学概论[M]. 北京:气象出版社.

丁永健,2013. 冰冻圈变化及其影响研究的主要科学问题概论[J]. 地球科学进展,28(10):1068-1076.

方锋,白虎志,赵红岩,等,2007. 中国西北地区城市化效应及其在增暖中的贡献率[J]. 高原气象,26(3):579-585.

费亮,王玉清,薛宗元,等,1993. 赤道东太平洋海温与长江下游地区降水异常的相关分析[J]. 气象学报,4:442-447.

封国林,龚志强,董文杰,等,2005. 基于启发式分割算法的气候突变检测研究[J]. 物理学报(11):5494-5499.

封国林,董文杰,龚志强,等,2006. 观测数据非线性时空分布理论和方法[M]. 北京:气象出版社.

封国林,龚志强,支蓉,2008. 气候变化检测与诊断技术的若干新进展[J]. 气象学报(6):892-905.

封志明,杨艳昭,丁晓强,等,2004. 气象要素空间插值方法优化[J]. 地理研究,23(3):357-364.

冯锦明,赵天保,张英娟,2004. 基于台站降水资料对不同空间内插方法的比较[J]. 气候与环境研究,9(2):261-277.

符淙斌,1992. 气候突变的定义和检测方法[J]. 大气科学,16(4):482-492.

符淙斌,全小伟,苏炳凯,1986. 用复 EOF 分析 El Niño 增暖的振幅和位相变化[J]. 科学通报,16:1241-1244.

傅抱璞,1988. 山地气候要素空间分布的模拟[J]. 气象学报,46(3):319-326.

高峰,孙力,苏丽欣,2012. 丰满流域汛期降水变化特征分析[J]. 地理科学,32(10):1282-1288.

高辉,薛峰,王会军,2003. 南极涛动年际变化对江淮梅雨的影响及预报意义[J]. 科学通报,48(增刊):87-92.

葛全胜,郑景云,满志敏,等,2002. 过去 2000 年中国东部冬半年温度变化序列重建及初步分析[J]. 地学前缘,9(1),169-181.

龚道溢,王绍武,2003. 近百年北极涛动对中国冬季气候的影响[J]. 地理学报,2(4):906-922.

龚志强,2006. 基于非线性时间序列分析方法的气候突变检测研究[D]. 扬州:扬州大学.

龚志强,邹明玮,李建平,等,2005.基于非线性时间序列分析经验模态分解和小波分解异同性的研究[J].物理学报,54(8):3974-3984.

龚志强,王晓娟,支蓉,等,2009.中国近58年温度极端事件的区域特征及其与气候突变的联系[J].物理学报,58(6):4342-4353.

郭华东,王力哲,陈方,等,2014.科学大数据与数字地球[J].科学通报,59:1047-1054.

郭军,李明财,刘德义,2009.近40年来城市化对天津地区气温的影响[J].生态环境学报,18(1):29-34.

郭艳君,李庆祥,丁一汇,2009.探空资料中的人为误差对中国温度长期变化趋势的影响[J].大气科学,33(6):1309-1318.

韩香玉,卢照方,2011.温室效应和温室气体监测[J].分析仪器,178(6):72-74.

何红艳,郭志华,肖文发,2005.降水空间插值技术的研究进展[J].生态学杂志,24(10):1187-1191.

何萍,陈辉,李宏波,等,2009.云南高原楚雄市热岛效应因子的灰色分析[J].地理科学进展,28(1):25-32.

何日安,2010.温室气体监测方法的研究进展[C]//中国环境科学学会.2010中国环境科学学会学术年会论文集(第二卷).北京:中国环境科学出版社.

何文平,2008.动力学结构突变检测方法的研究及其应用[D].兰州:兰州大学.

何文平,何涛,成海英,等,2011.基于近似熵的突变检测新方法[J].物理学报(4):820-828.

何英,李丽,吴巩胜,2010.气候要素空间插值技术的研究进展[J].科协论坛,3(下):58-61.

侯景儒,尹镇南,1998.实用地质统计学[M].北京:地质出版社.

侯威,封国林,高新全,2005.基于复杂度分析冰芯和石笋代用资料时间序列的研究[J].物理学报,54(5):2441-2447.

侯威,廉毅,封国林,2007.基于搜索平均法的气象观测数据的非线性去噪[J].物理学报,1:589-596.

胡嘉聪,2010.城市热岛研究进展[J].北京师范大学学报(自然科学版)(2):186-193.

胡江林,张人禾,牛涛,2008.长江流域0.1°网格逐日降水数据集及其精度[J].自然资源学报,23(1):136-149.

胡鹏,黄杏元,华一新,2002.地理信息系统教程[M].武汉:武汉大学出版社.

胡宜昌,董文杰,何勇,2007.21世纪初极端天气气候事件研究进展[J].地球科学进展,22(10):1066-1075.

华北区域气候变化评估报告编写委员会,2013.华北区域气候变化评估报告决策者摘要及执行摘要[M].北京:气象出版社.

黄嘉佑,1995a.北京地面气温可预报性及缺测资料恢复的研究[J].气象学报,53(2):211-216.

黄嘉佑,1995b.气候状态变化趋势与突变分析[J].气象,21(7):54-57.

黄嘉佑,刘小宁,李庆祥,2004.中国南方沿海地区城市热岛效应与人口的关系研究[J].热带气象学报,20(6):713-722.

黄荣辉,陈际龙,黄刚,2006.中国东部夏季降水的准两年周期振荡及其成因[J].大气科学,30(4):545-560.

黄杏元,马劲松,汤勤,2001.地理信息系统概论[M].北京:高等教育出版社.

黄雪松,1992.桂北地区近四十年来降水的气候诊断分析[J].广西气象(3):62-64.

江志红,屠其璞,2001.20世纪全球表面温度场序列的插补试验[J].气候与环境研究,24(1):26-35.

金红梅,2013.近似熵对气候突变检测的适用性研究[D].兰州:兰州大学.

金红梅,何文平,侯威,等,2012a.不同趋势对滑动移除近似熵的影响[J].物理学报,61(6):501-509.

金红梅,何文平,张文,等,2012b.噪声对滑动移除近似熵的影响[J].物理学报,61(12):613-621.

黎明琴,邹耀芳,任芝花,1997.用测定横向降水量订正降水测量中的风场变形误差[J].中国气象科学研究院年报,1997(1):51-54.

李国杰,程学旗,2012.大数据研究:未来科技及经济社会发展的重大战略领域——大数据的研究现状与科学思考[J].中国科学院院刊,27:647-657.

李建平,丑纪范,1997.大气中吸引子的存在性[J].中国科学(D辑),27(1):89-95.

李军,游松财,黄敬峰,2006.中国1961—2000年月平均气温空间插值方法与空间分布[J].生态环境,15(1):

109-114.

李庆祥,李伟,2007.近半个世纪中国区域历史气温网格数据集的建立[J].气象学报,65(2):293-300.

李庆祥,江志红,黄群,等,2008.长三角地区降水序列的均一性检验与订正试验[J].应用气象学报,19(2):219-226.

李庆祥,刘小宁,张洪政,等,2003.定点观测气候序列的均一性研究[J].气象科技,31(1):3-11.

李庆祥,彭嘉栋,沈艳,2012.1900—2009年中国均一化逐月降水数据集研制[J].地理学报,67(3):301-311.

李庆祥,屠其璞,2002.近百年北半球陆面及中国年降水的区域特征与相关分析[J].南京气象学院学报,25(1):92-99.

李尚锋,应爽,姚耀显,等,2014.东北夏季月低温事件的定义及大气环流年代际特征分析[J].气象与环境学报,30(3):38-45.

李书严,陈洪滨,李伟,2008.城市化对北京地区气候的影响[J].高原气象,27(5):1102-1109.

李晓文,李维亮,周秀骥,1998.中国近30年太阳辐射状况研究[J].应用气象学报,9(1):25-31.

李新,程国栋,卢玲,2000.空间内插方法比较[J].地球科学进展,15(3):260-265.

李永华,徐海明,白莹莹,等,2010.我国西南地区东部降水的时空特征[J].高原气象,29(2):523-530.

李占杰,鱼京善,2010.黄河流域降水要素的周期特征分析[J].北京师范大学学报(自然科学版)(3):185-188.

李珍,姜逢清,胡汝骥,等,2007.1961—2004年乌鲁木齐城市化过程中的冷化效应[J].干旱区地理(2):73-81.

廖洞贤,1985.最优测站距离、最优垂直分层和最优观测时间间隔的决定[J].气象学报,43(2):153-161.

林学椿,于淑秋,唐国利,1995.中国近百年温度序列[J].大气科学,19(5):525-534.

林学椿,于淑秋,唐国利,2005.北京城市化进展与热岛强度关系的研究[J].自然科学进展,15(7):882-886.

刘长建,杜岩,张庆荣,等,2007.海洋对全球变暖的响应及南海观测证据[J].气候变化研究进展,11(1):8-13.

刘劲松,陈辉,杨彬云,等,2009.河北省年均降水量插值方法比较[J].生态学报,29(7):3493-3500.

刘立新,周凌晞,张晓春,等,2009.我国4个国家级本底站大气$CO_2$浓度变化特征[J].中国科学(D辑:地球科学),39(2):222-228.

刘时银,张勇,刘巧,等,2017.气候变化影响与风险气候变化对冰川影响与风险研究[M].北京:科学出版社.

刘式适,刘式达,1991.大气动力学[M].北京:北京大学出版社.

刘涛,1994.大洋海水的咸味一样吗?[J].海洋世界,4:14-15.

刘涛,1995.大洋里的海水盐度为何不一样[J].海洋世界,6:10-11.

刘小宁,孙安健,1995.年降水量序列非均一性检验方法探讨[J].气象,21(8):3-6.

刘学锋,任国玉,梁秀慧,等,2009.河北地区边界层内不同高度风速变化特征[J].气象,35(7):46-53.

刘学锋,于长文,任国玉,2005.河北省城市热岛强度变化对区域地表平均气温序列的影响[J].气候与环境研究(4):763-770.

刘雪堂,1991.海水盐度测量技术[M].北京:海洋出版社.

刘扬,韦志刚,2012.近50年中国北方不同地区降水周期趋势的比较分析[J].地球科学进展,27(3):337-346.

刘毅,何金海,王黎娟,2005.近40年重庆地区夏季降水的气候特征[J].气象科学,25(5):490-498.

刘玉莲,2013.我国强降雪气候特征及其变化[J].应用气象学报,24(3):305-317.

刘兆飞,徐宗学,2007.塔里木河流域水文气象要素时空变化特征及其影响因素分析[J].水文,27(5):69-73.

刘正佳,于兴修,王丝丝,等,2012.薄盘光滑样条插值中三种协变量方法的降水量插值精度比较[J].地理科学进展,31(1):56-62.

卢路,家宏,秦大庸,等,2011.海河流域历史水旱序列变化规律研究[J],长江科学院院报,28(11):14-18.

卢文芳,王永华,1989.空间结构函数在上海地区气象站网设计中的应用[J].南京气象学院学报,12(3):325-332.

陆守一,唐小明,王国胜,1998.地理信息系统实用教程[M].北京:中国林业出版社.

吕少宁,李栋梁,文军,等,2010.全球变暖背景下青藏高原气温周期变化与突变分析[J].高原气象,29(6):

1378-1385.

罗云峰,周秀骥,李维亮,1998.大气气溶胶辐射强迫及其后效应的研究现状[J].地球科学进展,13(6): 573-579.

满文敏,周天军,张丽霞,等,2012.20世纪温度变化中自然变率和人为因素的影响:基于耦合气候模式的归因 模拟[J].地球物理学报,55(2):372-383.

么枕生,1951.由年温变化之谐波分析论中国气候[J].地理学报,18(z1):41-68.

孟雷明,王丽丽,雷艳,等,2013.盐度对刺参碳、氮收支影响的初步研究[J].大连海洋大学学报,1:34-38.

孟庆香,刘国彬,杨勤科,2009.黄土高原年均气温的空间插值方法研究[J].干旱区资源与环境,23(3):83-87.

穆振侠,姜卉芳,刘丰,等,2007.天山西部区降雨量空间分布的研究[J].新疆农业大学学报,30(1):75-77.

潘晓华,翟盘茂,2002.气候极端值的选取与分析[J].气象,28(10):28-31.

彭思岭,2010.气象要素时空插值方法研究[D].长沙:中南大学.

彭珍,胡非,2006.北京城市化进程对边界层风场结构影响的研究[J].地球物理学报(6):40-47.

蒲健辰,2004.近百年来青藏高原冰川的进退变化[J].冰川冻土,26(5):517-529.

蒲书箴,于惠苓,1993.热带西太平洋上层热结构和海流异常及其对副高的影响[J]海洋学报,15(1):31-44.

濮冰,闻新宇,王绍武,等,2007.中国气温变化的两个基本模态的诊断和模拟研究[J].地球科学进展,147(5): 456-467.

气候变化国家评估报告编委会,2007.气候变化国家评估报告[M].北京:科学出版社.

气候变化国家评估报告编委会,2010.气候变化国家评估报告(第一卷)[M].北京:科学出版社.

钱永兰,吕厚荃,张艳红,2010.基于ANUSPLIN软件的逐日气象要素插值方法应用与评估[J].气象与环境学 报,26(2):7-15.

秦大河,2014.气候变化科学与人类可持续发展[J].地理科学进展,33(7):874-883.

秦大河,丁一汇,苏纪兰,2005.中国气候与环境演变(上卷)[M].北京:科学出版社.

任福民,翟盘茂,1998.1951—1990年中国极端温度变化分析[J].大气科学,22(2):217-226.

任国玉,徐铭志,2005a.近54年中国气温的变化[J].气候与环境研究,10(4):717-727.

任国玉,初子莹,周雅清,等,2005b.中国气温变化研究最新进展[J].气候与环境研究,10(4):701-716.

任国玉,郭军,徐铭志,等,2005c.近50年中国地面气候变化基本特征[J].气象学报,63(6):942-956.

任国玉,2008.气候变暖成因研究的历史、现状和不确定性[J].地球科学进展,23(9):16-23.

任国玉,张爱英,初子莹,等,2010.我国地面气温参考站点遴选的依据、原则和方法[J].气象科技,38(1): 85-98.

任国玉,任玉玉,李庆祥,等,2014.全球陆地表面气温变化研究现状、问题和展望[J].地球科学进展,29(8): 934-946.

任国玉,任玉玉,战云健,等,2015.中国大陆降水时空变异规律——Ⅱ.现代变化趋势[J].水科学进展,26(4): 451-465.

任玉玉,2008.城市化对北半球陆地气温观测记录的影响[D].北京:北京师范大学.

任玉玉,任国玉,张爱英,2010.城市化对地貌气温变化趋势影响研究综述[J].地理科学进展,29(11): 1301-1310.

任芝花,王改利,邹风玲,等,2003.中国降水测量误差的研究[J].气象学报,61(5):621-627.

任芝花,李伟,雷勇,等,2007.降水测量对比试验及其主要结果[J].气象(10):96-101.

沙沛,徐影,韩振宇,等,2019.人类活动对1961—2016年长江流域降水变化的可能影响[J].大气科学,43(6): 1265-1279.

邵晓梅,许月卿,严昌荣,2006.黄河流域降水序列变化的小波分析[J].北京大学学报(自然科学版),1(1): 1-7.

申倩倩,束炯,王行恒,2011.上海地区近136年气温和降水量变化的多尺度分析[J].自然资源学报,26(4):

644-654.

申彦波,赵宗慈,石广玉,2008.地面太阳辐射的变化、影响因子极其可能的气候效应最新研究进展[J].地球科学进展,23(9):916-923.

沈艳,冯明农,张洪政,等,2010.我国逐日降水量格点化方法[J].应用气象学报,21(3):279-286.

沈永平,王国亚,2013.IPCC第一工作组第五次评估报告对全球气候变化认知的最新科学要点[J].冰川冻土,35(5):1068-1076.

盛裴轩,毛节泰,李建国,等,2002.大气物理学[M].北京:北京大学出版社.

施能,陈家其,屠其璞,1995.中国近100年来4个年代际的气候变化特征[J].气象学报,53(4):431-439.

施能,魏凤英,封国林,等,1997.气象场相关分析及合成分析中蒙特卡洛检验方法及应用[J].南京气象学院学报,20(3):355-359.

施晓晖,徐祥德,2008.1951—2002年全球陆地气温和降水的年代际趋势转折特征[J].自然科学进展,18(9):1016-1026.

石广玉,王喜红,张立盛,等,2002.人类活动对气候影响研究 II.对东亚和中国气候变化与变率影响[J].气候与环境研究,7:255-266.

史培军,孙劭,汪明,等,2014.中国气候变化区划(1961—2010年)[J].中国科学:地球科学,44(10):2294-2306.

史平,2011.浅析大气气溶胶的分类及其对气候的影响[J].科技信息,385(29):850.

司鹏,李庆祥,轩春怡,等,2009.城市化对北京气温变化的贡献分析[J].自然灾害学报,18(4):138-144.

宋超辉,刘小宁,李集明,1995.气温序列非均一性检验方法的研究[J].应用气象学报,6(3):289-296.

宋连春,肖风劲,李威,2013.我国现代气候业务现状及未来发展趋势[J].应用气象学报,24:513-520.

宋艳玲,董文杰,张尚印,等,2003.北京市城、郊气候要素对比研究[J].干旱气象(3):63-68.

孙朝阳,邵全琴,刘纪远,等,2011.城市扩展影响下的气象观测和气温变化特征分析[J].气候与环境研究,16(3):337-346.

孙秀宝,任国玉,任芝花,等,2013.风场变形误差对冬季降雪测量及其趋势估算的影响[J].气候与环境研究,18(2):178-186.

孙颖,尹红,田沁花,等,2013.全球和中国区域近50年气候变化检测归因研究进展[J].气候变化研究进展,9(4):235-245.

唐国利,2006.器测时期中国温度变化研究[D].北京:中国科学院大气物理研究所.

唐国利,林学椿,1992.1921—1990年我国气温序列及变化趋势[J].气象,18(7):3-6.

唐国利,任国玉,2005.近百年中国地表气温变化趋势的再分析[J].气候与环境研究,10(4):791-798.

唐国利,任国玉,周江兴,2008.西南地区城市热岛强度变化对地面气温序列影响[J].应用气象学报,19(6):722-730.

唐蕴,王浩,严登华,等,2005.近50年来东北地区降水的时空分异研究[J].地理科学(2):172-176.

陶诗言,1959.十年来我国对东亚寒潮的研究[J].气象学报(3):226-230.

田武文,黄祖英,胡春娟,2006.西安市气候变暖与城市热岛效应问题研究.应用气象学报,17(4):438-443.

涂诗玉,陈正洪,2001.武汉和宜昌缺测气温资料的插补方法[J].湖北气象(3):11-12.

屠其璞,1984.近百年来我国气温变化的趋势和周期[J].南京气象学院学报,2:151-162.

万仕全,封国林,董文杰,等,2005.气候代用资料动力学结构的区域与全球特征[J].物理学报,11:5487-5493.

王芳,葛全胜,2012.根据卫星观测的城市用地变化估算中国1980—2009年城市热岛效应[J].科学通报,57(11):951-958.

王海军,涂诗玉,陈正洪,2008.日气温数据缺测的插补方法试验与误差分析[J].气象,34(7):83-91.

王明星,2000.气溶胶和气候[J].气候与环境研究,5(1):1-5.

王启光,张增平,2008.近似熵检测气候突变的研究[J].物理学报(3):1976-1983.

王庆安,顾亚进,1988.气象台站网设计的探讨[J].气象科学(3):72-80.

王秋香,李庆祥,周昊楠,等,2012.中国降水序列均一性研究及对比分析[J].气象,38(11):1390-1398.

王善华,黄镇,1987.赤道东太平洋海温、南方涛动和我国东部降水的谱分析[J].气象科学(2):69-76.

王绍武,1983.冰雪覆盖与气候变化[J].地理研究,2(8):74-83.

王绍武,1990.近百年来我国气温变化趋势和周期[J].气象,16(2):11-15.

王绍武,龚道溢,叶瑾琳,等,2000.1880年以来中国东部四季降水量序列及其变率[J].地理学报,55(3):281-293.

王绍武,罗勇,赵宗慈,等,2012.气候变暖的归因研究[J].气候变化研究进展,8(4):308-312.

王绍武,叶瑾琳,龚道溢,等,1998.近百年中国年气温序列的建立[J].应用气象学报,9(4):392-401.

王绍武,赵宗慈,龚道溢,等,2005.现代气候学概论[M].北京:气象出版社.

王学锋,周德丽,杨鹏武,2010.近48年来城市化对昆明地区气温的影响[J].地理科学进展,29(2):145-150.

王毅荣,张存杰,2006.河西走廊风速变化及风能资源研究[J].高原气象(6):224-230.

王宗山,马成璞,邹娥梅,1983.西太平洋水团特征的年际变化及其与某些气候因子的关系[J].黄渤海海洋,1(1):33-38.

王遵娅,丁一汇,何金海,2004.近50年来中国气候变化特征的再分析[J].气象学报,62(2):228-236.

魏凤英,2007.现代气候统计诊断与预测技术:第2版[M].北京:气象出版社.

温康民,任国玉,李娇,等,2019.国家基本/基准站地面气温资料城市化偏差订正[J].地理科学进展,38(4):138-149.

邬伦,刘瑜,张晶,等,2001.地理信息系统原理方法和应用[M].北京:科学出版社.

吴国雄,林海,邹晓蕾,等,2014.全球气候变化研究与科学数据[J].地球科学进展,29(1):15-22.

吴佳,高学杰,2013.一套格点化的中国区域逐日观测资料及与其他资料的对比[J].地球物理学报,56(4):1102-1111.

吴涛,康建成,王芳,等,2006.全球海平面变化研究新进展[J].地球科学进展,7:730-737.

吴息,王少文,吕丹苗,1994.城市化增温效应的分析[J].气象,20(3):7-9

熊秋芬,黄玫,熊敏诠,等,2011.基于国家气象观测站逐日降水格点数据的交叉检验误差分析[J].高原气象,30(6):1615-1625.

徐超,吴大千,张治国,2008.山东省多年气象要素空间插值方法比较研究[J].山东大学学报(理学版),43(3):1-5.

严华生,万云霞,邓自旺,等,2004.用正交小波分析近百年来中国降水气候变化[J].大气科学,28(1):151-157.

阎洪,2004.样条插值与中国气候空间模拟[J].地理科学,24(2):163-169.

彦立利,2013.基于遥感的冰川信息提取方法研究进展[J].冰川冻土,35(1):110-118.

杨大庆,1989.国外降水观测误差分析及改正方法研究概况[J].冰川冻土,11(2):177-183.

杨大庆,施雅风,康尔泗,等,1990.天山乌鲁木齐河源高山区固态降水对比测量的主要结果[J].科学通报,35(22):1734-1736.

杨培才,周秀骥,2005.气候系统的非平稳行为和预测理论[J].气象学报,63(5):556-570.

杨萍,刘伟东,候威,2011.北京地区极端温度事件的变化趋势和年代际演变特征[J].灾害学,26(1):60-64.

杨贤为,何素兰,张强,1990.四川盆地气温相关函数场的分析及其在站网设计中的应用[J].大气科学,14(4):497-503.

杨贤为,苏米扬,1991.四川盆地蒸发站网的合理布局探讨[J].应用气象学报,2(1):106-112.

叶柏生,杨大庆,丁永健,等,2007.降水观测误差分析及其修正[J].地理学报,62(1):1-13.

叶笃正,符淙斌,董文杰,等,2003.全球变化科学领域的若干研究进展[J].大气科学,27(4):435-450.

余予,李俊,任芝花,等,2012.标准序列法在日平均气温缺测数据插补中的应用[J].气象,38(9):1135-1139.

岳文泽,徐建华,徐丽华,2005.基于地统计方法的气候要素空间插值研究[J].高原气象,24(6):974-980.

翟盘茂,潘晓华,2003.中国北方近50年温度和降水极端事件变化[J].地理学报,58(S1):1-10.

翟盘茂,李蕾,2014.IPCC第五次评估报告反映的大气和地表的观测变化[J].气候变化研究进展,10(1):20-24.

翟盘茂,任福民,1997.中国近四十年最高最低温度变化[J].气象学报,55(4):418-429.

翟盘茂,邹旭恺,2005.1951—2003年中国气温和降水变化及其对干旱的影响[J].气候变化研究进展(1):16-18.

张爱英,任国玉,郭军,等,2009.1980—2006年我国高空风速变化趋势分析[J].高原气象,28(3):680-687.

张爱英,任国玉,周江兴,等,2010.中国地面气温变化趋势中的城市化影响偏差[J].气象学报,68(6):957-966.

张佳华,2008.利用卫星遥感和地面实测积雪资料分析近年新疆积雪特征[J].高原气象,27(3):552-567.

张兰生,方修琦,任国玉,2000.全球变化[M].北京:高等教育出版社.

张乃禹,1982.海水盐度简易计算法[J].海洋科学,3:57-59.

张强,阮新,熊安元,2009.近57年我国气温格点数据集的建立和质量评估[J].应用气象学报,20(4):385-393.

张强,王胜.2005,绿洲与荒漠背景夏季近地层大气特征的对比分析[J].冰川冻土,27(2):282-289.

张勤,丁一汇,2001.热带太平洋年代际平均气候态变化与ENSO循环[J].气象学报,59(2):157-172.

张如一,李晓东,施尚文,1991.中国月降水分布类型的若干统计特征[J].北京师范大学学报(自然科学版),2:244-249.

张文,2007.近百年来气候突变与极端事件的检测与归因的初步研究[J].扬州:扬州大学.

张先恭,李小泉,1982.本世纪我国气温变化的某些特征[J].气象学报,40(2):198-208.

张小曳,廖宏,王芬娟,2014.对IPCC第五次评估报告气溶胶—云对气候变化影响与响应结论的解读[J].气候变化研究进展,10(1):37-39.

张秀芝,孙安健,1996.气候资料缺测插补方法的对比研究[J].气象学报,54(5):625-632.

张媛,任国玉,2014.无参考序列条件下地面气温观测资料城市化偏差订正方法:以北京站为例[J].地球物理学报,57(7):2197-2207.

赵春雨,2009.辽宁省城市化发展对区域气温序列的影响研究[J].安徽农业科学,37(29):14251-14254.

赵军,师银芳,王大为,等,2012.1961—2008年中国大陆极端气温时空变化分析[J].干旱区资源与环境,26(3):52-56.

赵瑞霞,李伟,王玉彬,等,2007.空间结构函数在北京地区气象观测站网设计中的应用[J].应用气象学报,18(1):94-101.

赵宗慈,1991.近39年中国气温变化与城市化影响[J].气象,17(4):14-16.

赵宗慈,王绍武,徐影,等,2005.近百年我国地表气温趋势变化的可能原因[J].气候与环境研究,10(4):808-817.

郑祚芳,张秀丽,曹鸿兴,等,2007.用去趋势涨落分析研究北京气候的长程变化特征[J].地球物理学报,50(2):420-424.

支蓉,龚志强,王德英,2006.基于幂律尾指数研究中国降水的时空演变特征[J].物理学报,55(11):6185-6191.

中国气象局,2003.地面气象观测规范[M].北京:气象出版社.

周广超,2012.海温长时间序列分析及与人类活动的关系[D].青岛:中国海洋大学.

周连童,黄荣辉,2003.关于我国夏季气候年代际变化特征及其可能成因的研究[J].气候与环境研究,8(3):274-290.

周凌晞,刘立新,张晓春,等,2008.我国温室气体本底浓度网络化观测的初步结果[J].应用气象学报,19(6):

641-645.

周凌晞,周秀骥,张晓春,等,2007.瓦里关温室气体本底研究的主要进展[J].气象学报(3):458-468.

周锁铨,孙琪,肖桐松,等,2008.长江中上游区基于 GIS 的不同时间尺度降水插值方法探讨[J].高原气象,27 (5):1021-1034.

周天军,赵宗慈,2006.20 世纪中国气候变暖的归因分析[J].气候变化研究进展,2(1):28-31.

周雅清,任国玉,2005.华北地区地表气温观测中城镇化影响的检测和订正[J].气候与环境研究,10(4): 743-753.

朱家其,汤绪,江灏,2006.上海市城区气温变化及城市热岛[J].高原气象,25(6):1154-1160.

朱锦红,王绍武,慕巧珍,2003.华北夏季降水 80 年振荡及其与东亚夏季风的关系[J].自然科学进展,13(11): 1205-1211.

朱良燕,2010.基于 M-K 法的安徽省气候变化趋势特征 R/S 分析及预测[D].合肥:安徽大学.

朱求安,张万昌,余钧辉,2004.基于 GIS 的空间插值方法研究[J].江西师范大学学报(自然科学版),28(2): 183-188.

朱求安,张万昌,赵登忠,等,2005.基于 PRISM 和泰森多边形的地形要素日降水量空间插值研究[J].地理科 学,25(2):233-238.

朱瑞兆,吴虹,1996.中国城市热岛效应的研究及其对气候序列影响的评估[M]//85-913 项目 02 课题论文 编委会.气候变化规律及其数值模拟研究论文(第一集).北京:气象出版社.

朱业玉,顾万龙,王记芳,等,2009.河南省汛期极端降水事件分析[J].长江流域资源与环境,5:495-500.

邹晓蕾,2012.气候变化趋势计算及其对观测精度的敏感性[J].气象科技进展,2(1):41-43.

邹旭恺,任国玉,张强,2010.基于综合气象干旱指数的中国干旱变化趋势研究[J].气候与环境研究,15(4): 371-378.

AGUILAR E,AUER I,BRUNET M,et al,2003. Guidance on metadata and homogeneity[R]. Geneva: World Meteorological Organization.

ALEXANDER L V,TAPPER N,ZHANG X,et al,2009a. Climate extremes:progress and future directions[J]. Int J Climatol,29:317-319.

ALEXANDER L V,ARBLASTER J M,2009b. Assessing trends in observed and modelled climate extremes o-ver Australia in relation to future projections[J]. Int J Climatol,29:417-435.

ALEXANDER L V,ZHANG X,PETERSON T C,et al,2006. Global observed changes in daily climate ex-tremes of temperature and precipitation[J]. J Geophys Res,111(3):D05109.

ALEXANDERSSON H,1986. A homogeneity test applied to precipitation data[J]. Int J Climatol,6:661-675.

ALLAN P R,SODEN J B,2008. Atmospheric warming and the amplification of precipitation extremes[J]. Sci-ence,321:1481-1484.

ALLEN M R,INGRAM W J,2002. Constraints on future changes in climate and the hydrologic cycle[J]. Na-ture,419:224-232.

ALLEN M R,STOTT P A,2003. Estimating signal amplitudes in optimal fingerprinting,part I:Theory[J]. Climate Dyn,21:477-491.

ALLEN M R,TETT S F B,1999. Checking for model consistency in optimal fingerprinting[J]. Climate Dyn, 15:419-434.

BAETTIG M B,WILD M,IMBODEN D M,2007. A climate change index:Where climate change may be most prominent in the 21st century[J]. Geophys Res Lett,34:L01705.

BALAN S B,STOTT P,BLACK E,et al,2012. Fingerprints of changes in annual and seasonal precipitation from CMIP5 models over land and ocean[J]. Geophys Res Lett,39:L23706.

BALLING R C,VOSE R S,WEBER G R,1998. Analysis of long-term European temperature records:1751—

1995[J]. Climate Res,10:193-200.

BARNES S L,1964. A technique for maximizing details in a numerical weather map analysis[J]. J Appl Mteor, 3:396-409.

BARNES S L,1994. Applications of Barnes objective analysis scheme. Part I:Effects of undersampling,wave position and station randomness[J]. Journal of Atmo Ocean Technol,11:1433-1448.

BARNETT T P,HASSELMANN K,CHELLIAH M,et al,1999. Detection and attribution of recent climate change:A status report[J]. Bull Amer Meteo Soc,80 (12):2631-2659.

BARNETT T P,2005. Detecting and Attributing External Influences on the Climate System:A Review of Recent Advances[J]. J Climate,18 (9):1291-1314.

BATES D,LINDSTROM M,WAHBA G,et al,1987. Gcvpack routines for generalized cross validation[J]. Communications in Statistics Simulation and Computation,16:263-297.

BERLINER L M,LEVINE R A,SHEA D J,2000. Bayesian climate change assessment [J]. J Climate,13:3805-3820.

BEZRUCHKO B P,KARAVAEV A S,PONOMARENKO V I,et al,2001. Reconstruction of time-delay systems from chaotic time series[J]. Physical Review, 64(5):056216.

BRADLEY R S,1985. Quaternary paleoclimatology:Methods of paleoclimatic reconstruction[M]. Boston:Allen & Unwin.

BRANDSMA T,KONNEN G P,2006. Application of nearest neighbor resampling techniques for homogenizing temperature records on a daily to sub-daily level[J]. Int J Climatol,26:75-89.

BROHAN P,KENNEDY J J,HARRIS I,et al,2006. Uncertainty estimates in regional and global observed temperature changes: A new data set from 1850[J]. J Geophys Res,111:D12106.

BUDYKO M I,1972. The future climate[J]. Eos,Transactions of the American Geophysical Union,53:868-74.

BURG J P,1967. Maximum entropy spectral analysis[M]. New York:IEEE Press.

BÖHM R,1998. Urban bias in temperature time series:A case study for the city of Vienna,Austria[J]. Climatic Change,38:113-128.

CAYAN D R,DOUGLAS A V,1984. Urban influences on surface temperatures in southwestern United States during recent decades[J]. J Appl Meteor,23:1520-1530.

CHEN D L,OU T H,GONG L B,et al,2010. Spatial interpolation of daily precipitation in China:1951—2005 [J]. Adv Atmos Sci,27(6):1221-1232.

CHOI J,CHUNG U,YUN J I,2003. Urban-effect correction to improve accuracy of spatially interpolated temperature estimates in Korea[J]. J Appl Meteor,42:1711-1719.

CHRISTIDIS N,STOTT P A,BROWN S J,2011. The role of human activity in the recent warming of extremely warm daytime temperatures[J]. J Climate,24:1922-1930.

CHRISTIDIS N,STOTT P A,HEGERL G C,et al. 2013. The role of land use change in the recent warming of daily extreme temperatures[J]. Geophys Res Lett,40:589-594.

CHRISTOPHER D,WAYNE P G,GEORGE H T,et al,2002. A knowledge based approach to the statistical mapping of climate[J]. Clim Res,22(6):99-113.

CHUNG U,CHOI J,YUN J I,2004. Urbanization effect on observed change in mean monthly temperature between 1951—1980 and 1971—2000 in Korea[J]. Climate Change,66:127-136.

COMRIE A C,2000. Mapping a wind-modified urban heat island in Tucson,Arizona (with comments on integrating research and undergraduate learning)[J]. Bull Amer Meteor Soc,81:2417-2431.

COSTA A C,SOARES A,2009. Homogenization of climate data:review and new perspectives using geostatistics[J]. Mathematical Geosciences,41:291-305.

CRESSIE N, WIKLE C K, 2011. Statistics for spatio-temporal data[M]. New Jersey: John Wiley & Sons Inc.

CRESSMAN G P, 1959. An operational objective analysis system[J]. Mon Wea Rev, 87: 367-374.

CROWLEY T J, 2000. Causes of climate change over the past 1000 years[J]. Science, 289(5477): 270-277.

DAI A G, 1997. Surface observed global land precipitation variations during 1900—1988[J]. J Climate, 10: 2943-2962.

DALY C, 2006. Guidelines for assessing the suitability of spatial climate datasets[J]. Int J Climatol, 26: 707-721.

DAVID P, 1998. Measures of statistical complexity: why? [J] Physics Letters A, 238(4,5): 244-252.

DEGAETANO A T, 2001. Spatial grouping of United States climate stations using a hybrid clustering approach [J]. Int J Climatol, 21: 791-807.

DELLA-MARTA P M, WANNER H, 2006. A method of homogenizing the extremes and mean of daily temperature measurements[J]. J Climate, 19: 4179-4197.

DING Y, YANG D, YE B, et al, 2007. Effects of bias correction on precipitation trend over China[J]. J Geophys Res, 112, D13116.

DROZDOV O A, SHEPELEVSKII A A, 1946. The theory of interpolation in a stochastic field of meteorological elements and its application to meteorological elements and its application to meteorological map and network rationalization problems[J]. Trudy Niu Gügms Series, 1: 13

DUAN A M, WU G X, ZHANG Q, et al, 2006. New proofs of the recent climate warming over the Tibetan Plateau as a result of the increasing greenhouse gases emissions [J]. Chinese Science Bulletin, 51 (11): 1396-1400.

EASTERLING D R, PETERSON T C, 1995. A new method for detecting and adjusting for undocumented discontinuities in climatological time series[J]. Int J Climatol, 15: 369-377.

EASTERLING D R, COAUTHORS, 1997. Maximum and minimum temperature trends for the globe[J]. Science, 277, 364-367.

EISCHEID J K, BAKER B C, THOMAS R KARL, et al, 1995. The quality control of long-term climatological data using objective data analysis[J]. J Appl Meteoro, 34(12): 2787-2795.

ELEANOR R, CROSS M S, RICK PERRINE B S, 1984. Prediction areas endemic for schistosomiasis using weather variables and a landsat database[J]. Journal of Military Medical, 149(10): 542-545.

EPPERSON D L, DAVIS J M, 1995. Estimating the urban bias of surface shelter temperatures using upper-air and satellite data. Part II: Estimation of the urban bias[J]. J Appl Meteoro, 34: 358-370.

ERNESTO J, 1997. Heat island development in Mexico City [J]. Atmospheric Environment, 31 (22): 3821-3831.

ESPER J, COOK E R, SCHWEINGRUBER F H, 2002. Low-frequency signals in long tree-ring chronologies for reconstructing past temperature variability[J]. Science, 295: 2250-2253.

FALL S, NIYOGI D, GLUHOVSKY A, et al, 2010. Impacts of land use land cover on temperature trends over the continental United States: Assessment using the North American regional reanalysis[J]. Int J Climatol, 30(13): 1980-1993.

FENG G L, DONG W J, 2003. Evaluation of the applicability of a retrospective scheme based on comparison with several difference schemes[J]. Chinese Physics, 12: 1076-1086.

FOLLAND C K, RAYNER N A, BROWN S J, et al, 2001. Global temperature change and its uncertainties since 1861[J]. Geophys Res Lett, 28: 2621-2624.

FOWLER H J, WILBY R L, 2010. Detecting changes in seasonal precipitation extremes using regional climate model projections: Implications for managing flvial flod risk[J]. Water Resour Res, 46: W03525.

FUJIBE F,2009. Detection of urban warming in recent temperature trends in Japan[J]. Int J Climatol,29:1811-1822.

GALLO K P,MCNABA L,KARL T R,et al,1993. The use of NOAA AVHRR data for assessment of the Urban Heat Island Effect[J]. J Appl Meteorol,32:899-908.

GALLO K P,OWEN T W,1999. Satellite-based adjustments for the urban heat island bias[J]. J Appl Meteor,38:806-813.

GAO X Q,ZHANG W,2005. Nonlinear evolution characteristic of the climate system on the interdecadal-centennial timescale[J]. Chinese Physics,14:2370-2378.

GILGEN H,WILD M,OHMURA A,1998,Means and trends of shortwave irradiance at the surface estimated from global energy balance archive data[J]. J Climate,11:2042-2061.

GILL A E,1982. Atmosphere-Ocean Dynamics[M]. California:Academic.

GONG D Y,WANG S W,ZHU J H,2001. East Asian winter monsoon and Arctic Oscillation[J]. Geophys Res Lett,28:2073-2076.

GONG D Y,HO C H,2003. Arctic oscillation signals in the East Asian summer monsoon[J]. J Geophys Res,108:4066.

GOODISON B E,SEVRUK B,KLEMM S,1987. WMO solid precipitation measurement intercomparison:Objectives,methodology,analysis[J]. Jacques W Delleur:57.

GOOSSENS C,BERGER A,1983. Evaluation of statistical significance of climatic change,proceeding of the second international meeting on statistical climatology[R]. Lisbon:26-30.

GOOSSENS C,BERGER A,1987. How to recognize an abrupt climatic change? [J]. Abrupt Climatic Change:31-34.

GRANT E L, LEAVENVORTH R S, 1972. Statistical quality control, 4th ed[M]. New York:McGraw-Hill Book Co.

GROISMAN P Y,KOKNAEVA V V,BELOKRYLOVA T A,et al,1991. Overcoming biases of precipitation measurement:A history of the USSR experience[J]. Bull Amer Meteor Soc,72(11):1725-1733.

GROSSMANN A,MORLET J,1984. Decomposition of hardy functions into square integrable wavelets of constant shape[J]. Siam J Math Anal,15(4):723-736.

HAINING R,1990. Spatial data analysis in the social and environmental sciences[M]. Great Britain:Cambridge University Press.

HANSEN J E,LEBEDEFF S,1987. Global trends of measured surface air temperature[J]. J Geophys Res,92:13345-13372.

HANSEN J,RUEDY R,GLASCOE J,et al,1999. GISS analysis of surface temperature change[J]. J Geophys Res,104(D24):30997-31022.

HANSEN J,RUEDY R,SATO M,et al,2001. A closer look at United States and global surface temperature change[J]. J Geophys Res,106:23947-23964.

HANSEN J,SATO M,RUEDY R,2006. Lea,and M Medina-Elizade global temperature change[J]. Proc Natl Acad Sci,103:14288-14293.

HASSELMANN K,1997. Multi-pattern fingerprint method for detection and attribution of climate change [J]. Clim Dyn,13:601-612.

HASSELMANN K,1998. Conventional and Bayesian approach to climate-change detection and attribution [J]. Quart J R Met Soc,124:2541-2565.

HE Y T,JIA G S,HU Y H,et al,2013. Detecting urban warming signals in climate records[J]. Advances in Atmospheric Sciences,30:1143-1153.

HEGERL G C,ZWIERS F W,STOTT P A,et al,2004. Detectability of anthropogenic changes in annual temperature and precipitation extremes[J]. Clim, 17:3683-3700.

HEGERL G C,ZWIERS F W,BRACONNOT P, et al,2007a. Understanding and attributing climate change [M]//IPCC. Climate change 2007:the physical science basis:contribution of working group I to the fourth assessment report of the Intergovernmental Panel on Climate Change. Cambridge:Cambridge University Press.

HEGERL G C,CROWLEY T J,ALLEN M,et al,2007b. Detection of human influence on a new,validated 1500-year temperature reconstruction[J]. J Climate,20:650-666.

HEGERL G C,HOEGH G O,CASASSA G,et al,2010. Good practice guidance paper on detection and attribution related to anthropogenic climate change [R/OL]. http://www. ipcc. ch/pdf/supporting-material.

HEGERL G C, ZWIERS F,2011. Use of models in detection and attribution of climate change[J]. WIREs Clim Change,2:570-591.

HEY T, 2012. The fourth paradigm:Data-intensive scientific discovery[M]//Kurbanoğlu S, Al U, Lepon Erdoğan P,et al. E-Science and Information Management. Berlin:Springer.

HOUGHTON J T,DING Y,GRIGGS D J,et al,2001. Climate change 2001, in the scientific basis[M]. Cambridge:Cambridge University Press.

HOWARD L,1833. Climate of London deduced from metrological observations. 3rd edition[M]. London:Harvey and Dorton Press.

HUANG N E,SHEN Z,LONG R S,et al,1998. The empirical mode decomposition and the Hilbert spectrum for nonlinear and non-stationary time series analysis[J]. Proc R Soc Lond A,454(1):903-995.

HUANG Y,CHAMEIDES W L,DICKINSON R E,2007. Direct and indirect effects of anthropogenic aerosols on regional precipitation over East Asia[J]. J Geophys Res,112:D03212.

HUBBARD K G,1994. Spatial variability of daily weather variables in the high plains of the USA[J]. Agric Forest Met,68:29-41.

HUBER M,KNUTTI R,2012. Anthropogenic and natural warming inferred from changes in Earth's energy balance [J]. Nature Geoscience,5:31-36.

HUTCHINSON M F,1995. Interpolating mean rainfall using thin plate smoothing Splines[J]. Int J GIS(9):385-403.

HUMCHINSON M F,2006. Anusplin version4. 36 user guide[M]. Canberra:Australian National University, Centre for Resource and Environmental Studies.

IPCC,1990. Climate change 1990:The IPCC scientific assessment[M]. Cambridge:Cambridge University Press.

IPCC,1996. Climate change 1996:The science of climate change contribution of working group I to the second assessment report of the IPCC[M]. Cambridge:Cambridge University Press.

IPCC,2001. Climate change 2001:The scientific basis contribution of working group I to the third assessment report of the IPCC[M]. Cambridge:Cambridge University Press.

IPCC,2007. Climate change 2007:The physical science basis contribution of working group I to the fourth assessment report of the IPCC[M]. Cambridge:Cambridge University Press.

IPCC,2012. Climate change 2012:A special report of working groups I and II of the IPCC[M]. Cambridge:Cambridge University Press.

IPCC,2013. Climate change 2013:The physical science basis contribution of working group I to the fifth assessment report of the IPCC[M]. Cambridge:Cambridge University Press.

JANIS M J,HUBBARD K G,REDMOND K T,2002. Determining the optimal number of stations for the United States climate reference network[R]. Southeast Regional Climate Center, Research Paper Series.

JANIS M J, HUBBARD K G, REDMOND K T, 2004. Station densitystrategy for monitoring long-term climatic change in the contiguous United States[J]. J Climate, 17(1): 151-162.

JIANG Y, LUO Y, ZHAO Z, et al, 2010. Changes in wind speed over China during 1956—2004[J]. Theor Appl Climatol, 99: 421-430.

JONES G S, CHRISTIDIS N, STOTT P A, 2011a. Detecting the influence of fossil fuel and bio-fuel black carbon aerosols on near surface temperature changes [J]. Atmospheric Chemistry Physics, 11: 799-816.

JONES G S, STOTT P A, 2011b. Sensitivity of the attribution of near surface temperature warming to the choice of observational dataset[J]. Geophys Res Lett, 38: L21702.

JONES P D, WIGLEY T M, KELLY P M, et al, 1982. Variations of surface air temperatures. Part I: Northern hemisphere, 1881—1980[J]. Monthly Weather Review, 110: 59-70.

JONES P D, WIGLEY T M L, WRIGHT P B, 1986. Global temperature variations between 1861 and 1984[J]. Nature, 322: 430-434.

JONES P D, GROISMAN P Y, COUGHLAN M, et al, 1990. Assessment of urbanization effects in time series of surface air temperature over land[J]. Nature, 347: 169-172.

JONES P D, 1993. Hemispheric surface air temperature variations: a reanalysis and an update to 1993[J]. J Climate, 7: 1794-1802.

JONES P D, HULME M, 1996a. Calculating regional climatic time series for temperature and precipitation: Methods and illustrations [J]. Int J Climatol, 16: 361-377.

JONES P D, BRIFFA K R, 1996b. What can the instrumental record tell us about longer timescale paleoclimatic reconstructions[M]//Jones P D, Bradley R S, Jouzel J, et al. Climatic variations and forcing mechanisms of the last 2000 years. Berlin: Springer.

JONES P D, BRIFFA K R, BARNETT T P, et al, 1998. High-resolution palaeoclimatic records for the last millennium: interpretation, integration and comparison with general circulation model control-run temperatures[R]. Holocene, 8: 455-471.

JONES P D, MOBERG A, 2003. Hemispheric and large-scale surface air temperature variations: an extensive revision and an update to 2001[J]. J Climate, 16: 206-223.

JONES P D, LISTER D H, LI Q, 2008. Urbanization effects in large-scale temperature records, with an emphasis on China[J]. J Geophys Res, 113: D16122.

JONES P D, LISTER D H, OSBORN T J, et al, 2012. Hemispheric and large-scale land surface air temperature variations: An extensive revision and an update to 2010[J]. J Geophys Res Atmos, 117: D05127.

KALNAY E, CAI M, 2003. Impact of urbanization and land-use change on climate[J]. Nature, 423: 528-531.

KARL T R, DIAZ H F, KUKAL G, 1988. Urbanization: Its detection and effect in the United States climate record[J]. J Climate, 1: 1099-1123.

KARL T R, JONES P D, 1989. Urban bias in area-averaged surface air temperature trends[J]. American Meteorological Society, 70(33): 265-270.

KARL T R, KNIGHT R W, EASTERLING D R, et al, 1996. Indices of climate change for the United States [J]. Bull Amer Meteor Soc, 77: 279-292.

KASPAR F, SCHUSTER H G, 1987. Easily calculatable measure for the complexity of spatio-temperal patterns[J]. Phys Rew A, 36(2): 842-848.

KATAOKA K, F MATSUMOTO, T ICHINOSE, et al, 2009. Urban warming trends in several large Asian cities over the last 100 years[J]. Sci Total Envirn, 407(9): 3112-3119.

KEELING C D, 1960. The concentration and isotopic abundances of carbon dioxide in the atmosphere[J]. Tellus,12(2):200-203.

KEELING C D,1961. The concentration and isotopic abundance of carbon dioxidein rural and marine air, Geochim[J]. Cosmochim Acta,24:277-298.

KEELING C D,1997. Climate change and carbon dioxide: An introduction[J]. Proc Natl Acad Sci USA,94 (16), 8273-8274.

KENDALL M G,1955. Rank correlation methods[M]. London:Harles Griffin.

KHARIN V V,ZWIERS F W,ZHANG X,et al,2007. Changes in temperature and precipitation extremes in the IPCC ensemble of global coupled model simulations[J]. Clim,20:1419-1444.

KHARIN V V,ZWIERS F W,ZHANG X,et al,2013. Changes in temperature and precipitation extremes in the CMIP5 ensemble[J]. Clim Change,119(2):345-357.

KIM M K,KIM S,2011. Quantitative estimates of warming by urbanizationin South Korea over the past 55 years (1954—2008)[J]. Atmos Environ,45:5778-5783.

KIM Y H,BAIK J J,2002. Maximum urban heat island intensity in Seoul[J]. J Appl Meteor,41:651-659.

KIRÁLY A, JÁNOSI I M,2002. Stochastic modeling of daily temperature fluctuations[J]. Phys Rev E, 65: 51-102.

KUKLA G,GAVIN J,KARL T R,1986. Urban warming[J]. J Climate Appl Meteor,25:1265-1270.

LAMBERT F H,ALLEN M R,2009. Are changes in global precipitation constrained by the tropospheric energy budget [J]. J Climate,23:499-517.

LAMBERT F H,STOTT P A,ALLEN M R,et al,2004. Detection and attribution of changes in 20th century land precipitation [J]. Geophys Res Lett,31:L10203.

LANZANTE J R, 1996. Resistant, robust, and nonparamet-ric techniques for the analysis of climate data: Theory and examples, including applications to historical ra-diosonde station data[J]. Int J Climatol, 16: 1197-1226.

LI C Y,LI G L,2000. The NAO/NPO and interdecadal climate variation in China[J]. Adv Atmos Sci,17: 555-561.

LI Q X,DONG W J,2009. Detection and adjustment of undocumented discontinuities in Chinese temperature series using a composite approach[J]. Adv Atmos Sci,26:143-153.

LI Q,LI W,SI P,et al,2010. Assessment of surface air warming in northeast China,with emphasis on the impacts of urbanization[J]. Theor Appl Climatol,99:469-478.

LI Q,LIU X,ZHANG H,et al,2004a. Detecting and adjusting on temporal inhomogeneity in Chinese mean surface air temperature datasets [J]. Adv Atmos Sci,21:260-268.

LI Q,ZHANG A,LIU X,et al,2004b. Urban heat island effect on annual mean temperature during the last 50 years in China[J]. Theor Appl Climatol,79:165-174.

LIEPERT B G,2002. Observed reductions of surface solar radiation at sites in the United States and worldwide from 1961 to 1990[J]. Geophys Res Lett,29(10):1421-1424.

MAASCH KA,1988. Statistical detection of the mid-pleistocene transition[J]. Climate Dyn,2:133-143.

MACCRACKEN M C,2002. Do the uncertainty ranges in the IPCC and U S national assessments account adequately for possibly overlooked climatic influences? An editorial comment[J]. Climatic Change,52:13-23.

MAGEE N,CURTIS J,WENDLER G,1999. The urban heat island effect at Fairbanks,Alaska[J]. Theor Appl Climatol,64:39-47.

MALLAT S,1989. Multi-frequency channel decomposition of images and wavelet models[J]. IEEE trans. signal process,37(12):2091-2110.

MANABE S,WETHERALD R T,1975. The effects of doubling the $CO_2$ concentration on the climate of a general circulation model[J]. J. Atmospheric Sciences,32:3-15.

MANLEY G,1958. On the frequency of snowfall in metropolitan England[J]. Quarterly Journal of the Royal Meteorological Society,84:70-72.

MANN M E,BRADLEY R S,HUGHES M K,1999. Northern hemisphere temperatures during the past millennium:inferences,uncertainties,and limitations[J]. Geophys Res Lett,26:759-762.

MARQUINEZ J,LASTRA J,GARCIA P,2003. Estimation model for precipitation in mountainous regions[J]. J Hydrol,270(1-2):1-11.

MEEHL G A,ARBLASTER J M,TEBALDI C,2007. Contributions of natural and anthropogenic forcing to changes in temperature extremes over the U S[J]. Geophys Res Lett,34:L19709.

MENON S,HANSEN J,NAJARENKO L,et al,2002. Climate effects of black carbon aerosols in China and India [J]. Science,297:2250-2252.

MEYER Y,1990. Ondeletters et operateurs[M]. Paris:Hermann Press.

MIN S K,ZHANG X,ZWIERS F W,FRIEDERICHS P,et al,2008. Signal detectability in extreme precipitation changes assessed from twentieth century climate simulations[J]. Clim Dyn,32:95-111.

MIN S K,ZHNAG X B,ZWIERS F W,et al,2011. Human contribution to more intense precipitation extremes [J]. Nature,470:378-381.

MIN S K,ZHANG X,ZWIERS F,et al,2013. Multimodel detection and attribution of extreme temperature changes [J]. J Climate,26(19):7430-7451.

MOOLEY D A,MOHAMED P M,1982. Correlation functions of rainfall field and their application in network design in the tropics[J]. Pure and Applied Geophysics,120(2):249-260.

MORAK S,HEGERL G C,CHRISTIDIS N,2013. Detectable changes in the frequency of temperature extremes[J]. Clim,26:1561-1574.

MORAK S,HEGERL G C,KENYON J,2011. Detectable regional changes in the number of warm nights[J]. Geophys Res Lett,38:L17703.

NALDER I A,WEIN R W,1998. Spatial interpolation of climatic normals:test of a new method in the Canadian boreal forest[J]. Agricultural and Forest Meteorology,92(4):211-225.

NATIONAL ASSESSMENT SYNTHESIS TEAM,2000. Climate change impacts on the United States:The potential consequences of climate variability and change[M]. Cambridge:Cambridge University Press.

NEŠPOR V,1993. Comparison of measurements and flow simulation:the Mk2 precipitation gauge[J]. Aktuelle Aspekte in der Hydrologie/Current issues in hydrology,53:114-119.

PACKARD N H,CRUTCHFIELD J P,FARMER J D,et al,1980. Geometry from a time series[J]. Phys Rev Lett,45(3):712-716.

PALL P,ALLEN M R,STONE D A,2007. Testing the Clausius-Clapeyron constraint on changes in extreme precipitation under $CO_2$ warming [J]. Climate Dyn,28:353-361.

PARKER D E,2010. Urban heat island effects on estimates of observed climate change[J]. Clim Change,1:123-133.

PETER S O,2002. A Complexity View of Rainfall[J]. Phys Rev Lett,88(1):018701.

PETERSON T C,2003. Assessment of urban versus rural in situ surface temperatures in the contiguous United States:No difference found[J]. J Climate,16:2941-2959.

PETERSON T C,EASTERLING D R,1994. Creation of homogeneous composite climatological references series[J]. Int J Climat,14:671-679.

PETERSON T C,VOSE R S,1997. An overview of the global historical climatology network temperature database[J]. Bull Amer Meteor Soc,78 (12):2837-2849.

PETERSON T C,VOSE R,SCHMOYER R,et al,1998. Global historical climatology network (GHCN)quality control of monthly temperature data[J]. Int J Climatol,18 (11):1169-1179.

PETERSON T C,GALLO K P,LAWRIMORE J,et al,1999. Global rural temperature trends[J]. Geophy Res Lett,26(3):329-332.

PETERSON T C,OWEN T W,2005. Urban heat island assessment:metadata are important[J]. J Climate,18: 2637-2646.

PIELKE R A,2002. Overlooked issues in the U S national Climate and IPCC assessments an editorial essay[J]. Clim Change,52:1-11.

PLUMMER N,LIN Z,TOROK S,1995. Trends in the diurnal temperature range over Australia since 1951[J]. Atmos Res,37:79-86.

PORTMAN D A,1993. Identifying and correcting urban bias in regional time series:surface temperature in China's northern plains[J]. J Climate,6:2298-2308.

POTTER K W,1981. Illustration of a new test for detecting a shift in mean in precipitation series[J]. Mon Wea Rev,109:2040-2045.

QUAYLE R G,EASTERLING D R,KARL T R,et al,1991. Effects of recent thermometer changes in the co-operative station network[J]. Bulletin of the American Meteorological Society, 72(11):1718-1723.

REEVES J,CHEN J,WANG X L,et al,2007. A review and comparison of change-point detection techniques for climate data[J]. J Appl Meteor Climatol,46:900-915.

REN G Y,LIU H B,CHU Z Y,et al,2011. Climate change over eastern China and implications for South-North Water Diversion Project[J]. Journal of Hydrometeorology, 12(8):600-617.

REN G Y,CHU Z Y,CHEN Z H,et al,2007. Implications of temporal change in urban heat island intensity observed at Beijing and Wuhan stations[J]. J Geophys Res Lett,34:L05711.

REN G Y,ZHOU Y Q,CHU Z Y,et al,2008. Urbanization effects on observed surface air temperature trends in North China[J]. J Climate,21:1333-1348.

REN G Y,ZHOU Y Q,2014. Urbanization effects on trends of extreme temperature indices of national stations over mainland China,1961—2008[J]. J Climate,27 (6):2340-2360.

REN Y,PARKER D,REN G,et al,2016. Tempo-spatial characteristics of sub-daily temperature trends in mainland China[J]. Clim Dyn,46:2737-2748.

RHOADES D A,SALINGER M J,1993. Adjustment of temperature and rainfall records for site changes[J]. Int J Climatol,13:899-913.

SABINE,2004. The Oceanic Sink for Anthropogenic $CO_2$[J]. Science,305:367-371.

SANTER B D,PAINTER J F,MEARS C A,et al,2013. Dentifying human influences on atmospheric temperature [J]. PNAS,110(1):26-33.

SAUER T,YORKE J,CASDAGLI M,1991. Embed logy,determining the model order of nonlinear input/output systems directly from data[J]. J Stat Phys,65(3-4):579-616.

SCHNEEBELI M,LATERNSER M,2004. A probabilistic model to evaluate the optimal density of stations measuring snowfall[J]. J Appl Meteor,43 (5):711-719.

SCHONBERGER V M,2013. Big data:A revolution that will transform how we live,work and think[R]. Hodder Export.

SEBASTIEN F,ZOLTAN K,1999. Complexity for finite factors of infinite sequences[J]. Theoretical Computer Science,218(1):177-195.

SEN P K,1968. Estimates of the regression coefficient based on Kendall's tau[J]. J Amer Stat Assoc,63:1379-1389.

SENEVIRATNE S I,et al,2012. Changes in climate extremes and their impacts on the natural physical envi-ronment[M]//Managing the risks of extreme events and disasters to advance climate change adaptation. Cambridge:Cambridge University Press.

SHAKUN J D,CLARK P U, HE FENG,et al,2012. Global warming preceded by increasing carbon dioxide concentrations during the last deglaciation [J]. Nature,454:49-54.

SIMMONS A J,JONES P D,BECHTOLD C V,et al,2004. Comparison of trends and variability in CRU,ERA-40 and NCEP/NCAR analyses of monthly-mean surface air temperature[J]. J Geophys Res,109:D24115

SMITH T M,REYNOLDS R W,2005. A global merged land and sea surface temperature reconstruction based on historical observations (1880—1997)[J]. J Clim,18:2021-2036.

SOLOW A,1987. Testing for climatic change:An application of the two-phase regression model[J]. J Climate Appl Meteor,26:1401-1405.

STOTT P A,TETT S F B,JONES G S,et al,2000. External control of 20th century temperature by natural and anthropogenic forcings [J]. Science,290:2133-2137.

STOTT P A,GILLETT N P,HEGERL G C,et al,2010. Detection and attribution of climate change:a regional perspective [J]. Wiley Interdisciplinary Reviews:Climate Change,1:192-211.

STOTT P A,JONES G S,CHRISTIDIS N,et al,2011. Single-step attribution of increasing frequencies of very warm regional temperatures to human influence [J]. Atmospheric Science Letters,12:220-227.

STOTT P A,JONES G S,2012. Observed 21st century temperatures further constrain likely rates of future warming [J]. Atmosphere Science Letters,13:151-156.

SUGIHARA G,MAY R M,1990. Nonlinear forecasting as a way of distinguishing chaos from measurements error in time series[J]. Nature,344:734-740.

SUN J Q,WANG H J,YUAN W,2009. A possible mechanism for the co-variability of the boreal spring Ant-arctic Oscillation and the Yangtze River valley summer rainfall[J]. Int J Climatol,29:1276-1284.

SUN Y,ZHANG X,ZWIERS F W,et al,2014. Rapid increase in the risk of extreme summer heat in Eastern China[J]. Nature Climate Change,4:1082-1085.

TAKEN S F,1981. Detecting strange attractors in turbulence. Dynamical systems and turbulence[M]. War-wick:Springer-Verlag.

TAYLOR K E,STOUFFER B J,MEEHL G A,2012. An overview of CMIP5 and the experiment design[J]. Bull Amer Meteor Soc,93:485-498.

THOMAS S,1993. Extremely simple nonlinesr noise-reduction method[J]. Phys Rew E,47(4):2401-2404.

THORNE P W,WILLETT K M,ALLSN R J,et al,2011. Guiding the creation of a comprehensive surface temperature resource for Twenty-First-Century climate science [J]. Bull Amer Meteor Soc,92:40-47.

TRENBERTH K E,2004. Climate (communication arising):Impact of land-use change on climate[J]. Nature,427:213.

TREWIN B C,2010. Exposure,instrumentation,and observing practice effects on land temperature measure-ments[J]. Wiley Interdisciplinary Reviews:Climate Change,1:490-506.

TREWIN B C,2013. A daily homogenized temperature data set for Australia[J]. Int J Climatol,33:1510-1529.

TREWIN B C,TREVITT A C F,1996. The development of composite temperature records[J]. Int J Climatol,16:1227-1242.

VAN DOBBENDE BRUYN C S,1968. Cumulative sum tests: Theory and practice[M]. London:Griffin.

VAUTARD R,CATTIAUX J,YIOU P,et al,2010. Northern hemisphere atmospheric stilling partly attributed to an increase in surface roughness[J]. Nat Geosci,3:756-761.

VINCENT L,1998. A technique for the identification of inhomogeneities in Canadian temperature series[J]. J

Climate,11:1094-1104.

VINCENT L A,ZHANG X,BONSAL B R,2002. Homogenization of daily temperatures over Canada[J]. J Climate,15:1322-1334.

VINCENT L A, WANG X L, MILEWSKA E J, et al, 2012. A second generation of homogenized Canadian monthly surface air temperature for climate trend analysis [J]. J Geophys Res,117:D18110.

VOSE R S,WILLIAMS J R,PETERSON T C,et al,2003. An evaluation of the time of observation bias adjustment in the U S historical climatology network [J]. Geophys Res Lett,30:2046.

VOSE R S,MENNE M J,2004. A method to determine station density requirements for climate observing networks[J]. J Climate,17(15):2961-2971.

WANG F,GE Q S,2012. Estimation of urbanization bias in observed surface temperature change in China from 1980 to 2009 using satellite land-use data[J]. Chinese Science Bulletin,57(14):1708-1715.

WANG H J,FAN K,2005. Central-north China precipitation as reconstructed from the Qing dynasty:Signal of the Antarctic Atmospheric Oscillation[J]. Geophys Res Lett,32:L24705.

WANG W C,ZENG Z,KARL T R,1990. Urban heat island in China[J]. Geophys Res Lett,17:2377-2380.

WANG X L,SWAIL V R,2001. Changes of extreme waves heights in Northern hemisphere oceans and related atmospheric circulation regimes[J]. J Clim,14,2204-2221.

WANG X L,WEN Q H ,WU Y,2007. Penalized maximal t test for detecting undocumented mean change in climate data series[J]. J Appl Meteorol Climatol, 46:916-931.

WANG X L,2008. Penalized maximal F test for detecting undocumented mean shift without trend change[J]. J Atmos Oceanic Technol,19:368-384.

WANG X L,CHEN H,WU Y,et al,2010. New techniques for detection and adjustment of shifts in daily precipitation data series[J]. J Appl Meteorol Climatol,49:2416-2436.

WEART S R,2003. The discovery of global warming[M]. Boston:Harvard University Press.

WEN Q H,ZHANG Y X,WANG B,2013. Detecting human influence on extreme temperatures in China[J]. Geophysical Research Letters,40:1171-1176.

WENTZ F J,RICCIARDULLI L,HILBURN K,et al,2007. How much more rain will global warming bring [J]. Science,317:233-235.

WESTRA S,ALEXANDER L V,ZWIERS F W,2013. Global increasing trends in annual maximum daily precipitation[J]. J Climate,26(11):3904-3918.

WIGLEY T M L,et al,1986. Warm world scenarios and the detection of climatic change induced by radiatively active gases[R]. Chichester:John Wiley.

WILD M,GILGEN H,ROESCH A,et al,2005. From dimming to brightening:Decadal changes in solar radiation at Earth's surface[J]. Science,308:847-850.

WOOD F B,1988. Comment:on the need for validation of the Jones et al. Temperature trends with respect to urban warming[J]. Climatic Change,12:297-312.

WU K,YANG X Q,2013. Urbanization and heterogeneous surface warming in eastern China[J]. Chinese Science Bulletin,58(12):1363-1373.

XIE P P,CHEN M Y,SONG Y,et al,2007. A gauge-based analysis of daily precipitation over East Asia[J]. J Hydrometeor,8(3):607-626.

XU M,CHANG C P,FU C,et al,2006. Steady decline of east Asian monsoon winds, 1969-2000: Evidence from direct ground measurements of wind speed[J]. J Geophys Res Atmos, 111(D24).

XU W,LI Q,WANG X L,et al,2013. Homogenization of Chinese daily surface air temperatures and analysis of trends in the extreme temperature indices [J]. J Geophys Res Atmos,118(17):9708-9720.

XU Y,GAO X J,SHEN Y,et al,2009. A daily temperature dataset over China and its application in validating a RCM simulation[J]. Adv Atmos Sci,26(4):763-772.

XU Y,GAO X,SHI Y,ZHOU B,2015. Detection and attribution analysis of annual mean temperature changes in China[J]. Climate Research,63(1):61-71.

YAN Z W,YANG C,JONES P,2001. Influence of inhomogeneity on the estimation of mean and extreme temperature trends in Beijing and Shanghai[J]. Adv Atmos Sci,18(3):309-321.

YAN Z W,JONES P D,2008. Detecting inhomogeneity in daily climate series using wavelet analysis[J]. Adv Atmos Sci,25:157-163.

YAN Z W,LI Z,LI Q X,et al,2010. Effects of site change and urbanisation in the Beijing temperature series 1977—2006[J]. Int J Climatol,30:1226-1234.

YANG D,SHI Y,KANG E,et al,1991. Results of solid precipitation measurement intercomparison in the alpine area of Urumqi River Basin[J]. Chinese Science Bulletin,36 (13):1105-1109.

YANG D,KANE D,ZHANG Z,et al,2005. Bias corrections of long-term (1973—2004) daily precipitation data over the northern regions[J]. Geophys Res Lett,32:L19501.

YANG Y C,WU B W,SHI C,et al,2013. Impacts of urbanization and station-relocation on surface air temperature series in Anhui Province,China[J]. Pure Appl Geophys,170(11):1969-1983.

YANG Y J,SHI T,TANG W A,et al,2011. Study of observational environment of meteorological station based on remote sensing:Cases in six stations of Anhui province[J]. Remote Sensing Technology and Application,26 (6):791-797.

YE B,YANG D,DING Y,et al,2004. A bias-corrected precipitation climatology for China[J]. Hydrometeorol,5(6):1147-1160.

YE D,FU C,CHAO J,et al,1987. The climate of China and global climate[M]. Beijing:China Ocean Press.

YEVJEVICH V,1972. Probability and statistics in hydrology[M]. Fort Collins: Water Resources Publications.

ZEBROWSKI J J,POPLAWSKA W,2000 Symbolic dynamics and complexity in physiological time series[J]. Chaos Solitons and Fractals,11(7):1061-1075.

ZHANG J Y,DONG W J,WU L Y,et al,2005. Impact of land use changes on surface warming in China[J]. Adv Atmos Sci,22(3):343-348.

ZHANG L,REN G Y,REN Y Y,et al,2013. Effect of data homogenization on estimate of warming trend:A case of Huairou station in Beijing municipality[J]. Theor Appl Climatol,115,365-373.

ZHANG X B,ZWIERS F W,HEGERL G C,et al,2007. Detection of human influence on twentieth-century precipitation trends [J]. Nature,448:461-465.

ZHOU L M,DICKINSON R E,TIAN Y H,et al,2004. Evidence for a significant urbanization effect on climate in China[J]. Proc Natl Acad Sci,101:9540-9544.

ZHOU T J,YU R C,2006. 20th century surface air temperature over China and the globe simulated by coupled climate models[J]. J Climate,19(22):5843-5858.

ZHOU Y Q,REN G Y,2011. Change in extreme temperature event frequency over mainland China during 1961-2008[J]. Climate Research,50 (1-2):125-139.

ZURBERNKO I,PORTER P S,RAO S T,et al,1996. Detecting discontinuities in time series of upper air data: Development and demonstration of an adaptive filter technique[J]. J Climate,9:3548-3560.

ZWIERS F W,ZHANG X B,FENG Y,2011. Anthropogenic influence on long return period daily temperature extremes at regional scales[J]. J Climate,24:881-892.

# 缩略词表

| 缩略词 | 英文全称 | 中文全称 |
|---|---|---|
| ACRE | International Atmospheric Circulation Reconstruction Initiative | 国际地球大气环流重建计划 |
| AHCCD | Adjusted and Homogenized Canadian Climate Date | 加拿大均一化数据集 |
| AIC | Akaike Information Criterion | 信息论准则 |
| AMDAR | Aircraft Meteorological Data Relay | 飞机气象数据采集系统 |
| AMO | Atlantic Multi-decadal Oscillation | 大西洋多年代际振荡 |
| ANUSPLIN | Spline Function Software Package Developed by Australian National University | 澳大利亚国立大学开发的样条函数软件包 |
| AR4 | Fourth Assessment Report | (IPCC)第四次评估报告 |
| AR5 | Fifth Assessment Report | (IPCC)第五次评估报告 |
| ARGO | ARRAY for REAL-TIME Geostrophic Oceanography | 国际海洋观测计划 |
| ASE | Average Standardized Prediction Error | 平均预测标准差 |
| ASR | Arctic System Reanalysis | 北极系统再分析 |
| AWIPS | Advanced Weather Interactive Processing System | 高级天气交互处理系统 |
| BAPMON | Background Air Pollution Monitoring Network | 大气本底污染监测网 |
| BMN | National Basic Meteorological Network | 国家基本气象站 |
| BP | Before Present | 距今年代 |
| BSRN/WCRP | Baseline Surface Radiation Network/ World Climate Research Programme | 基线地面辐射观测网/世界气候研究计划 |
| CAM | Climate Anomaly Method | 气候距平法 |
| CaRD10 | California Reanalysis Downscaling at 10 km | 加利福尼亚区域再分析 |
| CAT | Criteria Autoregressive Transfer | 自回归传输 |
| CBHAR | Chukchi-Beaufort High-Resolution Atmospheric Reanalysis | 阿拉斯加区域再分析 |
| CCOS | China Climate Observational System | 中国气候观测系统 |
| CCRN | China Climate Reference Network | 中国气候基准站网 |
| CDC | China Meteorological Data Sharing Service System | 气象科学数据共享服务网 |
| CEI | Climatic Extremes Index | 极端气候指数 |
| CFD | Continuous Frost Days | 连续霜冻日数 |
| CIMISS | China Integrated Meteorological Information Service System | 全国综合气象信息共享平台 |

| 缩略词 | 英文全称 | 中文全称 |
|---|---|---|
| CIPAS | Climate Information Processing and Analyzing System | 气候信息处理与分析系统 |
| CIPAS | Climate Interactive Plotting and Analysis System | 气候信息交互显示与分析平台 |
| CMAP | CPC Merged Analysis of Precipitation | 美国气候预测中心降水融合分析产品 |
| CMDL | Climate Monitoring and Diagnostics Laboratory | 气候监测与诊断实验室 |
| CoK | Coordination Kriging method | 协同克里金法 |
| CR | Catch Rate | 捕获率 |
| CRA | Cramer | 克拉默法 |
| CRN | Climate Reference Network | 气候基准站网 |
| CRU | Climate Research Unit of East Anglian University | 英国东英吉利大学气候研究中心 |
| CRUT | CRU Global Land Surface Temperature Database | CRU 全球陆地表面气温数据集 |
| CUSUM | Cumulative Sum | 累计总和检测法 |
| DEM | Digital Elevation Model | 数字高程模型 |
| DFA | Detrended Fluctuation Analysis | 去趋势涨落法 |
| DFIR | Double Fence Intercomparison Reference | 双风屏交互比较基准站 |
| DTR | Diurnal Temperature Range | 日较差 |
| DWD | Deutscher Wetter Dienst | 德国气象局 |
| DWI | Drying/Wetting Index | 干湿化指数 |
| ECMWF | Europen Center for Medium-Range Weather Forecasts | 欧洲中期天气预报中心 |
| EMD | Empirical Mode Decomposition | 经验模态分解 |
| ENSO | El Ni? o-Southern Oscillation | 厄尔尼诺与南方涛动 |
| EOF | Empirical Orthogonal Function | 经验正交函数 |
| FDM | First Difference Method | 一级差分法 |
| FPE | Final Prediction Error | 最终预测误差 |
| GAW | Global Atmosphere Wacth | 全球大气监测系统 |
| GC | Gas Chromatography | 气相色谱 |
| GCOS | Global Climate Observational System | 全球气候观测系统 |
| GCV | Generalized Cross Validation | 广义交叉验证 |
| GEBA/WRDC | Global Energy Balance Archive/ World Radiation Data Centre | 全球能量平衡档案/世界辐射资料中心 |
| GEV | Generalized Extreme Value Distribution | 广义极值分布 |
| GFCS | Global Framework for Climate Services | 全球气候服务框架体系 |
| GHCN | Global History Climate Network | 全球历史气候网 |
| GIDS | Gradient Plus Inverse Distance Squared | 梯度距离平方反比法 |
| GIDW | Gradient Inverse Distance Weighting | 梯度距离反比法 |
| GIS | Geographic Information System | 地理信息系统 |

| 缩略词 | 英文全称 | 中文全称 |
| --- | --- | --- |
| GISS | Goddard Institute for Space Studies | 美国戈达德空间研究所 |
| GLC | Gas-Liquid Chromatography | 气液色谱 |
| GLDAS | Global Land Data Assimilation System | 全球陆面数据同化系统 |
| GML | Generalised Max Likelood | 最大似然估计 |
| GOOS | Global Ocean Observing System | 全球海洋观测系统 |
| GOS | Global Observing System | 全球观测系统 |
| GPCC | Global Precipitation Climatology Centre | 全球降水气候中心 |
| GPCP | Global Precipitation Climatology Project | 全球降水气候计划 |
| GPI | Global Polynomial Interpolation | 全局多项式插值法 |
| GPS/MET | Global Positioning System Meteorology | 全球气象定位系统 |
| GPS | Global Positioning System | 全球定位系统 |
| GSC | Gas-Solid Chromatography | 气固色谱 |
| GSICS | Global Space-based Inter Calibration System | 全球天基交叉定标系统 |
| GSN | GCOS Surface Network | 全球气候观测系统地面网 |
| GTOS | Global Terrestrial Observing System | 全球陆地观测系统 |
| GTS | Global Telecommunication System | 全球通信系统 |
| GUAN | GCOS Upper Air Network | 全球气候观测系统高空网 |
| HCN | Historical Climate Network | 历史气候网 |
| HHT | Hilbert-Huang Transform | 希尔伯特-黄变换 |
| HT | Hilbert transform | 希尔伯特变换 |
| ICSU | International Council for Science | 国际科学理事会(1998 年前为国际科学联盟理事会,the International Council for Science Unions) |
| IDAG | The International Detection and Attribution Group | 国际检测和归因研究小组 |
| IDW | Inverse Distance Weighting | 反距离加权法 |
| IGBP | International Geosphere-Biosphere Program | 国际地圈-生物圈计划 |
| IHDP | International Human Dimension Program of Global Change | 全球变化的人文因素计划 |
| IMF | Intrinsic mode function | 本征模态函数 |
| IPCC | Inter-governmental Panel on Climate Change | 政府间气候变化专门委员会 |
| ISCCP | International Satellite Cloud Climatology Project | 国际卫星云项目 |
| JMA | Japan Meteorological Agency | 日本气象厅 |
| Ka | Kiloannual | 千年 |
| LDAS | Land Data Assimilation System | 陆面数据同化系统 |
| LP | Le Page | 勒帕热法 |
| LPI | Local Polynomial Interpolation | 局部多项式插值法 |

续表

| 缩略词 | 英文全称 | 中文全称 |
|---|---|---|
| LST | Land Surface Temperature | 陆表温度 |
| MAE | Mean Absolute Error | 平均绝对误差 |
| MASH | Multivariate Analysis of Series Homogeneity | 序列均一性的多元分析 |
| MBE | Mean Bias error | 平均偏差 |
| MDSS | Meteorological Data Storage System | 国家级气象资料存储检索系统 |
| MESIS | Meteorological Service Information System | 决策气象服务信息系统 |
| MGF | Mean Generate Function | 均生函数 |
| MICAPS | Meteorological Information Combine Analysis And Process | 气象信息综合分析处理系统 |
| M-K | Mann-Kendall | 曼-肯德尔法 |
| MMTS | Maximum/Minimum Temperature Sensor | 最高、最低温度系统 |
| MODIS | The Moderate Resolution Imaging Spectroradiometer | 中分辨率成像光谱仪 |
| MRBP | Multivariate Random Block Permutation Test | 多元随机块置换检验 |
| MS | Mean Standard Deviation | 平均标准差 |
| MSE | Expected True Square Error | 期望真实平方误差 |
| MTT | Moving $T$ Test | 滑动 $t$ 检验 |
| NAO | North Atlantic Oscillation | 北大西洋涛动 |
| NARR | North American Regional Reanalysis | 北美区域再分析资料 |
| NASA | National Aeronautics and Space Administration | 美国国家航空航天管理局 |
| NCDC | National Climate Data Center | 美国国家气候数据中心 |
| NCEP | National Centers for Environmental Prediction | 美国国家环境预报中心 |
| NDVI | Normalized Difference Vegetation Index | 归一化差值植被指数 |
| NLDAS | North America Land Data Assimilation | 北美陆面数据同化系统 |
| NOAA | National Ocean and Atmospheric Administration | 美国国家海洋大气管理局 |
| NSSL | National Severe Storms Laboratory | 美国强风暴实验室 |
| NWP | Numerical Weather Prediction | 数值天气预报 |
| NWS | National Weather Service | 美国国家气象局 |
| OK | Ordinary Kriging Method | 普通克里金法 |
| OSR | Optimal Subset Regression | 最优子集回归 |
| PDO | Pacific Decadal Oscillation | 太平洋年代际振荡 |
| PDSI | Palmer Drought Index | 帕默尔干旱指数 |
| PMFT | Penalized Maximal $F$ Test | 惩罚最大 $F$ 检验 |
| PMT | Penalized Maximal $T$ Test | 惩罚最大 $T$ 检验 |
| PRISM | Parameter-elevation Regression on Independent Slopes Model | 坡面回归插值模型 |
| RBCNs | Regional Basic Climatological Networks | 区域基本气候网络 |

| 缩略词 | 英文全称 | 中文全称 |
|---|---|---|
| RBF | Radial Basis Function | 径向基函数法 |
| RBSNs | Regional Basic Synoptic Networks | 区域基本天气观测网络 |
| RCN&BMN | national Reference Climate Network and Basic Meteorological Network | 中国国家基准气候站网和国家基本气象站网 |
| RCN | national Reference Climate Network | 国家基准气候站 |
| RMSE | Root Mean Square Error | 均方根误差 |
| RS | Remote Sensing | 遥感 |
| RSM | Reference Station Mmethod | 参考站法 |
| RTG-HR | Real-Time Global High-Resolution | 全球实时高分辨率 |
| Rx1day | Monthly Maximum 1-day Precipitation | 每月最大的日降雨量 |
| Rx5day | Monthly Maximum Consecutive 5-day Precipitation | 每月最大的连续 5 日降雨量 |
| SAM | Searching Average Method | 搜索平均法 |
| SAR | Second Assessment Report（IPCC） | 第二次评估报告 |
| SCAR | The Scientific Committee on Antarctic Research | 南极研究科学委员会 |
| SK | Simple Kriging | 简单克里金法 |
| SMHI | Swedish Meteorology and Hydrology Institute | 瑞典气象水文研究所 |
| SNHT | Standard Normal Homogenization Test | 标准正态均一化检验 |
| SSA | Singular Spectrum Analysis | 奇异谱分析 |
| SWAN | Severe Weather Auto Nowforecasting | 灾害性天气短时临近预报业务系统 |
| TAR | Third Assessment Report（IPCC） | 第三次评估报告 |
| TN10p | Percentage of days when TN<10th percentile | 每年日最低气温小于基准期内 10% 分位值的天数百分率 |
| TN90p | Percentage of days when TN>90th percentile | 每年日最低气温大于基准期内 90% 分位值的天数百分率 |
| TNn | Monthly minimum value of daily minimum temperature | 每月日最低气温的最小值 |
| TNx | Monthly maximum value of daily minimum temperature | 每月日最低气温的最大值 |
| TPR | Two-Phase Regression | 二项回归方法 |
| TX10p | Percentage of days when TX<10th percentile： | 每年日最高气温小于基准期内 10% 分位值的天数百分率 |
| TX90p | Percentage of days when TX>90th percentile | 每年日最高气温大于基准期内 90% 分位值的天数百分率 |
| TXn | Monthly minimum value of daily maximum temperature | 每月日最高气温的最小值 |
| TXx | Monthly maximum value of daily maximum temperature | 每月日最高气温的最大值 |

| 缩略词 | 英文全称 | 中文全称 |
|---|---|---|
| UHI | Urban Heat Island | 城市热岛 |
| UNEP | United Nations Environmental Program | 联合国环境规划署 |
| UNESCO | United Nations Education Science and Culture Organization | 联合国教科文组织 |
| USCRN | The United States Climate Reference Network | 美国国家气候基准观测网 |
| USHCN | US Historical Climate Network | 美国历史气候网 |
| WCDMP | World Climate Date and Monitor Plan | 世界气候资料与监测计划 |
| WCRP | World Climate Research Program | 世界气候研究计划 |
| WD | Wavelet Decomposition | 小波分解 |
| WHO | World Health Organization | 世界卫生组织 |
| WHYCOS | World Hydrological Cycle Observing System | 世界水文循环观测系统 |
| WIGOS | WMO Global Observing System and Integrated Global Observing Systems | 全球综合观测系统 |
| WIS | WMO Information System | 世界气象组织信息系统 |
| WMO | World Meteorological Organization | 世界气象组织 |
| WMO-GAW | World Meteorological Organization Global Atmosphere Wacth | 世界气象组织全球大气监测系统 |
| WWW | World Weather Watch | 世界天气监视网 |
| YAMA | Yamamoto | 山本法 |